もうひとつの脳

ニューロンを支配する陰の主役「グリア細胞」

R・ダグラス・フィールズ　著
小西　史朗　監訳
小松佳代子　訳

ブルーバックス

The Other Brain
The Scientific and Medical
breakthroughs that will heal our brains
and revolutionize our health
R. Douglas Fields, Ph.D.

Simon & Schuster Paperbacks
New York London Toronto Sydney

Published by arrangement with the original publisher, Simon & Schuster, Inc. through Japan UNI Agency, Inc., Tokyo

●カバー装幀／芦澤泰偉・児崎雅淑
●カバーイラスト／本庄和範
●目次・本文・デザイン／齋藤ひさの（STUDIO BEAT）

はじめに

私たちの脳内には、一〇〇〇億個の神経細胞《ニューロン》が存在する。これらのニューロンのどのような働きによって、私たちは自分が何者であるかを記憶できるのだろうか？　私たちは学習し、思考し、夢を見る。熱情や激しい怒りに心をかき乱される。自転車に乗り、紙上にインクで描かれたパターンから意味を読み取る。騒々しい人混みのなかで、母親の声を瞬時に聞き分ける。こうしたことができるのは、どうしてなのか？　さらに、統合失調症やうつ病、あるいはアルツハイマー病、多発性硬化症、慢性疼痛、麻痺などの恐ろしい病気では、神経回路にどのような不具合が起こっているのだろうか？

私たちは現在、脳についての新たな理解の最先端に立っている。そしてこの新たな理解は、過去一世紀にわたる従来の脳の概念、とりわけ脳内のニューロンの役割に関する考え方を一変させるものだ。一九九〇年、暗室のコンピューター画面の周囲に群がっていた科学者たちは、情報が奇妙な脳細胞を通過しているところを目撃した。情報はニューロンを迂回して、電気的インパルスを使用せずにやり取りされていた。この発見まで、脳内の情報はすべて、ニューロンを介して電気によって伝えられていると想定されていた。実のところ、ニューロンは脳内の全細胞のわずか一五パーセントでしかない。ところが、残りの脳細胞（グリアと呼ばれる）は、電気活動を行うニューロンの間を埋める梱包材にすぎないと、これまで見過ごされてきたのだ。グリアは

「維持管理細胞《ハウスキーピング》」と言われてきた。家事使用人のような細胞と安易に片付けられて、グリアはその発見から一世紀以上も無視され続けてきたのだった。

この奇妙な脳細胞が互いに交信していると知って、科学者たちは今、大きな衝撃を受けている。この細胞が、神経回路を流れる電気活動を感知できるだけでなく、その活動を制御さえできることが判明し、脳に関する科学者の理解は根底から揺らいでいる。

科学者たちはどうしてこれまで、この脳の半分を見落としていたのだろうか？　グリアは電気的インパルスを発火しないので、神経科学者がニューロンの活動をモニターするために使用する微小電極では、グリアの情報伝達を検知できなかった。グリアは、ニューロンと違い、シナプスを介して回路に接続されているわけではない。ずらりと並んだドミノ牌が倒れるように、情報を順次受け渡していくのではなく、グリアはメッセージを脳全体に向けて広く送信しているのだ。

この新発見は、心に関する私たちの理解をどのように変えるだろう？　脳のこの新たな側面の究明が進むにつれて、精神疾患や病気によって心が不調をきたす仕組みについての謎が解けるだろうか？　病気や損傷のあとに、どうしたら脳を修復できるのかという問題の答えが、そうした研究によって明らかになるだろうか？

グリア――すなわち「もうひとつの脳」――の発見は、脳科学のあらゆる側面を照らす暁光であり、その光は、脳の研究に携わるすべての者の心をいっせいに揺り動かしている。本書は、今まさに進行中の科学の物語であり、紆余曲折、洞察と混乱、論争と合意形成に満ちている。物語を読み進めるうちに出会うことになる魅力的な科学者たちは、実在の人物であり、それぞれが個性的で、ときに風変わりだが、いずれも人間のあらゆる営みのなかで最も協同的な活動、すなわち科学に従事している者たちだ。

本書に記した情報は非常に新奇であり、まだ教科書に記載されるまでには至っていない。だが、これらの情報は、あなたの脳に関する理解を一変させるだろう。それと同時に、あなたやあなたの愛する人たちの健康に役立つ、重要な知識も提供できるに違いない。本書には、神経科学や医学の最新情報が詰め込まれている。読者のみなさんは本書の世界に誘《いざな》われて、そこに登場する研究者本人の目を通して、発見の現場を目撃することになるだろう。

謝辞

私はこれまで、このテーマについて多くの学術論文を執筆してきたが、本書は、『サイエンティフィック・アメリカン（Scientific American）』誌の編集者リッキー・ラスティングとジョン・レニーが、ひとりの無名の著者が投稿した論説に興味を持ち、掲載を決断してくれたことに端を発している。このテーマの情報が新奇で、まだ多くの人々から疑いの目を向けられていたときに、彼らはこの画期的な発見の重要性を認識して、グリアに関する一般読者向けの初めての論説を、二〇〇四年四月号で「もう半分の脳」と題した特集記事として掲載してくれた。この論説の成功の多くは、私とともにこの仕事に取り組んでくれた編集者マーク・フィシェッティに負っている。

著作権代理人ジェフ・ケロッグがいなかったら、そこで話は終わりだっただろう。ジェフは『サイエンティフィック・アメリカン』誌の論説を読んで、私に連絡をくれ、このテーマで本を書かないかと提案した。著作権代理人や一般向け書籍の執筆の何たるかについて、まるで知識のなかった私は、彼のEメールを即座に削除した――そして、次のメールも同じだった。私にとって幸運なことに、彼は諦めなかった。私はその後まもなく、本の企画書の書き方をジェフから教わった。私を助け、ともに働いてくれる代理人として、彼以上の人物はけっしていなかっただろう。サイモン&シュスター社が本書の出版に同意したことを受けて、研究を専門とする科学者を、一般の人たちが読みたいと思うような本を書くための複雑なプロセスに導くという難しい仕事が、編集主任のボブ・ベンダーの双肩にかかることになった。本書を書き上げるうえで、ボブの熟達した導きは不可欠だった。本企画への彼の助力と献身に、厚く感謝を申し上げる。ロレッタ・デンナーとエイミー・ライアンには、その鋭い眼識による編集で、モーガン・ライアンには丹念な事実確認で、さらにはジョハンナ・リーの尽力にも、大変お世話になった。

自分たちの逸話や所感を惜しげもなく私に話してくれた同僚や研究仲間の全員に、心から感謝を表したい。本書を読むことを通して、執筆時の私がそうだったように、科学者という仕事の喜びと恩恵を、彼らにも改めて確認してもらえれば幸いだ。ハンス・ベルガーの調査に関して、イエナ大学のスザネ・ツィンマーマン博士とクリストフ・レディーズ教授に、そしてその素晴らしいイラストに対して、リディア・キビウク、アラン・フーフリング、ジェン・クリスチャンセンに、格別の御礼を申し上げたい。

本企画における喜びのひとつは、科学を一般の人たちに紹介してきた一流の編集者や作家の方々と一緒に仕事ができ、彼らから学べたことにある。とりわけ、『サイエンティフィック・アメリカン』誌のマリエット・ディクリスティーナ、クリスティーン・ソアレス、デイヴィッド・ドブズに感謝する。作家のダン・コイルには、全編に目を通してもらい、有益なご提案をいくつもいただいた。トム・セシル、トニー・バーンズ、パム・ハインズ、ベス・スティーヴンズには、原稿の一部に快く目を通してもらい、激励と助言を頂戴した。そして、誰にも増して、妻のメラニーと家族に、本の執筆という長期に及ぶ企画に伴う数々の負担に耐えてくれたことを感謝する。彼らは最も強力な支援者で、各章の初期原稿にすすんで目を通し、意見を出してくれた。このなかには、息子のディラン、娘のモーガンとケリー、きょうだいのカイルとペギー、そして両親のマージョリーとリチャードが含まれる。電気技術者だった父は、幼稚園で友だちが車の絵を描いていたときに、私に原子や電子の絵を描かせてくれ、私は科学への愛を育むことができた。また、農家に生まれ、鞍もつけずに馬にまたがって草原へ向かうと、馬の背で物語を紡いでいた母のおかげで、私は著述への愛を育むことができた。ふたりに感謝を表したい。そしてメラニーには、本書以外にも、彼女からの愛情、人生、家族についても感謝を捧げたいと思う。

もくじ ● もうひとつの脳

第2部 健康と病気におけるグリア…125

第1部 もうひとつの脳の発見

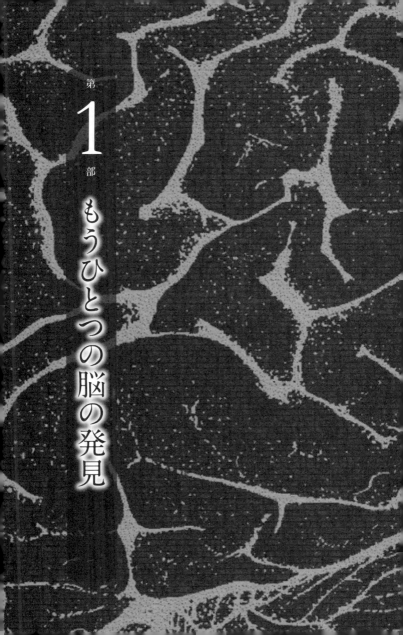

第1章 グリアとは何か
——梱包材か、優れた接着剤か

アインシュタインの脳

　解剖を終えると、彼はステンレス製のトレイにメスを置き、切り開いた頭蓋骨に両手を差し入れて、細心の注意を払って脳をすくい上げた。人間の脳を手中に抱くたびに、死の必然性や、個性や生活形態や精神性、各人に与えられたこの世での役割に関する神秘について、さまざまな思いや感情が胸中に湧き上がってくる。この稀有な人物を形作るあらゆるものは、ほんの数時間前まで、このわずか一・五キログラムほどの複雑な組織として存在していた。病理学者である彼は、過去に幾度となく同じような感情を抱いてきたが、今回ばかりはその思いも格別だった。なにしろ、目の前のステンレス製の台に横たわる遺体は、アルベルト・アインシュタインであり、両手に抱えていたのはアインシュタインの脳だったのだ。

　明るい照明の下で脳を詳しく調べながら、彼は深い驚異の念に打たれて目を見張った。ゼリーのようにみずからの重みでわずかにたわみ、ほかのどんな人間の脳ともまったく変わりなく見えるこの脳が、前世紀屈指の優れた知性を生み出すことができたとは。そのとき不意に、トマス・ハーヴィ博士はこの脳の中に自身の運命と目的を見出した。それはまさしく、彼の使命だった。

食塩水で丁寧に血液を洗い流したあと、ハーヴィは脳の重さと大きさを計測し、直前に作っておいた、目や鼻を刺激する毒性の強い気体であるホルムアルデヒドの一〇パーセント溶液に浸けた。この偉大な人物の遺体が埋葬されるかたわら、その驚異的な脳は、自身の手元にそれを置いておきたいという強烈な衝動に突き動かされた一人の病理学者によって、博物館の珍しい標本のように、保存液の入った広口瓶の中に沈んだまま、その後も四〇年にわたって隠され続けた。それは、倫理的にも法律的にも許されることではなかったが、この脳があのような類まれな科学者を生み出せた秘密を解き明かすことは、自分の運命であり、科学と人類に対する責務であると、ハーヴィには思われたのだった。

だがそれは、この病理学者の能力ではとても及ばない仕事だったため、彼はこの科学界の至宝を管理することこそが自分の役割だと考えた。ハーヴィはその後四〇年にわたって、世界中の科学者、あるいは科学者と称する者たちにその脳の小さな切片を分け与え、さまざまなやり方でアインシュタインの稀有な才能の正体を突き止める手がかりがないかを調べさせた（注１）。

そこには比類なき知性が存在し、その知性はほかの誰にも想像できないことを着想してきた。相対性理論があますところなく構築され、詳細に説明されたあとも、その思考は多くの人の理解力を超えていた。時間の進み方さえ一定ではないという発想をしえた知性だった。時間と空間、物質とエネルギーは独自性を失い、一方から他方へと自在に姿を変えた。伸縮する時間のなかにあっては、事象もまた流動的なものとなった。そして、思考力だけを頼りにこの発見を成し遂げるために、この知性はなんと、自分が一筋の光線に乗っているところを思い描いたというのだ。

アインシュタインの脳が盗み出された三〇年後、カリフォルニア大学バークレー校の著名な神経解剖学者のもとへ、その脳の四つの小塊が届いた。彼女が今手にしている試料瓶《サンプル》には、アインシュタインの大脳皮質の入念に選んだ部位から採取された四つの組織片が入っている。マリアン・ダイアモンド博士の考えによれば、アインシュタインの優れた才能は、想像や抽象化、高次認知機能の卓越した能力に関係していたのだから、こうした認知機能を司る大脳皮質の部位に、彼の才能を裏付ける何らかの物質的根拠が見つかるはずだった。それは、アインシュタインにとくに際立った点のなかった聴覚や視覚、あるいは運動制御といった機能を担う部位ではないはずだ。ハーヴィはアインシュタインの大脳皮質をブロックに切り分け、そこに番号を付けて、ニトロセルロース化合物であるセロイジンに埋め込んでいた。この溶液は固まると、琥珀が昆虫を包み込むように、組織を包埋する。ダイアモンドは、大脳皮質連合野の二つのサンプルを調べたいと考えていた。連合野は、情報を収集して分析・統合する部位だ。彼女はハーヴィに、額のすぐ下に位置する前頭前野のサンプルと、耳のわずかに後方上部に位置する下頭頂野のサンプルを送るよう依頼した。脳の左右両側のサンプルを入手することが重要だった。というのも、たいてい

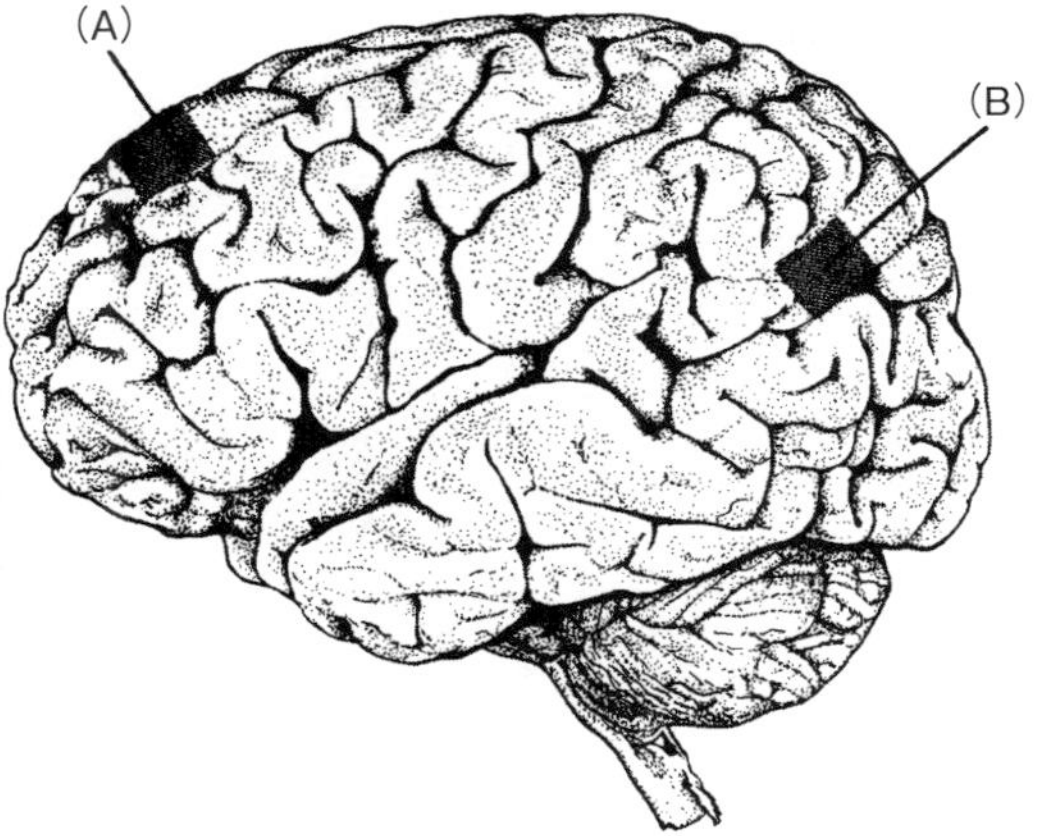

図1-1
マリアン・ダイアモンド博士らがアインシュタインの才能の手がかりを求めて調査したアルベルト・アインシュタインの大脳皮質の部位。
(A) 前頭前野、(B) 下頭頂野

の場合、人間の右脳と左脳はそれぞれ異なる認知機能を司る傾向にあるからだ。それはちょうど、日常生活で右手と左手の役割が異なるようなものだ。前頭前野は計画の立案や近時記憶、抽象化、情報の分類などに関与している。悪名高い前頭葉切截術《ロボトミー》は、この部位を脳から断ち切る。その結果、基本的な精神機能は損なわれないものの、経験を知力で抽象化したり、統合したりといった高度な認知能力が失われ、患者は従順になる。ダイアモンドは、アインシュタインの下頭頂野のサンプルも依頼していた。この部位は、心像〔訳注：心的イメージ〕や記憶、注意に関連しているからだ。この領域、とりわけ優位な側（通常は左半球）のこの脳部位を損傷した人たちは、言葉や文字を認知する能力を失い、文字を綴《つづ》ったり計算したりできなくなる。大脳皮質のこの領域を損傷したあと、数学の問題を合理的に解くことに困難を覚えるようになった数学者の話を紹介する医学文献もある〔訳注：たとえば『数覚とは何か？——心が数を創り、操る仕組み』（スタニスラス・ドゥアンヌ著、長谷川眞理子訳、早川書房、二〇一〇年）〕。

ダイアモンド博士はヒト大脳皮質の解剖学を長年研究してきたが、その経験でさえも、ヒト脳から採取された、クリーム色をした角砂糖ほどの大きさのこれら四つの小塊を光にかざしたときに湧き上がる驚異や興奮や期待感を弱めることはなかった。そのサンプルは特別だった——少なくとも、その脳から発現した知性はそうだ。アインシュタインの類いまれな才能を、この脳組織が生み出しえた秘密を突き止められれば、知性と脳を結びつける細胞機構についての洞察が得られるはずだ。そしてまた、私たち自身の脳がどのように機能し、不運にも病に見舞われた知性がどうして機能不全に陥るのかについても、明らかになるだろう。

ダイアモンドには、これらのサンプルを適切な対照サンプルと比較して考証する必要があった。ある疑念に彼女の興奮はすっと冷めた。というのも、彼女の研究室には、さまざまな多くのヒト脳から採取した組織サンプルを載せた顕微鏡スライドを収めた箱が、所狭しと並んでいるが、アインシュタインの脳はひとつしかないのだ。アインシュタインの脳がきわめて非凡な性質であるということは、どのような結果が得られるにせよ、その実験はけっして再現できないことを意味していた。ある実験の結論を下すにあたって、科学者の誰もが直面する不確実性という課題は、再現可能性がない場合には、いっそう払拭《ふっしょく》困難になるだろう。どのようなデータから得た結論も、誤りである可能性を免れない。だが科学は、観察やデータ収集、事実の蓄積によって進歩するものだ。となると、アインシュタインの脳を調べるのは、やめておいたほうがいいのだろうか？

実験結果の不確実性に対処するために、科学者は計測を繰り返して、対照群と実験群から得たデータの差異がまったくの偶然によって生じうる確率を数学的に算出する。これは、犯行現場に残されていた一本の金髪の有意性を、母集団に金髪の人物をどれほどの確率で見出せるかを知ることによって、ある程度判断できるのと似ている。

ダイアモンドは同僚とともに、それらのサンプルの細胞構造を調べる準備に取りかかった。そのためには、脳組織を細胞の直径よりも薄くスライスし、染料で着色しなくてはならない。そうすると、その組織を形成している細胞の集合体の中で、個々の神経細胞《ニューロン》をつぶさに見分けられるようになるのだ。スライスされた切片は、一五枚重ね合わせても人間の毛髪ほどの厚みにしかならない。ダイアモンドの前には、鮮やかな色の溶液で満たされたガラス皿が並んでいた。深紫色からキラキラと輝くピンク色までの色彩を帯びた溶液は、水の表面に拡がる油膜のように、光の加減によっては緑色にも見えた。ダイアモンドは準備された組織切片を取り揃えると、絵画用の細い筆を使って、切片を一枚ずつ染色液の入った小さなガラス皿に移した。

翌日、彼女がそれらの切片を顕微鏡で観察しているとき、形のない霧の中に影が浮かび上がった。降下する飛行機が雲を抜けて、窓外に街の全景が飛び込んでくるときのように、突如として、ひとつの像が細部まで鮮明に姿を現したのだった。彼女が見ていた細胞は、アルベルト・アインシュタインの大脳皮質の一部分から採取したニューロンだった。ひょっとすると、これこそが光線に乗っているところを想像していたニューロンかもしれない。このニューロンは、アインシュタインの大脳皮質の別の部位にある普通のニューロンとどこが違うのだろう？　たとえば、指に指令を送って、この想像を現実の世界で具体的に表現する数学の記号を紙に書き記させていたニューロンとはどう違うのか？　また、目の前の謎めいた至宝をじっと眺めているこのとき、精神の回路を通してイメージや思考を想起させている彼女の大脳皮質の同じ部位にあるニューロンと、このニューロンにはどんな共通点があるのだろう？　このきわめて小さな細胞が、世界を劇的に変えることができたのはなぜなのか？　このニューロンは、アイザック・ニュートンの同じ脳部位のニューロンと比べてどうなのか？　科学と技術は無数の小さなステップの積み重ねによって進歩する。だがときに、科学の進展は発想の大転換によって飛躍的に前進することもある。太陽系に関するコペルニクスの地動説、重力と運動に関するニュートンの法則、ダーウィンによる種の進化論、アインシュタインの相対性理論などがこれにあたる。このような画期的飛躍は、両手の指で数え上げられるほどしか存在しないが、目の前のニューロンはまさに、そうした進歩で世界を変えた人物のひとりから採取したものだった。

　何日にもわたって丹念に細胞の大きさや数を計測したのち、ダイアモンドはデータを集計して、四七歳から八〇歳の男性から採取した一一の脳の同一部位から成る対照群のデータと比較した。だがそこには、何ひとつ差異は見られなかった。

天才の脳のニューロンも、ごく普通の人の脳から採取したニューロンと見分けがつかなかった。さらに、アインシュタインの独創性に富んだ大脳皮質にあるニューロンの数も、平均すると、非凡な創造力で知られているわけではない人たちと変わりなかった。しかし、データにはひとつだけ違いがあった。ニューロンではない細胞の数が、脳の四領域すべてにおいて、アインシュタインの脳では群を抜いて多かったのだ。一般の人の脳組織サンプルでは、ニューロンではない細胞は平均で、ニューロン二個に対して一個の割合だったが、アインシュタインの脳のサンプルでは、その二倍近く、すなわち、ニューロン一個に対して一個程度の割合で非神経細胞が見られた。その違いが最も顕著だったのが、アインシュタインの脳で優位な側の頭頂葉皮質から採取したサンプルで、そこは抽象的概念や視覚心像、複雑な思考が生起する脳領域だった。これは偶然だろうか？　ダイアモンドは、対照群の組織サンプルのばらつき幅を考慮して、このような差異が偶然に生じうる可能性を数学的に算出した。アイン

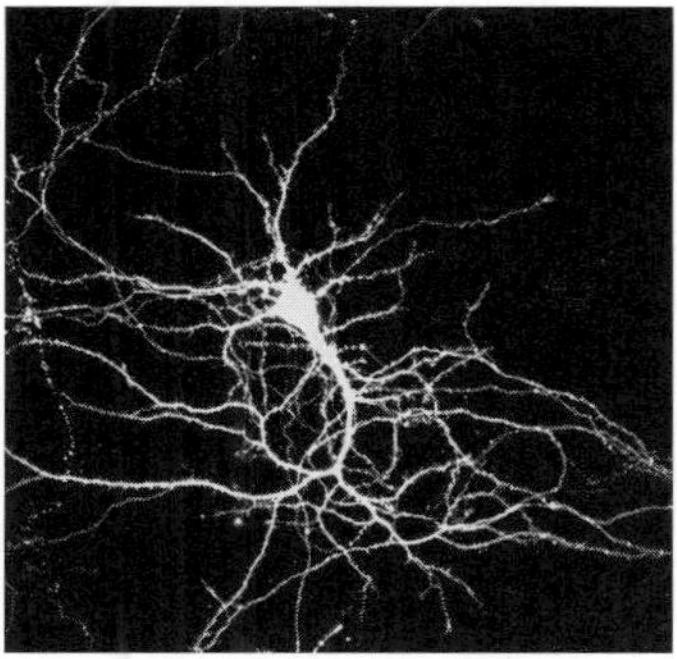

図1-2

大脳皮質の典型的なニューロン

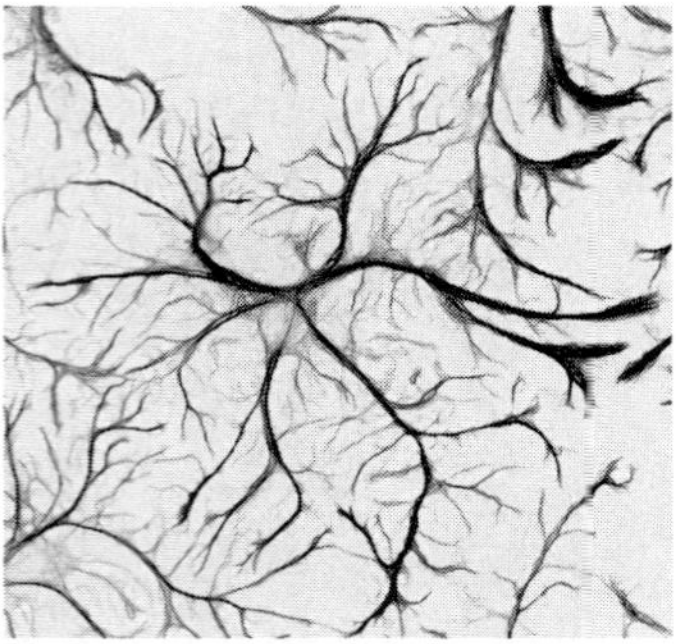

図1-3
4種類の主要なグリア細胞の1つであるアストロサイト。アインシュタインの脳サンプルでは、アストロサイトの存在比が平均を上回っていた

シュタインの脳から採取したどの部位でも、このような差異が偶然に生じうる可能性は低かった。

アインシュタインの脳と平均的な脳との間にダイアモンドが認めた差異は、この非神経細胞に関するものだけだった。これが、天才の細胞基盤となりえるのだろうか？　だとしたら、それはどうしてなのか？　これらの非神経細胞――「膠《こう》細胞／グリア」と呼ばれる――にはどのような働きがあるのか？　何十年もの間、グリア細胞は精神を気泡で包む梱包材のようなもので、物理的に、さらにおそらくは栄養的にニューロンを支える接合組織にすぎないと見なされてきたが、アインシュタインの脳には、人並み以上のグリアがあった。グリアが精神機能に関与しているかもしれないという推察は、大部分の神経学者の概念的枠組みから大きく外れていた。その名前自体が、一世紀にわたってこの概念的枠組みを閉ざしてきたのだと言える。なにしろ、神経膠細胞《ニューログリア》（neuroglia）というその名は、ラテン語で「神経細胞の接着剤」を意味するのだ。

知的盲点――目の前にありながら見過ごされたグリア

ダイアモンド博士の発見が持ちうる意味を正しく理解するためには、グリアについての基本的な事実を理解し、脳の働きに関する現在の見解がどのように形成されてきたのかを考察することが重要だ。多くの人が神経系に対して抱いているイメージは、入り組んだ電話回線網のようなものだろう。このイメージは、一〇〇年前からほとんど変わっていない。この見方があまりに深く浸透しているため、神経系が別の方法で機能していると考えたり、この見解が誕生したときには革新的だと見なされて、この説をめぐる議論や論争が四半世紀にわたって紛糾したことに思いを馳せたりするのは、なかなか難しい。

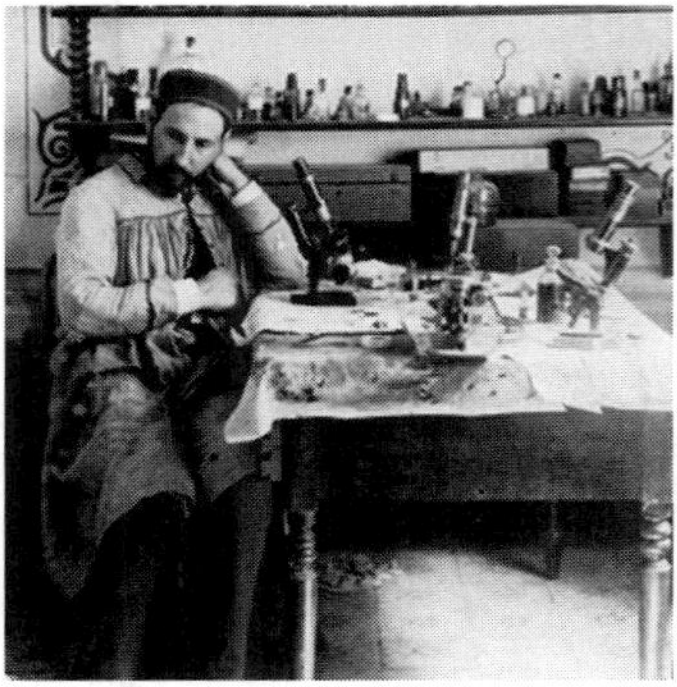

図1-4

ニューロン説を考案したスペインの神経解剖学者サンチャゴ・ラモニ・カハールのセルフポートレート。この写真は、キッチンを改造した間に合わせの研究室で1885年に撮影された

一八五二年にスペインで医師の息子として生まれたサンチャゴ・ラモニ・カハールは、芸術の才に恵まれていた。彼は素描に長け、新たな芸術として登場した写真を楽しんだ。だがそうした道を追求したところ

で、それで身を立てるのは容易ではなかった。彼は医学の学位を得るための勉学の一環として、父親が入念に解剖した死体の解剖図を何時間もかけて描いた。

ラモニ・カハールは三三歳のときに、スペインのサラゴサで解剖学教授に就任した。一八八七年にマドリードを訪れた際に、ラモニ・カハールは、神経組織の載ったスライドを顕微鏡で観察した。その組織は、イタリアの解剖学者カミッロ・ゴルジが一四年前に考案した手法で染色されていた。その顕微鏡像が、彼の人生を一変させることになった。ラモニ・カハールは高い評価を受けていたそれまでの細菌学の研究を捨てて、バルセロナで正常および病理組織学の大学教授の職を引き受け、脳の細胞構造を解明するために、ゴルジ染色法の改良と活用に打ち込んだ。ゴルジ染色の結果は再現性に欠けていたため、それまでの一四年間は注目されていなかった。だが、染色は失敗も多かったものの、うまくいったときには、目覚ましい結果をもたらした。

この染色法は、ラモニ・カハールが夢中になっていた、当時最先端だったモノクロ写真術と同じ化学反応を用いている。理由は今も定かでないが、染料を取り込むニューロンはごく一部で、おそらく一〇〇個のうち一個程度だっただろう。だが、染料を取り込んだニューロンは細胞全体が染められて、黄金色に染まる冬の夕暮れを背に浮かび上がるカシの木の黒いシルエットのように、細部まではっきりと見て取れた。サンプル内のニューロンがすべて染まっていたら、この染色法は役に立たなかっただろう。というのも、脳組織のどの切片にもぎっしりと詰まっている神経細胞の枝が、密生する藪のように絡み合った姿が染め出されて、判別不能になるからだ。とこ

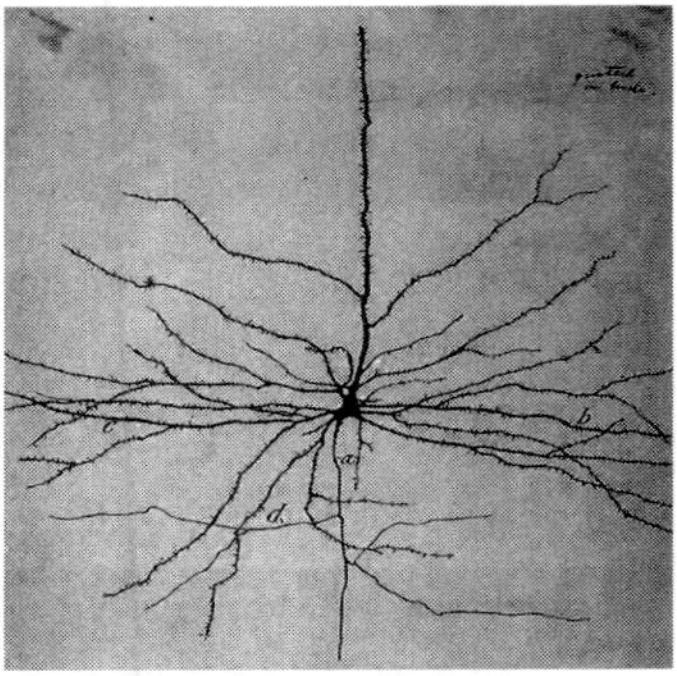

図1-5
ゴルジ法によって染色されたニューロンを描いたラモニ・カハールのスケッチ。神経細胞の構造が詳細にわたって明らかにされている

ろが、ラモニ・カハールは、岩石の切断面に現れた化石のように、個々のニューロンの全体像をはっきりと見ることができた。

今日では、私たちは脳をコンピューターや電子機器になぞらえて考えることが多いが、エレクトロニクス時代以前には、別のモデルが主流だった。一九世紀の製粉所や工場は、河川や小川から水車に引いた水の力を利用し、その水を水路や小川を通して、またもとの河川に戻していた。水力装置は動力を遠くまで伝える最先端のメカニズムだった。動力を導く大小の配管を接続する制御弁によって、必要なところへ力を加えることができた。当時は、このメカニズムになぞらえて、神経系の仕組みを捉えていた。私たちの神経は、筋肉の一つひとつに力を送り込めるよう、体内に配管のように張り巡らされていると考えられていたのだ。顕微鏡のレンズを通して、神経束《そく》の中に何百もの細い管が観察できたが、それらはすべて制御弁で相互に結合し、脳内のマスターシリンダーにつながっているのだろうと推測された。脳内では、軸索と呼ばれる無数の微細な管が、絡まり合いながら、脳組織に縞状に走る白質の神経路を通して伸びている様子も、顕微鏡で観察できた。

これらの神経路の源流は灰白質の中にあり、この灰白質は複雑に入り組んだ脳の表面を覆う厚い外皮を形成していた。それは、茎が次第に細く分岐して、先端に緑の小房をつけるブロッコリーの構造に似ていた。ゴルジ染色法によって、ニューロンと呼ばれる個々の神経細胞の姿が微細な部分まで明らかになったが、こうした細部構造の解釈をめぐって、科学者は二つの陣営に分裂した。ゴルジは、個々のニューロンの細胞体から伸びる細い管である軸索は、長く突き出して枝分かれし、無数の結合によってほかの軸索と互いに結びついていると

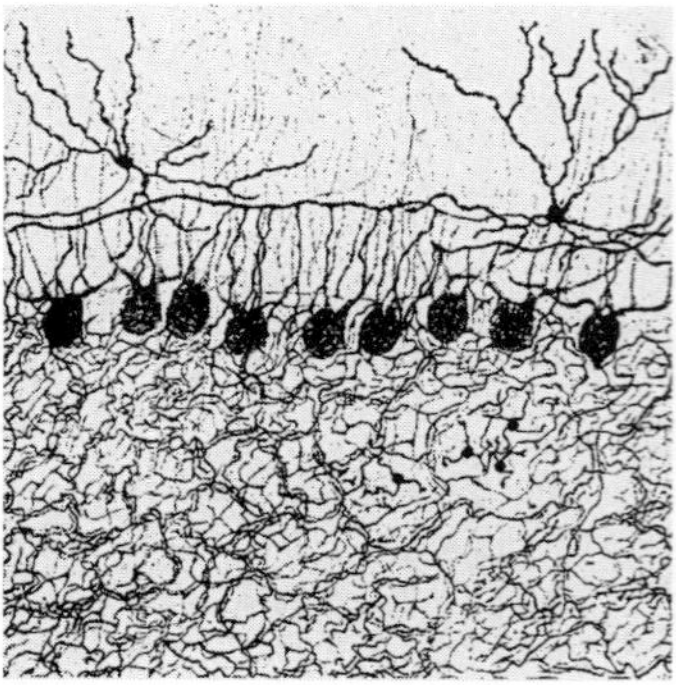

図1-7
カミッロ・ゴルジによるニューロンのスケッチ。どの方向へも情報が伝達できる、高度に相互結合したネットワークであると彼が信じていた姿が描かれている

図1-6
イタリアの神経解剖学者カミッロ・ゴルジ。ニューロンを染色する鍍銀法を開発した

考えた。相互に結合した線維から成るこのネットワークのおかげで、神経からの指令や感覚器で受け取る情報をやり取りするのが、きわめて容易になるという。神経細胞の反対側の終端部には、激しく分岐した先の細い根のような構造をゴルジは見出した。それらは樹木の形に似ていたので、樹状突起と呼ばれた。樹状突起は、神経細胞を維持し、軸索のネットワークを通る神経エネルギーの流れ（現在では電流であることがわかっている）の原動力となる栄養を吸収するための構造だと、ゴルジは推測した。ところが、ゴルジが考案した同じ染色法を用いて、同じ構造を観察したラモニ・カハールの見解は、まったく異なった。彼は新たな学説を提唱し、それはやがて「ニューロン説」として知られることになった。

ラモニ・カハールは、一日一六時間、週七日、一心不乱に研究に打ち込み、あらゆる種類と年齢の動物から採取した脳や体のあらゆる部位の神経組織片を調べた。彼の観察対象は、ヒトからウサギやイヌ、モルモット、ラット、ニワトリ、魚類、カエル、マウス、さらには胎仔にまで及んだ。芸術家のような精確な観察眼でニューロンの輪郭を描き出し、丹念に調べていくうちに、ラモニ・カハールには、その構造に規則性のあることがわかってきた。神経細胞からワイヤー状に伸び出した軸索は、脳内のかなり遠くまで伸びていたが、最後は必ず、ニューロンの細かく枝分かれした根のような部分である樹状突起付近で終止していた。飛躍的な発想の転換によって、ラモニ・カハールはこう理解した――ニューロンは網《ネット》の結び目ではなく、独立したユニットなのだ。さらに、ニューロンには機能的な極性があった。神経ネットワークの中で信号は、クモの巣

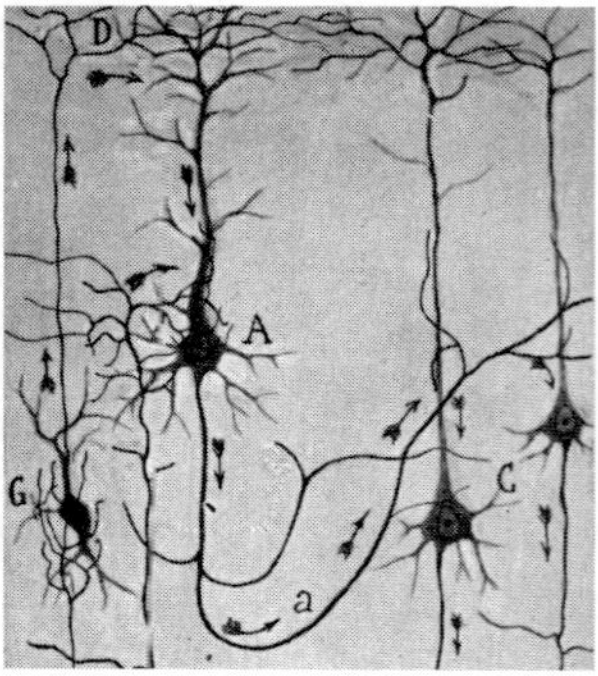

図1-8
ラモニ・カハールが描いたゴルジ法で染色されたニューロンのスケッチ。彼はニューロンが融合していないことを見抜いていた。そうではなく、情報はニューロンの中を一定方向に流れ、シナプス結合を介して次のニューロンに受け渡されていると推察した

を振動が伝わるように全方向へ放射状に拡散するのではないことに、彼は気づいた。そうではなく、一方通行の道路を進む馬車のように、信号は各ニューロンの中を一定方向に伝導されていた。情報は根のような樹状突起からニューロンに入り、指令は軸索を通じて、ニューロンの反対側から送り出される。軸索は網の目のように張り巡らされた周囲の軸索と結合しているのではなく、別のニューロンの樹状突起のもとで終止していた。神経信号は、軸索と樹状突起を隔てる境界を何らかの方法で越えて、次のニューロンに受け渡されていた。それは、玄関先の階段に置かれた荷物を、受け手側のニューロンが取り上げるようなやり方だ。双方の神経細胞の細胞成分（原形質）は、流体継手〔訳注：水や油などの流体を用いて動力を伝達する装置〕内部の液体のように、配管の中で一体となっているわけではなかった。

　軸索と樹状突起を隔てるこの個所は、シナプスと呼ばれる。各シナプスで軸索から樹状突起へ情報を通過させるか、させないかによって、脳は非常に複雑な情報の流れを操って

いる。それはちょうど、電話のスイッチボードが通話を管理するようなものだ。ラモニ・カハールは二〇世紀で最も名高い神経解剖学者となり、一九〇六年にはカミッロ・ゴルジとともにノーベル医学生理学賞を受けた。しかし、ライバルであり、研究の拠りどころとなった染色法を考案したゴルジは、ラモニ・カハールのニューロン説には異議を唱えていた。ラモニ・カハールは驚異的な働きぶりで次々と発見を重ね、脳の細胞構造に関する科学的な論文や著書の数々を出版した。これらの著作は、今なお正確な事実を豊富に含む貴重な情報源であり続けている。だが、ラモニ・カハールがスケッチから除外していたものの中にもまた、彼の才能のほどがよく示されている。

顕微鏡スライド上の雑然とした細胞構造は、ラモニ・カハールが描写した各スケッチの中で、芸術家の目に備わる明敏なレンズを通して、本質的な情報だけに集約された。複雑な脳構造の荒野に分け入りながら、ラモニ・カハールは実際にはそこにないもの、たとえば火星の運河や、精子の頭部内の小人といったものを描くような失敗はけっしてしなかった。彼は関連のなさそうなものを絶対に混在させないように、細心の注意を払っていた。

はっきりと見えていながら、彼がニューロンのスケッチから常に除外していたもののひとつがグリアだった。これについて、彼は別途スケッチをしていたので、長年研究を重ねるうちに、何冊ものノートがこの奇妙な細胞で埋まっていった。この細胞に彼は魅了されたが、ゴルジ染色法によって判明したその構造からは、機能に関する手がかりがまったく得られなかった。グリア細

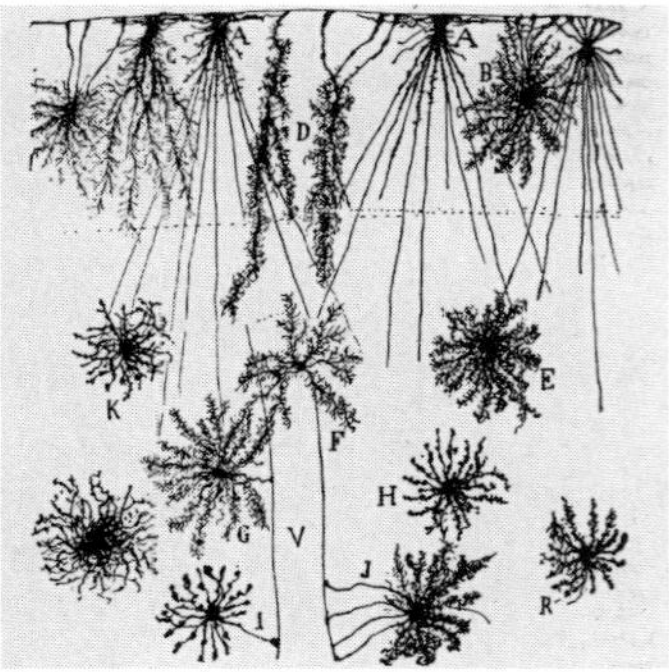

図1-9
ラモニ・カハールは、グリアがニューロンとは異なることに気づいていたが、その機能については判然としなかった

胞には、ワイヤー状の軸索も、根のような樹状突起もなかった。顕微鏡で見ると、多くのグリアが銃弾で打ち抜かれたガラスの弾痕のような形をしていた。丸い中心部から、細かな裂け目のようなものが光背のように放射状に外側へ向けて広がっていた。ラモニ・カハールは、丸々とした細胞体からあらゆる方向に多数の原形質の脚が伸びている様子から、これを「スパイダー細胞」と名付けた。一方、この細胞の形を星に似ていると考えて、「星状膠細胞《アストロサイト》」と呼んだ学者もいた。アストロサイトは、これまでに知られている四種類の主要なグリア細胞のひとつを示す名称として、今も広く使用されている。だがラモニ・カハールの観察によれば、グリア細胞は無数の変わった形をとるのだった。扇形の奇怪なサンゴのように見えるものもあれば、軸索に吊るされたソーセージのようなものもあった。有力な学者たちの大半は、この非神経細胞は脳の結合組織の一種で、ニューロンの隙間を埋めているのだと考えていた。この奇妙な脳細胞にもっと高次の機能があったとしても、自分が活用できる初歩的な道具では、その

秘密は解き明かせないだろうと、ラモニ・カハールは承知していた。そこで彼は賢明にも、この細胞を別個にスケッチし、別々のノートに描き分けることによって、のちの神経生物学者たちにこの問題に答えを出すよう暗に求めていた。すなわち、このもう半分の脳の正体は何か、と。

グリアは耳をすましている——ラモニ・カハールの謎に射した光

九〇年後、私は小さな部屋の中に座っていて、顔にはコンピューター画面の放つ寒々しい青い光が映っている。左手には、ビリヤード台ほどもある大きなスチール製の台が置かれ、二〇センチメートルほどの厚みを持つその台は、がっしりとした脚部に通された空気ピストンによって浮いており、一分の狂いもなく、光学的に平坦で、振動のない表面が保たれている。台の上には、互いに接続された電子機器が一面に並び、どれもしっかりと台に固定されている。それらの機器内部の冷却ファンの音が周囲に響き、あちこちで発せられる自動弁やシャッターの短い音にときおり遮られる。隣室の洗濯機ほどの大きさの付属機器に接続した太く黒いホースは、冷水を循環させて、装置の心臓部を成す紫外線レーザー発生部を冷却している。衣類乾燥機のダクトに似た波形の管は、この狭い部屋から有毒なオゾンガスを吸い出している。

台の中央には、大きなキャビネットほどのサイズで、明るいオレンジ色の透明なプレキシガラス［訳注：透明性が高く、加工のしやすいアクリル樹脂の商標］製の箱が置かれ、紫外線を遮蔽している。箱の中には、ラモニ・カハールがこの部屋で唯一見分けられただろうもの、すなわち顕微鏡が入っている。この装置を見たら、彼は驚嘆したに違いない。精密な構造を持つ巨大なその装置は、ラモニ・カハールがカミソリで薄く切り出した脳組織のサンプルを覗き込むために使用していた顕微鏡のおよそ三倍の大きさがあった。それでも、この顕微鏡の基本的な構造や部品は彼にもわかっただろう——可動式の試料ステージや、彼が子供のように目を見張りながら覗き込んだ接眼レンズだ。これらの部品は今では、対物レンズの下に試料を置くためにちらりと覗く程度にしか使われず、その後接眼レンズが閉じられると、光路はデジタルカメラや光電子増倍管へ切り替わり、薄暗い画像を増感して、顕微鏡像をコンピューター画面に鮮やかに表示する。私はヘリコプターのパイロットのように、ジョイスティックを使ってこの極小の地平を探索できる。

ラジオのダイヤルのようなつまみを回すと、細胞が上から下に向かって光学的に切断され、細胞構造が光学的「切片」として一枚ずつ剝ぎ取られていく。最初に映し出されるのは、窓ガラスに当たって跳ね返ったボールが残した跡のようなわずかな細胞膜だ。次に、ボールの上部を切り取ったときのような円形が現れ、その後も次々と切断しながら反対の端まで進むと、細胞膜から細胞核に至る細胞内の微細な構造を漏れなく記録することができる。さらに驚くことに、私が今この先進的な光学顕微鏡で観察している細胞は生きているのだ。これらの細胞は胎仔マウスから取り出し、一個ずつ分離して、温度と酸素供給を保つ人工子宮の役割を担う実験室の培養器の中で、一ヵ月以上も生育させたものだ。

ラモニ・カハールは、画面に映し出された映像がニューロンであるとすぐに気づいただろう。

それどころか、その独特な球形から、それらは皮膚から脊椎へ触覚や温覚、痛覚などを伝えるニューロンであると、その正確な種類までも特定できただろう。この細胞は、後根《こうこん》神経節（DRG）ニューロンと呼ばれている。だが、このきわめて鮮明な細胞の画像を見たら、どれほど薄く細胞をスライスしているのかと、ラモニ・カハールはおおいに戸惑ったことだろう。

特別な眼鏡をかけると、コンピューター画面が開け放たれた窓に変貌し、このDRGニューロンがひとつ、吊り下げられたクリスマスオーナメントのように三次元の空間に浮かび上がって見える。指でマウスをちょっと操作するだけで、細胞をどのような軸ででも回転させ、その微細な内部構造を詳しく観察できる。この様子をラモニ・カハールが目の当たりにしたら、仰天したに違いない。

だがこの装置の最も優れた点は、ここからだ。これは国立衛生研究所（NIH）の私たちの研究所に設置された初めての共焦点レーザー顕微鏡なのだ。この装置は通常の光学顕微鏡とは異なり、細胞構造を鮮明な光学的断面として示すだけでなく、分子が生きた細胞の内部やその間を動き回りながら、細胞表面の電気信号からのメッセージや指令を、細胞核の中心まで運搬している様子を捉えて、実際の細胞の生化学や生理学を明らかにすることができる。一九九四年当時は、このような装置はアメリカ国内に数えるほどしかなかったが、今では主要な大学の研究学部には必ず一台は設置されており、複数所有するところがほとんどである。

〈深海が明かした新事実〉

サンディエゴ近郊のスクリップス海洋研究所で海洋生物学を研究していたとき、私は夏になると、ギンザメというあまり知られていない深海魚の研究を行ったものだった。この魚は、ワシントン州のサンファン諸島付近の北太平洋で海面近くにまで達する冷たい水の流れに沿って、深海から浮上してくる。サンファン諸島には、フライデー・ハーバー研究所が設置されている。そこに世界中から科学者が集まり、サマーキャンプのコミュニティが形成されて、各人が一日中、一心不乱に科学の研究に精を出していた。底引き網で標本を採集するために、漁船で出港する準備をしていたとき、数人の学生が桟橋を行ったり来たりしながら、勢い込んで昆虫採集用の網を水中に浸けて、「オワンクラゲ」という名で知られる一ドル硬貨ほどの小さなクラゲを捕獲しているのに私は気づいた。透きとおった美しいこの生物は、夏のフライデー・ハーバーの海中ではよく見かけるが、学生たちがそれほど熱中する理由がいまひとつわからなかった。そこで尋ねてみると、学生の一人が、彼らはクラゲの生物発光に興味があるのだと説明してくれた。生物発光とは、多くの海洋生物が有する冷光（通常は青緑色のリン光）を発する能力だ。「どうしてです？　それらがどのように発光するのかを突き止めようというのですか？」と私は訊いた。

「いえ、それについてはもうわかっています。私たちはカルシウムと結合すると発光するタンパク質を抽出しているのです。カルシウム電流の研究のために、エクオリンというタンパク質を細胞に注入するのです」

それを聞いて、私はすぐに納得した。電気生理学者たちは神経活動を調べるために、きわめて細い電極を作製し、顕微鏡下でマイクロマニピュレーターを用いて、その電極を神経細胞の適切な位置に正確に刺入する。神経細胞内部へのイオンの流入は、生物学的な電流を発生させるので、この電流を電子機器で大きく増幅してオシロスコープ〔訳注：電気現象を波形で計測する装置〕の画面に表示すれば、研究者たちは、手術室のモニターで医師が心臓の拍動を見守るのと同じように、神経インパルスが神経回路を伝わっていく様子を観察することができる。電気生理学者が知りたいのは、このような電流がどのように生じ、調節されるのか、そして、細胞内のさまざまなイオンのうちで、どれがこの電流の発生に関与しているのかという点だ。これは難しい課題であり、通常は神経細胞を浸す溶液のイオンを置き換えて調べる。また、ナトリウムやカリウム、カルシウムのようなさまざまなイオンを細胞内部へ流入させている、特定のタンパク質から成る細胞膜上のチャネルを遮断する薬物を投与するという方法もある。

開発中の手法が首尾よく機能すれば、学生たちは蛍光を発するこのクラゲのタンパク質を神経細胞に注入し、それを顕微鏡で観察できるようになるだろう。カルシウムの流れが細胞内へ侵入したり、細胞を通過したりすれば、輝く緑色のリン光があとに残す軌跡として、雲ひとつない青空にたなびく飛行機雲のように、その動きを観察できる。彼らは、生きた細胞内の生化学反応や生理作用をみずからの目で見られるだろう。しかも、オシロスコープの画面をよぎる緑色の波形や輝点としてだけではなく、三次元の空間においてリアルタイムでこれらの現象を観察できるようになるのだ。その二〇年後、私はDRGニューロンをいくつかの溶液にくぐらせて、クラゲから抽出したタンパク質によく似た合成カルシウム感受性蛍光色素を細胞内に取り込ませる処理をしていた。このニューロンは白金電極を装着した培養皿で生育させていたので、弱い電気ショックを与えて、インパルスを発火させることができた。ニューロンが発火すると、膜電位の変化によって細胞膜上のタンパク質チャネルが開き、カルシウムイオンが細胞内へ流入できるようになる。ニューロンが発火するたびに、カルシウムイオンが細胞に流れ込んで蛍光色素と結合し、その細胞がぱっと輝くのを目にして、私は歓喜した。一〇年前に、この現象が起こるところを同僚と初めて目撃したときには、喜びに沸く私たちの声が廊下中に響き渡ったほどだった。

だが、今回の実験は話が別だった。私はDRGニューロン以外にも、グリア細胞を培養に加えるよう、研究室の技術員であり、のちに大学院生として私の教え子となる（今ではハーバード大学の新任教授である）ベス・スティーヴンズに頼んであった。私たちが加えたのは、シュワン細胞と呼ばれる種類のグリア細胞だった。シュワン細胞は、末梢神経の中にあって軸索に接合し、直径の大きな軸索の周囲に巻きついたり、何本ものソーセージを挟み込んだホットドッグのパンのように、数本の細い軸索を包み込んだりして、ミエリンと呼ばれる電気的絶縁を形成している。このグリア細胞は、軸索を構造的に支えているだけでなく、生理学的な役割を持つ可能性もある。当然ながら、神経インパルスを伝えるのは軸索だけだ。グリア細胞はこれまで、導線に巻かれたプラスチック被膜のように軸索を絶縁しているものの、軸索を流れるインパルス活動は感知できないと推定されてきた。私たちはこの推定を検証したいと考えていた。

数ヵ月の準備を経て、科学者なら誰もが待ち望む瞬間がついに訪れた。すなわち、スイッチを入れると、自分の仮定が正しかったのか、あるいは間違っていたのかが判明する瞬間だ。コンピューター画面には、各地の降水量を示すテレビの天気図のように、細胞内の蛍光強度をカラースケールに変換した図が示された。カルシウムが多いほど、蛍光はより明るくなり、明るく光るほど、スケールの色は暖色寄りになる。ＤＲＧニューロンとシュワン細胞は深い青色で、内部にほとんどカルシウムのないことを示していた。私がスイッチを入れてニューロンを刺激した瞬間、それらのニューロンは青から緑、そして赤、白へと変わり、細胞質にカルシウムがどっと流入したことがわかった。シュワン細胞は、電気的インパルスを発火することも、軸索に発火を引き起こしている微弱な電気ショックを感知することもできずに、青色のままだった。失意のなか、一五秒ほどが過ぎただろうか。突如としてシュワン細胞がクリスマスツリーのように明るく光り始め、ベスと私の気分は一気に高揚した。目の前のグリア細胞は、神経軸索のインパルス発火を何らかの方法で感知し、それに反応して細胞体内のカルシウム濃度を上昇させたのだ。グリアは長年、脳を取り巻く梱包材にすぎないと見なされてきたが、ニューロン間でやり取りされる情報に関係していた。そこで、新たな疑問が浮上した。グリア細胞は、神経細胞の軸索の中を流れる電気信号をどうやって傍受しているのだろうか？　そしてなにより、その理由は何なのか？

第2章 脳の中を覗く
——脳を構成する細胞群

脳を解剖する

一〇歳の少年らしい旺盛な好奇心で、私は肉切り包丁を使って心臓を二つに切断した。すると、すべてが露わになった。心臓は湿っぽい筋だらけの弁で四室に分かれていた。そこで血液を心房に吸い込んだり、大動脈や肺動脈に送り出したりしているのだ。強く興味をかき立てられた私は、次の機会には脳を手に入れてもらえないかと母親に頼んだ。母親が子牛の脳を持って肉屋から帰ってくると、私はワクワクしながら脳に包丁を入れて、二分した。ところが、中には何もなく、ただどろっとした肉質の塊の中心部に空洞があるだけだった(注1)。

これはいったい、どのように機能していたのだろうか？　本を読めば、脳のさまざまなこぶやひだの名前——小脳、橋《きょう》、延髄、側脳室など——はわかるが、このような情報からは、体内で最も重要なこの器官がどのように機能しているのかについて、わずかなヒントさえも得られなかった。両親や教師をはじめ、どうやら誰もその答えを知らないようだった。

脳のパワーは構成要素を微小化して結集することで得られており、実際に機能している部品は小さすぎて目には見えないのだと、今では私も理解している。人間の目の分解能を超えるほど細かいコンピューターの作動部品と同じで、脳を構成する細胞要素も高性能の顕微鏡で数百～数千倍に拡大しないと見えない。今日では、神経細胞、あるいはニューロンを脳のマイクロプロセッサーと見なすのが当たり前になっているが、エレクトロニクス時代以前の科学者たちは、脳に関して別の見方をしていたことを思い出そう。脳をマイクロプロセッサーになぞらえることが的確だと、どうして断言できるだろう？　思慮深い神経科学者たちは、疑問を抱き始めている――脳機能についての私たちの基本的概念は、単純すぎるのではないだろうか？

ニューロンどうしの通信回線にグリアが介入しているとしたら、その理由は何なのか。これを理解しようとするなら、まずは脳の構造と謎に包まれたこのグリア細胞を、より詳細に調べることから始めなくてはならない。脳の細胞の圧倒的多数を占めるのはグリアで、ニューロンではない。グリアはニューロンとは異なり、電気的インパルスを発火することはできない。そのためグリアは、電気的インパルスを遠くまで送るための導線である軸索や、何千ものシナプスを介して電気信号を受け取るための茂みのような樹状突起といったニューロンの特徴的形質を持たない。

この脳細胞が何をしているのかという問題の答えを見出すためには、この分野の先駆けとなった科学者が、顕微鏡で神経組織の切片の中にニューロンを見つけたことを初めて報告した時点まで遡って、発見の軌跡を最初からたどる必要がある。皮肉なことに、グリアは研究者たちのすぐ目の前に数多くあった。だが、ニューロンのまばゆい輝きに眩惑された科学者の目には、脳の大部分を構成するグリアは映らなかったのだ。

〈灰白質〉

体の隆起の一つひとつや細かな特徴を表すために解剖学者が付けた名称（多くはラテン語だ）とは対照的に、脳に関して彼らが成しえたのは、せいぜい「灰白質」と名付けたことぐらいだった。脳は実際にはピンク色なので、この名称は物理的な記述としては不適切だが、この謎めいた組織に関する私たちの理解が曖昧であることをほのめかす詩的な名称ではある。初期の解剖学者に、脳についてはっきりとわかることは何ひとつなかった。

この軟らかい組織を詳細に観察しながら、その構造の持つ意味合いや、どのように機能するのかを示す手がかりを探っていた一九世紀の解剖学者たちは、どれほどのフラストレーションを抱えていたことだろう。顕微鏡が発明されると、科学者はすぐに飛びついて、灰白質の内部を覗いてみたが、そこに見えた世界は身体のほかのどんな組織とも異なっていて、ただ当惑するばかりだった。神経系の細胞構造はきわめて微細なので、可視光の波長では長すぎて、綿密な調査はできない。たとえば、緑色光の波長は、ニューロン間のコミュニケーションを担う基本的な装置であるシナプス小胞の一〇倍も長い。物理学者が可視光線の代わりに電子線で焦点を合わせる方法白質は脳の半分近くを占める。白質は、全国の電話機を接続する基幹回線のように、灰白質のさまざまな脳部位にある個々のニューロンを結ぶ何百万本ものケーブルで構成される

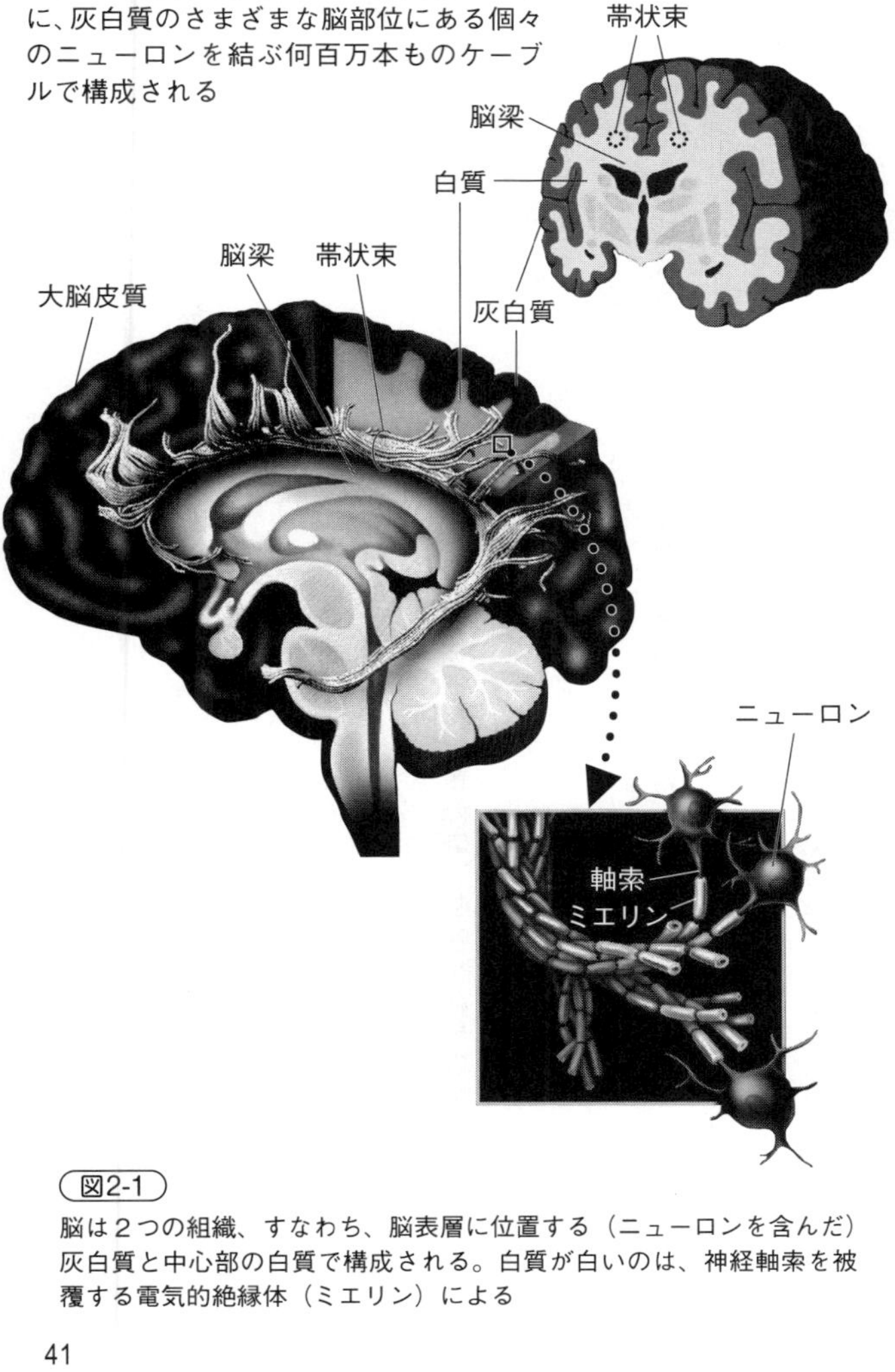

図2-1

脳は2つの組織、すなわち、脳表層に位置する（ニューロンを含んだ）灰白質と中心部の白質で構成される。白質が白いのは、神経軸索を被覆する電気的絶縁体（ミエリン）による

を開発し、電子顕微鏡が誕生して初めて、シナプス小胞を観察したり、精緻な脳の構造を解析したりできるだけの性能を備えた道具が実現した。電子顕微鏡が発明されたのは、二〇世紀半ばだったが、その後完成の域に達するまでには、何十年もの技術開発を要し、この電子顕微鏡が映し出す複雑な画像を理解できるまでには、さらに何年もの月日がかかった。脳以外の身体の細胞構造が精密に描き出されてから一世紀以上経つが、神経系の細胞構造は現在もなお、精力的な研究の続く分野のひとつだ。

〈白質〉

脳の灰白質でない部分を、白質という。この白く輝く脳組織は、脳の離れた場所に位置するニューロンを接続する通信回線が、何百万本も密に束になっている集合体だ。このきわめて重要な通信回線は、灰白質から成る皮質の下にぎっしりと詰まっていて、それはちょうど野球ボールの革製の表皮の下にきつく巻き込まれている繊維層のようなものだ。脳の白質は、紙の余白部分のように、機能的な構成要素の間を埋める領域であると簡単に片付けられているが、この単純な見解は近年、変化し始めている。白質の実体解明は非常に難しい課題であり、脳のイメージング技術が新たに登場して、科学者がこの領域を探索できるようになったのは、ここ数年のことだ。後述するが、この技術によって得られた新たな発見は、脳がいかに情報を処理して貯蔵するか、すなわち、いかに学習するかについての基本概念を覆しつつある。脳の余白とされたこの領域で、そのメカニズムの中核を成しているのがグリアだ。

長年なおざりにされてきたこの脳細胞に関する近年の探究が発端になって、大変革に火がついた。そしてそれは、脳がどのような構造を持ち、どのように機能し、精神疾患や病気においてどのような不調をきたしているのか、さらにはそれがどう修復されるのかといったことについての私たちの理解を揺るがしている。脳に対するこの新たな見方を理解するうえでカギとなるのが、グリアだ。この細胞について、科学者以外の人たちが入手できる情報はないに等しい。そこで私たちは、この多様で風変わりな脳細胞を発見した先人たちと同程度の知識しか持たずに、調査を始めることができる。答えを知っているのはひと握りの専門家だけなので、この奇妙な脳細胞を発見した科学者たちがたどったとおりに、その謎や手がかりや新発見を、私たちも追体験できる。こうした手がかりが集まれば、ニューロンの脳と並行して働いている「もうひとつの脳」の正体が明らかになるだろうか？

ニューロン――脳の働きに関する取扱説明書

さらなる探求に踏み出す前に、脳が細胞および回路のレベルでどのように作動しているのかに関する知識基盤を、まずは共有しておこう。神経系は、ワイヤーのような軸索に沿って、最速で毎時三二〇キロメートルほどの速さで、電気的インパルスを送り出すことによって機能している。痛覚線維をはじめとする一部の軸索では、インパルスの伝導速度はずっと遅く、私たちがゆっくり歩くときと同程度の時速三キロメートルあまりだ。そうであれば、誤ってハンマーで親指をたたいてしまったときに、痛みの感覚がじわじわと強まっていくのも頷ける。高速の神経線維の伝導速度のほうが一〇〇倍も大きくなるのは、この線維がミエリンと呼ばれる電気的絶縁体で覆われているからである。これに対して、痛覚線維は絶縁されていないむき出しの糸のような軸索だ。

ラモニ・カハールが推測したとおり、個々のニューロンは、電気回路の中ではんだ付けされた銅線のように、互いに融合しているわけではない。そうではなく、脳内のニューロンは、それぞれが独立した島のようなものだ。それぞれのニューロン島は、体内のすべての細胞が浸かっている塩水で満たされた小さな湾で、対岸の別のニューロンに向けてメッセージを送るという方法によって、情報をやり取りしている。こうして湾に隔てられているせいで、回路の中を流れる電気のようには、情報は次のニューロンに受け渡されない。そうではなく、ニューロンは湾に化学的なメッセージを浮かべて、向こう岸のニューロンへ送り届けている。この湾がシナプスであり、両岸のニューロンは、メッセージを送る側か、受ける側かによって、シナプス前《ぜん》ニューロン、あるいはシナプス後《こう》ニューロンと呼ばれる。シナプス前ニューロンは常に、軸索先端からメッセージを送り出すニューロンであり、シナプス後ニューロンは、シナプスを渡ってきたメッセージを根のような樹状突起で受け取るニューロンだ。

メッセージは、神経伝達物質と呼ばれる化学物質のかたちで送られる。シナプス小胞というニ

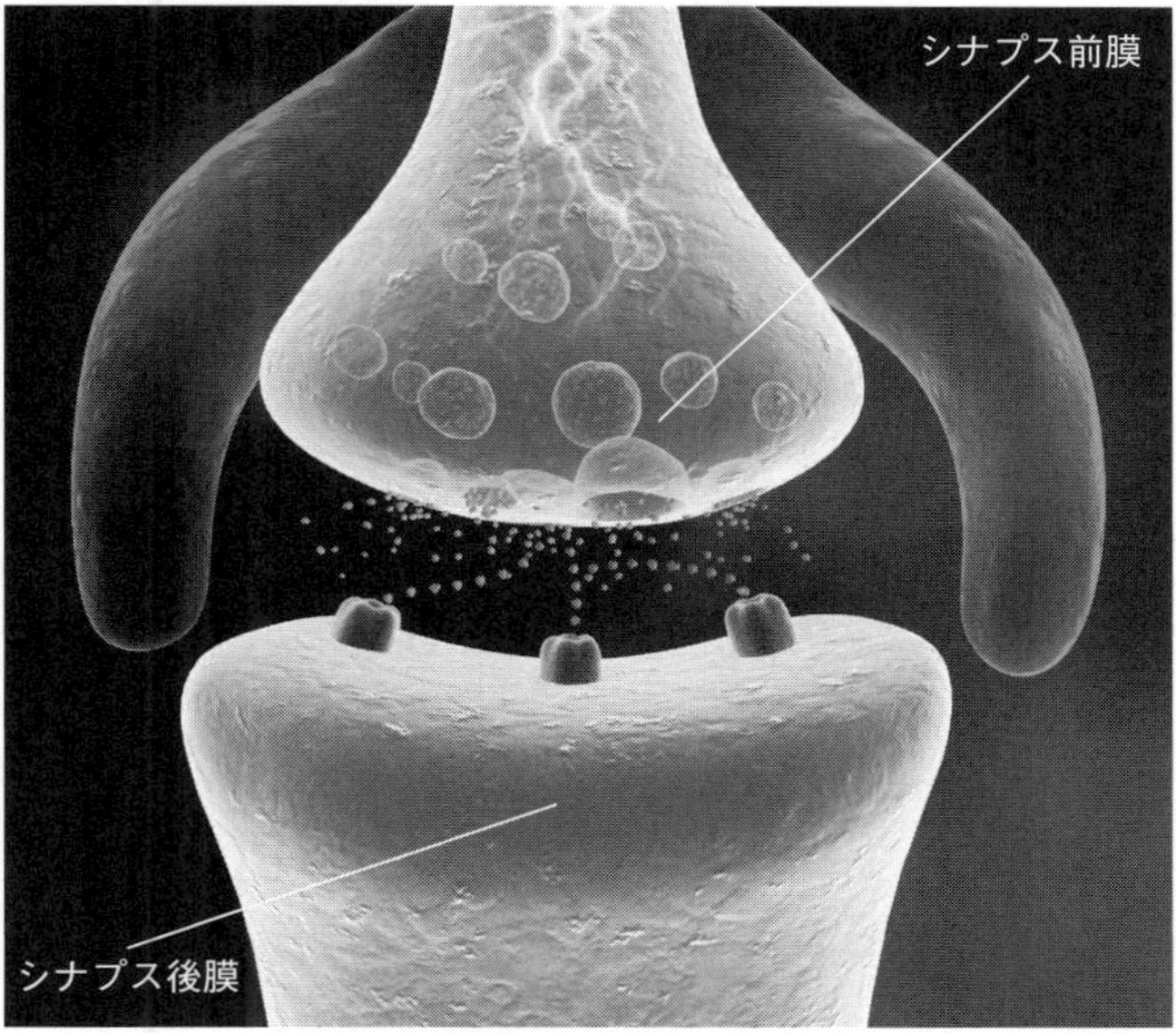

図2-2
電気的インパルスは軸索を通って伝わり、シナプスで神経伝達物質を放出させて、回路内の次のニューロンの樹状突起を刺激する

ューロン内部のごく小さな「容器」は、神経伝達物質の分子で満たされている。個々のシナプス小胞は小さな球体で、光学顕微鏡では見えない。電子顕微鏡で高倍率に拡大して初めて、目にすることができる。メッセージはこの丸い容器に収められて、シナプス湾を渡っていくとお考えかもしれないが、そうではない。容器の中身だけが湾に放出されて、対岸に向かって拡散していくのだ。シナプス小胞は、軸索先端部の細胞膜の直下に集まっている。電気的インパルスが届くと、その力

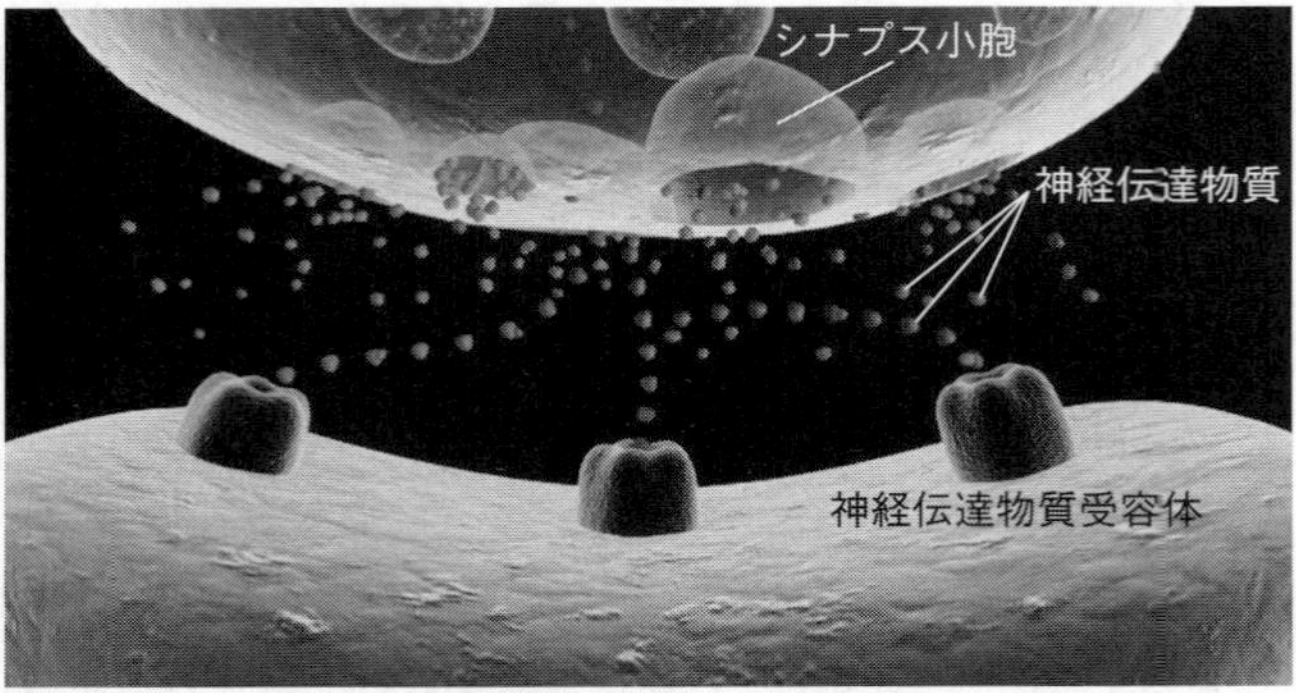

図2-3

神経伝達物質はシナプス小胞から放出されると、シナプス間隙を渡って拡散し、樹状突起上の神経伝達物質受容体を活性化させる

によって水風船のようなシナプス小胞が一個または複数個、軸索の細胞膜にぶつかり、その中身を細胞の浮かぶ海へと放出する。放出された神経伝達物質はシナプス湾を渡り、対岸のシナプス後ニューロンに到達する。

シナプス後ニューロンの岸沿いに立っている見張り役の分子は、シナプス湾を渡ってくる神経伝達物質を感知できるよう特別に設計されている。この神経伝達物質受容体《レセプター》は、生物学的なナノマシンとして機能する大きなタンパク質分子だ。各受容体には通路があり、神経伝達物質が感知されると、受容したニューロンの樹状突起内部に向けてそれが開かれる。受容体を貫くこのトンネルがわずかな時間開くことで、溶液中に存在している荷電したイオンが移動して、シナプス後ニューロン内の電圧が変化する。シナプス後ニューロンで起こるこの短時間の電圧変化は、神経伝達物質を受容した合図であり、シナプス後電位と称される。シナプス電位の変化が十分に大きければ、その変化が引き金となって、シナプス後ニューロンはインパルスを発火して軸索に送り出し、回路内の次のニューロンへ信号を伝えることになる。このような仕組みは、神経系の設計としてはお粗末に思われるかもしれない。だが、自然が直面している設計上の難題を想像してみてほしい。なにしろ、塩水の入った小さな袋にすぎない細胞以外に何も使わずに、高速で強力な生物コンピューターを構築しなくてはならないのだ。

このように、神経インパルスは軸索で速度を落とし、終末部に達すると、神経伝達物質を放出する。神経伝達物質はシナプス湾を渡って、シナプス後ニューロンの神経伝達物質受容体を活性化し、受け手側のニューロンに電位変化を起こす。続いて今度は、受け手側のニューロンが電気的インパルスを発火して軸索沿いに伝導し、回路の次のニューロンの樹状突起に向けて、リレー方式で神経伝達物質を放出する。神経伝達物質がシナプスを渡って拡散する時間を短縮するために、二つの細胞を隔てる湾の幅はきわめて狭い（四万分の一ミリメートル）。シナプス間隙と呼ばれるこの湾はごく狭く、実際のところ、最も高性能の光学顕微鏡をもってしても見ることができない。そのせいで、神経科学の分野では何十年もこの点に関する見解の対立が続いていたが、電子顕微鏡によって、体内のシナプスには例外なく、シナプス前ニューロンとシナプス後ニューロンを隔てる湾が存在することが証明されて、この論争は決着をみた。メッセージは、瞬きのおよそ一〇分の一の時間でシナプスを通過するが、時速約三二〇キロメートルという神経インパルスの伝導速度に比べれば、シナプスは高速道路の料金所のように、情報の流れを停滞させていると言える。

このことから、神経回路の結合は可能なかぎり少なく抑えられている理由がわかる。各シナプスにおける神経伝達の遅れは、回路全体の情報の流れを減速させるからだ。この制約のせいで、ニューロンは体内で最も大きな細胞となっている。実のところ、信じられないほど大きい。ニューロンは通常、肉眼では見えないが、なかには巨大なものもある。たとえば、脊髄から足の親指に伸びるニューロンは、九〇センチメートルあまりもの長さになる。各ニューロンを隔てるシナプス湾を越えて化学的なメッセージを送ることは、回路設計に重大な制約を課すので、これだけの長さが必要になるのだ。効率を最大化するには、神経系内でどのような機能を果たす回路であれ、回路内のシナプスの数をできるだけ少なくするのが最善策である。

膝蓋腱《しつがいけん》反射を検査するために、医師が膝の下をゴム製の打腱器《ハンマー》でたたくと、歩行に欠かせない重要な協調運動を制御する回路が機能している様子が見られる。歩いていてつま先をぶつけたときにも、医師が打腱器でたたいたときとまったく同じように、膝蓋の下の腱が急にぐいっと引っ張られる。よろめかないためには、下腿をすばやく前方に振り出し、体勢を立て直さなくてはならない。この感覚運動反射は、瞬時に実行される必要があり、さもないと、つまずいて転倒するはめになる。

この電光石火の反応を実行するため、転倒を防ぐのに不可欠な反射を制御している回路全体の中に、シナプスはたった一個しかない。膝蓋腱を支配する神経終末が、つま先をぶつけて（あるいは医師の打腱器の衝撃で）急に引っ張られたことを感知すると、その神経は時速三二〇キロメートルで、神経終末から脊髄まで、軸索を通してインパルスを走らせる。このとき、脳に信号を送っている時間はない。ところが脊髄の中には、（脚の動きに関する情報を脊髄に送る）感覚神経と運動神経の間にシナプスはひとつしか介在していないので、この運動神経が脚の筋肉に向けて電気的インパルスを瞬時に発火して、下腿をすばやく前へ踏み出させている。つまり、一個のシナプスのおかげで、私たちは顔から転倒せずにすんでいるのだ（このメッセージは、別の神経回路によって脳へ中継されているが、脚の筋肉が反応したあとに脳に情報が届くので、すでに起こってしまったこの反応に、意識的な制御は利かない。だからこそ、医師が打腱器で膝蓋腱反射を引き起こし、自分の脚が勝手に跳ね上がるのを見るたびに、いつも私たちはびっくりして面白がるのだ）。

ニューロン島から成るこのシステムは、迅速なコミュニケーションに厳しい制約を課すものの、この厄介な仕組みにも良い面はある。神経回路を巡る情報の流れを管理するうえで、シナプスが制御ポイントになっているのだ。スイッチや音量調節つまみのように、制御ポイントであるシナプスは、神経系の計算能力と情報処理能力を大きく向上させ、ニューロンどうしが配線のように直接結合していた場合に得られると考えられる能力をはるかに凌ぐ力を、神経に与えている。シナプスを通過する情報の流れを調節することで、回路は強化あるいは減弱されるので、実質的には経験に従ってその動作状態を変更できるようになる。要するに、学習が可能になるのだ。私たちの記憶はニューロン内部に封じ込められているのではなく、シナプスを介したニューロン間の結合部に貯蔵されているのだ。新たな経験は、ニューロン間に新しい結合を生み出したり、すでにある結合を失わせたりする。ある意味では、記憶は物質の中にではなく、物質間のスペースに貯蔵されると言えるだろう。

シナプスには、ニューロンを結びつける以外にも大きな役割がある。それは、情報処理に柔軟性を持たせるという役割だ。シナプスのおかげで、経験に基づいて機能的な結合を調節できる。学習の過程は、たんにシナプスを作ったり壊したりするだけではなく、もっと細かく調節されている。シナプス結合の強度は、シナプス可塑性と呼ばれる過程を通じて精緻に調節できる。では、それはどのように行われているのだろう? シナプス結合を強化あるいは減弱する分子変化は、記憶や学習に関心を寄せる神経科学者たちによって熱心に研究されているが、そのメカニズムの原理はごく単純だ。インパルスが到達したときに、シナプス前ニューロンの終末部から放出される神経伝達物質の量をわずかに増やしたり、神経伝達物質による信号を受け取るシナプス後ニューロンの受容感受性を調節したりすることで、あるシナプスへの同じ入力が、シナプス後ニューロンで起こす電位変化を大きくしたり、小さくしたりできる。その結果、シナプス結合は強化、あるいは減弱されるのだ。

だがこのシナプス伝達の過程には、きわめて重要な側面がもうひとつある。それは清掃だ。シナプス湾の神経伝達物質が速やかに片付けられて、次のメッセージを送り出せるようにならなければ、シナプスを介したコミュニケーションはうまくいかない。以前から、シナプス間隙に隣接しているグリアが、この清掃作業を行っていることが知られている。グリアの細胞膜にあるタンパク質分子が、シナプス間隙から神経伝達物質を汲み出して、（主要な四種類のグリア細胞のひとつである）アストロサイトへ取り込み、そこで伝達物質が再処理されているのだ。シナプスを取り囲むアストロサイトは、神経伝達物質を濾過《ろか》して取り除き、信号と混同されないような不活性型に転換したのち、この再加工した物質をシナプス前神経終末へ送り返している。ニューロンではその後、単純な化学反応によって不活性型分子を再び活性型の神経伝達物質に戻して、シナプス小胞に再充填している。

アストロサイトは、ニューロンのエネルギー源となる乳酸も供給している。これは、ヨーグルトに独特の風味を与えているのと同じ物質だ。アストロサイトはニューロンの必要に応じて、燃料を送り届ける。

以上のように、グリアはニューロンを保護して支える役割を担っているが、大部分の神経生物学者たちはこれらの機能にほとんど関心を示さなかった。しかし最近では、ニューロンのシナプスがグリアの維持管理に依存しているのであれば、グリア細胞はシナプスを完全に制御する権能を持ちうるだろうと考える研究者も出てきている。

もし神経伝達物質が効率よく汲み出されなければ、シナプス湾は古いメッセージで溢れ、シナプスを介したコミュニケーションはうまく機能しなくなるだろう。反対に、神経伝達物質の除去が速すぎると、メッセージの提示時間が短くなり、シナプス後細胞に十分な効果が及ばなくなる。また、ニューロンが必要とするだけのエネルギーが、アストロサイトの提供する栄養によって補給されなければ、ニューロンは力尽きてしまうだろう。したがって、アストロサイトはニューロンを制御する立場にあると言える。

科学者がニューロンを調べるために使用していた電極と同じものでグリアを調べているかぎり、脳や神経の中でグリアがどんな働きをしているのかを突き止めることは、けっしてできなかった。電気的インパルスを発しないグリアが、ニューロンとどのように交信し、相互作用しているのかを理解するためには、新たな技術が必要だった。それがカルシウムイメージング法だ。これこそが、シュワン細胞が軸索内を伝わる電気的インパルスに応答していることを明かした技術だ。カルシウムイメージング法を用いたこの画期的な実験についてはこのあと詳しく検討するが、その前にまずは、グリア細胞の種類についてもう少し学んでおく必要があるだろう。

「もうひとつの脳」の構成細胞

現在のところ、神経組織にはニューロンに加えて、大きく四種類に分類されるグリアが存在することがわかっている。そのうちの二種類、すなわち末梢神経にあるシュワン細胞と、脳や脊髄に見られる稀突起膠細胞《オリゴデンドロサイト》に、軸索の周囲にミエリンという絶縁体を形成する。また脳と脊髄の全域に、アストロサイトと小膠細胞《ミクログリア》というグリアも存在する。ミクログリアは、脳を損傷や病気から保護しており、脳や脊髄が損傷から回復するうえで中心的な役割を担う。あらゆる種類のグリアがニューロン内の電気活動を感知して、それに応答している可能性を示す興味深い手がかりも見つかっている。

その意味するところを考えてみよう。脳内の電気活動は、知覚や経験、思考、そして気分を伝える。グリア細胞は神経系で多様な機能を実行しているので、もしグリアが神経インパルスの活動を感知できるならば、広範囲にわたる脳機能がグリアの影響を受けている可能性がある。感染に対する免疫系の反応から、軸索の絶縁、脳の配線の敷設・組み換えや、病気や損傷からの脳の回復に至るあらゆる機能が、グリアを介して作用するインパルス活動の影響を受けているのかもしれないのだ。

グリアの数はニューロンの六倍にも達するが、その正確な比率は神経系の部位ごとに異なる。それはちょうど、男女の比率は平均すると一対一であるものの、その正確な割合は場所によって大きく異なるのと同じだ。たとえば、理髪店では男性一〇人に対して女性一人だが、手芸店ではちょうどその逆になる。末梢の神経線維沿いや脳内の白質神経路では、グリアとニューロンの比率は一〇〇対一にもなりうる。なぜなら、軸索は全長にわたって、およそ一ミリメートル間隔でミエリン形成グリアに被覆されているからだ。ヒトの前頭皮質におけるアストロサイトとニューロンの比率は四対一だが、クジラやイルカの巨大な前脳では、ニューロン一個あたり七個のアストロサイトが存在する。これらの動物のニューロンに対するアストロサイトの存在比は、ほかのどんな哺乳類の前頭皮質における比率よりも高い。だが、その理由についてはわかっていない。クジラやイルカは社会性の強い動物で、知能も非常に高い。アインシュタインの大脳皮質の場合と同様に、グリアの占める割合がほかよりも大きいことは、これらの動物で認められる明らかな知性に、何らかの貢献をしているのかもしれない。だがその一方で、長時間呼吸を止めて深海に潜っているときに、ニューロンを健全な状態に維持しておくため、クジラやイルカは他の生物よりも多くのグリア細胞を必要としている可能性もある。

脳の外部にある全身の神経［訳注：末梢神経］には、違う種類のグリアが存在しており、神経線維の全長にわたって、軸索の周りをぎっしりと取り囲んでいる。これはシュワン細胞と呼ばれ、先に述べた実験で私が初めて詳細に観察したグリアでもある。

〈シュワン細胞〉

そのとき私が思いを馳せたのは、テオドール・シュワンだった。彼は、軸索の発火に反応して光り出すところをベスと私が目撃したばかりのグリア細胞に名前を残している人物だった。私たちがたった今目にしたこと、つまり、グリアが神経インパルスを感知している様子を観察できていたら、彼ならどう考えただろうか？　発見の瞬間には、山の頂上に到達して下界を見下ろしたときの高揚感や、カーレースで優勝したとき、あるいはグランプリを獲得したときのような興奮に一気に満たされるだろうと、たいていの人たちは想像する。科学的発見によって湧き上がる独特で複雑な感情のなかには、たしかに高揚感も含まれているが、このとき私を圧倒していたのは、感謝と驚異の念だった。それは、歴史のなかでそれまで長らく隠されてきた秘密を、初めて自然が明かした瞬間だった。こんなときには誰しも、時と場所を超えた数多くの科学者たちの尽力によって、このような自然に対する新たな洞察が得られたのだと、彼らに対して感謝の念と連帯感を抱くものだ。私たちと共通の関心を持っていた科学者たちは、著書や専門誌に手がかりを残してくれている。彼らは、自分ではとても完成できそうにない大きなパズルの断片を見出したと感じて、誰かが将来そのピースを拾い上げて、新たな洞察力によってつなぎ合わせ、自然がそこに隠しているとおぼしき秘密を解明してほしいと願っていたはずだ。

シュワンは幼いころから恵まれた知性を発揮し、科学者としても、時代のはるか先を行っていた。実のところ、先を走りすぎていた。一八〇〇年代半ばまでの科学者は、生物は最も基本的なレベルでどのように構成されているのかに興味を抱き、生物の実体について考察していた。生

図2-4

テオドール・シュワン。神経線維にミエリンを形成するグリア細胞（シュワン細胞と呼ばれる）を最初に同定した。電気的絶縁体としてのミエリンの役割は、のちに判明した

物がこれほどまでに無生物と異なるのはなぜなのか？　これは、錬金術から化学が発展してきた時代のことで、物質の変化は、すべてのものを構成する原子の基本的特性に由来すると説明された。テオドール・シュワンは、四種類の主要なグリアのひとつを発見しただけでなく、細胞という概念そのものをも私たちに残してくれた（注2）。

シュワンは生来、感受性が豊かで、敬虔で謙虚な人物だった。彼は二四歳のとき、著名な科学者であったヨハネス・ミュラーの指導のもと、ベルリンで医学博士の学位を取得した。二九歳のときには、あらゆる生き物は細胞で構成されているという学説を考え出していた。彼は細胞を、核を取り囲む膜で包まれた構造と定義した。細胞は自己増殖し、単純なかたちから特別な形態へ変化できると説いた。細胞は寄り集まって集団を成したり、層を形成したり、空洞を作ったりし

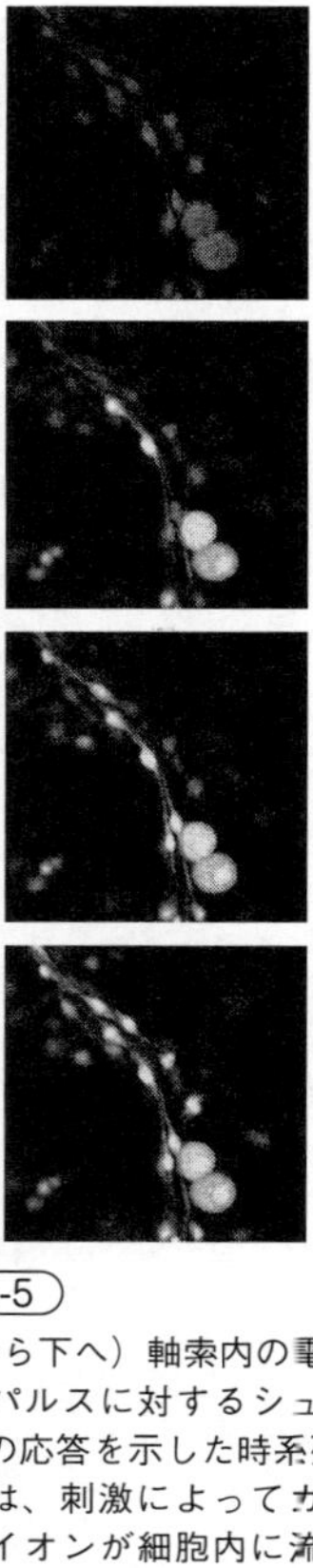

図2-5

（上から下へ）軸索内の電気的インパルスに対するシュワン細胞の応答を示した時系列図。細胞は、刺激によってカルシウムイオンが細胞内に流入すると光を放つ染料で満たされている。２個のニューロンの大きな丸い細胞体が、電気刺激に応答している様子がわかる。軸索沿いに並ぶ紡錘形のシュワン細胞は、神経線維の電気的活動を何らかの方法で感知している

て器官となり、ひいては体全体を作り上げることができるのだという。すべての植物および動物――骨や腱から皮膚や血液までを含む、体を構成するあらゆる物質――は、各々が単一の核を取り囲んでいる細胞群によって形作られていると、シュワンは提唱した（注３）。

シュワンは広く浸透していた神学の教義を打ち破って、肉体は神秘的な力に命を吹き込まれるのではなく、無生物が物理法則に支配されているのとまったく同じように、人知を超えた自然法則に従って機能しているのだと、シュワンは推論した。彼は敬虔なカトリック教徒だったが、生命力は無生物の世界に存在するさまざまな自然の力の基本的性質に基づく作用から生じるのであって、そうした性質の相互作用によって、生命が誕生すると信じるようになった。彼の考えによれば、生きた細胞は、無生物界で起こる結晶化と同じように、生物学的な物質から発生するが、ひとたび形成された細胞は、物理化学や物理学の力に導かれて変化できるという。哲学的に言えば、シュワンは創造主から生命の源を盗み出して、それを科学者と物理学者に手渡したのだ。

シュワンの輝かしい研究活動は、一八三四〜三九年の短期間で終わっている。その最後の年、彼は自身の科学的研究に対する悪意に満ちた個人攻撃に悩まされた。それは著名なドイツ人化学者のユストゥス・リービッヒとフリードリヒ・ヴェーラーによるもので、二人は有名な科学雑誌でシュワンの見解を愚弄した。たとえば、アルコール発酵は細胞（酵母）が糖に作用した結果であるとするシュワンの説を、細胞が架空の肛門からガスを出して、ワインボトル型の膀胱からアルコールの小便をするなどと、侮蔑的な表現であざ笑ったのだ。当時の通説では、果汁の中の窒素性物質と空気の化学反応によって、糖がアルコールに変化するとされていた。このような一見筋の通った化学的説明に比べると、微生物（酵母）が糖を消費して、炭酸ガスとアルコールを代謝副産物として放出するというシュワンの理論は、ばかげているように思われ、科学界きっての権威筋はおおっぴらに笑いものにした。屈辱を受けたシュワンは、かなり孤立した状況のなか、ときおり抑うつと不安にさいなまれながら残りの人生を送り、研究者としての昇進も、科学研究を続けるために必要な資金も得ることはかなわなかった。

細胞説を提唱し、神経線維の中にグリアを発見しただけでは足りないとでもいうように、シュワンは短いが輝かしいその研究期間に、ほかにも重要な発見をいくつもしている。消化には塩酸以外にも関与しているものがあるはずだと考えて、主要な消化酵素のひとつで、食物中のタンパク質を分解するペプシンを発見した。彼はまた、胆汁が消化に重要な役割を果たすことも証明している。

それからほどなく、シュワンが卓越した洞察力を示していたことに科学界も気づいた。彼の主要な科学的著作『顕微鏡による研究』［邦訳：『動物および植物の構造と成長の一致に関する顕微鏡的研究』（『科学の名著4』所収、檜木田辰彦訳、朝日出版社、一九八一年）］が一八四七年に英語に翻訳されたときには、「生理学を前進させたきわめて重要な足跡のひとつと位置付けるに値する」と称賛された（注4）。あざ笑う者はもはや誰もいなかったが、シュワンはこの頃にはすでに、研究室での職を離れていた。鉱業用機械の開発に携わるようになり、炭鉱から水を排出するポンプや、救助活動の際に呼吸を確保できる装置（この装置はのちに、ダイバーたちが海底を散策することも可能にした）などを設計していた。

今日では多くの人びとが日常的に、ちょっとした小銭と引き換えに、シュワンに敬意を表している。それは一八九〇年代に、ノースカロライナ州ニューバーンで薬剤師をしていたキャレブ・ブラッドハムが、有効成分としてペプシンを配合したという、消化を促進する飲み物を開発したことに始まる。大人気を博したこの清涼飲料こそ、「ペプシコーラ」だ。

ところで、糸に通された平たい真珠のように軸索に張り付いているシュワン細胞とは、いったい何なのだろう？　それは何をしていて、どこから生じたのか？

シュワンや同時代の解剖学者たちは、細いガラス針を使って慎重に神経線維を分離して、広げた線維を顕微鏡で観察していた。このようにして眺めると、一本の神経線維は非常に細い線維（神経軸索）が何百本も束になったものであり、軸索の一本いっぽんが感覚や運動の神経エネルギーを通す導管《ルート》であることは間違いなかった。それぞれの軸索には、その全長にわたって、細胞が鎖状に点々と付着していて、その様子はクモの巣についた小さな水滴のように見えた。

配管工が流し台から下水管までパイプの部品を継いでいくように、各神経細胞から伸び出した軸索は、胎児期に小さな細胞が集合して、長い円筒状の軸索チューブに融合することによって形成されたに違いないと、シュワンは想像した。そのため、軸索沿いに張りついている細胞は、こうした胎児細胞の名残だろうと推測した。現在シュワン細胞として知られるこの細胞は、へそと同じように、成体では何の機能も持たない退化した残骸のようなもの、つまり不要になった胎児構造の残した痕跡にすぎないのではないかと考えたのだった。

だが一方で、このグリア細胞が、成熟してからも神経細胞の軸索を支えたり、軸索に栄養を与えたりしている可能性もあった。この考えは別の科学者たちが提唱したものだが、軸索の先端からニューロンの細胞体までの長さが最大九〇センチメートルあまりにもなることを思えば、合理的な推測と言えるだろう。細胞体から軸索の先端まではるばる栄養を送り届けるのではなく、シュワン細胞が局所ごとに必要なものを送り届けて、細胞体から軸索の先端に至るすべての部分に栄養を供給しているのかもしれなかった。シュワン細胞にまつわるこうした疑問に対する答えは、それから六〇年を経てようやく得られることになる。だが、このグリア細胞が何に由来するのかという問いに対する答えは、テオドール・シュワンとはかけ離れた別の先駆的な科学者によってもたらされた。

【心の海に乗り出した船乗り——フリチョフ・ナンセン】

テオドール・シュワンが、感受性の強い内気な科学者の代表だとすると、フリチョフ・ナンセンはまさにその対極にあった。一八六一年に生まれ、一九三〇年に没したナンセンは、北極圏を探検した人物として有名だが、このノルウェーの冒険家の経歴が、神経系の探索に始まることを知る者はほとんどいない。ナンセンは、若いころから野外活動に親しんでおり、グリーンランド水域を目指して北へ航海する遠征隊に参加する機会が巡ってきたときには、現在のオスロにあったクリスチャニア大学で動物学を専攻する学生だったが、たっての希望でその遠征隊に加わった。この探検をもとにまとめられ、一八八五年に公表された小さな寄生虫に関する彼の研究は、今なおその分野の古典であり続けている。

未知なるものに対して強い関心を抱いていた行動派のナンセンは、スキーでグリーンランドを横断するという冒険にも乗り出した。ノルウェーのアザラシ猟船は一八八八年、ナンセンと五人の男性から成る一行を、グリーンランド沖の氷海に降ろした。ナンセンと仲間たちは山々を越えながら、マイナス五〇℃にもなる厳しい寒さに耐えて、ものすごい霧と吹雪の中をスキーで進み、三ヵ月後には西岸に到達した。そこで彼らはひと冬生き延び、イヌイットと生活をともにして、その暮らしぶりを学んだ（注5）。

ナンセンはその後、氷結した北極海の下をシベリアからグリーンランドへと流れる海流が存在するという説を展開した。この理論を証明するために、特別に設計した船で氷の中に閉じ込められたま

図2-6
フリチョフ・ナンセン。神経系の探索者である一方、1895年には北極も探検した。ナンセンは、グリアが高度な知的能力に関係しているのではないかと推測していた

図2-7
特別に建造されたフラム号は、ナンセンが船長を務め、極冠に閉じ込められたまま、北極海の氷塊の流れを調査した

ま、この海流に乗って終着点までたどり着く案を練り上げた。フラム号と名付けられたこの船は、北緯七八度五〇分の地点で、わざと氷に捕らわれると、氷床とともに北極点付近に向けて北へ漂流し始めた。ところが一八九五年三月一四日、ナンセンと隊員のヤルマル・ヨハンセンは、安全なフラム号をあとにして、北緯八四度四分の地点から犬ぞりを駆って北極点を目指す決断をした。合流の確たる計画もないまま、仲間たちは二人を遠征に送り出したが、彼らの船長と仲間の一人が、寒さに凍えて孤独な最期を迎えることになるのではないかとの不安は拭えなかった。ナンセンとヨハンセンはたった二人で、まさに地球の頂点にあたる目的地を目指して、極寒の北極圏を勇猛果敢に突き進んだ。しかし、目的地からわずか四三〇キロメートル足らずの地点で、行く手を阻む氷塊に遭遇して、無情にも引き返すことになった。それでも彼らは、その当時知られていた探検家の誰よりも北の地点まで到達するという偉業を成し遂げた。不毛の極地で孤立したまま冬を越すために、彼らはそりを引いていたイヌを一頭ずつ殺して、残ったイヌと自分たちの食料にした。凍てつく北極圏に二人きりで、ひとつの寝袋

を分かち合って暖をとり、クジラの骨と食料にするために狩ったホッキョクグマやセイウチの皮で建てた小さな小屋で暮らしながら、彼らは続く九ヵ月を生き延びた。その数年前に、ナンセンがグリーンランドをスキーで踏破した冬に学んだイヌイット流のやり方で、二人は持ち堪えたのだった。

一方のフラム号は、海氷に捕らわれたまま、相も変わらず漂流を続けていた。強大な氷圧に粉砕される脅威に常にさらされて、船体はミシミシと悲鳴を上げた。だがついに、氷床が流れるゆったりとした速度で、船は開けた海域の端へと近づいた。そこで、隊員は船を閉じ込めていた氷をダイナマイトで破砕して、海水の漏れ入る船で無事に帰国した。だがそこには、船長と仲間一人が欠けていた。

数度にわたってホッキョクグマと死闘を繰り広げた末、ようやくこの厳しい冬も終わりを告げた。そこで、ナンセンとヨハンセンは、流氷の上を歩いて移動し始め、流氷を隔てる極寒の海は急ごしらえのカヤックで渡っていった。そして六月、イギリス探検隊の前哨基地にたどり着いたところで、二人はついに救助された。隔絶された北極圏で三年近くを過ごしたのち、ナンセンとヨハンセンはついに探検家仲間との再会を喜び合うことができた。

ナンセンは、海洋学の分野で数多くの発見を成し遂げている。それには、大洋深度を調査するための特別な装置の発明も含まれる。彼の発明したその装置は、ナンセン採水器と称され、一九八〇年代に私が海洋学者として海水のサンプルを採取する際にもまだ利用していた。ナンセンは一九二二年にノーベル賞を受賞したが、それは科学の賞ではなく平和賞だった。国際連盟のノルウェー代表として、戦争難民に行った人道的活動に対して、ノーベル賞が授与されたのだった。

この北極の探検家は、神経系の著名な探索者とも出会っていた。一八八八年に神経系の研究で博士号を取得すると、ナンセンはオスロからイタリアに赴いて、パヴィアにあるカミッロ・ゴルジの研究室を訪ねた。そこで彼は、神経細胞をとても鮮明に染め出す鍍銀染色の技術を学んだ。続いてナンセンは、ヌタウナギの神経細胞とグリア細胞の記述に取りかかった。ヌタウナギは、表面を粘液で覆われた、ウナギのようなグロテスクな魚で、顎のない口で相手に吸いつく。この魚が生物学的に重要なのは、現存する魚様の生物のなかで最も古い形態を示していて、その祖先は背骨を持つあらゆる生物(両生類、爬虫類、鳥類、哺乳類)の先駆けとされているからだ。

探検家ナンセンは、感覚が中枢神経系へ伝えられる経路をたどり始めた。彼はこの最も原始的な脊椎動物を詳しく調べ、その神経系の組織構造を他の動物のものと比較することによって、神経線維はすべて、脊髄に入るとすぐに二つに分岐するという基本的事実を発見した。一方は脊髄を上行して脳へつながり、もう一方は尾に向かって下行している。すべての感覚が神経系に入力される経路を司るこの構造は、魚からヒトに至るあらゆる動物に共通している。

ナンセンの鋭い洞察力に加えて、さらに注目に値するのは、彼には「見えなかったもの」があったことだった。彼が師事していた高名なカミッロ・ゴルジが、彼に懸命に示そうとしたもの、すなわち、神経細胞が網状に融合している結合部が、ナンセンにはどうしても見えなかったのだ。ゴルジ法によって染め出された神経細胞は、それぞれが独立した島のようにナンセンには思われた。北極点の目前まで迫ったのとまったく同じで、ナンセンはそれまでの誰よりも、ニューロンが個々に独立した細胞であるという正確な理解に近づいていた。指導者のゴルジの主張とは異なり、神経細胞は網状に融合してはいないという自分自身の観察結果を信じていたら、彼はラモニ・カハールよりも早くニューロン説を構築していたかもしれない。というのも、ナンセンが博士号を取得した年に、ラモニ・カハールは神経分野の研究を始めたばかりだったからだ。

ナンセンの時代には、シュワン細胞はあらゆる細胞をひとつに結びつけておく結合組織のようなものだとの見方が支配的だった。したがってこの細胞は、最終的に神経組織を構成することになる特別に分化した胎児細胞というよりは、むしろ結合組織を生み出す胎児細胞に由来すると考えられていた。このように低く推定された起源が、シュワン細胞はたんなる細胞の接着剤にすぎないと、神経科学者たちに安易に片付けられる一因となっていた。だがナンセンは、シュワン細胞の本質を探る数々の実験から、それまでの通念が誤りで、シュワン細胞はニューロンを生み出すのと同じ、立派な細胞の系譜から派生すると結論した。著名な発生学者ロス・G・ハリソンはのちに、カエルの胚からニューロンを生み出す始原組織を除去する実験によって、シュワン細胞の起源に関するナンセンの学説が正しいことを証明した。このような操作をすると、胚の成熟後に、シュワン細胞も見られなくなったのだ。

だが、通説に縛られていた当時の研究者たちは、ナンセンの実験結果から必然的に生じる疑問を質《ただ》そうとはしなかった。グリア細胞がニューロンと同じ細胞系列から生成されるとしたら、それはこの細胞が果たしうる機能に関して、どのような意味を持つのか、という疑問だ。一方ナンセンは、動物の神経系を丹念に精査したうえで、一八八六年に、「下等からより高等な動物に進化するにしたがって［その数が］増加することから」、グリアは「知性の座」であるかもしれないという見解を示した（注6）。脊椎動物のはしごを下から上に登るにつれて、ニューロンに対するグリアの存在比率が高まるというこの法則は、今なお正当性を有している。さまざまな分野で草分け的存在となったナンセンは、多くの人々に一世紀も先駆けて、「もうひとつの脳」を垣間見ていたのかもしれない。

シュワン細胞は、神経線維が脊髄あるいは脳へ入る地点まで、連続的に全長を被覆するが、その境界を越えることはない。シュワン細胞がそこで止まっている理由は大きな謎だった。それほど重要な細胞ならば、なぜ脳や脊髄の中に存在しないのだろうか？

さらに、末梢神経のすべての軸索がシュワン細胞で覆われているわけではないことに、解剖学者はすぐに気づいた。この細胞は、大きな直径の軸索だけに巻きついている。太い軸索には、真珠のネックレスのように、全長にわたって何百ものシュワン細胞が連なるように付着しているが、細い軸索には一粒の真珠すらない。この細胞が脳の中には存在せず、末梢神経の軸索の多くに見当たらないとしたら、どれほどの重要性を持ちうるだろうか？

今では、私たちの末梢神経の中には実のところ、三つの異なる形状のシュワン細胞が存在することがわかっている。ここまで説明してきたミエリンを形成するシュワン細胞と並んで、ミエリンを形成しないもの、そして神経終末に存在するものがある。この三種類がひとくくりに同じ名前で呼ばれているのは、グリアがほとんど顧みられなかった証拠だ。このようなことは、ニューロンではけっして起こらなかっただろう。三種類のシュワン細胞は、それぞれまったく異なる構造と独自の機能を持っている。

小さな直径の軸索には、シュワン細胞の「真珠」はちりばめられていないが、それはむき出しになっているわけでもない。細い軸索は、ひと摑みのスパゲッティのように、巨大な球形の細胞によってケーブル状に束ねられている。解剖学者はこの握り拳のような細胞を「非ミエリン形成シュワン細胞」と呼んで、真珠のような「ミエリン形成シュワン細胞」と区別している。この非ミエリン形成シュワン細胞は、神経の中でもとくに傷つきやすい細い軸索が、どれもけっしてむき出しにならないように保護している。さらに、胎生期の発達過程で、シュワン細胞がつなぎ合わされてチューブ状の軸索が形成されるという、一見筋の通った巧みな説を、この細胞は覆している。というのも、この非ミエリン形成シュワン細胞は一個で、小さな直径の軸索を一〇本以上も包み込んでいるからだ。先駆的な神経科学者のなかには、このグリア細胞が神経内で隠れた機能を果たしているに違いないと考えた者もいたが、それがどのような機能なのかははっきりしなかった。

軸索が標的（たとえば、筋肉の収縮を起こす筋線維上のシナプス）に到達すると、その先端部分は別のグリア細胞に完全に取り込まれ、神経接合部は収縮包装のように密閉される。このグリア細胞は、「終末（terminal）シュワン細胞」あるいは「シナプス周囲（perisynaptic）シュワン細胞」と呼ばれる（perisynapticとは、「シナプスを取り囲む」という意味だ）。最近まで、この細胞が果たしている機能はおもに、神経終末を封じ込めることだと捉えるのが大方の見方だった。ところが近年になって、終末シュワン細胞が、神経から筋肉への情報の流れを感知して、制御できることがわかり、それまでの単純な見解は打ち砕かれた。

現在のところ、シュワン細胞は基本的に三つのタイプに分類されると理解しておくべきだろう。すなわち、ミエリン形成型、非ミエリン形成型、終末型だ。これらの細胞の外見はまるで違っているが、どれも典型的な神経細胞には当てはまらないと初期の解剖学者が判断したという単純な理由で、ひとくくりにシュワン細胞と呼ばれている。後述するが、どのシュワン細胞も、それぞれまったく異なる機能を担っていて、どれかひとつにでも異常があれば、神経系は適正に機能しなくなる。これまでのような静的な捉え方では、シュワン細胞のダイナミックな性質を見誤ることになる。この細胞は、神経が損傷すると、それに応答してみずからの構造を急速に変化させ、細胞分裂を開始して対応にあたるのだ。中枢神経系で見られる特殊化したさまざまなグリアの担うあらゆる機能を、末梢のシュワン細胞は実行しなければならない。

神経を通る情報の流れに関して、グリア細胞が何らかの機能を担いうると推測する根拠がまったくなかったために、シュワン細胞は何十年間も見過ごされてきた。だが、私の目の前のコンピューター画面には、つい先ほど目撃した不思議な出来事が映し出されていた。つまり、私たちが行ったその実験では、軸索沿いに並んだシュワン細胞が、神経線維を通って流れるインパルスを、何らかの方法で感知していたのだった。シュワン細胞はいったいどうやって、軸索の中の電気的インパルスから信号を拾い上げたのだろう？　いっそう興味深いのは、軸索の全長に沿って並ぶシュワン細胞に、神経細胞を流れる情報を傍受しなくてはならないどんな理由があるのかという問題だった。さらに、シュワン細胞は収集した情報をどうしようというのだろう？　私が電気刺激のスイッチを切ると、シュワン細胞の光はゆっくりと弱まっていき、沈黙したニューロンの暗い影が画面に戻ってきたが、私たちの前途には、こうした問題が待ち受けていた。

〈オリゴデンドロサイト——タコの園《その》〉

シュワン細胞に相当するグリア細胞が脳や脊髄に存在しないなら、シュワン細胞はどれほどの重要性を持ちうるだろうか？　軸索は脳に入ると、パートナーのグリアをあとに残して、中枢神経系の神経網を縫うように伸びる。初期の解剖学者は、脳や脊髄の中にシュワン細胞に類似した細胞がないかと丹念に探したが、見つけ出すことはできなかった。しかし、このような調査が最終的に、オリゴデンドロサイトの発見につながった。オリゴデンドロサイトは、グリア細胞のなかで最後に発見された奇妙な脳細胞で、解剖学者にとっては大きな謎だった。この細胞はアストロサイトと同じく、脳と脊髄の内部にのみ見られ、末梢神経にはひとつもない。オリゴデンドロサイトの謎がついに解明されたとき、最も広く認められ、最も複雑な様式で機能しているニューロン－グリア相互作用の実体が明らかになった。それは、軸索とグリアの見事なパートナーシップで、高速のインパルス伝導にはけっして欠かせないものだった。それがミエリンだ。

「オリゴデンドロサイト」という名称は、「太くて短い樹状突起」あるいは「短い分枝」を意味する。解剖学者は、その小さな細胞体と、衣服にくっつくオナモミのような放射状に広がる数本の短い枝によって、この細胞を識別できた。この細胞は脳の全領域を自由に浮遊していて、ニューロンをはじめとするいかなる細胞構造にも付着せず、単離した状態だったので、その機能を推し測る手がかりはまるでなかった。ラモニ・カハールは、激しい情熱を注いでニューロンの探究に勤しむ一方で、このグリアについての考察は、教え子であるピオ・デル・リオ＝オルテガに委ねた。

オリゴデンドロサイトは、脳のほぼ全体に広がっているが、とくに白質の神経路に数多く見られる。白質は、背骨を持つ動物（魚類、両生類、爬虫類、鳥類、哺乳類およびヒト）の脳の中心部に筋状に走っている。この白質には、何千本もの軸索が束になった情報の幹線が集まっていて、脳の遠く離れた場所をつないで情報を運んでいる。顕微鏡を使えば、この情報の幹線が白く光って見える理由が、解剖学者にはすぐにわかった。軸索はどれも、キラキラと光を反射する物質で表面を覆われていたのだ。光学顕微鏡で焦点を合わせて光を照射すると、それぞれの軸索は、冬の嵐のときに透明な氷の鞘をすっぽりと被った木の枝のように見える。

簡単な試験で、白い被覆は脂肪性物質であることがわかった。というのも、油性色素では着色できる一方、水溶性色素は防水布にかかった水のように弾かれてしまったからだ。不思議なことに、軸索の被覆はけっして均一ではなく、全長を油性の小滴が点々と覆っていて、それぞれの小滴の間にはごくわずかに軸索が露出している部分があった。これは軸索被覆の本来の構造なのだろうか？　それとも、軸索を一本ずつ顕微鏡で観察するために、科学者が細いガラス針で神経線維の束をほぐしたときに、脆い被覆を傷つけてしまったのだろうか？

脳の軸索を被覆するこの小滴は、末梢神経の太い軸索の表面にシュワン細胞が形成する扁平な真珠のネックレスに似ていた。だが、脳の被覆小滴には核がなかったため、この油性の被覆は一見したところでは、細胞からできているのではなさそうだった。一方、例のオナモミに似た謎めいたオリゴデンドロサイトは、脳のいたるところを漂流物のように自由に浮遊していた。では、この油状の物質は、どのように軸索上に沈着したのだろうか？　科学者たちは、発達期に軸索が覆われる過程を観察できた。軸索の被覆活動は胎生期終盤に始まり、出生あるいは孵化《ふか》後の幼若期にも被膜は蓄積し続けるからだ。当時の顕微鏡では、この被膜が軸索の外側に蓄積しているのか、細胞膜のすぐ内側に溜まっているのかを見極めることはできなかった。外側だとしたら、別の細胞が被膜を張りつけているのかもしれないが、その場合、はたしてどんな細胞なのだろう？

初期の解剖学者は、自分たちの染色法の限界を痛感していた。ゴルジ法がそうだったように、科学の世界でそれまでは見ることのできなかった、まったく新しい細胞の存在を、新たな染料が明らかにすることがあった。リオ＝オルテガは依然として、ゴルジ鍍銀染色法に手を加えて、金属塩と化学的処理の色々な組み合わせを、脳組織で試していた。すると、あるとき突然、全貌が判明したのだ！　リオ＝オルテガが使用した染色法のひとつによって、オリゴデンドロサイトの真の構造が浮かび上がった。自然にからかわれているのではないかと思うほどに、リオ＝オルテガには「オリゴデンドロサイト」という名称が皮肉に感じられた。接頭辞の「オリゴ」が暗示する、この細胞の太くて短い枝（あるいは突起）と考えられていたものは、従来の弱い染料が着色できたところで終わってはいなかった。この新たな染料を使うと、オリゴデンドロサイトの突起がはるかに長く伸び出していて、細い突起はそれぞれ、タコの長い脚のように軸索を包み込むかたちで終止していることが明らかになった。オナモミは、一〇本以上の長い脚を持ち、それぞれが別々の軸索をつかんでいるタコの怪物へと変貌したのだった。

こうして、軸索上に付着する脂肪質の小滴は、タコのようなオリゴデンドロサイトが脚を何重にも巻きつけて、軸索をつかんでいる場所であることが判明した。多くのオリゴデンドロサイトから伸びる無数のつるはこれらの小滴を形成し、軸索の全長を覆っている。それは、自分のチームが最初に打ちたいと、子どもたちが取り合うバットに、多くの握り拳が連なって並ぶ様子に似ている。またこの発見から、各小滴間に軸索がむき出しになったわずかな隙間がある理由も説明がついた。それは、隣り合って軸索を包み込んでいる脚の隙間だったのだ。この発見はさらに、

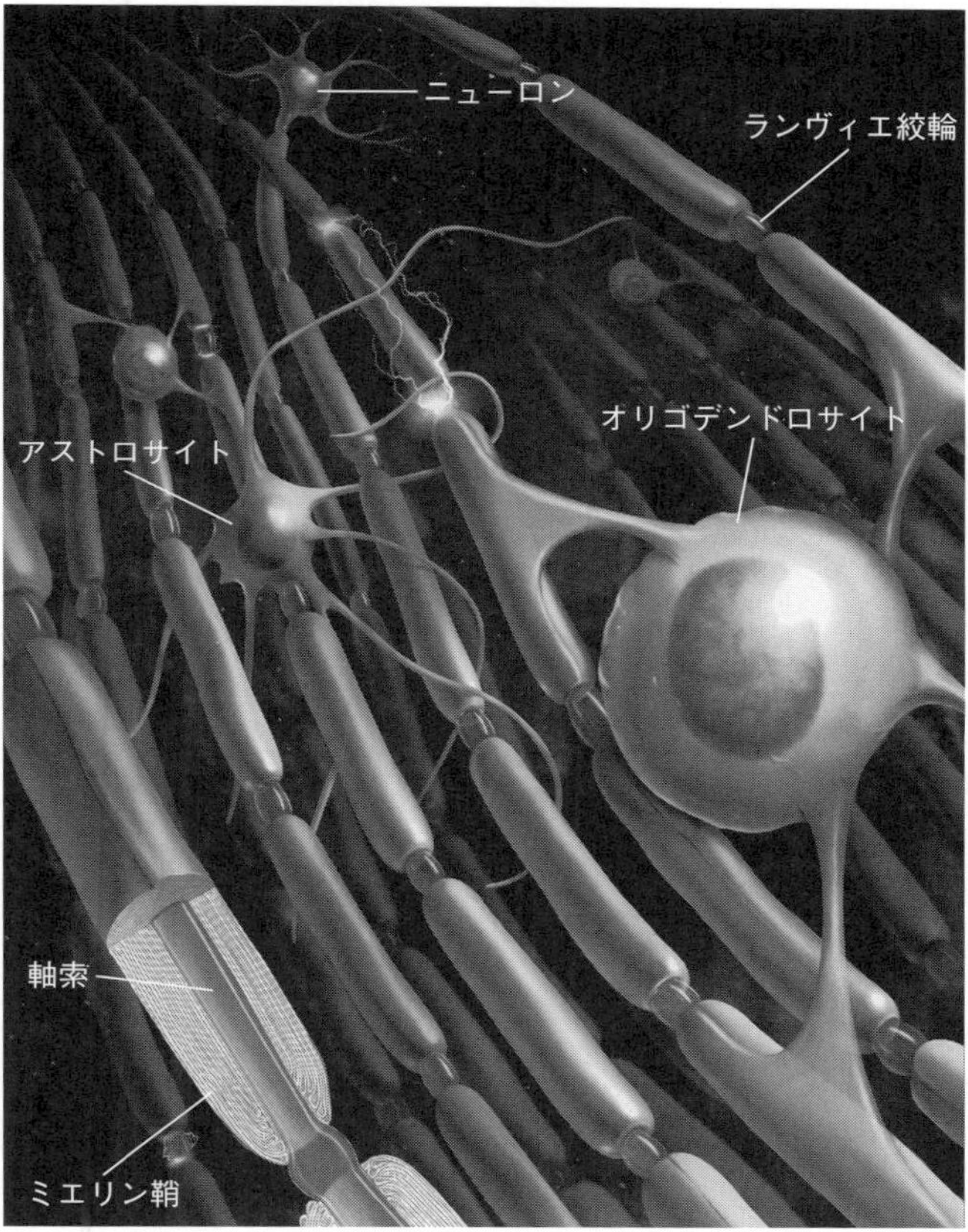

図2-8
オリゴデンドロサイトは、軸索を絶縁するミエリン鞘を形成する

脳や脊髄の軸索上にあるミエリン鞘《しょう》の内部に細胞核がない理由も明らかにした。体幹や四肢の末梢神経では、あたかも線路上を走る貨車のように、シュワン細胞が連なって軸索に張り付き、ミエリン鞘を形成していた。ところが中枢神経系（脳と脊髄）では、オリゴデンドロサイトから伸びる多数の脚によってミエリン鞘が形成されるので、その細胞体と核は軸索から遠く離れた場所にとどまっているのだ。

神経軸索上のこのグリアにつかまれた部分が重要であることは、今や間違いなかった。軸索は、末梢でも脳でも、きわめて入り組んだ複雑な方法で、グリアのミエリン鞘の中に包み込まれている。多発性硬化症をはじめとする脱髄疾患［訳注：ミエリン鞘が侵される疾患の総称］に罹った人たちでは、ミエリン鞘が破壊されて電気が漏れ出し、中枢神経系の軸索に沿って流れるインパルスが遮断される。その結果、麻痺や失明、その他のさまざまな身体機能の障害が引き起こされる。このタコのようなグリアがなければ、神経インパルスは機能しなくなり、脳の回路は力を失う。

現在では、オリゴデンドロサイトが脳の軸索上にミエリン鞘を形成していることに、疑問の余地はない。私の研究室で行った研究から、脳内のこうしたグリア細胞もまた、末梢神経のシュワン細胞が「聴いている」のとまったく同じように、軸索のインパルス発火を「聴いている」ことが判明している。そうであれば、軸索とオリゴデンドロサイトの間を含めて、脳と末梢神経に存在するあらゆる種類のグリア細胞が、ニューロン－グリア間でコミュニケーションをとっている

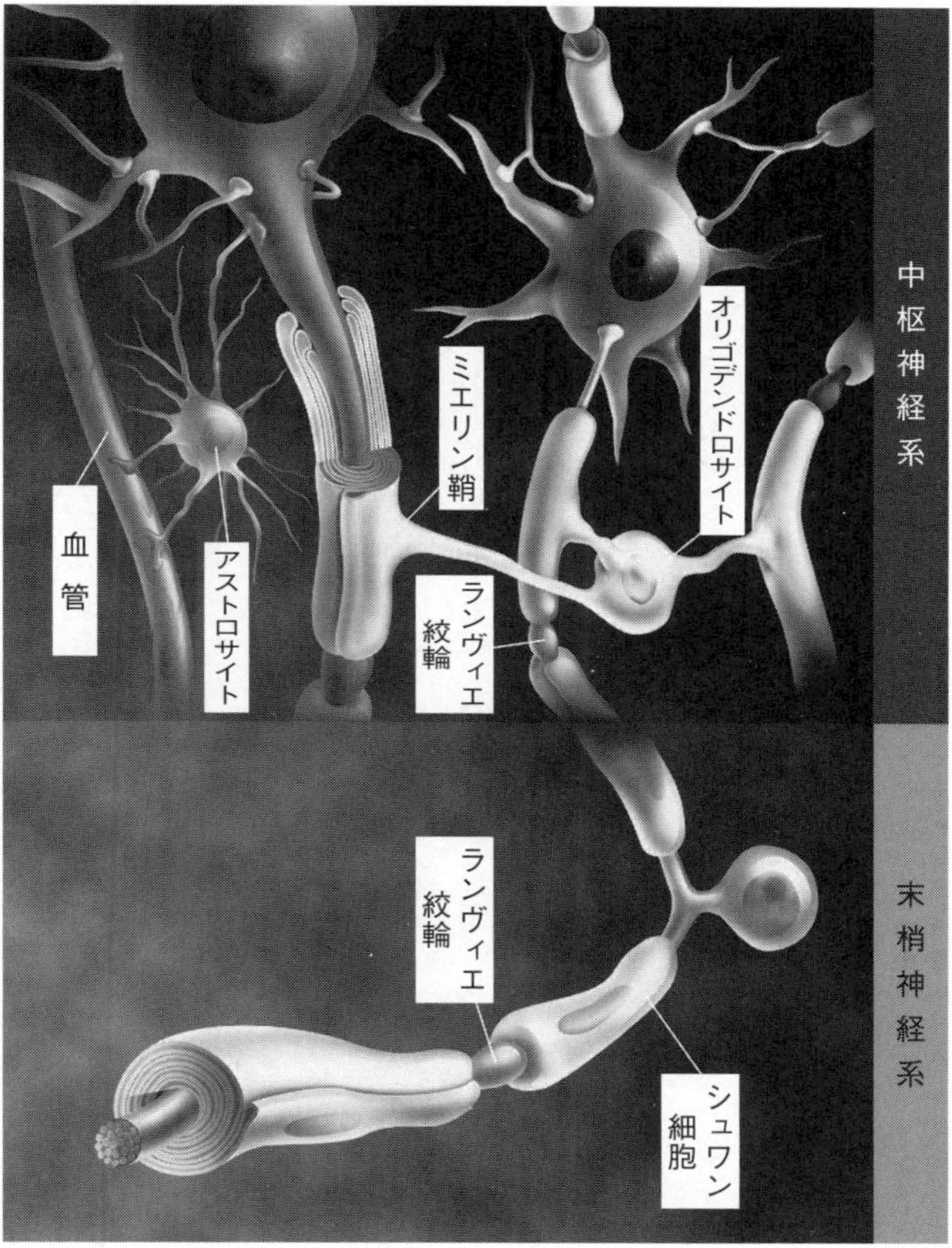

図2-9
ミエリンを形成する細胞は、中枢神経系と末梢神経系で異なる。ソーセージのようなシュワン細胞とタコのようなオリゴデンドロサイトの違いから、脊髄損傷による麻痺が永続的な理由が説明できる

可能性もありそうだ。神経回路だけでなく、グリアを通しても情報が流れているのだとしたら、このことは精神や医学に関する私たちの現在の理解にとって、どのような意味を持つだろうか？

〈アストロサイト――星のような細胞と謎の病〉

一九四七年、ロンドンは観測史上まれに見る雨の少ない秋になりつつあった。季節外れの暖かさだった一〇月三〇日の朝、一歳三ヵ月の男児が、泣き叫びながらロンドン病院に収容された。出産直後にわが子が正常に発育していないことを知って、両親は深い悲しみに直面し、常に具合が悪くて、今となっては誰の目にも明らかなほどの重い精神遅滞を抱えた息子の世話に懸命に取り組んできた。男の子が七ヵ月のとき、頭部が大きく膨らみ始めた。この一ヵ月で息子の頭囲がさらに数センチメートル大きくなっていることに、両親は気づいていた。男児の額はいまや、異様に突き出していた。その赤ん坊は夜も眠れずにむずかって、昼夜を分かたず宥《なだ》めようもないほどに泣き叫び、たびたび嘔吐の発作に襲われた。男児の状態は、入院後も悪化の一途をたどり、きちんと座ることや、膨れ上がった頭を持ち上げることさえもできなくなった。

男児が高熱を出したので、スチュアート・アレキサンダー医師が治療にあたったが、ペニシリンやスルファメタジンのような抗菌薬では熱は下がらなかった。高熱が出ているにもかかわらず、その子に感染症の兆候が何ひとつ見られないことに、アレキサンダー医師は気づいた。男児の高熱はその後も三週間にわたって治まらず、近代的などんな医療機器や医薬品も、まったく役に立たなかった。というのも、その男児を苦しめている本当の原因は、いかなる医学書にもまだ載っていなかったからだ。入院して数日で、男児の右半身にけいれん発作が始まった。右の目や腕、脚や口元がぴくぴくと引きつり、このけいれんから解放されると、男児は五分ほど昏睡状態に陥った。小さな体は衰弱し、下痢や嘔吐のせいで脱水状態になっていた。そして翌月の一九日、体温はついに四一℃を超え、男の子は死亡した。

その男児の発熱や水頭症（脳内の脳脊髄液の過剰な圧力による頭部膨張）の原因が感染症でないことは、アレキサンダーにははっきりとわかっていた。また、両親のどちらにも、遺伝的要因を示唆する病歴や家族歴はなかった。そこで、剖検が実施された。その結果、アレキサンダーは、男児の脳組織が著しく変性していることを見出した。それは、過去の医学文献で報告されていたどんな所見とも違っていた。

その剖検結果には、とりわけ興味深い顕著な所見が一点あった。ニューロンの隙間を埋めている支持細胞（アストロサイト）に、小さな棒の集合体のように見える異物が充満していたのだ。脳研究の分野で知られた、これに最も類似している微細な沈着物は、アルツハイマー病患者のニューロン内部に見られる神経原線維変化［訳注：過剰にリン酸化されたタウタンパクが線維状になってニューロン内に沈着した状態］だった。だがアルツハイマー病は、高齢者の疾患だ。アレキサンダーがさまざまな化学染料を用いて男児の脳切片を顕微鏡で観察したかぎりでは、この異物はアルツハイマー病で見られるものとは、その構造も化学組成も異なっていた。さらに重要なのは、この不思議な棒状の異物がニューロンに影響を及ぼしている徴候がまったくなかったことだ。他方、アルツハイマー病では、神経原線維変化はニューロンの中に見られる。

男児の脳は、前頭葉の白質にも深刻な影響を受けていた。正常な脳に比べて、オリゴデンドロサイトの数がはるかに少なく、ミエリンも擦り切れたり、欠落したりしていた。ニューロンそのものは棒状の異物に侵されていなかったが、大脳皮質には強い変性があった。深刻な精神遅滞、ミエリンの欠損、神経線維の変性を引き起こし、患者を死に至らしめたこの病気の主因は、アストロサイトの異常であると、アレキサンダーは結論した。この疾患には現在、最初の報告者となったこの医師の名が付されている。

アレキサンダー病は、アストロサイトがニューロンを包み込んでいる不活発な詰め物、あるいは結合組織以上の役割を担っていることを、非常に悲惨で劇的なかたちで示している。では、幼い子供の脳を破壊しえたこの病んだアストロサイトとは、いったい何だろうか?

神経化学者ローレンス・エングは、多発性硬化症を患った成人から採取した脳組織から、あるタンパク質を単離した。この消耗性疾患は、麻痺や失明をはじめ、感覚や運動、認知の機能に障害を引き起こす。多発性硬化症の原因は、ニューロン間の電気的なコミュニケーションの異常にあり、そうした異常は、体内の免疫系がミエリン鞘を攻撃して、軸索から電気的絶縁体を剝ぎ取ることで引き起こされる。

エングは多発性硬化症患者の脳から抽出・精製したタンパク質を認識する抗体を作製したの

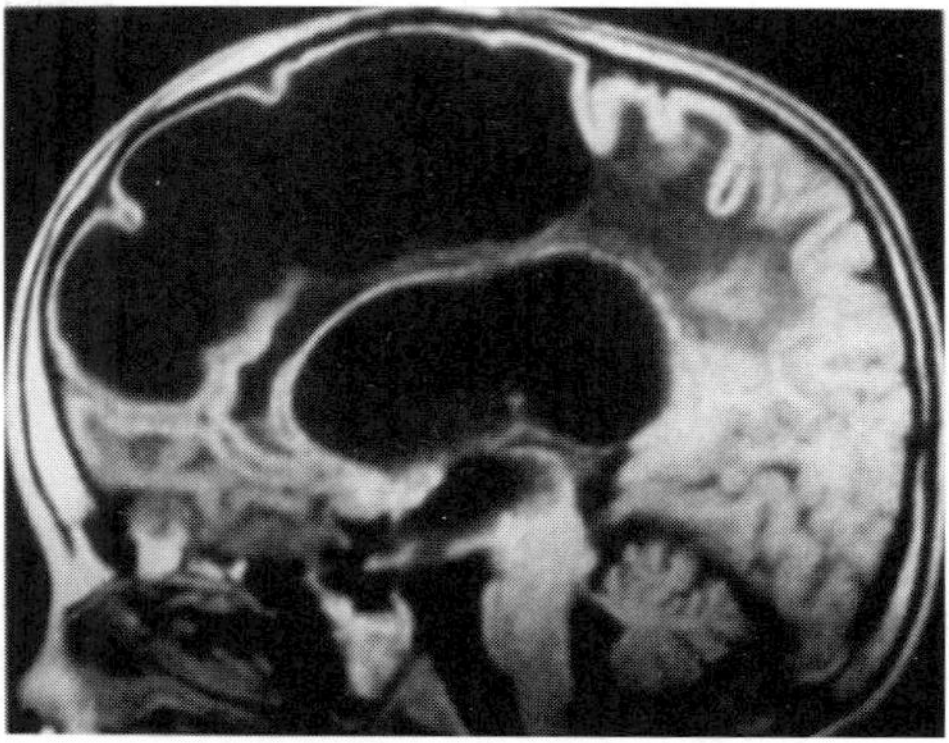

図2-10
アレキサンダー病を発症した１歳10ヵ月の幼児の脳。頭部の拡大と前脳の大部分（黒い部分）に及ぶ神経変性は、アストロサイトの遺伝子異常に起因する

で、それを使って、正常な脳および罹患した脳の顕微鏡用切片を染色することが可能になった。

　この抗体に緑色蛍光色素の標識を付加して、正常な脳組織を処理したところ、多数の脳細胞の内側で、そのタンパク質を示す鮮やかな緑色の光が輝く様子を観察できた。不思議なことに、そのタンパク質は脳の全域に分布していたものの、一種類の脳細胞の中にだけ存在した。その細胞は、ニューロンではなかった。エングが精製したタンパク質は、アストロサイトの内部で繊維状にしっかりと束を成し、それ以外のどこにも見られなかった。このタンパク質は、正常な脳組織のアストロサイトにもかなり多く存在したが、多発性硬化症をはじめとする神経疾患や精神疾患に罹った患者の損傷した脳領域では、蛍光強

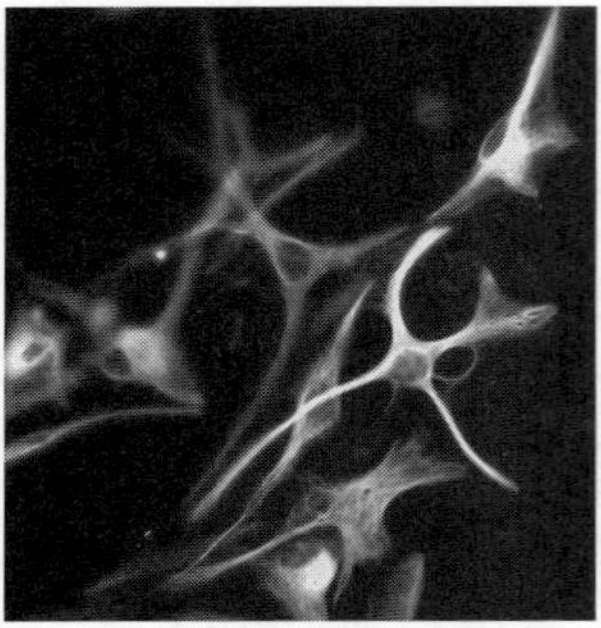

図2-11

アレキサンダー病では、アストロサイト内の線維状タンパク質（GFAP）に異常が生じる。このタンパク質のアストロサイト内での増加は、脳傷害後や、てんかん、アルツハイマー病、BSE（牛海綿状脳症）をはじめとする神経変性疾患の大半においても認められる

度は著しく増大して、より多くのアストロサイト内に豊富に含まれていた。エングはこのタンパク質を「グリア線維性酸性タンパク質（GFAP）」と名付けた。今日では、このタンパク質がアストロサイトの細胞骨格の一部であることが知られているが、多発性硬化症を含めて、さまざまな脳疾患や脳へのストレスの結果として、アストロサイト内部で増加する理由は、いまだ判明していない。GFAPがアストロサイトの細胞骨格に対して何をしているのか、さらには、その量が増えるとアストロサイトの機能はどう変わるのかといった問題は、依然として謎だ。

その数年後、バーミンガムのアラバマ大学に現在〔訳注：原書刊行時、以下同〕所属している神経生物学者マイケル・ブレナーが、分子生物学の手法を用いて、GFAPがアストロサイトで何をしているのかを探った。そして、GFAPが過剰になると、アストロサイトはローゼンタール線維で埋め尽くされてしまうことを発見した。ローゼンタール線維とは、アレキサンダーが一九四七年に幼い患者を剖検した際に見つけたのと同じ棒状の線維で、今ではアレキサンダー病の顕著な特徴と見なされている。さらに、アストロサイト内にGFAPを過剰に発現させたマウスも、アレキサンダー病のあらゆる症状を呈して、まもなく死んだ。これら一連の実験から、精神遅滞は必ずしもニューロンの異常だけが原因ではないことが証明された。アストロサイトの異常によっても起こりうるのだ。

アレキサンダー病による精神遅滞とアストロサイトの関連を示す、このような有力な証拠が挙がったにもかかわらず、そこから当然生じるある疑問が見過ごされていることに科学者が気づき始めるまでには、長い年月を要した。アストロサイトがアレキサンダー病で見られる精神機能の悪化に関係しているのならば、健常な脳における正常な精神機能にも、何らかの役割を担っているのではないか、という疑問だ。ニューロンの生存やミエリン鞘の形成、正常な脳の組織や構造の維持といった機能はどれも、アストロサイト内部のこのきわめて小さなタンパク質線維に何らかのかたちで支えられていることは、確実なようだった。

〈ミエリンの魔力〉

自然界では、イヌや恐竜、魚や鳥、ネズミイルカやヒトのような動物と、それ以外のヒトデやナメクジ、チョウやハチ、ゴキブリやカタツムリのような生物の間には、大きな隔たりがある。背骨のある動物（脊椎動物）と背骨のない動物（無脊椎動物）の知性や精神活動の処理速度の大きな違いは、あらゆる動物の神経系に存在するある根本的な差異に起因している。この本質的な差異に、ニューロンはほとんど関与していない。

無脊椎動物の神経系と脊椎動物の神経系には、学童の電卓とNASAのスーパーコンピューターほどの違いがある。だが驚くべきことに、ハエの脳にあるニューロンは、あなたの脳のニューロンとまったく同じように作動していて、多くの場合、神経伝達物質として使用する化学物質まで同じだ。動物を大きく二分する本質的な相違点は、グリアにある。具体的には、ミエリンを形成するグリア、すなわちオリゴデンドロサイトとシュワン細胞だ。脊椎動物はミエリンを形成するグリアを持つが、無脊椎動物は持たない。両者の違いは、神経系の機能に寄与するこの驚くべきグリアの進化、すなわち、ミエリン形成能の獲得がもたらした最大の功績と言えるだろう。

脊椎動物の神経系は、無脊椎動物よりもはるかに複雑だ。さらに集中型でもあり、司令部は脳と脊髄に集約されている。カニやナメクジのような下等動物では、ニューロンはどこでも必要な場所に、ブドウの房のようにひとまとまりになっている。たとえば、ロブスターの尾部の体節にはニューロンの塊があり、ナメクジの口の周辺にはニューロンの集合した節があって、摂食行動にかかわる器官を操作している。しかし背骨のある動物では、脳は機能が一点に集約された強力なスーパーコンピューターとなり、骨の頑丈な鎧の中に格納されている。脊椎動物の背骨は、生命維持に欠かせない脊髄を保護している。このような複雑で集中型の脳機能は、脊椎動物と無脊椎動物を隔てるグリア細胞の根本的な相違なしには起こりえなかっただろう。この生物学上の大変革を担ったのは、ニューロンではなく、グリアなのだ。

ミエリン形成グリアは、軸索の周囲に何層もの膜を巻きつけて、ワイヤーに巻かれた絶縁テープのように、各軸索を絶縁する。この絶縁体を持たない無脊椎動物は、漏電を起こす遅い通信回線でどうにかやっていかなくてはならない。電気信号がこのようなかたちで失われるせいで、無脊椎動物の軸索では、電気的インパルスが減衰して消失する前に到達できる距離には限りがある。それはちょうど、穴の開いたホースを流れる水の圧力が、蛇口から離れるにつれて下がっていくのに似ている。

無脊椎動物のなかには、すばやく動けるイカのように、ミエリンがないことを克服するための巧妙な方法を発達させたものもいる。進化の過程で、イカをはじめとする何種類かの無脊椎動物は、捕食者から逃れて命を守るための反射行動に欠かせない重要な手段として、軸索の直径を大幅に拡大した。この原理は単純だ。どちらも水漏れしていたとしても、園芸用のホースより消火用のホースを使ったほうが、多くの水が得られるというわけだ。イカの巨大軸索は非常に太く、夕食のリングフライを作るためにイカを洗っているときに、肉眼で見ることができるほどだ。この軸索は直径一ミリメートルほどの湿った木綿糸のようなもので、イカの肉厚な胴体部分である外套膜の内側に張りついている。外套膜は、スポイトの根元に付いたゴム製の球状部のように、すばやく内側に縮む仕組みになっている。小さな開口部から水を一気に噴出して推進力を得ることで、イカは捕食者からさっと逃れられる。この巨大軸索は、電流への抵抗が小さいので、急速に神経インパルスを流して、捕食者の口から逃れるこの俊敏な行動の始動を可能にしている。

しかし、このような荒っぽい解決策には重大な欠点がある。ここでひとつ想像してみよう。あなたの目の中で光を感知している網膜は、数千本の有髄軸索で脳へとつながっているが、それぞれの軸索はとても細くて、肉眼では見えない（ヒト脳の有髄軸索の直径は、一〇〇〇分の一ミリメートルしかない）。もしあなたの目から伸びる軸索がミエリン鞘で覆われる代わりに、イカの場合のように直径を大きくすることで、有髄神経に匹敵する伝導速度を実現していたら、目から脳へと情報を運ぶ各視神経の太さは、九〇センチメートル以上になるだろう。神経系の設計に関するこんな野暮な解決策を、きわめて複雑な脊椎動物の脳にまで適用しようとするのは、集積回路の代わりに真空管でスーパーコンピューターを構築しようとするようなもので、現実には不可能だ。より良い電子頭脳を開発するにしろ、より良い生物学的な脳を進化させるにしろ、解決策はひとつしかない。すなわち、小型化だ。絶縁にかかわるグリアは、軸索というホースに何重にもミエリンを巻きつけることによって、電気の漏れ口を実際に塞いで、この小型化を可能にしている。その結果、脊椎動物の脳と末梢神経では、きわめて細い軸索が遠くまで迅速に情報を運搬することができるのだ。

このような生物学上の大変革がどのように生じたのかは、大いなる謎だ。というのも、ミエリンは化石の記録が残っていないからだ。現存する動物のなかで、ミエリンが発現している最も原始的なものは、サメとギンザメという名で知られる古代魚だ。より原始的なウナギに似た魚で、ヒルのように相手に吸いつく口はあるが顎のないヤツメウナギやヌタウナギは、ミエリンを持たない。だが、はっきりとした中間段階を示す、たとえば、部分的あるいは不十分ながら被覆された軸索を持つ動物は存在しない。そのため、ミエリン形成グリアがどのような細胞から進化したのか、あるいは、それが最初に出現したのは、脳と体のどちらなのかといったことはわかっていない。二つ目の疑問はとりわけ興味深い。というのも、前述のように、ミエリンは脳の中（オリゴデンドロサイト）とそれ以外の体の各部（シュワン細胞）では、まったく異なる種類の細胞によって形成されるからだ。このミッシングリンクを埋める生物が現存するとしても、目下のところ知られていない。サメやギンザメのような原始的な魚にミエリンが発現するときには、脳にも体にも完全な状態で形成されている。さらに、こうした古代種に見られるミエリンの構造は、電子顕微鏡のレベルに至るまで、あらゆる点で私たちの体内のミエリンとまったく同じように巧妙にできている。この観察結果は、ミエリンが示している軸索－グリア間の精緻で複雑な相互作用を考慮すると、いっそう驚異的に思われる。グリアが軸索の周囲に何層にも細胞膜を巻きつけるために必要とされる、これほど複雑な振り付けは、いったいどのように生まれるのだろうか？　グリアが演じるこのダンスには、細胞認識や運動能、さらには、ミエリン形成グリア以外のいかなる細胞にも見られない、薄い層の中に圧縮された大量の細胞膜脂質とタンパク質の合成が必要となる。

このニューロン－グリアの相互関係は、体内のどんな場所における二細胞間の相互作用よりも複雑であるうえ、ミエリン形成の過程はきわめて正確に制御されている。グリアがミエリンを巻きつけるのは軸索の周囲にだけで、樹状突起や細胞体、あるいは血管のような脳内の別な細胞の周囲にはけっして巻きつけない。どうしてこのようなことが可能なのかは、わかっていない。また、軸索のすべてにミエリンが形成されるわけでなく、高速で遠くまで情報を運ばなくてはならない軸索だけだ。オリゴデンドロサイトとシュワン細胞は、被覆すべき軸索をどうやって判断しているのだろう？　また、発達の過程において、ミエリン形成を開始すべき時期を、どのように察知しているのか？

ランダムな変異によって徐々に変わっていく進化の過程によって、ミエリン形成現象を説明しようとしても、それは難しい。というのも、部分的にミエリンで被覆された軸索に、利点などないからだ。そんなものは片方しかない翼と同じで、役に立たないだろう。なんとも不思議なことに、中枢および末梢の神経系の双方で、ミエリン形成は突然、同時に起こったようだ。この突然の大変革がどのように起こったのかについては、今のところ答えが見つかっていない。だが、グリアに生じたこの大変革は、地球上の生き物を、ナメクジやミミズのような虫のレベルをはるかに超えた存在へと引き上げる突破口《ブレークスルー》となったのだった。

一羽のシラサギが海辺の湿地帯から飛び立って、優雅に上昇していったり、広い草原を雄ウマが疾走したりするのを眺めているとき、あなたが目にしているのは、グリアのおかげで脊椎動物が獲得した成果である。つまり、迅速で優雅な動きだ。私たち自身について考えてみると、赤ん坊の首がだんだんと据わってくる様子や、多発性硬化症に罹った人が激しく衰弱していく様子から、ミエリン形成グリアの重要性を感じ取ることができる。ミエリン形成グリアの与えてくれるこうした高速で複雑な情報処理に伴い、私たちの行動は無脊椎動物の単純な反射を超えて、人類の知性および驚異と称する域に達した。これはまさしく、グリアのおかげなのだ。

〈ミクログリア——精神の防衛隊〉

主要なグリアの四番目は、ミクログリアだ。実はこのグリア細胞は、オリゴデンドロサイトよりも早く発見されていたが、血流から脳へ浸潤してきた細胞だと勘違いされてしまったのだった。

中枢神経系は全身へ効力を及ぼすが、国王のように警護されて、完全に隔離されている。骨の厚い防護壁の中に（脳は頭蓋骨の中に、脊髄は関節でつながった脊椎の鎧の中に）格納されて、血液や体内の他の組織をくまなく浸している体液からも切り離されている。この脳と血液の間の障壁は、いみじくも血液脳関門と呼ばれている。中枢神経系の血管壁を形成する細胞は、きっちりと密閉されているので、体内のどの組織にも自由に入っていける血液中の細胞や分子も、この壁を通り抜けて脳組織の中に侵入することはできない。

脳は血液脳関門の後方へ隔離されているため、感染や病気と闘うために不可欠な免疫系に接触することができない。というのも、血液やリンパ液の中を循環している免疫細胞は、脳や脊髄の中にある血管のしっかりと閉ざされた壁を通り抜けられないからだ。では、微生物や毒素による

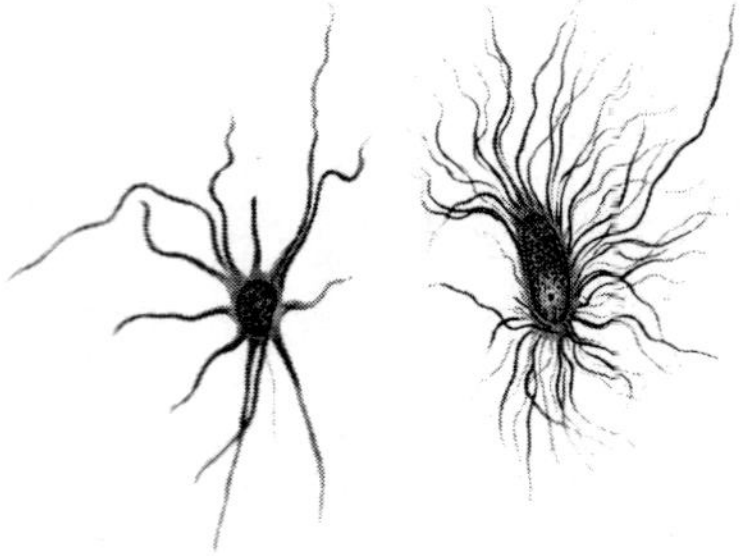

図2-12
多くの分枝を伸ばした休止状態のミクログリア。感染が起これば、すぐに脳の防御にあたる準備が整っている

攻撃に、脳はどのように抵抗しているのだろうか？

脳には専任の警護部隊が存在する、というのがその答えだ。それは、ミクログリアと呼ばれる特殊なグリア細胞で、すべてのグリアのなかで最も小さいが、最もダイナミックだ。ミクログリアは、通常は多くの枝分かれした突起を持ち、単独で潜んでいるが、ひとたび感染や傷害の危険を感知すると、高い機動性を備えたアメーバ状の細胞に変貌する。樹状突起と軸索が絡み合った隙間をくぐり抜けながら、侵入者をやっつけるために駆けつけたミクログリアは、有害な生命体を攻撃して呑み込んでしまう。このグリア細胞はきっと、まさに今この瞬間にも、小さな虫が肥沃な庭土の中を進むように、あなたの脳をかき分けながら動き回っているだろう。自分の役目を果たすと、ミクログリアはたくさんの分枝を持つ不活発な細胞に戻る。『オズの魔法使い』に登場する「リンゴを投げつける見張りの木」が、風景の一部になりすましていたように、周囲に紛れ込んでいるのだ。

「小さな接着細胞」を意味するミクログリアは、脳内に存在するグリア全体の五～二〇パーセントを占めている。これはつまり、ニューロンとミクログリアがほぼ同数であることを意味する。

実のところ、各ニューロンには専任のボディガードがいる。ミクログリアのなかには、特定のニューロンの周囲に巻きついて、盾となって大統領を銃撃から守るシークレットサービスさながらに、ニューロンを保護しているものもある。この変わり身の早い役者は、不活発を装っているときはまるで人目に付かないので、この細胞が実際に存在するのかどうかをめぐって、一五年ほど前には科学者の間でも議論が続いていたほどだ。アロイス・アルツハイマー博士は、現在では彼にちなんだ名前が付いている変性疾患を報告した人物だが、その疾患に冒された脳を観察しているときに、ミクログリアを目撃した。強く関心を引かれたアルツハイマーは、この細胞を詳しく調べた。というのも、アルツハイマー病の顕著な特徴である脳組織の老人斑の周囲に、それらが大量に蓄積していたからだ。アルツハイマーも含めた当時の権威筋は、この細胞は、病気に罹った神経組織に血液から乗り込んできた侵入者にすぎないと推測した（この見解は、完全には間違っていなかった。血液脳関門が損傷すると、血液中の一部の免疫系細胞は損傷した脳に入り込んで、ミクログリアに変わることがあるからだ）。

解剖学者は当初から、ミクログリアは神経組織を発生させる細胞とは異なる胎生期の原基《ストック》から生じるのではないかと考えていた。ラモニ・カハールもこれに与《くみ》して、彼が識別したニューロンおよび他のグリアと区別して、ミクログリアを「第三要素」と呼んだ。現在では、ミクログリアは実際に、ニューロンや他のグリアを生み出すものとは異なる胎生期の原基に由来することがわかっている。ミクログリアは、体内の他の免疫系細胞を生み出すのと同じ胚細胞株に起源を持

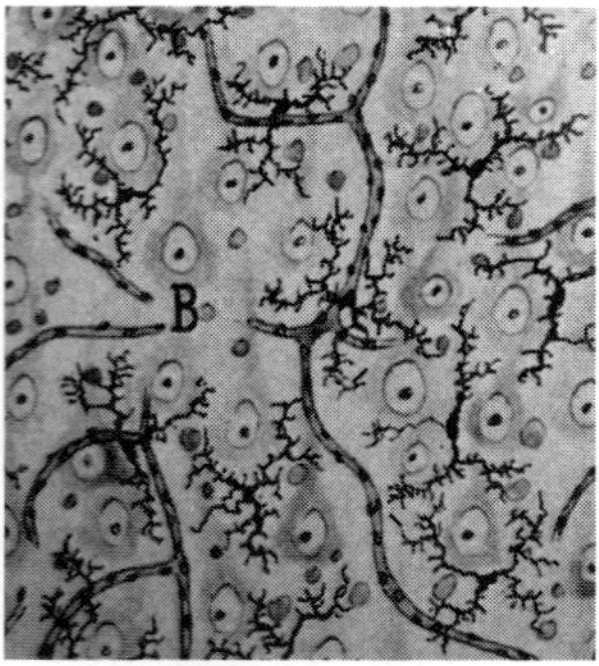

図2-13
ミクログリアについて最初に報告したスペインの神経解剖学者ピオ・デル・リオ＝オルテガによるスケッチ。ミクログリアの細胞体から伸びる分枝が、ニューロンを保護するように取り囲んでいる。斑点のある組織は血管

つ。ミクログリアは脳に侵入するのではなく、脳とともに成長しているのだ。やがてミクログリアとなる細胞は、発達のきわめて早い段階で、将来脳になる胚の領域へ入り込む。その後も、胎児期および出生初期は、脳とともに発達を続ける。脳内に常在するミクログリアは、血液には由来しない。なぜなら、胎児の脳内に血管が形成されてもいない時期に、ミクログリアはすでに脳組織の中へ到達しているからだ。したがってミクログリアは、血液中を循環して脳以外の部分を守っている、単球という名の白血球のような免疫細胞と同じものではないが、遠い親戚ほどの関係はある。

出生前後には、赤ちゃんの脳の特定部位にミクログリア細胞が集合してきて、急速に細胞分裂を繰り返し、集団を形成し始める。リオ＝オルテガは、こうした脳領域を「ミクログリアの泉」と呼んだ。その後数週間かけて、ミクログリアは脳全体に散開して、大脳皮質上で配置につき、そこで高度に枝分かれした姿に変装して、侵入者を待ち構える。この兵士のような細胞は、急速な細胞分裂によって仲間を再供給する強力な能力を備えている。これはニューロンにはできない

技だ。

ミクログリアは脳の全域に展開して守備についているが、個々のグリアの警戒領域が重なり合うことはない。互いに物理的に接触したり、細胞体から伸びる枝を絡み合わせたりすることはないが、仲間どうしで密接に生化学的なコミュニケーションをとっている。周囲に紛れ込もうとするかのように、ミクログリアは自分が身を置く場所に合わせて、細胞体から伸びる枝の形状を物理的に変化させている。灰白質では、ミクログリアは茂みのようで、細胞突起をバランスよく四方八方に放射状に伸ばし、その触手を樹状突起やニューロン間のシナプス結合上に広げて、傷害や病気の兆候がないかと常に探っている。一方、白質の線維経路では、あたかも軸索を保護する格子のようにミクログリアの触手は軸索と平行、あるいはそれに対して垂直に並んでいる。

ミクログリアは、細菌やウイルス、細胞の残骸などを探知して襲いかかり、呑み込んでしまうが、化学的な武器を使った攻撃も行う。ミクログリアが放出する化学物質のなかには、興奮性神経伝達物質のグルタミン酸や、サイトカイン、活性酸素、窒素種などのように、高濃度ではニューロンにとってきわめて有害なものもある。防衛を担う軍や兵士はみなそうだが、ミクログリアも救助者であると同時に、潜在的な敵でもある。ミクログリアの働きに付随して生じる損傷は、多くの神経疾患の原因となる。だがその一方で、ミクログリアは、傷ついた神経細胞に神経保護物質を与えるといった慈悲深い使命も果たしている。

茂みのような形態のミクログリアから伸びる多くの分枝の表面には、危険や病気を示す信号を常に見張っているセンサーがずらりと並んでいる。そのセンサーとは、自己と非自己の標識となる免疫学的認識分子に対する受容体であり、それは脳に侵入してきた外来細抱を識別している。さらに、ニューロンにあるようないくつかのセンサー（神経伝達物質受容体やイオンチャネル）も存在する。こうしたセンサーのおかげで、ミクログリアは侵入してきた細胞や有害な状況を探知するだけでなく、ニューロンの機能を監視して、ニューロンが危険な状態に陥らないように警戒を続けることができる。

以上のように、ミクログリアが有害な武器を装備していること、表面にずらりと並んだセンサーで、病気に対処したりニューロンの状態を監視したりできること、治癒効果のあるタンパク質を分泌してニューロンを修復できることなどを考慮すれば、この細胞はもっと注目されるべきだ。前述のように、ミクログリアは強力な酵素を備えていて、侵入してきた生命体を攻撃するために駆けつけるときには、組織へ細胞をつないでいる基質タンパク質を切り離してくぐり抜けることができる。ミクログリアがこの武器を活用して、ニューロンからシナプス結合を取り除くこともできるという証拠もある。このような作用によって、病気のときだけでなく、学習においても、神経回路を再配線することが可能だというのだ。どうやらミクログリアには、ニューロンどうしの結合を断ち切る能力があるようだ。

ミクログリアは、健常な脳の維持にどのようなかかわりがあるのだろうか？　また、どのような損傷を与えるのだろう？　ミクログリアは単独で働いているのだろうか、それともアストロサイトあるいはオリゴデンドロサイトと、あるいはその両方と連携して働いているのだろうか？　老化とともに、その数は減っていくのだろうか？　病気の治療に役立てるために、ミクログリアを標的とした薬物を設計できるだろうか？　さらに、ミクログリアは認知や記憶といった知能にも影響するのだろうか？　以上のような健康と病気へのグリアの関与については、本書第2部で考察することにしたい。

さしあたっては、ラモニ・カハールが別のノートに描き残したグリア細胞、すなわちアストロサイトに話を戻すことにしよう。

〈アストロサイト——脳のパワーの源泉〉

ニューロンと相互に作用している非電気的な別の要素が脳にあるかもしれないことを示す最初の手がかりは、アストロサイトの研究からもたらされた。アストロサイトはラモニ・カハールを当惑させた脳細胞で、主要なグリア細胞のうち最初に発見されたことを思い出そう。このグリアの最も顕著な特徴は、多種多様なその種類と、軸索も樹状突起も持たない形状だ。アストロサイトの数は、調べる脳の領域によっても異なるが、ニューロンの二〜一〇倍も多い。現在では、私たちの脳内に存在するアストロサイトの種類は、少なくともニューロンの種類と同じぐらいはあると見積もる研究者が多い。ところがこうした細胞は、私たちに知識がないばかりに、二、三の有名な例外を除いて、すべて同じ名前で総称されている。

アストロサイトは脳と脊髄の全域で見られるが、末梢神経系の神経線維には存在しない。視神経には見られるが、それは胎児の発達期に、脳から外側へ突出した膨らみとして目が形成されるからで、実質的に、目は脳の一部なのだ。

アストロサイトは、いくつかの方法でニューロンを支援している。物理的基質として構造を支えたり、ニューロンにエネルギーを供給し、その老廃物を排出したり、脳の損傷に対して瘢痕《はんこん》を形成して対処したりしている。すべての生きた細胞と同じく、アストロサイトも電位を持つが、神経インパルスを発火することはない。しかし、いくつかの興味深い状況下では、電池のように一定であるアストロサイトの電位が、ゆっくりと増減することがある。

【充電可能なカリウム電池】

脳は電気で作動する装置だが、神経細胞の電力はどこから供給されているのだろう？　各ニューロンは、みずから細胞性の電池を持っている。私たちの脳内の電流はすべて、体内の塩水に溶けている荷電したイオンによって運ばれており、電線の中でのように、自由電子が流れているわけではない。神経インパルスに動力を供給する電池は、このようなイオンによって燃料を供給されている。電池はすべてそうであるように、ニューロンが電位差を生じるのは、二つの電極を隔てる境界の両側で、正電荷と負電荷の正味の数に不均衡があるからにすぎない。正電荷と負電荷は引き付け合うので、電荷の分布に不均衡がある場合には必ず、その不均衡を解消するために、これらのイオンは互いに近づく。この電荷の流れが電流だ。

ニューロンにおいて電極間の境界となるのが細胞膜で、細胞の内側と外側を隔てている。神経細胞内部には負電荷のほうが多いため、細胞はおよそマイナス〇・一ボルトの膜電位を持つ。神経細胞の細胞膜内外のこのイオンの不均衡が減少してゼロになると、ニューロンの電池が切れて、電気的な活動は休止し、電気的インパルスを発火することができなくなる。ここで、アストロサイトの出番となる。というのも、アストロサイトは、脳内の細胞間スペースで、イオンの適正なバランスを維持するために欠かせない存在だからだ。ニューロン外部の荷電イオンを調節することによって、グリアは電池を再充電し、ニューロンの電源制御に手を貸しているのだ。

アストロサイトは、ニューロン周辺の間隙に廃棄されたカリウムイオンをスポンジのように吸収して、自分自身の細胞質に取り込む。カリウムイオンは、電気的インパルスを発火したときに、ニューロンから放出される。このような陽イオンを過剰に内部に蓄積しても、アストロサイトのグリアとしての機能には何の問題も起こらない。なぜなら、グリアは電気的インパルスによって交信しないからだ。過剰なカリウムの除去は、ニューロンを再充電するためには不可欠だ。

では、アストロサイトはどうやって過剰なカリウムイオンを集め、処理しているのだろうか？アストロサイトは、ギャップ結合と呼ばれるタンパク質チャネルを介して互いに結びつき、多くの細胞から構成される広大なネットワークを形成している。ギャップ結合は、ジャケットのスナップボタンのようにアストロサイトをつなぎ合わせるだけでなく、カリウムがそのチャネルを通

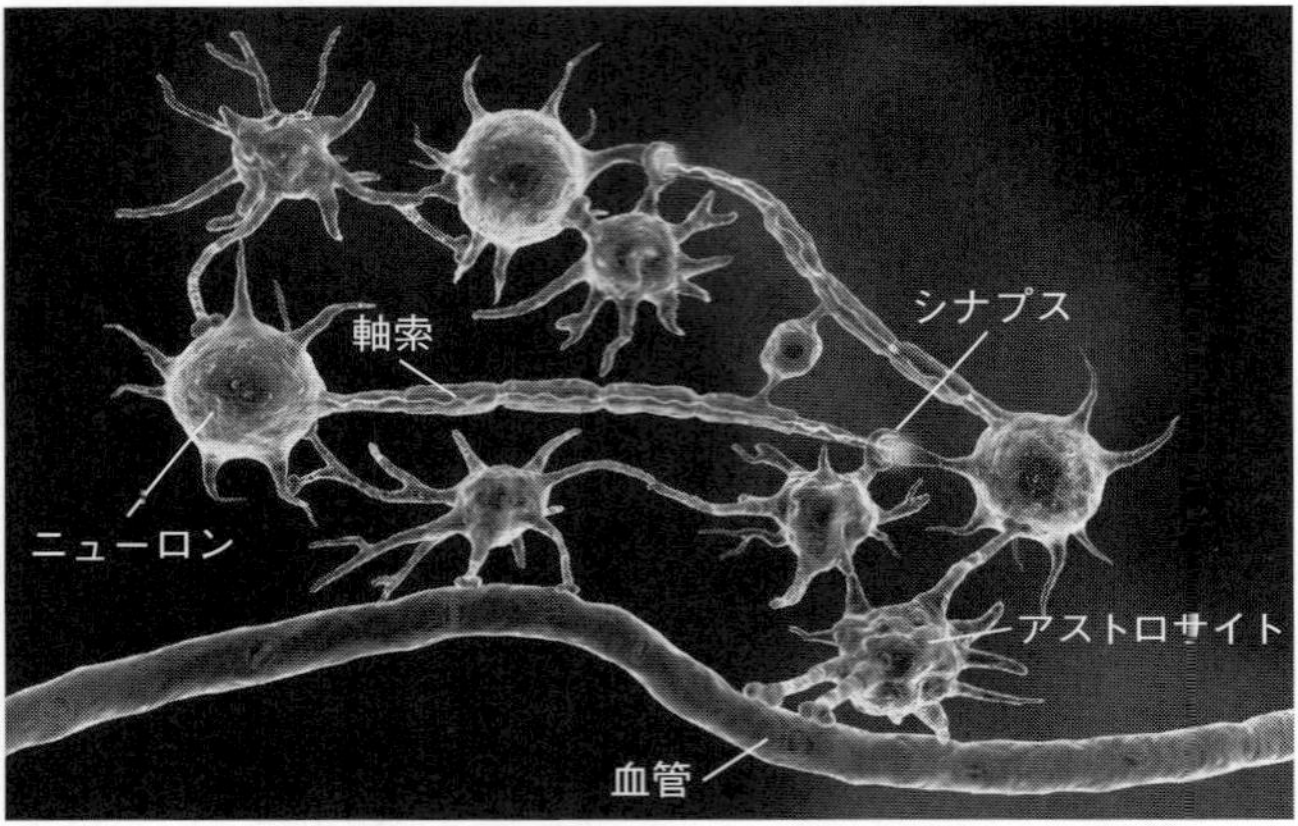

図2-14
一体となって機能するニューロンとグリア。アストロサイトはシナプスや血管と連携し、オリゴデンドロサイトは軸索を絶縁する

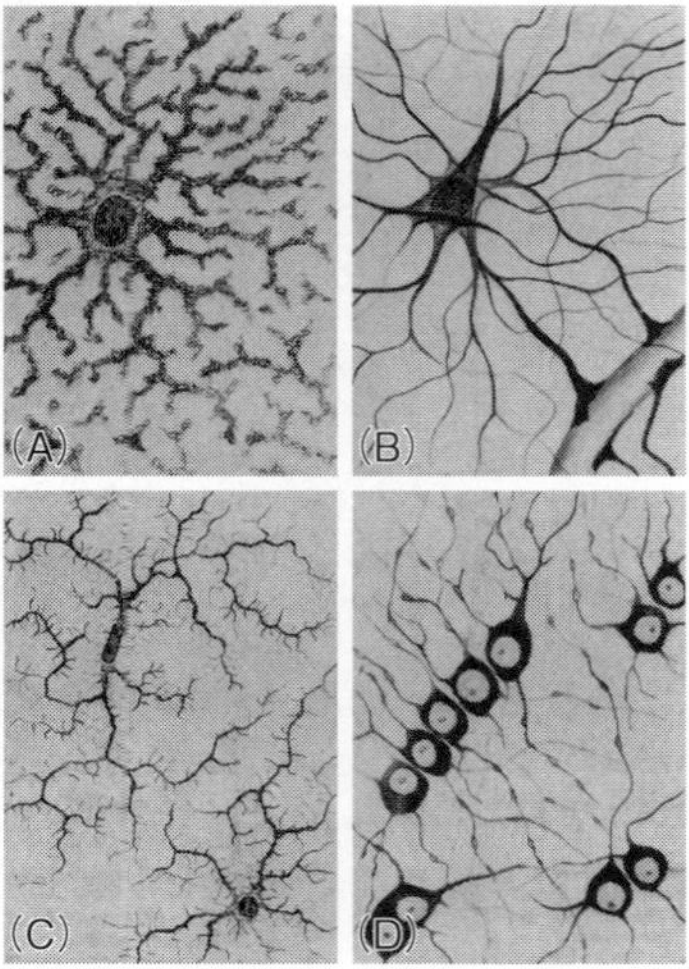

図2-15
1920年にリオ＝オルテガが描いた、脳と脊髄に存在する３種類の主要なグリアを示すスケッチ

(A) 灰白質のアストロサイト
(B) 白質のアストロサイト。エンドフィートを血管に密着させて、ニューロンに与える栄養（グルコース）を吸い上げ、ニューロンから回収した余分なカリウムイオンを血流中に放出している
(C) ミクログリア
(D) オリゴデンドロサイト

って、隣接するグリアとの間を自由に行き来できるようにもしている。インパルスを発火して、活発にカリウムイオンを放出し、過剰な陽イオンをアストロサイトのネットワークの中へまき散らしているニューロンの周辺部から、アストロサイトがカリウムを吸い取ることができるのは、アストロサイト間にギャップ結合による結びつきがあるおかげだ。ギャップ結合で連結したグリア細胞のコミュニティは、ニューロンの外側のカリウムイオンを適正な濃度に維持するために協働しているのだ。過剰なカリウムを処理するために、特別に分化したアストロサイトには、終末足《エンドフィート》と呼ばれる構造がある。細胞が伸張したこの部分は、ぶら下がったコウモリの足のように、細い血管をしっかりとつかんでいる。アストロサイトはこのエンドフィートを通して、蓄積したカリウムイオンを血流中に放出しており、それはまるで、神経活動によって生成された老廃物を脳から取り除いているかのようだ。

　グリアがニューロンの外側のカリウムイオンを適正な濃度に維持できなくなったらどうなるかは、言うまでもない。神経の活動度が高い状態（その究極の状態が脳発作だ）が続いている間は、ニューロン周辺のカリウム濃度は急激に上昇するので、アストロサイトによる除去がきわめて重要になる。アストロサイトがカリウムイオンを吸い取らなければ、脳は電池切れを起こすだろう。ニューロン内の電池を完全に再充電できなくなれば、脳波は平坦になる。拡延性抑圧（spreading depression）と呼ばれるこのような平坦な脳波は、正常な脳波と比較すると、カメラのストロボが薄暗いフラッシュしか焚けないときと同じように、弱すぎてきちんと役目を果たせない。脳波記録検査をすると、このような抑制された脳波は、多くの病態に付随して見られる。

脳が正しく機能するためには、次々と変化するさまざまなニューコンの要求に、アストロサイトが応えていかなくてはならない。となると、アストロサイトは何らかの方法で、ニューロンの働きを監視しているのではないか？　ギャップ結合を介して結びついたアストロサイトの広大な細胞間ネットワークは、脳内コミュニケーションを担う細胞ネットワークがもうひとつ存在する可能性を暗示しているのではないだろうか？

第3章 「もうひとつの脳」からの信号伝達——グリアは心を読んで制御する

一九六六年のことだった。電気生理学（ニューロンの電気信号を研究する神経科学）の先駆者であるリチャード・オーカンド、ジョン・ニコルス、ステファン・クフラーの三人は、麻酔した魚の視神経にゆっくりと電極を刺し進めながら、ニューロンが発する電圧を検知するように設計された自作の電子計測器を見守っていた。すると突然、ゼロボルトからマイナス一〇〇ミリボルトに針が振れ、またゼロに戻った。電極を神経のさらに奥へと押し進めると、また同じことが起こった。それはまるで、地下深くに流れる見えない水脈に向かって、占い棒〔訳注：水脈や鉱脈の探知に用いた枝〕が不思議と引きつけられるかのようだった。この反応は視神経に電極を刺し進めていく途中で繰り返し生じ、引き抜くときも同様だった。

三人は困惑した。というのも、視神経の細い軸索は電極を刺入するには小さすぎたので、記録されている電圧は軸索のものではありえなかった。唯一考えられたのが、視神経のグリア、より具体的に言えば、軸索ケーブルの間を埋めているアストロサイトを電極が貫通している可能性だった。アストロサイトは何らかの方法で、神経軸索のインパルス伝導に関与できるのだろうか？ 三人の科学者はこの問題を、電子計測器を活用して詳細に探究し始め、ニューロンを接着する以外にも、この「もうひとつの脳」にかなり多くの役割がある可能性を示す最初の証拠を見出すことになった。

三人が魚の網膜に光を照射すると、アストロサイト内部の電位が急に正に傾いた。グリアが光に反応したのだ！ だがどうやって？ 実験を重ねた結果、網膜に当たる光に刺激された神経軸索が、脳に向けて電気的インパルスを発火し、正電荷を帯びたカリウムイオンを放出したときに、視神経のアストロサイトがこのイオンに反応しているのだと、彼らは結論した。軸索が神経インパルスを発火するときには、必ず正電荷を帯びたカリウムイオンが放出されることを思い出そう。アストロサイトが清掃機能の一環としてそのカリウムイオンを吸い上げると、細胞の中に正電荷が蓄積されて、静止時に有している負の電位が弱まるのだと三人は推測した。光が網膜を刺激すると、視神経の軸索が発火してカリウムイオンを放出し、それをアストロサイトが吸収して、アストロサイト内部の電位が正に傾くというわけだ。

これは、グリアがインパルス活動に応答できることを示す最初の手がかりだったが、好奇心をそそる現象にすぎないと、あっさり片付けられた。アストロサイト内の電位が正に傾くのは、ニューロンのために細胞環境をきれいな初期状態に保っておくという、このグリアのよく知られたたんなる清掃任務の結果であるというのだ。インパルスはこのような方法でアストロサイトに影響を与えてはいたが、両者間のこの相互作用から生じるさらなる影響を推察することはできなかった。ところが、それから数十年を経た現在、生きた細胞内の化学変化を画像化する新たな手法が登場し、アストロサイトがゆっくりとした電位変化に加えて、非電気的なコミュニケーション手段を利用していることが明らかになり、その結論が覆されつつある。ニューロンの電気的インパルスを検知するために設計された電極では、「もうひとつの脳」が行っている、まったく様式の異なる化学的なコミュニケーションを感知することはできなかったのだ。だが、新たな道具を手に入れた神経科学者は今や、アストロサイトが視覚刺激に応答するだけでなく、ニューロンを制御することによって、視覚そのものに関与している様子を観察できるようになった。

真空管と電子ビーム——新たなフロンティア

　脳はよく電子機器になぞらえられる。ニューロンは集積回路、シナプスはトランジスター、そして軸索は導線というわけだ。では、グリアは何だろう？　グリアを「はんだ」にたとえるのは、もはや適切ではない。シュワン細胞のようなグリアは絶縁体としての機能を持つが、グリアが担うその他の機能に類似した、別の種類の電子部品はあるだろうか？　継電器《リレー》［訳注：電磁部とスイッチから構成され、電磁力で接点を動作させて電気信号を伝達する電気制御装置］、電池、あるいは並列プロセッサーだろうか？　脳を電子機器になぞらえる使い古しのたとえを、グリアは打ち砕いてしまうかもしれない。

私の少年時代には、テレビの内部には、暖かな光の灯るガラス管が都会の街並みのように配置されていた。画像が乱れることは、頻繁ではないものの珍しくはなかったので、そうなるとテレビの本体を覗き込んで、壊れて冷たいガラスの棺のようになった真空管を探したものだった。当時はどこのスーパーマーケットの前にも、迷路のようにソケットがずらりと並んだ売り場があり、そこで壊れたとおぼしき真空管の根元にある差し込みピンの形状と一致するものを探し出した。真空管はソケットに差し込まれ、そこで判決が下るのを待つことになる。黒いスイッチボタンを押すと、計器の針は真空管が「正常」ならば緑色のゾーンに元気よく振れ、「故障」ならば、死刑を告げる赤のゾーンにのそのそと動いた。真空管が故障していた場合には、この動作確認用の検査台の下にあるキャビネットを開けて、適切な替えの真空管を選ぶのだった。

家に戻ると、調子の悪いテレビの広いマホガニー製本体ケースの中を覗いて、空いたソケットに新しい真空管を差し込んだ。スイッチを入れると、他の真空管とともにブーンとうなりをあげて、真新しい真空管にも暖かなオレンジ色の光が嬉しそうに灯った。画面にちらつく砂嵐が映って、耳障りな雑音が響いたと思ったら、すぐに夕方のニュースを伝えるキャスターの映像とはっきりした音声が流れだした。

今日では、電子工学の急激な進歩によって、驚くほど多種多様なテレビをはじめ、数知れぬ家電製品が社会に溢れかえっているが、それがどのように作動しているのかをちゃんと理解している消費者はいない。これは、非常に不安な状況だ。初期の電気製品とは対照的に、現代のテレビのプラスチック製ケース内部には、つやつやしたミントグリーンのプリント基板《カード》があって、そこに黒い小さな半導体基板《ウェハー》が何枚も差し込まれており、はんだ付けされた突起やくぼみが点在している。表面には細い銅線が描く迷路が浮き出ていて、東京の地下鉄路線図を思わせる。故障していてもいなくても、すべてが冷たくて暗い。その内部には、生気も活気もない。この装置がどのように作動しているのか、どこが不調なのか、壊れたときにどう修理すればいいのか、皆目見当がつかない。現代では、壊れたテレビの内部を覗き込んでも、手の施しようがない。こんなものを修理できる者などいない。近所のスーパーマーケットへ行って、部品の具合を調べて、壊れていたら交換部品を買ってこようとは、とても思えない。

理解できる望みのない世界に生きるのは、不安でしかたがない。それが生物学（生命の科学）の領域、とりわけ人体のこととなると、知りたいという願いは、切実で差し迫った、とても個人的なものとなる。身体はどのように機能しているのか？　私が何かを感じたり、行ったりするのはなぜか？　成長や消化、生殖、治癒、病気などに関する数々の謎に直面すると、私たちは人体に強い興味を抱き、知る必要を痛切に感じずにはいられない。

この意味において、人類の究極的な原動力は、あるひとつの身体器官から生じるのだと言える。その器官は、世界を抽象化したり、分析したりする能力を飛躍的に向上させた結果、どのように問いを立てるのかという問いをも克服した身体器官、すなわち、脳だ。脳はいかに知覚し、夢想し、思考し、身体を調節しているのだろうか？　そして、脳が「知る」仕組みを理解するという循環論法につきまとう論理的誤謬《ごびゅう》を、いかに打ち破ろうというのだろうか？

私たちは現在、脳科学の歴史のなかでも類を見ない時期を迎えている。果てしなく広がる自然の複雑な地形に囲まれていても、科学の進歩の歴史においてはときおり、発見の新たなフロンティアを見渡せる山の頂に自分たちが立っていると気づくことがある。その時点のその視点からは、新たな眺めのなかにフロンティアの全景を見てとれる。ところが、ほどなく山を下って、また泥沼にはまり込み、やっかいな複雑さに搦《から》めとられてしまうと、誰一人その新たな全景を把握できる者はいなくなる。だが、私たちはちょうど今、脳科学のこの頂上に立ち、グリアの世界を新たな視点で見晴らしているのだ。

そのためグリアは今、誰にとってもおおいに興味深く、理解可能な研究対象となっている。これまで専門家だけがその全体像のごく一部に気づき、理解していた領域へも、科学の進歩はまもなく拡がっていくだろう。目下のところ、読者のみなさんは、二〇世紀初頭にカミソリの刃と顕微鏡のようなごく簡単な道具だけで、脳科学の新たなフロンティアに挑んだ先駆者たちと同じだけの知識（いや実際には、それをはるかに凌ぐ知識）を有している。そうした科学者は、手引きとなる理論や地図も持たず、みずからの推測を頼りに、機転を利かして果敢に前進した。彼らは新しい語彙も考案しなければならなかった。そこには、顕微鏡を通して発見した驚くべきものの名前も含まれていた。彼らは懸命に思考を重ね、さらには同じ探究の道を行くほかの人々と、自分たちの発見した事実を分かち合うことによって、そうした発見の持つ意味をあますところなく理解しようと努めたのだった。

この旅路に参加するかどうかは、あなたの自由だ。加わるならば、いくつかの新たな語彙を学び、折に触れてじっくり考えたり、見方を変えたりすることが必要になるだろう。だが、今がチャンスだ。すべては、あなたの手の届くところにある。

テレビゲームとレーザーソード——輝かしい称賛のなか明かされたグリアの秘密

シナプスは、いわば脳のトランジスターで、ニューロンを回路に接続するための基本的なスイッチであり、私たちはそのおかげで、考えたり、感じたり、記憶したり、望んだりすることができる。だがこれは、情報が脳内を流れる唯一の方法なのだろうか？　もし別の方法があるとしても、ニューロンを増幅器に接続するのと同じやり方で、神経科学者がグリアに針金を刺入したところで、その仕組みはわからないだろう。というのも、グリアは電気的インパルスを用いて交信しているわけではないからだ。グリア間のコミュニケーションを検知するためには、もっとずっと精巧な手法を考案しなくてはならなかった。針でなぞる旧式のビニール製レコード盤を凌駕した高性能のCDが、レーザービームで読み取られるように、グリアの秘密も、文字どおり光のビームによって明かされることになった。

テレビゲーム市場の爆発的な成長に牽引された一九八〇年代の急速な技術革新が、カルシウムイメージング法という科学革命のカギとなった。電子玩具市場は、テレビゲームの表示用に改良されたカラーグラフィックスを搭載した、手ごろな価格の新しい家庭用コンピューターの開発と生産を促した。この新技術に、従来とは違うタイプの解剖学者たちが手を加え、それを顕微鏡に接続して、新しい装置を作り出した。それがビデオ顕微鏡だ。コンピューターを装着した彼らの顕微鏡には、新たな画像処理の能力が加わった。そしてこの装置は、細胞構造を明らかにするという点においては、色素で組織を染色するという旧来の手法よりも優れていた。ビデオ顕微鏡によって、科学者たちは染色されていない生きた細胞の構造を、初めて観察できるようになった。さらに、生きた細胞内で起こっている生理学的プロセスにかかわるイオンの流れまで観察できた。この技術は「もうひとつの脳」の実体を科学に明かしたのだ。

〈カルシウムによるシグナル伝達——電極を光に置き換える〉

スティーヴン・J・スミスは、研究室の外ではアロハシャツを好んで着て、愛用のギブソンJ-200で往年のロックンロールの演奏を楽しむ男だったが、イェール、スタンフォードの両大学では、ビデオ顕微鏡および高性能のレーザー顕微鏡を製作し、それを利用して生きた細胞内部でカルシウムイオンが変動する動態を可視化することを専門に研究していた。このカルシウムシグナルは、すべての細胞が使用している主要な情報伝達手段であり、細胞の外側からの情報を、細胞膜を通して細胞内液（細胞質）へと伝えていることが、今ではわかっている。つまり、カルシウムイオンは外界に関する情報を符号化して、細胞の中へ伝える手段なのだ。

細胞の表面には、目も眩《くら》むほどのさまざまなセンサーがあって、周囲の化学的環境を絶えず監視している。ある受容体が、それが感知するように設計されている特定の化学物質を見つけると、細胞膜に小さな孔を開き、カルシウムイオンを一時的に細胞内へ流入させて、細胞全体に警報を発する。このカルシウムシグナルは、「イギリス軍が来るぞ！」という警報［訳注：アメリカ独立戦争の発端となるレキシントン・コンコードの戦いの前夜、イギリス軍の動きを知らせる伝令の役割を担ったポール・リビアが発した言葉とされる］に相当し、その受容体分子が歩哨として見張っていた出来事の発生を細胞全域に知らせ、適切な細胞応答の開始を先導する。スティーヴン・スミスらのグループは、カルシウムが存在すると奇妙な緑色の蛍光を発する染料に細胞を浸し、この新たな顕微鏡を用いて、さまざまな刺激が生きた細胞の内部でどのようにカルシウムシグナルを引き起こすのかを熱心に調べた。

私たちの細胞がカルシウムをシグナルとして使用するのは、体内のすべての細胞が、カルシウムで満たされた海のような環境に生息しているからだ。だが細胞の内側では、状況は大きく異なる。堤防システムが海水の侵入を阻んでいるように、細胞膜にあるポンプが絶えずカルシウムを細胞外に排出しているため、細胞内のカルシウム濃度は、細胞外の濃度の一万分の一でしかない。これは、カルシウムイオンが細胞内で強力なメッセンジャーとして機能するためには、申し分のない状況だ。カルシウムの一部は、小胞体と呼ばれる細胞質の貯蔵タンクへ、ポンプで汲み入れられている。小胞体のこのポンプ活動は、細胞質から余分なカルシウムを除去するだけでなく、小胞体そのものがカルシウム貯蔵庫となって、大量のカルシウムを一気に放出して、その下流でいくつかのプロセスを活性化し、細胞応答を始動させる役割を担うことも可能にしている。

カルシウムは、すべての細胞内部で情報交換の主要通貨としての役目を果たし、絶えず変わり続ける細胞環境の状況に合わせて、細胞応答を調和させている。ニューロンもこの情報の細胞内通貨に頼っている。ニューロンの細胞膜にある特別に分化したイオンチャネルは、軸索で電気的インパルスが発火されたときに生じる電圧の変化を感知する。このタンパク質チャネルが、電気的インパルスに反応してわずかな時間だけ開くと、カルシウムイオンがニューロン内へ一気に流入する。細胞表面の電気現象に続いて、細胞質にカルシウムの波紋が伝わっていく軌跡を監視することで、細胞深部の働きも、外部の電気現象を常に把握しているのだ。科学者たちは今では、この新たなカルシウムイメージングの手法を用いて、ニューロンの発火を文字どおり見ることができるようになった。

生きた細胞を使用したカルシウムイメージング技術は革新的であり、大きな衝撃を与えた。というのも、この手法は、科学者が生きた細胞の働く様子をリアルタイムで観察できる新たな境地を開いたからだ。カルシウムイオンと結合すると蛍光を発する色素によって、それまでひそかに行われていた細胞どうしのメッセージのやり取りが目に見えるようになった。解剖学者はもはや、細胞が生きていたときの機能に関する手がかりを求めて、死んだ組織を保存液に浸して染色し、その構造を露わにするといった法医学的手法だけに頼る必要はなくなった。今では、これらの新しいビデオ顕微鏡を用いて観察すれば、生きた細胞の内部活動を詳細に研究できるのだ。

この新しいタイプの解剖学者たちは、革新的なイメージング装置だけでなく、その気質においても際立っていた。従来の解剖学者は、博物館の学芸員が蒐集した標本のわずかな構造上の差異を丹念に調べ上げて比較するときのような、丁寧でゆっくりとしたペースで仕事を進めてきた。そんな彼らは、生きた細胞からデータを集めて、その場で分析し、反射的に判断を下すような電気生理学者に道を譲った。こうした新手の解剖学者兼生理学者は、持てるかぎりの才知を総動員して、細胞が死んでしまう前に、すばやく重要な観察を行い、迅速に判断を下さなくてはならなかった。つまり彼らは、自分たちが見ている現象に基づいて、瞬時に直感に従って、即興で新たな実験を行うだけの大胆さを備えた科学の探検家だった。彼らは電気生理学者ではあったが、むしろ探検家と呼ぶほうがふさわしかった。なぜなら、彼らのイメージング技術はまったく新規なもので、こうした新たな解剖学者たちは、それまで見たこともない現象を目の当たりにして、取るに足りない偽りの反応から、重要な真実をすばやく識別しなくてはならないうえ、自分たちが無我夢中で探索している細胞が生きているうちに、技術的な難点や装置の不具合を見つけ出して、速やかに首尾よく解消しなくてはならなかったからだ。これは定時勤務を好む人向きの仕事ではない。というのは、厄介な実験装置の調整と、生きた生物標本の準備の両方が整ったときにはすでに、建物内で働く誰もが帰宅していたということがよくあるからだ。実験装置と標本の両方がうまく揃ったときには、こうした新手の科学者たちは血眼になって実験に没頭し、やっと手に入れた細胞の命が尽きるその瞬間まで、できるかぎり多くのデータを最後の一滴まで絞り出そうとした。

神経科学者たちは当初、ニューロン内部におけるカルシウムシグナルの発生を観察することに全神経を集中していた。だがそのうちに、アストロサイトが何らかの方法でニューロンの信号を感知できるとしたら、それはグリアの細胞質におけるカルシウム上昇として現れるのではないかと気づく者が出てきた。もしほんとうに「もうひとつの脳」が存在するならば、テレビゲームと顕微鏡の組み合わせから生まれたこの新たな手法を用いて、その正体を解明できるかもしれなかった。

〈光の一滴——神経伝達物質か、グリア伝達物質か？〉

スティーヴン・スミスらは、ニューロンの隙間を埋めている細胞、すなわちアストロサイトを選別して、実験室の培養皿で生育した。この脳細胞はニューロンとは違って、シナプスや細胞性の突起や、インパルスを伝導するワイヤーのような長い軸索を持たないことを、彼らは知っていた。その代わりに、アストロサイトは培養皿の底一面に、薄い膜を形成した。ニューロンとは異なり、この細胞は電気的には不活発で、完全に沈黙している。しかし、もしこの細胞が神経回路を通して送られるメッセージを感知できるなら、細胞外の信号を細胞内へ伝える一般的な手段であるカルシウムを使うかもしれない。そうであれば、ニューロンから信号を受け取ったアストロサイトの内部にも、カルシウムが一気に流入する現象が見られるのではないかと、スミスは推論した。ニューロンが神経伝達物質を放出して、シナプスを介した情報のやり取りをしていることはわかっていたので、最も一般的な神経伝達物質のひとつであるグルタミン酸を直接アストロサイトに投与して、アストロサイトが応答するかどうかを確かめることにした。

暗室で作業していたスミスと同僚は、この風変わりな脳細胞に、カルシウム感受性蛍光色素を添加した。続いて、神経伝達物質を一滴、培養皿に滴下した。このグルタミン酸の一滴で、滴下部位のアストロサイト内部から急激に強い光が放たれ始め、それは発光する衝撃波となって外側に向けて放射状に拡がり、細胞全体に及んだ。アストロサイトは神経伝達物質を感知して、細胞質内で細胞全体へカルシウム警報を発動していた。だが、これには続きがあった。

この蛍光シグナルはその後、細胞集団全体へと渦巻くように伝播していったのだ。数十分の間に、蛍光シグナルは次から次へとアストロサイトを通過して、蛍光の嵐となって培養皿全体を駆け抜けた。この「沈黙した」脳細胞は、相互に交信していた。さらに注目すべきは、ニューロンがシナプスを介して信号をやり取りするために用いている神経伝達物質と同じ化学物質で、このコミュニケーションが引き起こされたことだった。アストロサイトがニューロンどうしの会話を盗み聞きしているかもしれないという説は、こうして拡大された。つまり、アストロサイトは神経伝達物質を感知できるだけでなく、電気信号の代わりにカルシウムイオンを使って、仲間どうしでメッセージをやり取りしていたのだ。

この発見が革新的な意味を持ちうることに、スミスは気づいた。グリア細胞は交信していた。だが、それはなぜ、どのように行われているのか？　アストロサイトは、シナプスを介してニューロン間で交わされるメッセージをかすめ取る能力を備えているが、そうして集めた情報で何をしているのだろうか？

【防火帯を用いた実験】

グリア細胞が神経伝達物質をどのように感知しているのかは、まもなく明らかになった。驚いたことに、アストロサイトの細胞膜上には、ニューロンの樹状突起にある神経伝達物質を感知するための受容体タンパク質と同じものがあることを、研究者たちは突き止めた。ニューロンでは、この受容体はシナプスを介して送られてくる神経伝達物質を感知するための仕組みだ。ではなぜ、同じ受容体がアストロサイトにあるのだろう？　スミスが培養皿に加えたグルタミン酸の小滴を、アストロサイト上のこの受容体が感知すると、受容体はパッと開いて、カルシウムイオンを一気に内部へ流入させた。これに続いて、カルシウム検出用の蛍光色素が発光するのを、解剖学者たちは観察できた。しかしこのグリアの応答は、見るからに荒っぽい投与方法を用いて、人為的に引き起こされたことを忘れてはならない。ニューロンがシナプスを介して自然に交信するときに放出される神経伝達物質に、アストロサイトが実際に応答できるのかどうかは、検証する必要があった。そうは言っても、原理的にそれが可能なことは、今や明らかだった。つまりグリアは、ニューロンがシナプスでやり取りする情報を傍受する仕組みを備えていて、グリア回路全体にその情報を広められるのだ。

カルシウムシグナルによって明かされた情報は、脳が機能する唯一の方法とされてきた電気信号による伝達とはまったく異なる様式で、脳全体を駆け巡っている可能性があった。そのうえ、この情報はニューロンではない細胞、すなわちアストロサイトを通して運ばれているらしいのだ。脳の全機能を支えると考えられてきたニューロンに特有の形質、つまり軸索や樹状突起、シナプスなどすべての形質を、アストロサイトは欠いていた。科学者たちはこのとき初めて、「もうひとつの脳」が実在することを自分の目で確かめられた。だがそれは、どのように機能しているのだろうか？

ニューロンの信号を盗聴して得た情報で、アストロサイトが何をしているのかという興味深い疑問が、研究者たちの行く手に横たわっていた。差し迫って解明すべき謎は、グリアによるこの新しい形式のコミュニケーションが、どのように作動しているのかという問題だった。培養皿内の（さらに推論を押し拡げれば、脳全体の）すべてのアストロサイトに広がるコミュニケーション網の中で、グリアはひとつの細胞から次の細胞へどのようにカルシウムのメッセージを伝達しえたのだろうか？

最も可能性が高いのは、隣接する細胞を接合しているタンパク質チャネルを通して、アストロサイトがカルシウムのメッセージを受け渡す方法だった。このような細胞間チャネルはギャップ結合と呼ばれ、アストロサイトに存在することがはっきりと立証されている。二機の宇宙船をドッキングする接合部分のように、ギャップ接合はカリウムイオンや小さな分子の交換を可能にしている。カルシウムイメージング法の先駆者であるコロラド州立大学のスタン・ケイターらは、アストロサイトが物理的に隔てられていれば、一個のアストロサイト内部で引き起こされたカルシウムウェーブは、隔離された遠くの細胞にまでは伝播しえないだろうと推測して、単純だが見事な実験を行った。

この考えを検証するために、ケイターらは培養皿の底のアストロサイトを一筋かき取って、細胞どうしを隔てる防火帯を作った。カルシウムウェーブが細胞から細胞へと直接送られているならば、ここで遮断されるはずだ。実験結果に、疑いの余地はなかった。カルシウムウェーブは、防火帯の片側にある細胞群に拡がったあと、細胞のない防火帯を難なく飛び越えたのだ。これは、アストロサイトが、隣接する細胞をつなぐタンパク質チャネルを通してメッセージを伝えられるだけでなく、何らかの未知のシグナルを培養液の中へ拡散することによっても、相互に情報をやり取りしていること、さらにこのシグナルが遠くの細胞にも連鎖反応のようにカルシウムウェーブを引き起こしたことを証明していた。シナプスを介して化学物質のメッセージを送ることによって（つまり、神経伝達物質経由で）情報をやり取りしているニューロンと同じように、アストロサイトも細胞の間隙を通して、ある種のシグナル伝達分子を送って交信していたのだ。ニューロンとグリアは、同じ様式の交信経路を持っていた。しかし、シナプス結合を介したニューロンのコミュニケーションが、固定電話と同じ線形回路であるのに対して、アストロサイトは携帯電話のように、シグナルを広範囲に送信する方式で交信している。このような種類のコミュニケーションは、脳機能に関するそれまでのどんな理論モデルでも、まったく想定されていなかった。

スパイの正体を暴く――グリアにおとり捜査を仕掛ける

神経伝達物質グルタミン酸を培養液中に添加すると、アストロサイトにカルシウム応答が始まるという発見は画期的だったが、その実験条件は非常に人為的だった。ピペットから人為的に投与される代わりに、シナプスから自然に放出された神経伝達物質を、脳内のアストロサイトは感知できるだろうか？　グリアはこれを、重要な生理反応をもたらす脳機能に伴って実行できるのだろうか？　どうすれば、これらの疑問の答えを見出せるだろうか？

グリアはシナプスにおけるニューロンのコミュニケーションを監視していて、おそらく、シナプスを渡っていく情報の流れの調節にも介入しているのではないかと、みなさんは考えるだろう。では、どのようにそれを証明したらいいだろうか？　これは、中央司令部と現地工作員の交信を監視しているスパイの存在が疑われるときに直面する状況と、まったく同じだ。スパイがあなたの暗号化された会話を監視していて、メッセージを変更することによって、通信を妨害している疑いがあるとする。そのスパイを捜し出して排除するには、どうしたらいいだろう？

事件解決のためには、暗号化したメッセージを傍受するためにスパイが使用している盗聴器を見つけ出すのも、ひとつの方策だ。そしてこれは、グリアがニューロンのコミュニケーションを傍受している可能性を調査するために、科学者が最初に試したアプローチでもあった。彼らは広範な捜索を行い、シナプスを介したニューロンのコミュニケーションを監視するために、グリアが傍受していると考えられるメッセージの種類を漏れなく調べあげて、試験したのだ。その結果判明したのは、科学者をも仰天させる事実だった。

実験の結果、ニューロンがシナプスでのコミュニケーションに使っているさまざまな神経伝達物質のすべてを含む、神経系におけるシグナル伝達分子の大多数を感知できるセンサー群を、グリアが持っていることが明らかになった。グリアはさらに、神経回路を電気的情報が流れると急増するイオン流動や、細胞シグナル伝達にかかわる多くの受容体分子にも感受性があり、これらは理論上、ニューロンの情報処理をグリアが監視することを可能にしていた。

科学者が採用した第二のアプローチは、疑わしいスパイを逆探知することだった。それには、スミスらが培養細胞で実施した実験と同じく、アストロサイトにカルシウム感受性蛍光色素を導入するという手法が用いられた。この実験の課題は、生きた動物の体内で実施すること、および、ニューロンがシナプスを介して情報を受け渡したときに、アストロサイト内に導入したカルシウム感知分子が明るく輝きだすかどうかを観察することにあった。

シナプスにおけるグリアの盗聴活動を暴くために、科学者たちが第一の罠を仕掛けたのは、ニューロンと筋肉の結合部だった。この部位が、脳深部に埋もれているシナプスの代わりに実験標的に選択された理由は、この種の実験を脳シナプスで行うのは、技術的困難が非常に大きいからだ。そこで、スミスと大学院生だったノリーン・ライストは、筋肉の収縮を制御しているシナプスにおける情報を観察することにした。この部位ならば、カエルに麻酔をかけて、筋肉を覆っている皮膚を剝がすだけで、容易に手が届いた。

筋収縮は、運動ニューロンの軸索を通って、神経筋接合部と呼ばれる筋肉上のシナプスまで送られてきた電気的指令に応答して生じる。軸索が発火すると、神経伝達物質であるアセチルコリンが、神経終末のシナプス小胞から放出される。アセチルコリンは、筋線維の表面にある神経伝達物質受容体を刺激し、筋肉を収縮させる。神経筋接合部で生じるコミュニケーションは、脳内のニューロンどうしを隔てるすべてのシナプスにおけるコミュニケーションと、あらゆる点において非常によく似ている。シナプスで信号を受け取ると、シナプス後ニューロンがインパルスを発火するのとまったく同じように、筋線維も発火する。この電気エネルギーが筋肉細胞全体に拡がり、筋収縮を引き起こすのだ。

脳の外にはアストロサイトは存在しないが、脳内のシナプスとちょうど同じように、神経筋接合部もグリア（厳密には、終末シュワン細胞あるいはシナプス周囲シュワン細胞）に取り囲まれていることを、解剖学者たちは一五〇〇年も前から知っていた。これらの細胞は長い間、シナプス伝達とは関係のない、完全に不活発な構造要素だと考えられてきた。しかし、スミスとライストの考えは違った。

二人は一九九二年、カエルの神経筋接合部のシュワン細胞にカルシウム感受性色素を導入し、神経線維に電気ショックを与えてインパルスを発火させ、シュワン細胞の中のカルシウムシグナルの様子をビデオ顕微鏡とレーザー走査型顕微鏡を使って観察した。インパルス発火を受けて筋収縮が引き起こされたあと、神経筋接合部シナプスを取り囲む終末シュワン細胞が輝き始めるのを、彼らは目撃した。

この成果は、彼らがそれまでに細胞培養の中で実施してきた研究を超える、大きな前進だった。この新たな実験は、シナプスを介した通常の情報伝達を、グリアが感知できることを証明したのだ。彼らの研究により、運動ニューロンがシナプスで放出した神経伝達物質を感知するという方法で、終末シュワン細胞が情報を得ていることが明示された。ここで、二人の研究者は疑問を抱いた。シュワン細胞は、傍受した情報に何らかの働きかけをして、ニューロンの活動を制御しているのだろうか?

〈現行犯で捕らえられたグリア〉

この新しい発見は、ニューロンのコミュニケーションをグリアが監視していることを確かめたにすぎなかった。グリアがその情報に働きかけて、指令に影響を与え、事象の成り行きに変更を加えていることを証明するのは、はるかに難しい問題だが、より重要な生理的意味を持つ。これを突き止めるには、どうしたらいいだろう？　昔ながらの防諜策に、偽の情報を流してスパイ容疑者がそれに食いつくかどうかを確かめるという方法がある。

モントリオール大学の神経生物学者リチャード・ロビタイユは、終末シュワン細胞に偽のメッセージを仕掛ける方法を考案し、この偽情報がニューロンと筋肉の間のコミュニケーションを変化させるかどうかを観察した。ロビタイユは非常に細いガラス製ピペットを使用して、シナプスを取り囲むシュワン細胞に、あらかじめ選び出しておいた化学物質を注入した。それらの化学物質は、細胞表面の受容体から細胞内部へ情報を中継する際に、細胞がメッセンジャーとして使っていることが知られているものだった。ロビタイユはカルシウムだけでなく、細胞内コミュニケーションに用いられる他の低分子メッセンジャーも注入した。神経線維と筋肉細胞には、これらの化学的シグナルを注入しなかったので、メッセージを受け取ったのは、終末シュワン細胞だけだった。

ロビタイユと同僚が、終末シュワン細胞に人工的なメッセージを送り込むと、筋肉が受け取る電気信号が変化した。シュワン細胞に注入したメッセージのあるものは、神経インパルスによって引き起こされた筋肉の電気的反応を増強し、別のものはそれを抑制した。これは、グリアがシナプスを通過するニューロンの情報を監視するだけでなく、変更していることを示す動かぬ証拠だった。その生理的な意義は衝撃的だった。

ほかの研究室の科学者たちも加わって、研究は熱を帯び、このグリアとシナプスのコミュニケ

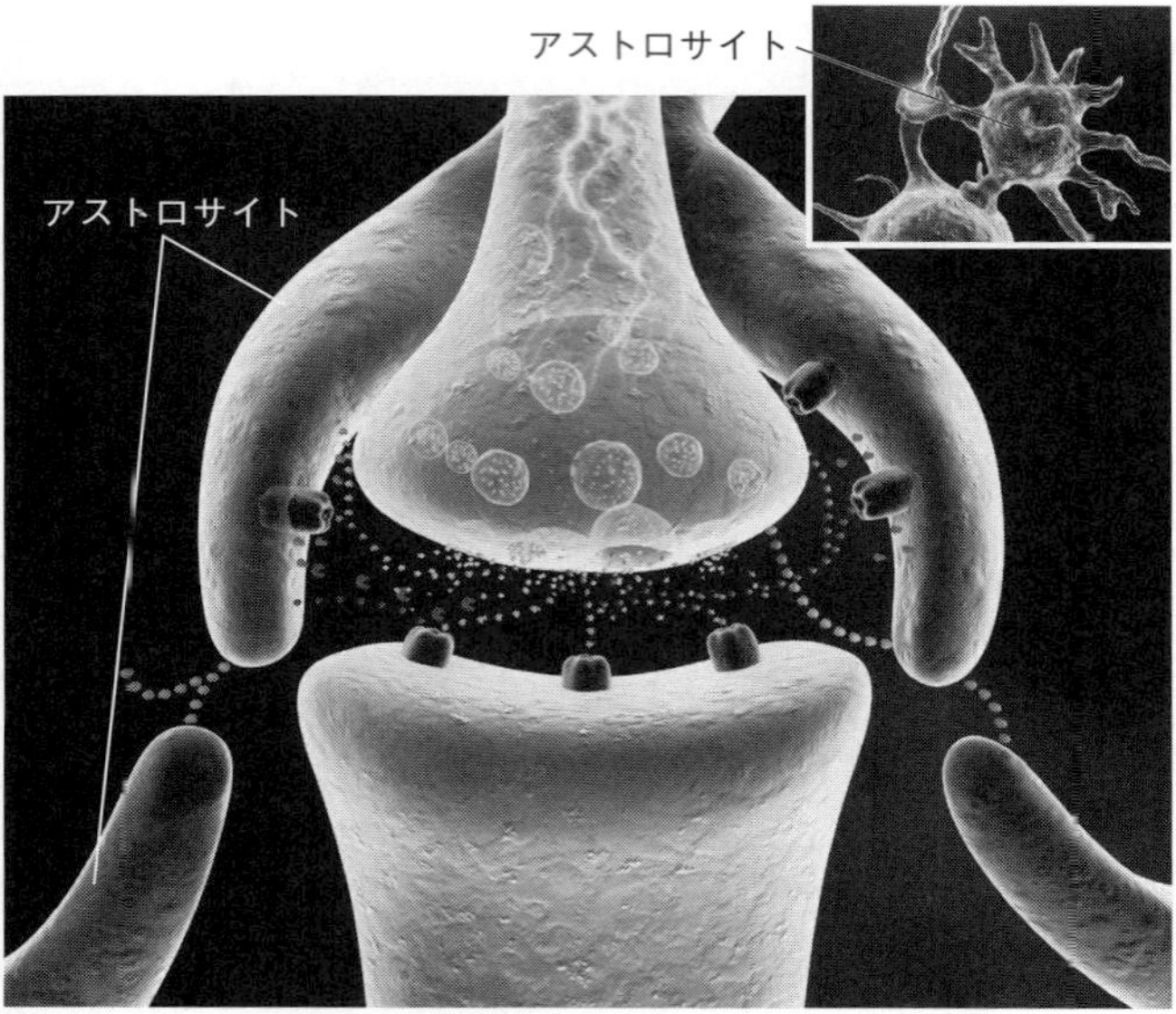

図3-1
シナプス伝達の知られざるパートナー、グリア。アストロサイトはシナプスを取り囲み、神経伝達物質を取り込んだり、放出したりすることによって伝達を調節する。アストロサイトは、化学的メッセージを使用して相互に交信もしている

ーションが、神経系内でどれほど広く行われている現象なのかを明らかにする探究が始まった。ミネソタ大学の神経生物学者エリック・ニューマンは、ガラガラヘビの赤外線受容体の研究で、科学者としての一歩を踏み出した人物だった。このユニークな感覚器のおかげで、ガラガラヘビは熱を感知する一種の視覚のような感覚を用いて、獲物である恒温動物を見つけ出すことができる。ニューマンはほどなくガラガ

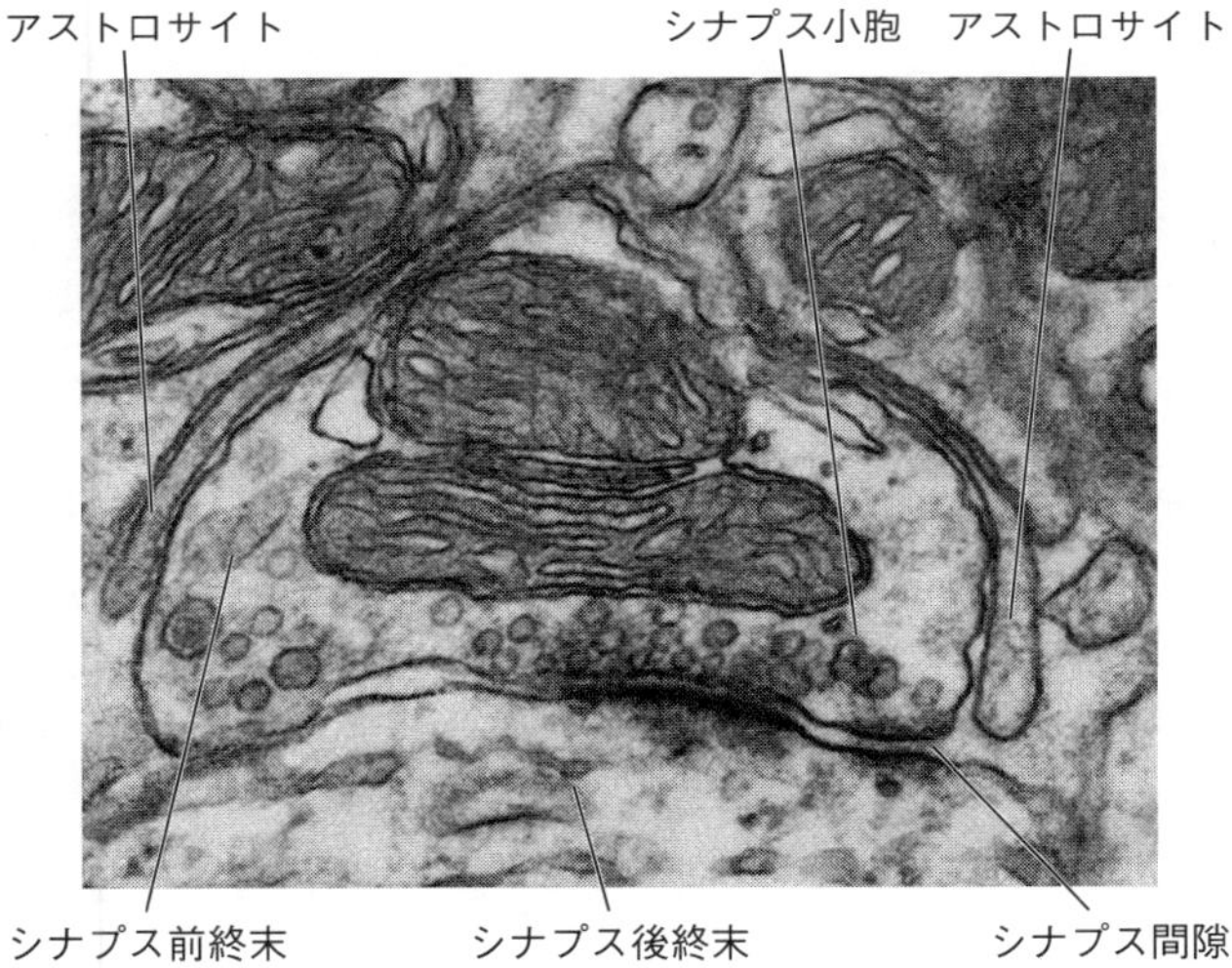

図3-2
電子顕微鏡で観察されたシナプス。シナプス間隙が軸索と樹状突起を隔てている。アストロサイトはシナプスを取り囲み、神経伝達物質を取り込んだり、放出したりして、シナプス伝達を調節している

ラヘビの研究を離れて、別の感覚器、目の奥に位置する光受容層である網膜に関心を移した。

彼は電気生理学とカルシウムイメージング法を組み合わせて、網膜のアストロサイト内部に（スミスが培養皿の中で観察したのによく似た）カルシウムウェーブが生じて、それが網膜ニューロンのそばを通過すると、それに同期して視覚回路の電気的発火が増強したり、減弱したりすることを見出した。ニューマンは、グリ

アのカルシウムウェーブが網膜内で自発的に渦巻きながら拡がっていくのを目撃したのだったが、この反応は網膜への光の照射でも引き起こせることがわかった。これは、ケナニーとニコルス、オーカンドが一九六六年に、視神経内部で見出した現象とよく似ていた。

しかし、ニューマンは今回、グリアが視覚刺激に反応するだけでなく、カルシウムシグナルに応答した発火の変化をニューロンに引き起こしていることも見出した。つまり、網膜のアストロサイトは、光が網膜に当たったときにニューロンを通して伝達される視覚情報を「見張って」いて、その情報を細胞間カルシウムウェーブとしてグリア回線網を通して送信することによって、ニューロンのコミュニケーションを調節していたのだ。グリアは視覚に関与していた。網膜のアストロサイトは、ニューロンを制御していたのだ。

私たちの網膜は、胎児期に脳が伸び出した部位であることを思い出そう。以上のような新発見は、頭蓋内の精神機能にグリアが関与していることを暗示しているのだろうか？　もしそうであれば、どのような機能だろう？　反射、思考、夢、情動、心の健康《メンタルヘルス》、さらには記憶だろうか？

このような革新的な疑問への解答を探し出すためには、グリア、つまり「もうひとつの脳」を構成する非神経細胞について、科学者はもっとよく知る必要がある。研究対象をニューロン以外にも拡げて、アストロサイトやシュワン細胞、オリゴデンドロサイト、ミクログリアが、「支持細胞」という通常の役割を通して、神経系で実際に何をしているのかを、より詳しく調べ始める神経科学者が増えてきている。そこから、次のような見解が形成されつつある。すなわち、グリアがニューロンを「支えて」いるならば、原理的には、ニューロンはグリアに「依存して」おり、さらに言えば、もうひとつの脳に「制御されて」いるという考え方だ。

グリアは神経系が病的状態のときに作動すると理解されてきたが、脳が正常な生理的条件下で働いているときにも、状況次第では、その同じ機能が発揮されるのだろうか？　脳の健康および病気にかかわるグリアの活動は、きわめて大きな実用的重要性を持っている。だが、それにとどまらず、病気に罹ったときのグリアの働きを研究し、理解できれば、健康な脳におけるグリアの役割に関する手がかりが得られるだろう。

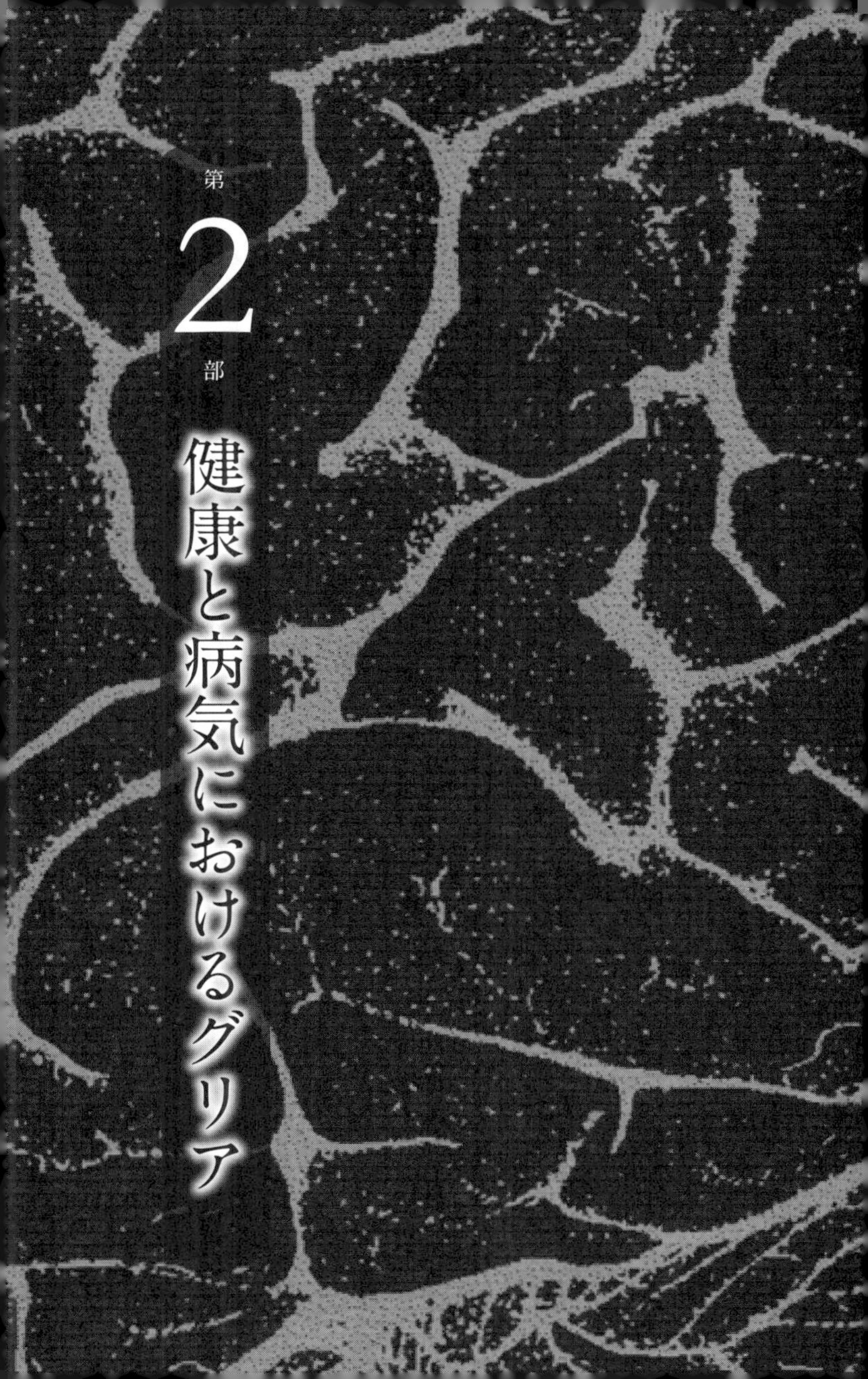

第2部 健康と病気におけるグリア

心を治す——神経系の損傷と病気を回復させるグリア

ミクログリアとアストロサイトの二種類のグリアはともに、脳に感染する細菌やウイルスの警戒にあたる見張り役を務めている。病原体が検知されると、これら二種類のグリアは細胞部隊を結成して、侵入してきた微生物との闘いに乗り出す。病原体を探し出して呑み込んだり、有毒な化学物質を放出したりして、脳から病原体を取り除く。この用心深い細胞の歩哨部隊による闘いは、脳の正常な機能と生存に欠かせないが、最近のミクログリアに関する研究からは、この風変わりな脳細胞に意外な役割が数多くあることがわかってきている。たとえば、慢性疼痛は、神経損傷が治癒したあとも長く続くことが多く、治療はきわめて難しい。ところが、慢性疼痛の治療に多くの薬物療法が有効でないのは、痛みの発生や薬物依存性にグリアが果たしている役割を、科学者たちが正しく理解できていなかったためであることが、現在では明らかになりつつある。ニューロンに働きかける鎮痛薬では、問題の一部にしか対処できない。科学者たちは、「もうひとつの脳」を見逃しているのだ。

パーキンソン病から麻痺に至る幅広い神経疾患の治療に、幹細胞がきわめて有望であることは広く認知されているが、ここでもグリアが主役に躍り出ている。成熟ニューロンは細胞分裂ができず、傷害や病気により損傷すると、原則として取り換えが利かない。これとは対照的に、グリアは脳の傷害に応答して、細胞分裂を開始し、損傷部位へ移動していける。グリアはそこで、傷を治し、病気から脳を守り、ニューロンが健康を取り戻せるよう看病する。また、損傷を受けた神経線維の再伸長を誘導して、ニューロン間やニューロンと筋肉の間の適正なコミュニケーションを回復させてもいる。また、最近の研究は、未成熟なグリアに幹細胞のような働きができることや、成熟したアストロサイトが、成人脳では休眠状態にある幹細胞を刺激して、代替のニューロンやグリアへと分化させられることを明らかにしている。脳の疾患による苦痛の緩和に関して、胚性幹細胞研究が持ちうる将来性は過小評価できないが、倫理面での問題点が議論を呼んでいる。病気によって失われたニューロンの代替になる能力を備えた未成熟なグリアは、脳の全域に潜在している。自然からすでに授けられているこのグリア性「幹細胞」をうまく操作できれば、この新事実は、将来の治療にとってきわめて有望だ。

その一方、グリアは病気の原因ともなる。というのも、グリアは感染性微生物の標的になることが多いからだ。それには、HIV／AIDSや「狂牛病（牛海綿状脳症）」のような深刻な病気を引き起こすものも含まれる。グリアはまた、ニューロンが衰弱したり死滅したりする神経変性疾患にも密接に関係している。パーキンソン病や筋萎縮性側索硬化症（ALS）やアルツハイマー病では、グリアの関与には有益な側面も、害をなす側面もある。この「神経変性疾患」という名称は、ニューロンだけに焦点を絞っていることを窺わせ、概念として近視眼的であるばかりでなく、生物学的根拠も薄弱だ。近年、脳機能へのグリアの関与について研究が進むにつれて、グリアの病気へのかかわりを示唆する事実も、いたるところで発見され始めている。

「もうひとつの脳」に馴染みのない人たちにとって最も意外だったのは、統合失調症やうつ病から、病的虚言や音痴のような特異な疾患までを含む多くの精神疾患にも、グリアが関係していることを見出した最近の研究だ。シナプス伝達の調節におけるアストロサイトの重要性を認識していた人たちは、精神疾患にグリアが関与しているという最近の発見にも驚かなかったが、新しい脳イメージング技術によって、統合失調症やうつ病、双極性障害、自閉症、注意欠陥多動性障害（ADHD）のような精神疾患に苦しむ人たちの脳で、白質の構造に変化が起きていることが明らかになり始めたときには、大多数の研究者が言葉を失った。この発見を受けて、ミエリンが脳内の情報処理にとって重要である可能性を再検討せざるをえなくなった。この研究はまだ初期段階にあるが、脳内における情報処理の新たな側面や、これまで見過ごされてきた学習や可塑性の新しいメカニズムを示唆している。

ミエリン消失を引き起こす疾患（たとえば多発性硬化症）は、深刻な機能不全と苦痛で多くの人を悩ませる元凶となっている。だが、グリアの病気である脱髄疾患も神経変性疾患のひとつであることは、十分に認識されてこなかった。漏電を防ぐたんなる絶縁体としてだけでなく、細胞を支えて保護する存在として、神経軸索がグリアというパートナーに決定的に依存しているため、多発性硬化症のような病気によってグリアが死ぬと、そのパートナーであるニューロンもたいてい死んでしまうのだ。

「もうひとつの脳」は、脳の健康および疾患の全領域に影響を及ぼす可能性がある。つまり、私たちの日常生活全般に関連しているものなのだ。薬物乱用、聴覚障害、学習の臨界期〔訳注：臨界期とは、神経回路網の可塑性が一過的に高まる生後の限られた時期であり、視覚、聴覚や母国語の獲得などにかかわる神経回路が、生後の経験に依存してこの時期に集中的に形成される〕、老化、癌その他の健康にかかわる脳機能の多くの側面が、「もうひとつの脳」と関係している。したがって、グリアは脳の健康と病気の拠点《ハブ》だと言えるだろう。

第4章 脳腫瘍——ニューロンはほぼ無関係

「その手袋が合わなかったら、無罪判決を言い渡してもらおう!」この有名な言葉は、殺人罪で起訴されたO・J・シンプソンの裁判で、検察側が被告人に突きつけた法医学的証拠の強固な基盤を打破した弁論で、被告人側の敏腕弁護士だったジョニー・コクランの頭の中で練り上げられた。コクランは、論破不可能と思われる証拠の揃った事件を、この説得力ある簡潔な弁論(ラップの歌詞のような魅力のある詩的表現)へと見事に要約してみせた。だがその数年後、この有能な弁護士は、頭痛と奇妙な症状に襲われて、神経内科を受診することになった。悲しいことに、コクランが医師に言い渡されたのは、執行猶予なしの死刑宣告だった。二年に及ぶ闘病もむなしく、コクランは亡くなった。彼の命を奪ったのは、脳内で暴徒化した細胞——グリア——による壊滅的な攻撃だった。

この病は脳腫瘍とも呼ばれている。この悪夢のような病気にニューロンがほとんど関係ないことは、あまり知られていない。成熟ニューロンがこの病気に屈することはない。というのも癌は、細胞分裂を停止するブレーキが利かなくなったせいで、細胞増殖が制御不能になり、形成される腫瘍だからだ。これに対して、成熟ニューロンは常に「駐車」した状態だ。けっして細胞分裂しないため、癌化しようがない。癌による死をもたらすのは、気まぐれなグリアなのだ。

深刻な病に見舞われた人たちは、たいてい同じような反応を示して、必ずこう自問する。なぜだ？　この厳しい試練の原因は何なのだ？　私が何か悪いことをしたのか？　避けることはできなかったのか？　今自分にできることはないだろうか？　根っからの被告側弁護士であったコクランは、彼らしく、脳腫瘍の原因を作った加害者を特定して、責任の所在を明らかにしようと、それまで培ってきた腕を揮《ふる》って損害賠償と原状回復を求めた。

コクランを担当していた神経外科医キース・ブラックは、彼の脳腫瘍の原因が携帯電話にあると確信していた。腫瘍は脳の左側にできていた。それは、コクランがいつも携帯電話を耳に当てていた側だ。彼は普通の人よりもはるかに長い時間、携帯電話を使用していた。しかし、コクランの死を招いたとして携帯電話会社を訴えた訴訟は結局、裁判所によって却下された。

ヴァージニア州の医科大学で講演を終えたばかりの私は、美しく磨き上げられた会議用テーブルを前にして座り、脳外科医たちの話に耳を傾けていた。彼らは、自分たちの患者を助けるために応用できないかと、基礎研究分野における最新の進展を熱心に知りたがっていた。胸ポケットの上に赤い糸できれいに名前が刺繍《ししゅう》された、パリッとした白衣を着た医師が、戦闘の最前線で弾薬を求める歩兵のように訴えた。「多形性膠芽細胞腫《グリオブラストーマ》の患者は、診察から六週間もすれば亡くなってしまうのです。私たちにできることが、何かほかにないでしょうか？」

その医師は、それまで積み重ねてきた知識や訓練、技術のすべてをもってしても、避けようのない敗北が待ち構えている現状に歯がゆさを感じていた。可能なかぎり思い切って脳を切除したり、薬物で癌をたたいたり、荒れ狂う細胞に放射線を浴びせたりすることは彼にもできたが、一部のとりわけ悪質な種類の脳腫瘍では、こうした治療では避けようのない結末を免れられないことは承知していた。病状は恐ろしいスピードと激しさで悲惨な結末に向けて進行するので、カレンダーを一枚めくる間もなく、その日を迎えることもあった。過去二五年にわたって、膠芽細胞腫の治療に目立った進歩がほとんどないという事実に、彼は日々歯がゆさを感じていた。あなたが四半世紀も前の道具で仕事をしなければならず、自分が面倒をみている人たちが苦しみ、死んでいくとしたら、どれほどの挫折感を覚えるか、想像してみてほしい。

すべての脳腫瘍がそれほど悪質なわけではない。現代的な治療や外科手術で治るものも多いが、脳腫瘍のあるものは、認知されているなかで致死性が最も高い癌の部類に属している。

腫瘍は脳内のどこにでも発生し、腫瘍に伴う初期症状は、脳が担っている機能と同じように多種多様だ。初発症状として最も多いのは、頭痛と疲労感だが、腫瘍が最初に発生する場所によっては、視力や発話、起立や歩行に関する問題や、人格や心理状態の変化などが、脳腫瘍形成の初発徴候となる場合もある。脳は頭蓋骨の中にきっちりと納まっているため、腫瘍があまり大きくならなくても、隣接する正常な組織を圧迫して、その機能を損なう。脳の深部にできた腫瘍では、悲惨な結末を招く危険を冒さなければ、外科手術による治療はできない。また、その腫瘍が固形塊を形成せず、木材を腐らせる乾腐菌のように脳全体に拡がっていくタイプだった場合、空を漂う雲と同じで、手術用のメスでは捕らえられない。

腕のいい脳外科医なら、症状からそれを司る脳の領域を逆に割り出す方法で、脳内のどこに腫瘍があるのかを正確に診断することも難しくない。脳腫瘍には、男性と女性、成人と小児、高齢者と若者の間で差異が見られるが、それはこうした条件ごとに、グリア細胞にも違いがあるからだ。コンピューター断層撮影（ＣＡＴスキャン）による最終的な確認を待たずに、腫瘍形成が始まった場所だけでなく、癌化したと疑われるグリア細胞の種類まで、脳外科医が言い当てられることも多い。

では、脳腫瘍とは何だろうか？　その原因は？　どうすれば根治できるのだろうか？　癌の発症には、環境と遺伝的特性の両方がかかわっているが、問題は細胞分裂を制御するメカニズムにある。細胞分裂は、細胞内で生起する作用のなかでもとりわけ複雑で、高度な調節を要する。細胞は適切なタイミングでのみ、分裂しなくてはならない。それは胎児の発達期、子供の成長期、傷害を受けたあと、自然の原因によって失った細胞を置き換えるときなどだ。この細胞増殖は、体内の各組織の完全性や構造を維持できるように、正確に均衡が取れていなくてはならない。細胞分裂は非常に複雑に調節されているので、通常はその制御過程に複数の不具合が起こらないかぎり、細胞分裂の暴走が始まることはない。このため、どんな癌にも有効なワクチンに相当するものは、けっして実現しないだろう。

細胞の制御が妨害されて癌が生じるまでには通常、いくつもの要因が複合的に作用する必要があるが、ひとたび癌化が始まると、細胞はきわめて異常な状態に陥り、まったく制御が利かなくなる。残された解決策は、そうした細胞を殺すことだけだ。私の研究室では、マイクロアレイを使用して遺伝子を解析し、癌化したシュワン細胞から生じた神経鞘腫瘍において、異常な制御を受けている遺伝子を突き止めた。癌化した細胞の細胞核は、まるで爆弾が投下されたかのような様子で、何百もの遺伝子がまったく制御不能になっていた。癌治療が著しく困難な理由はここにある。それは、雪崩現場の惨状に直面して、破壊で生じた変化をひとつずつ、詳細に列挙していくに等しい作業だからだ。その目的は、雪崩のそもそものきっかけとなった一、二の決定的な原因を特定し、それを予防することにある。細胞分裂の複雑な制御の間には高度な相互作用があるので、障害となる変異がひとつ起こったとしても、機構が支障をきたすことはないが、遺伝的あるいは環境的な打撃が重なって、この時計仕掛けを構成する分子の歯車がかなりの数抜き取られたとしたら、機構全体がばらばらに解体して、修繕の見込みのまったくない細胞の寄せ集めと化してしまう。あなたがもし、ある種の癌になりやすい遺伝的素因を持っているならば、時計仕掛けの中で歯の欠けている遺伝子はどれなのか、つまり、細胞分裂を制御している多くの遺伝子のうち、変異や損傷があるのはどれなのかを正確に特定することが、きわめて重要になる。それが特定されれば、この欠陥遺伝子と連携して働く可能性のある環境要因を避けるよう、医師から助言を受けることもできるだろう。

放射線は癌の原因となりうる。このエネルギーの照射は、細胞核の中にあるすべての遺伝子を構成するＤＮＡを壊して、無作為に欠損させ予測不可能なかたちで細胞に損傷を与える。私たちの細胞は幸運にも、かなりの程度までＤＮＡを修復できる。この修復能力は、有史以来、宇宙から届く電離放射線や太陽の紫外線をはじめとする天然の放射線源にさらされてきたこの地球で生き抜くためには、必要不可欠だ。

コクランのように、携帯電話が発する電磁放射線を恐れる人は多い。だがこの恐怖は、被曝量の概念が正しく理解されていないことを示している。たとえば、電子レンジと携帯電話の間には、非常に大きな違いがある。携帯電話でハンバーグを調理してみれば、その違いは一目瞭然だ。「放射線」という言葉は、一般の人々の心に恐怖を呼び起こす。だが放射線は、私たちの日常的な環境の一部であり、太陽の暖かな光とともに降り注いでいる。また、私たちの家の煙探知機や、ウラン塩を含むセラミック顔料を使った食器からも発散されている。しかし、これらはどれも、放射線量が低いのでまったく安全だ。

それでも猜疑心の強い人は、携帯電話の放射線量が低いとしても、適切な感度を持つ受信機が作動していれば、その信号は全世界に届くではないかと反論する。脳細胞は、それほどの感度を持ちうるだろうか？　癌は、遺伝的および環境的危険因子が複合的に働いた結果として生じる。ある遺伝的素因を持った人が、携帯電話の発する害のなさそうな放射線のせいで、グリア細胞が滑りやすい坂道を癌に向かって転がり落ちるような羽目に陥らないとは、誰にも言い切れない。だが、その可能性を裏付ける有力な証拠はなく、このように稀少な数の集団を対象として、些末な原因因子の影響を検出する実験を考案するのは困難だろう。携帯電話の使用と癌の間に因果関係があることを裏付けられないという人口統計学的な証拠は、安心材料と言えるだろう。証拠は乏しく、まだ議論の余地が多分に残されているにもかかわらず、ピッツバーグ大学癌研究所のロナルド・ハーバーマン所長は二〇〇八年七月、携帯電話の使用、とりわけ子供と若者による使用を制限することを推奨する勧告を発した。携帯電話からの電磁放射線と脳腫瘍の関連性を示すデータが、警告を発するのに十分な程度まで揃ったということだった。フランス、ドイツ、インドやカナダでもすでに、同じような勧告が出されていた。ハーバーマン所長の勧告は、子供には緊急時を除いて、携帯電話の使用を認めず、携帯電話を身に付けて持ち歩かないよう忠告する。また、携帯電話を脳から遠ざけておくため、ヘッドホンの使用も推奨されていた。

　この件に関する論争と研究は、現在も続いている。だが、この状況は奇妙に思われる。なぜなら、癌を引き起こすことが確実視されている物質や習慣はほかにもたくさんあるのに、ほとんどの人がそれらに怯えている様子がないからだ。アルコールや煙草、日焼け、工業製品や家庭用品に含まれる有害な有機化合物の発癌性は、どれも疑う余地がないが、それらの危険性は受け入れられている。それなのに、携帯電話や送電線が発する目に見えない放射線照射は、多くの人々の恐怖をかき立てる。客観的に見れば、その理由は未知なるものへの恐怖にすぎない。アルコールや日焼けは、誰もが理解している。だが、ほとんどの人は放射線についてよく知らないので、恐怖を覚えるのだ。

腫瘍の種類

もし脳腫瘍が心配ならば、グリアについて学ぶ必要がある。というのも、脳内にできる癌のほとんどが、グリア細胞から生じるからだ。ニューロンが癌化する比較的珍しい例外もあるが、これは脳がまだ発達期にあり、ニューロンも未成熟な乳幼児にとくに多い。だが、成熟ニューロンは細胞分裂をしないので、癌化もしない。まれに癌化することのある脳内のその他の細胞としては、脳の表面を覆ったり、脳や脊髄内部の液体が満たされた空洞を取り囲んだりしている皮膚様細胞が挙げられる（研究者の多くは現在、この細胞もグリアの範疇に含めている）。これらの髄膜細胞や上衣細胞は、グリアと同じく分裂するので、細胞分裂が制御不能になると、腫瘍を生じる。しかし脳腫瘍の大多数は、異常をきたしたグリア細胞だ。末梢神経の腫瘍も、おもにグリアが原因であり、なかでも末梢神経全域に存在するシュワン細胞に由来する場合が多い。

腫瘍は脳内のどこでも生じ、その発生率はさまざまな要因によって高まる。また、脳腫瘍の種類によって、性差や年齢による違いが見られることも注目に値する。外傷や遺伝的特性、ホルモン状態、免疫異常、環境的な影響、化学物質、ウイルスなどはどれも、脳腫瘍の危険性に影響しうる。こうした要因は、細胞分裂を促進したり、細胞分裂を制御している遺伝子の調節に直接影響を与えたりするからだ。たとえば外傷は、アストロサイトの急速な細胞分裂を刺激するので、細胞が制御不能な分裂を開始する機会を増やしてしまう。通常は体内の免疫系が、生来の細胞が暴れだした場合も含めて、異常な細胞を破壊して、私たちを癌から守ってくれている。このような理由から、たとえば腎移植患者で、移植された臓器への拒絶反応を防ぐ免疫抑制療法を受けているときには、脳腫瘍の発生率が上昇するのも納得できる。

一般に、男性のほうが悪性の脳腫瘍に罹りやすい。その一方で、女性は脳と脊髄の被膜にできる良性腫瘍である髄膜腫を発症しやすく、その罹患率は男性の二〇倍にもなる。

すべての脳腫瘍のうち、五一パーセントを膠芽細胞腫が占めており、これにはジョニー・コクランや、最近ではエドワード・ケネディ上院議員を苦しめた癌も含まれる。この癌は脳全体に拡散しながら増殖するので、外科手術で効果的に処置するのは難しい。膠芽細胞腫は若い人には比較的まれであり、四五～六五歳で発症率が最も高くなる。この種の癌は、三対二の割合で男性に優位に発症する。膠芽細胞腫は卵ほどの大きさになることが多いが、脳梁を越えて増殖すると、脳の両側を侵して、その過程で細胞死（壊死）や出血を引き起こす。この腫瘍は急速に増殖するため、術後生存の見込みは九～一五ヵ月と短い。侵襲的な多形性膠芽細胞腫の後期と診断された患者は、術後二～四ヵ月程度の余命しか望めない。放射線治療は両刃の剣だ。それは効果的なこともあるが、腫瘍を変化させたり、周囲の神経組織を傷つけたりすることもある。

星状細胞腫《アストロサイトーマ》という別の種類の脳腫瘍もある。これは境界のはっきりした白っぽい腫瘍で、クリからリンゴほどの大きさになるが、びまん性〔訳注：拡散的〕に発育することもある。星状細胞腫は、すべての脳腫瘍の二五パーセントを占める。そのうち、毛様細胞性星状細胞腫は脳腫瘍全体の三・四パーセントに達し、通常は脳の基底部にある脳幹あるいは小脳に出現する。「毛様細胞性」とは、この腫瘍がうねった毛のような線維状の様相であることを言い表している。この癌は、小児と青年の小脳および視交叉に発現する癌のなかで最も多く、三〜七歳ぐらいの子供で発症率が最も高くなる。ニューロン起源の腫瘍である神経芽細胞腫《ニューロブラストーマ》も存在するが、その頻度ははるかに低く、通常は三歳までに発症し、成人ではきわめてまれだ。

脳腫瘍の約五パーセントを占めるのが、稀突起膠腫《オリゴデンドログリオーマ》だ。この腫瘍は、人生の半ばを迎えた三五〜四〇歳の年代の人々に好発する。男性が発症しやすく、卵サイズの腫瘍が通常は前頭葉から頭頂葉にかけて発生する。この腫瘍は白質に液状の嚢胞を生じ、その後大脳皮質の表層を異常に膨張させることがある。

〈埋まらぬ空白〉

「あなたのお話に、たいへん興味を持ちましてね」。見たところ元気そうな神経生物学教授は、彼の研究室で私に椅子を勧めながら、こう話しかけた。私は彼の所属する学科にゲストスピーカーとして招かれて、オリゴデンドロサイトに関する講演を終えたばかりだった。「実は、私はオリゴデンドログリオーマに罹っておりまして」と彼は切りだした。

彼は金属製の机から拡張板を引き出して、ラップトップコンピューターの上蓋を開くと、電源を入れた。マウスを数回クリックすると、スクリーン上に彼の脳のＭＲＩ画像が現れた。

この脳スキャンを読み解くのに、特別な訓練は必要なかった。部屋の端からでも、不吉な白い雲のようなものが左半球を覆っているのが、誰でも見て取れただろう。正常ならば、美しいサンゴのように入り組んだ形状であるはずの脳組織に、酸に侵食されたかのような握り拳大の穴があいていた。

たった今、私に話しかけている人物の脳は、ラップトップの画面に表示された自身の画像を分析し、余命を予測しながらも、致命的な傷を負っている。それでも目の前にいる研究者の体内で機能し続けていて、病の徴候は外見上まったく見られない。このことに、私は信じられない思いがした。彼は鋭敏な知性を保っていて、こうして話している間にも、その脳が癌に破壊されていることを窺わせる様子は微塵もなかった。だが、その癌は三〜八年以内に、彼の命を奪うことが予想された（もちろん、何か別の運命のいたずらが生じて、もっと早く命を奪われなかったらの話だが）。

「この画像がなければ、自分が癌であるとはとても気づかなかったでしょう」

私は彼のオフィスの周囲に、すばやく目を走らせた。そこには、家族写真や、いくつもの科学誌に掲載された彼の研究の特集記事を額に入れたもの、もじゃもじゃ髪の一三歳になる息子の姿などがあった。

「その医師は私に、化学療法と放射線治療のどちらを希望しますかと訊きました。私の選択次第だと！　それを私に訊くんですか、と言ってやりましたよ」

「私が相談した人はみな、どちらでも大差ないと口を揃えて言いました。どちらを取っても延命はできないだろう、とね。放射線は症状の進行を遅らせるだけで、放射線治療を受けても、おそらく一〇年以内には命を落とすだろうというのです」

　この研究者の脳内で不調をきたしている生物学の仕組みに関して、医学はこれほど無力で無知なのかと、私は愕然とした。だが、彼の医師たちが一見無関心に見えた理由や、彼が冷静を保って超然としている理由は理解できた。医師たちはただ、現実と誠実に向き合い、明晰に考えることの大切さを重んじていただけだった。そしてこの研究者にも、それはわかっていた。

「この細胞についてこれほど知識がないとは、信じられない思いです。ニューロンとグリアの間で交わされる信号、つまり、先ほどあなたが講演で話されていたような、グリアの増殖を制御している信号について、私たちにもう少し知識があれば、頭全体に放射線を浴びせる代わりに、こうした癌細胞の分裂を抑制できる合理的で特異な治療法が何か見つかるかもしれません。放射線は組織を損傷します。いやそれどころか、長期的には腫瘍を誘発するのです」

　私たちは、手がかりや有望な新しいアプローチはないかと長々と話し込んだ。「脳腫瘍は、体内のほかの癌とは異なります」と彼は自論を述べた。「ほかの癌のように、転移して全身に拡がることはありません。脳内に留まったままです。だとすれば、制御するのは比較的容易なはずです」

私たちはあれこれと可能性を探ったが、何ひとつ成果はあがらなかった。そこに、基礎科学はまるで及んでいなかった。この脳細胞の正常な状態における最も基本的な事実ですら、ほとんど知られていないのだ。科学者の冷徹で客観的な目で直視すれば、この問題は彼にとって単純な選択でしかなかった。すなわち、余命の長さを取るか、生活の質を取るかの二択だ。彼は化学療法を中止したことを明かした。

別れ際に握手を交わしているとき、「何か役立ちそうな発見があったら、教えてください」と、彼は真剣な口ぶりで言った。

彼のもとを辞した私は、詐欺師にでもなったような居心地の悪さを感じていた。

新たな希望

脳腫瘍の治療に関する新たな希望が、「もうひとつの脳」についての研究から育ちつつある。アラバマ大学バーミンガム校の電気生理学者ハラルト・ゾントハイマーが最近公表した研究は、その好例だ。ドイツのハイデルベルクで、次いでイェール大学で研鑽を積んだゾントハイマーは、短く刈り込んだ顎ひげと口ひげを生やした精力的な人物だ。彼は以前からずっと、微小電極をグリア細胞に対して用いることに特別な関心を抱いてきた。だが、グリア細胞は電気的インパルスを発火しないのだから、そんな手法は見当違いだと考える研究者も多かった。しかしグリアの細胞膜には、ニューロンが持っているイオンチャネルのほぼすべてが発現している。これらのイオンチャネルは、グリアの細胞膜を通り抜ける特定のイオン（ナトリウム、カリウム、塩素イオンなど）の流れを調節している。

科学の冒険における喜びのひとつは、その探索がしばしば思いも寄らぬ展開をもたらすことにある。グリアがなぜイオンチャネルを持ち、それを何に利用しているのかに興味を抱いていた一人の電気生理学者の研究と脳腫瘍の間に接点が生まれるとは、誰が予測できただろう？　だが不思議なことに、さまざまな種類の細胞が分裂する際には、細胞の電位変化が伴うことを示す研究が数多く存在する（体内のすべての細胞が電位を持っていることを思い出そう。電位が生じるのは、細胞内外で塩の組成が異なっていて、その結果生じる電荷の差が、いわば生物電池を作り出すためだ）。さらに、イオンチャネルを介したカリウムイオンや塩素イオンの流れに影響を与える薬物が、色々な細胞の分裂速度を遅らせることも知られている。ただし、その理由も仕組みも明らかにはなっていない。

癌細胞の重要な特徴のひとつに、手に負えないほどの拡散能力がある。この移動を容易にするために、多くの癌細胞は、細胞をつなぎ合わせている細胞外マトリックスを溶解する酵素を分泌して、細胞間の通り道を緩めている。それでもやはり、脳の中では細胞間の通路は窮屈だろうと、ゾントハイマーは推測した。癌化した膠腫細胞はどうやって、この狭い通路に押し入って、脳全体に拡がっているのだろうか？　タコが自分の脚の太さほどの隙間を通り抜けるために体内の水を排出できるように、膠芽細胞腫細胞もほぼ同じことをやっているに違いないと、ゾントハイマーは考えた。癌細胞はおそらく、細胞質から水分を絞り出して縮み、脳細胞間の狭い隙間をすり抜けているのだろう。そこで彼は、自分が研究しているイオンチャネルがこの細胞縮小のカギを握る可能性があることに気づいた。

塩分が多すぎると、細胞は水を貯留して膨張する。細胞体内の塩分量、とりわけ塩素イオンの量を制御することによって、細胞は水分バランスと体積を調節している。この塩素の通り道となるチャネルを遮断する薬物が単離されている。クロロトキシンもその一例で、これはサソリの毒から抽出される。ゾントハイマーの研究から、グリア由来の癌である膠腫《グリオーマ》の培養細胞は、この塩素チャネル遮断薬で処理されると、細胞培養皿を仕切っている膜の精密なサイズの細孔をすり抜けて移動できなくなることがわかった。膠腫細胞は塩化物塩を排出できなくなった結果、膨張したままで、その細孔を通過できるほどには体積を縮められなくなったのだ。さらに、このサソリ毒の成分は、血液脳関門を通り抜けられるので、脳内で抗癌薬として利用できる可能性があった。つまり、クロロトキシンで癌細胞を一ヵ所に封じ込めておいて、外科手術や狙いを絞った放射線治療で除去できるようになるだろうというのだ。ゾントハイマーの研究グループは、膠芽細胞腫のラットにこの毒を投与すると、脳腫瘍が縮小することを突き止めた。

このイオンチャネルの脆弱性をさらに巧みな方法で利用しようと、ゾントハイマーらはクロロトキシンに有毒な放射性分子を結合させた。これらの分子を血流中に注射すれば、膠腫細胞で異常に大量発現している塩素チャネルに結びつくことによって、癌細胞に致命的な打撃を直接与えられる。この方法を用いれば、精度の高い戦略的な攻撃を仕掛けて、個々の膠腫細胞をひとつずつ取り除くことができる。そうなれば、脳組織の大きな塊を取り除くといった荒っぽい外科的手法で、正常なニューロンも一緒に切除したり、一部の癌細胞を取り残して、再び癌を成長・拡散させる危険を冒したりする必要はなくなるだろう。この薬は現在、ヒトにおける悪性膠腫を治療するための第三相臨床試験まで進んでいる。対象患者に関する初期の臨床成績を見ると、脳腫瘍と闘う医師が切望するこの強力な新兵器の実用化も近いとの期待が持てる。

このほかにも、癌化細胞の除去における免疫系の重要性に着目し、ミクログリアが脳の常在性免疫細胞であることを活用しようとする新たな試みもある。外敵を監視するこの小さなグリアに関するこれまでの知見から判断して、ミク

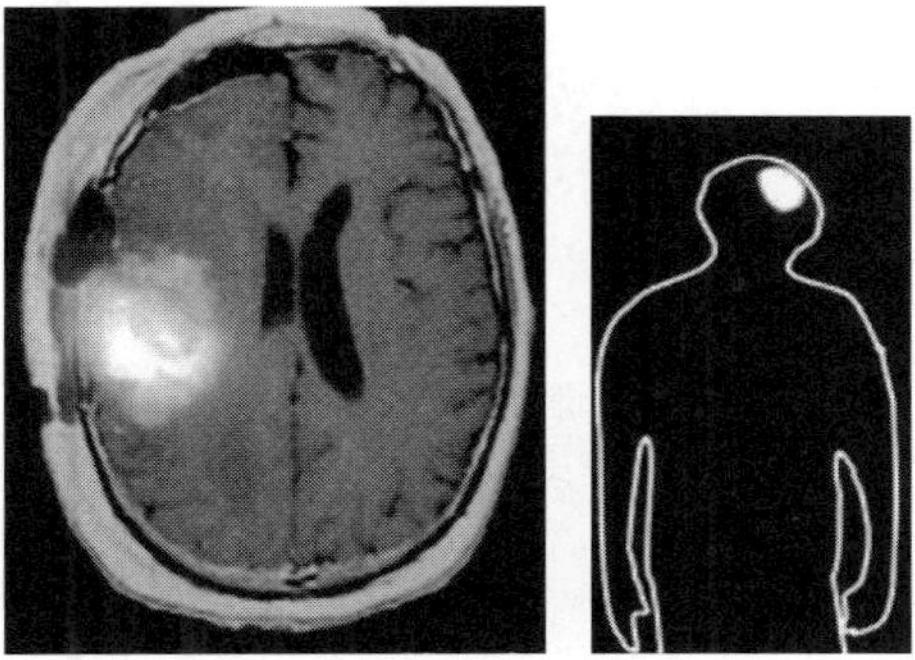

図4-1

脳腫瘍の原因とも治療法ともなるグリア。試験中の放射性抗癌剤は、癌化したグリアを探し出して殺す。放射性薬剤は、ここに示した脳腫瘍患者の全身および脳スキャン画像上に見てとれる

ログリアが脳腫瘍において重要な役割を担っていることは間違いないようだ。ミクログリアは実際、膠腫や星状細胞腫に大量に引き寄せられる。腫瘍に含まれるすべての細胞のうち、最大で七〇パーセントをミクログリアが占めている場合もある。ミクログリアが脳腫瘍を目指して移動する能力は、遺伝子治療を目的として実験的に利用され始めている。これらの実験では、腫瘍の中へ致死遺伝子を送り込むための輸送手段としてミクログリアが使用されている。同じ能力に注目して、造影剤で処理したミクログリアを、MRIによる脳スキャンで明るく光らせて、医師が脳腫瘍の場所を突き止められるようにする方法も開発中だ。造影剤を付着させたミクログリアの跡をたどれば、それらが蓄積する腫瘍の形成部位が見つかるというわけだ。

しかし、多くの研究で、脳腫瘍内部のミクログリアは、免疫応答性が不十分な場合も少なくないことが示されている。この免疫応答の低下は、脳腫瘍の成長と拡散の一因となっている。ベルリンのマックス・デルブリュック分子医学センターで長年グリアを研究しているヘルムート・ケッテンマンは、ミクログリアがある種の酵素、つまりマトリックス・メタロプロテアーゼを放出して、脳腫瘍を拡散させられることを突き止めている。この酵素は、ミクログリアが脳組織の間を移動しなくてはならないときに、細胞をつなぎ合わせているタンパク質の線維状網を分解するものだ。ケッテンマンらは、あらかじめミクログリアの数を減らす処理をした脳切片では、外部から切片内に注入された膠腫細胞の拡散が抑えられることを発見した。

このように、私たちはグリアに脳腫瘍の原因と治療法の両方を見出すことができる。

第5章 脳と脊髄の損傷

グリアと麻痺——グリアが神経系の修復を阻害する

俳優のクリストファー・リーヴは、落馬事故でほぼ全身が不随になった数年後、ステージの中央でひとり、車椅子に座ってスポットライトを浴びていた。神経科学学会の年次大会で、彼の講演を聴きに集まった数千人の神経科学者の熱い視線が、彼に注がれていた。このような学会に一般人が招かれて講演を行うことはめったにないが、リーヴには神経科学者たちにぜひとも直接伝えたいメッセージがあった。人工呼吸器から機械的に空気が送り込まれる苦しい呼吸の合間にゆっくりと話すリーヴは、骨折した首から下は動かせず、まったく感覚がなかったが、そのような肉体の弱さをこのうえなく強靱な精神力へと変えていた。

リーヴは憐れみの対象から、麻痺治療探究の分野においてアメリカで最も尊敬される力強いリーダーへと登りつめ、人々の称賛を一身に集め、周囲を奮い立たせていた。私はそれまでの二五

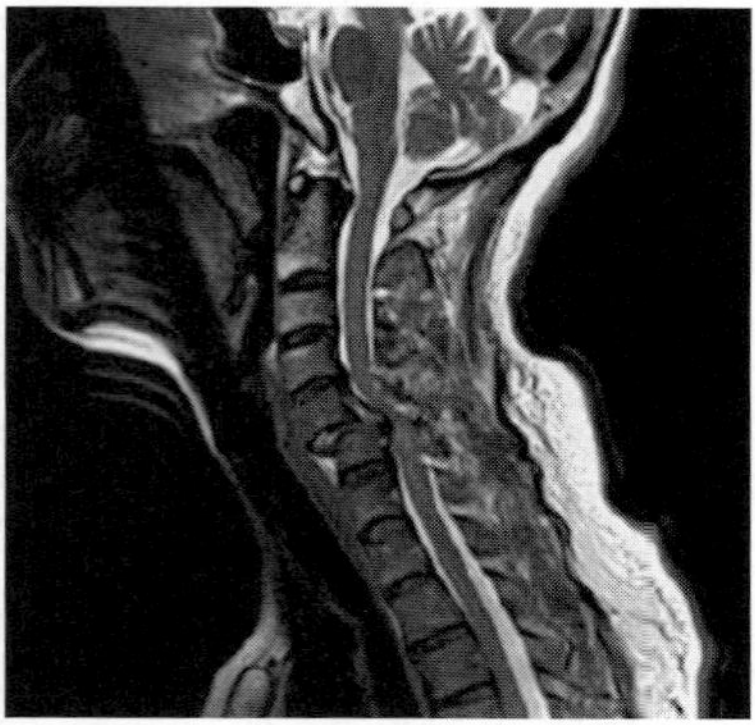

図5-1
頸椎を骨折した写真の患者のような脊髄損傷は、永続的な麻痺を引き起こす

年間に、この会合で多くの優秀な科学者やノーベル賞受賞者、著名な教授や学者たちの講演を聴いてきたが、リーヴと比べると誰もが色褪せて見えた。プロの俳優としての技術を見せつけて、目と声だけで勇気と理知を鮮烈に表現し、すべての列席者の心を捉えて鼓舞した。専門家である聴衆を前にして、リーヴは自分の置かれた状況に関する幅広い知識を存分に披露し、神経科学がさらに重点的な研究を推進することによって、麻痺というこの恐ろしい災いは克服できると力強く訴えた。

車椅子を見ると、私たちは恐怖を覚える。というのも、自動車事故やちょっとした運命のいたずらで、私たち自身や愛する人たちも、車椅子生活を余儀なくされかねないことを思い知らされるからだ。とくに男の子を持つ親の不安は大きい。車椅子利用者の四人に三人は、男性や男児で、スピードの出る自動車やオートバイ、スポーツへの嗜好や、暴力沙汰にかかわる傾向といった男性特有の原因による犠牲者だ。脊髄の損傷は永続的で、突如として人生を一変させる。そのため、それは長く続く闘いとなる。車椅子利用者の五人に三人が、三〇歳を迎える前に車椅子生活になっている。こうした傷害を受けた人たちの役にもっと立ちたいという切実な願いを、多くの神経科学者が抱いている。何世紀にもわたって、その見通しは暗かったが、近年グリアの理解が新たに進み、麻痺の治療に成功する日も近いのではないかとの期待が膨らみつつある。

リーヴは、自分の苦痛の究極の原因がグリアにあることをよく知っていた。つまり、傷ついた彼の体を治そうとするどんな働きも、グリアが頸部で断ち切っていたのだ。実際、麻痺治療の確立を目指すクリストファー・アンド・ディィナ・リーヴ財団が近年授与した研究助成金の四〇パーセントが、グリアを対象とした研究に充てられている。

クリストファー・リーヴが腕を骨折して、末梢神経を切断しただけだったなら、時が経てば治癒しただろう。だが、脊髄や脳への傷害によって切断された軸索は、もとの場所へ再び伸びていくことはない。傷害の影響が、末梢神経系と中枢神経系の軸索でこれほど違うのはなぜだろう？脳と脊髄の軸索は、自己修復して適切な神経結合を回復するための重要な因子を欠いているのだろうか？　脳や脊髄の組織環境には、末梢神経の環境と異なる点があって、それが中枢神経系の軸索再生を阻んでいるのだろうか？　これらの疑問に答えるためにはまず、脊髄が損傷したときに何が起こっているのかを調べなくてはならない。

〈脊髄損傷に対する細胞応答〉

これは、友人が私に語った話だ。太陽の照りつける浜辺で、サーフィンを楽しんでいるところを想像してみよう。波が押し寄せてくると、あなたは冷たい水に腿まで浸からないように体を弾ませる。沖で海面が大きく隆起して、高さを増しながらあなたのほうに近づいてくる。波の傾斜は次第にきつくなり、いよいよ波頭から水しぶきがあがり始める。逆巻く波が水しぶきをあげながら、恐ろしい口となって前方の水面に浮かぶ泡を吸い込み、うねり立つ波頭から海水を噴き上げている。この怪物のごとき大波があなたのもとに押し寄せ、今まさに砕けようというそのとき、あなたは静かな空間を求めて波の下にもぐり込む。その瞬間、はっと息を呑む。

あなたは筋肉ひとつ動かせず、弛緩した身体が冷たい波によって泡の中へ放り出されるのを感じる。何かが砕ける大きな音がして、首に電気ショックのような痛みが走り、あなたは骨が折れたことを悟る。目を開けると海中に砂が舞っていて、その暗がりに陽光が差し込んでくるのが見え、邪悪な怪物などどこにもおらず、ただ波の下に浅瀬が潜んでいただけだとあなたは気づく。

あなたは頭を持ち上げて息をすることもできない。なんとか新鮮な空気を吸い込みたくて、必死に腕と脚で体を回転させようとするが、びくともしない。自分の命が尽きる場面を目撃しているのだという恐ろしい可能性を急いで振り払おうとする間、時の流れは緩やかになる。澱んだ空気が、破裂しそうなほどに肺を押し拡げている。もはや、呼吸を止めているのは不可能だ。このままでは確実に水を吸いこんでしまう。ブクブクッと泡を立てて肺から空気が押し出されると、横隔膜が反射的に肺の奥深くまで海水を引き込む。それでおしまいだ——目の前が真っ暗になる。

私の友人がこうした事態に直面したとき、奇跡的に、ひとりの看護師がたまたまその場所で日光浴をしていた。そして偶然にも海を眺めていて、友人が浅瀬に気づかずにそこへ頭から突っ込み、首の骨を折るところを目撃したのだ。彼女でなければ、間に合わなかったかもしれない。彼を助けようとする人がたとえいたとしても、彼女でなかったら、傷ついた脊髄を救助の際に引き裂いて、命を奪ってしまったかもしれない。しかしこの看護師は、折れた頸椎を支持する方法を心得ていたので、脊髄を保護しながら友人を海から引き上げて、心肺蘇生法を施した。

これで溺死は免れたが、頸部の折れた骨は脊髄を破壊していた。切断にこそ至らなかったものの、この損傷によって、脳から全身へ送られる指令は頸部で中断され、脳へつながる感覚の全経路が遮断されることになる。損傷した脊髄のニューロンの大部分は生き残るだろうが、軸索は破壊あるいは切断されて、もはやインパルスを運ぶことはできない。この傷害によって血液脳関門も裂けて、血液が損傷した組織へ染み込んで脊髄を腐食させ、中枢神経系を浸している特殊な脳脊髄液を汚染する。

救急隊員があなたをバックボードに固定して、救急車に運んでいる間にも、血流から滲出した白血球は、損傷した脊髄に侵入していく。未知の組織に出会うと、白血球は攻撃を開始する。ミクログリアもすぐに、損傷した組織と侵入してきた血液細胞に気づいて、反撃を仕掛ける。細い突起を拡げた休止状態のミクログリアは、活性化してアメーバ状に変化し、遠くから損傷部位へと駆けつける。細胞の間を押し分けて突進する様子はまるで、渋滞の車列をすり抜けていく救急車両のようだ。ミクログリアと白血球はともに、活性酸素分子やその他の有毒物質を放出する。これらは、感染と闘ったり、侵入してきた細胞を殺したりすることを意図している。だが、こうした物質は損傷した細胞だけでなく、多くの健常な脊髄ニューロンやグリアも傷つける。損傷部位のアストロサイトも、同じ警戒シグナルを察知して反応性になり、有毒な化学物質やサイトカインを放出して、傷害に対する体の炎症反応を引き起こす。傷害を知らせるシグナルがアストロサイトの細胞核に到達すると、遺伝子の緊急プログラムが始動して、その警告に対処するための特別なタンパク質の合成が開始される。

事故発生からここまではわずか一五分ほどで、あなたはまだ救急車にも運ばれていないが、脊髄の損傷部位にあるオリゴデンドロサイトの多くはすでに死滅している。ミエリンがほどけて溶解し始め、むき出しになった軸索は損傷組織にさらされることになる。このまま露出した状態が続けば、軸索はやがて死ぬだろう。

あなたが救急治療室に収容され、折れた頸部を固定する緊急手術を受けている六時間のうちにも、オリゴデンドロサイトとニューロンは次々に死んでいく。この初期の細胞死は、細胞を切り裂いた脊髄への衝撃ばかりでなく、損傷したニューロンから神経伝達物質(とくにグルタミン酸)が漏れ出し、その濃度が有毒なレベルにまで上昇したことにも起因している。また、血管が損傷したために血流が遮断されることでも、細胞は死んでいく。事故直後のこうした初期の細胞死に続いて、傷害後数日間に第二の波がやってくる。この細胞死の第二波は、傷害と格闘するミクログリアとアストロサイトが、損傷部位を有毒な状態にしてしまうことで起こる。事故後の第二波による副次的な損傷は、オリゴデンドロサイトとニューロンのさらなる死を招く。損傷部位の近くにあって、事故の被害を免れていたニューロンでさえも、組織が不健全な状態にあるせいで、続く数日のうちにミエリンを失っていく。インパルスは絶縁体がほどけた個所を越えて、健常な軸索を伝わっていくことができないので、これはさらに麻痺が強まる一因となる。細胞群が猛威を振るっている現場の近くに居合わせたために、罪のない傍観者であるミエリン形成グリアも犠牲になる。そしてその死によって、ミエリン形成グリアは図らずも、さらなる破壊の担い手となってしまうのだ。

病院では、神経による支配が分断されたあなたの身体で、感覚が残っている部位がどこなのかを急いでマッピングすることによって、神経科医は傷害された脊髄の位置を正確に特定して、骨折した首と破壊された脊髄の状況を把握する。そしてそれは、ＣＡＴスキャンやＭＲＩによって確認される。外科手術によって首の骨は固定され、あなたはベッドに横たえられる。強い薬が投与され、痛みが和らいで眠りにつくと、あとは待つのみだ。

誰もが待ち望んでいるのは、グリア細胞が救助に駆けつけてくれることだ。事故翌日までには、脊髄内の損傷は事故の衝撃を受けた部位をはるかに越えて拡大している。ちょうど、リンゴについた小さな傷から腐食が拡がっていくのに似ている。この腐食による破壊が脊髄全体に拡がるのを食い止められるのは、グリアだけなのだ。

傷害の翌日、あなたが休んでいる間に、損傷部位周辺のアストロサイトは、受傷した領域を取り囲むように壁を築き始める。アストロサイトは数を増して集合し、被害部位の周りを囲んで、損傷の拡大を防ぐ。その際、線維性タンパク質であるグリア線維性酸性タンパク質（GFAP）から成る堅固な細胞の骨組みを形成する。アストロサイトの表面では別のタンパク質も分泌されて、鉄壁の防御体が築かれる。このグリア性瘢痕は、損傷を限定しつつ、血液脳関門の回復を助けている。

その後一週間、あなたが入院生活を送っている間に、グリア性瘢痕の中のアストロサイトは、コンドロイチン硫酸プロテオグリカンと呼ばれる潤滑なタンパク質で、バリアである瘢痕の表面を覆い続ける。この滑りやすい物質は、傷口を覆う瘢痕に細胞が定着するのを妨げる。瘢痕の内側に集まったミクログリアは、細胞の残骸やミエリンの断片を貪食して膨満する。一週間が経過するころには、ミクログリアは受傷部位のあらゆる細胞と軸索を食べ尽くす。その翌週には、損傷した領域内のアストロサイトもすべて姿を消す。グリアが結びついた傷跡に残るのは、液体で満たされた嚢胞だけになる。

軸索が切断されると、ニューロンはすぐに死滅し始める。細胞体が損傷個所から離れたところにあって無傷でも、それは変わらない。これは自然死ではなく、いわば細胞の自殺であることがわかっている。ニューロンは、通常支配している標的から切り離されると、細胞体内の遺伝子が活性化して、自己破壊を開始する。自己破壊を引き起こす遺伝子（Wlds遺伝子と呼ばれる）を妨害するように操作した変異遺伝子を持つ動物では、軸索が切断されても、ニューロンは死なない。残された貴重なニューロンが、このような集団自殺をするのはなぜだろう？

この不可解なニューロンの大量死は、切断された軸索が結合していた細胞、たとえば筋線維や皮膚細胞、あるいはもとの神経回路内の次のニューロンなどから、成長を刺激するタンパク質が放出されていることに関係している。胎生期には、このタンパク質シグナルは、軸索を適切な結合地点まで導く案内役のような働きをする。その後もこのタンパク質は、神経終末から取り込まれて細胞体へと送られることによって安定的に供給され、細胞全体が正常に機能していることを、そのニューロンに知らせている。しかし発達期には、正確な数のニューロンが生成され、結合を必要としている細胞の適正な数に釣り合うよう調整されたうえで、各ニューロンがそれぞれ適切な標的のもとへ、軸索を長く伸ばしていかなくてはならない。道筋を間違えて、正しい接合地点にたどり着けなかったニューロンは、生存に欠かせないこの成長因子タンパク質を取り込めないので、子宮の中で脳が形成されている間に死滅する。このメカニズムは、私たちの神経系を適正に配線し、誤った経路をたどった接続を排除する非常に有効な方法だ。だが、軸索が押しつぶされたり、切断されたりすると、シナプスの適切な接合地点で放出された成長因子タンパク質は、細胞体までたどり着けなくなる。軌道を外れたロケットと同じく、もはや正しい軌道に乗っていないことに気づいたニューロンは、自己破壊のメカニズムを活性化するのだ。

だが、細胞が死に向かいつつあるときでさえ、治癒と修復のプロセスを開始する別のメカニズムが活性化されている。受傷部位にあるニューロンの一部は、切断あるいは粉砕された軸索の末端を塞いで、長い間休眠状態にあった遺伝子群を再活性化する遺伝プログラムを起動させる。この遺伝子は、そのニューロンが最初に軸索を伸ばして全身に配線を巡らせた胎生期に機能したのを最後に、休止していたものだ。この遺伝子は、軸索を発芽させるタンパク質を産生し、発芽した軸索は適切な標的を探し求めて伸長し始める。

損傷したにもかかわらず、こうしたニューロンが自己破壊を起こさないのはなぜだろう？　その理由のひとつに、アストロサイトとミクログリアがこの再生期に、ニューロンを生存させる神経栄養（neurotrophic、文字どおり「ニューロンを養う」の意）因子を放出することが挙げられる。神経栄養因子となるタンパク質の一部は、標的細胞から放出されていた成長刺激物質と同一の物質だ。受傷部位で神経栄養因子を放出することによって、アストロサイトは損傷したニューロンの死滅を防ぎ、軸索の発芽を促進する。アストロサイトは同時に、タンパク性の血管新生因子も放出し始めて、損傷した組織の生存に欠かせない栄養と酸素を送り込むための新しい血管の成長を刺激する。

オリゴデンドロサイトは、再び若々しい状態を取り戻し、細胞分裂を開始する。この若返った細胞は、損傷領域に移動してきたオリゴデンドロサイトとともに、細胞性触手を伸ばして、損傷してむき出しになっている軸索に、できるだけ多く絡みつく。その後すぐに、それらの細胞は軸索の周囲にミエリンを何層にも巻きつけて、絶縁を修復する。軸索はこのミエリン再形成によって、受傷後にミエリン鞘が損傷したせいで失われていた電気的インパルスを伝導する能力を取り戻す。オリゴデンドロサイトが軸索のミエリン鞘を修復するにつれて、患者は一部の感覚や運動能が以前より少し回復してきたように感じ始めるが、まだ麻痺は残る。

しかし、生き残った軸索が新しい分枝を発芽して、もとの結合部位を探し始めても、その途中で受傷部位まで来ると、伸長はそこで止まってしまう。その結果、麻痺は一生続くことになる。これがもし、腕や脚の神経を損傷したのならば、軸索は順調に伸び続けて、ついには筋肉上の適正な結合点を見つけ出すだろう。全身の知覚神経線維も、痛覚や触覚、温覚、圧覚をはじめとする外界からの感覚を脳へ運ぶ回路と再結合することになる。だが、脊椎や脳が損傷した場合、発芽しながら再結合を目指す軸索の果敢な挑戦は、失敗に終わる。脊髄損傷後の軸索が再生できない理由を、グリアは説明できるだろうか？

グリアの二面性――麻痺の原因とも、治療ともなる

末梢神経の軸索と違い、脳と脊髄の軸索が自己修復できないのはなぜだろう？　中枢神経系のニューロンのほうが弱いのだろうか？　中枢神経系の組織環境が問題になっているのならば、それが最も望ましい。中枢神経系の軸索はもともと脆弱で、受傷後に再生できないのだとすれば絶望的だが、組織環境に問題があるのならば、適切な投薬や処置によって状況を変えられるかもしれない。軸索が再生できない理由が中枢神経系の環境にあるとしたら、治癒を阻止している環境

とは、いったいどのようなものだろう？　軸索の成長に欠かせない重要な条件が欠落しているのだろうか？　それとも、環境そのものが軸索の修復に適していないのだろうか？

こうした疑問に答えるため、カナダのモントリオールにあるマギル大学のアルベルト・J・アグアヨらは一九八〇年に以下の実験を行った。彼らはラットの脊髄を切り開き、外科的処置によって脚から切り出した坐骨神経の断片を挿入して、脊髄の切開部分を橋渡しさせようとした。二ヵ月後に挿入した神経断片を調べて、切断された中枢神経系の軸索が、移植した末梢神経の組織環境の中を通って再生できたかどうかを確かめた。すると、その挿入部分の中へ脊髄ニューロンが難なく伸び出し、貫通していることがわかった。この結果から、脳や脊髄の細胞環境を末梢神経系に近い状態に変えれば、脊髄内の中枢ニューロンも再生できると、アグアヨは結論した。

では、中枢神経系の環境が軸索再生を支援できないのはなぜなのだろう？　この疑問への意外な手がかりが、チューリッヒ大学のマーティン・シュワブの研究から得られた。

「中枢神経系で長距離にわたる軸索再生ができないのは、神経栄養因子を欠いているからだというアルベルトの仮説（と同時に、ラモニ・カハールの仮説でもある！）を検証してみたいと考えていました」と、一九八八年に行った実験を思いついた経緯を説明しながら、シュワブは述懐した。前述したように、神経栄養因子とは、細胞から放出され、ニューロンの生存を維持し、その成長を促すタンパク質だ。中枢神経系の軸索再生がうまくいかないのは、脳や脊髄からこのような成長因子がなくなっているからだと仮定するのは、当然のことだった。末梢のシュワン細胞が神経成長因子をはじめとする多くの神経栄養因子を放出する事実が知られていることを思えば、それはなおさらだ。

　神経成長因子（ＮＧＦ）は、神経系で発見された数種類の強力な成長因子のうちで、最初に見つかった。この因子を欠いているせいで、中枢神経系において軸索再生が進展しないのならば、神経成長因子を大量に添加するだけで、切断された軸索の再伸長が刺激されるだろうとシュワブは推測した。この推論を確かめるために、培地に大量の神経成長因子を添加したのち、細胞培養の中で再生しようとしているニューロンに、末梢神経の断片の中を通って伸びるか、中枢神経系に由来する視神経の断片の中を通って伸びるかを選択させることにした。仮説が正しければ、軸索は中枢神経系あるいは末梢神経系のどちらの断片の中へも、同じようにうまく伸びていくはずだった。

　ところが驚くべきことに、実験結果は神経栄養因子仮説が間違っていることを証明した。「それらのニューロンは、坐骨神経を通ってよく伸びていったが、視神経の中にはまったく伸びていかなかった。この結果から、中枢神経系には軸索伸長を抑制する因子が存在しているのではないかと結論される」と、シュワブは電子メールに書いてきた。

　理由はわからないが、中枢神経系の軸索が末梢神経の断片の中では再び発芽して、伸長できることは間違いなかった。この新事実から、脊髄や脳の損傷を治療できる可能性が出てきた。アグアヨはその後一〇年間、神経断片を移植する彼の手技を、実験動物の脊髄や脳のさまざまな部位に応用して、軸索を再伸長させる進路を提供できるかどうかを調べた。すべての実験で、受傷した中枢神経系の軸索に、損傷した脳や脊髄に移植された小さな末梢神経の断片を通って長く伸び出した。とりわけ、切断した視神経に末梢神経を接合して橋渡しした実験では、網膜内のニューロンから伸びた軸索はもとの進路をたどり直して、再び脳までたどり着くことができた。しかもその軸索は、光に応答する機能的な結合まで再形成したのだった。

この事実は、一九八〇年代末にはきわめて明白になっていた。中枢ニューロンの軸索は間違いなく、末梢ニューロンの軸索とまったく同じように再生できた。ただし、中枢神経系の組織環境に存在する何かが、軸索再生を妨げていた。この結論は、脊髄と脳ではない体の一部から採取したニューロンを中枢神経系に移植すると、軸索を伸ばせなくなることを証明したいくつもの補完的な研究によっても確認された。麻痺は、脳と脊髄の中に存在する、修復にとって好ましくない条件が原因で起こっている。クリストファー・リーヴのような人々を救うためには、中枢神経系での修復を阻んでいる、末梢神経系には存在しない障害物を打ち砕かなくてはならない。

では、この障害物とはどのようなものだろうか? ニューロンそのものの欠陥でないとすると、おそらくそれは、脳の全細胞の八五パーセントを占めている細胞、つまりグリアに関係しているに違いない。たしかにグリアは、中枢と末梢神経系では根本的に異なっている。末梢神経系には、一種類のグリア細胞、すなわちシュワン細胞しかない。アストロサイトも、ミクログリアも、オリゴデンドロサイトもない。その一方で、シュワン細胞は中枢神経系には存在しない。このように、グリア細胞が大きく異なることで、脳と末梢神経系の様子はまったく違う。さらに、アグアヨが中枢神経系に挿入した末梢神経断片の中にあった軸索はすべて、すでに死滅あるいは変性してしまっていたと考えられるので、中枢神経系内で再生を促進する要因とはなりえなかった。脊髄や脳に存在するグリアが、麻痺の根本原因である可能性はあるだろうか？

理論的には、四肢や体幹の切断された神経は、中枢神経系のいかなる種類のグリアがなくても再伸長できるので、シュワン細胞が軸索の再伸長を可能にし、おそらくそれを刺激さえするために必要な条件を整えているに違いない。この推論を確かめるために、いくつかの研究グループが決定的な検証を行った。その研究者らは、切断した視神経を脚の神経の小片で接合する例の方法は使用せず、ラットから採取したシュワン細胞を、細胞培養によって大量に増殖させた。その後、このグリア細胞を小さな人工チューブに詰め、このチューブを使用して切断した視神経をつなぎ直した。その結果、視神経を構成している中枢ニューロンの軸索は、シュワン細胞を詰めたチューブを通って見事に伸長し、脳内の適切な視覚回路と再結合した。グリアは視覚、あるいは少なくとも光に対する感受性を回復させたのだ。

シュワン細胞は受傷部位で、神経成長因子を含む多くのタンパク質性因子を分泌することがわかった。こうした神経栄養因子は、体内で生成される強力な薬として働くことがよく知られていて、ニューロンを死から救済し、切断された軸索の伸長を刺激して導くことができる。すでに述べたように、こうした成長因子の多くは、胎生期の発達において、脳や神経の形成を導く物質と同一のものだ。実のところシュワン細胞は、傷害を受けた軸索を感知すると、時計を戻し、最初に神経系を形成した過程を再開させるために、発達初期の状態に回帰していたのだった。しかし、前述のシュワブの実験は、シュワン細胞由来のこうした因子が、中枢ニューロンに有益であることを証明すると同時に、軸索再伸長がうまくいかない決定的な原因が、神経栄養因子の欠如でないことも示していた。神経栄養因子の不足以外にも、中枢神経系の神経再生を妨げる何かが存在していた。では、それはいったい何なのだろう?

中枢神経系に末梢神経を接合するという実験は、麻痺の治療法を模索するうえで、貴重で有望な情報をもたらしたが、この技術は実用的な治療法とはなりえない。中枢神経系はきわめて繊細で微小なうえ、複雑なので、このような荒っぽい継ぎはぎ手法では修復できない。麻痺の治療に向けた最も合理的なアプローチは、軸索再生をシュワン細胞がどう支援しているのか、そしてミクログリアやアストロサイト、オリゴデンドロサイトがそれをどう阻害しているのかを解明することだろう。

〈驚くべき成長円錐と、その友となり敵となるグリア〉

損傷後の軸索は、適切な結合を回復するために切断端から伸長する際、どのように正しい経路を見つけ出すのだろうか? 脊髄ニューロンから伸びる軸索が、あなたの足指を曲げる筋肉を見つけて再結合するために、たどらなくてはならない道のりを想像してみよう! 伸び出した軸索は、何らかの方法で、自分を取り巻く局所環境の化学的および物理的特性を感知しているに違いない。自分が今、損傷した脳や脊髄内のどこにいるのか、また適正な標的を探し出すためには、どの方向に伸びていけばいいのかを、軸索は知る必要がある。そして最終的には、機能的な回路を復元するために再結合しなくてはならない正しいニューロン（あるいは筋肉）の上で、一〇〇万もの接続可能な部位の中から、どこに結びつければいいのかも識別しなくてはならない。

切断された軸索の先端は、自然界でもとびきり美しく、ダイナミックな細胞構造に姿を変える。これは、成長円錐と呼ばれる。培養皿の中で生きている成長円錐の姿は、前方の表面をそっと撫でる器用な指を持った手のようだ。それは、あなたの手がベッドの下に落ちた硬貨を手探りする様子によく似ている。その指はずらりと並んだ分子センサーで覆われていて、成長円錐はほかの細胞やその軸索の標的組織からメッセージとして送られてくる可溶性の分子を嗅ぎ分けながら、周囲の物理的な環境だけでなく、化学的特徴も感知している。成長円錐は、その後ろに伸長する軸索を引っ張りながら、組織内に張り巡らされた経路を探索し、どの方向へ向かうのかを決断しつつ、手探りで進んでいくのだ。この成長円錐が適切なニューロンと再結合するためにたどっていく踏み石となっているのが、グリアだ。

ラットの脚を下行する坐骨神経を切断した隙間を、シリコンチューブで橋渡しした私の実験では、新たに発芽した軸索の成長円錐が追いかけて伸長できるように、シュワン細胞がチューブの中に進入して、細胞の橋を架ける様子が観察できた。この実験や、別の研究者による類似の研究から、シュワン細胞は細胞外マトリックスと呼ばれるタンパク質の足場を構築することによって、切断で欠落した個所の向こう側へと軸索を導いていることが判明した。このマトリックスに含まれる巨大分子は、胎児の発達期に軸索の接着と移動を促進することが知られている。それが今度は、損傷からの回復期に神経系の治癒を導く役目を果たしているのだ。

包み込んでいた軸索が切断されたあと、その場に生き残っていたシュワン細胞は、鎖状に連なって標的器官まで続く細胞性経路を形成し、成長円錐がそのあとを追って、もとのシナプス結合を復元できるように導いている。中枢神経の軸索も、末梢神経の軸索同様、こうした細胞表面の巨大分子や成長因子に応答することができる。

末梢神経内にはシュワン細胞に被覆された軸索が見えたが、中枢神経系にはそのような細胞が見当たらなかったときに、初期の解剖学者たちが困惑したことを思い出そう。脳や脊髄では、ミエリンによる被覆はオリゴデンドロサイトから伸びる突起が形成している。オリゴデンドロサイト自身は、多数の細い触手だけを介して、複数の軸索と接合している。このように中枢神経系と末梢神経系でミエリン形成にかかわるグリアが異なることは、損傷した脳や脊髄の軸索が修復されない大きな理由のひとつだ。軸索を適切な目的地へ導くシュワン細胞がなければ、切断された軸索は道に迷ってしまうのだ。

末梢神経系では、受傷後に軸索が萎縮して死滅する場合も、その軸索を被覆していたシュワン細胞は生き残る。これらのグリアはその後、新たに発芽した軸索がもとの目的地までたどっていける踏み石としての役割を担う。あいにく、このような細胞の踏み石は、受傷後の中枢神経系には存在しない。シュワン細胞とは違い、オリゴデンドロサイトは、できるだけ多くの軸索をミエリンで被覆しようと、何十本もの細胞突起を伸ばしている。そのため、たとえオリゴデンドロサイトが損傷後に生き残ったとしても、軸索が衰弱すれば、突起を引っ込めてしまう。そうなれば、正しい目的地へ続く道筋は失われる。グリアの手引きがなければ、再生途上にある中枢神経系の軸索は、途方に暮れてしまい、もとの結合地点に続く道筋を見つけて正常な機能を回復することはできない。

切断された軸索の伸長を誘導するためにグリアが形成する経路を欠いていることに加えて、中枢神経系の軸索再生には、深刻な問題があと二つある。ここでも、元凶はグリアだ。すでに述べたように、脊髄や脳が傷害を受けたときには、ミクログリアが現場に駆けつけ、細胞の残骸を一掃して、損傷を修復するための化学物質を分泌し始める。アストロサイトもそのすぐあとに続き、「反応性」（つまり、こうした疾患や傷害に対応するために変換した状態）になって、ミクログリアを援護する。反応性アストロサイトは治癒を助けるが、同時に損傷の拡大を防ぐために、損傷領域を封じ込める作業も開始して、受傷部位の周囲にグリア性瘢痕を形成する。

この瘢痕は残念ながら、損傷箇所を通り抜けて、目的の接合地点までの経路をたどり直そうとする成長円錐の試みも阻害する。グリア性瘢痕が成長円錐にとって物理的な障害となるだけでなく、アストロサイトが瘢痕に付着させるタンパク質は、成長円錐を寄せつけないのだ。こうしたタンパク質の忌避効果は驚異的である。これらのタンパク質のひとつ（たとえばヘパリン硫酸プロテオグリカン）に成長円錐の触手が一本触れただけで、成長円錐全体が崩壊し、熱いストーブに触れてしまった指のように、さっと引っ込んで軸索は退縮してしまう。このような分子が沈着している場所では、成長円錐はまったく成長できないが、あいにくそうした場所は、軸索が再結合のために通らなくてはならない経路上にある。したがって、軸索の発芽は受傷個所でぴたりと止まってしまう。瘢痕に含まれるこうした抑制物質を中和する、あるいは、瘢痕そのものの形成を阻止したり、それを溶解したりする方法を発見できれば、理論的には、軸索が損傷個所を越えて再生することが可能になる。

細菌のなかには、コンドロイチナーゼと呼ばれる強力な酵素を分泌するものがいる。細菌はこの酵素を用いて組織に侵入し、生命体に感染する。この酵素は、軸索の再生を阻んでいるグリア性瘢痕のおもな構成成分であるコンドロイチン硫酸プロテオグリカン類を容易に溶解する。キングス・カレッジ・ロンドンのエリザベス・ブラッドベリらは二〇〇二年に報告した実験で、この酵素をグリア性瘢痕の中に注入して、瘢痕を溶解したところ、傷害を受けた脳の中で軸索が再生できることを見出した。とりわけ興味深いことに、彼らが研究していたのは、パーキンソン病に罹ると死滅するニューロンだった。

グリア性瘢痕を溶解するこの酵素を投与するため、さらに優れた手法を開発しているグループもある。彼らは、コンドロイチナーゼ酵素を産生する細菌から遺伝子を取り出し、それをウイルスの中に導入した。続いてそのウイルスを、損傷した脊髄へ注入する。アストロサイトは、その無害なウイルスに感染し、その過程でウイルスの遺伝子を取り込むと、ウイルスと同じように、アストロサイト自身がその酵素を産生し始める。動物実験では、この手法で軸索の伸長が改善され、さらに脊髄損傷後の運動性と感覚も向上している。これは、脊髄損傷の治療法として、瘢痕に直接酵素を注入するよりもはるかに実用的だが、あいにくこの酵素だけでは、アストロサイトが瘢痕に沈着させるすべての種類の抑制性分子を取り除くことはできない。だがこの新しい取り組みは、グリアを活用して麻痺の克服を目指す研究が進むべき有望な道筋を示してくれている。こうした手法を完成させ、ヒトへ応用するための安全性を保証するには、さらに研究を重ねる必要があるだろう。

〈発芽を刈り込む――脊髄修復の最大の敵、ミエリン形成グリア〉

瘢痕組織が受傷後の修復を阻害する仕組みはわかりやすいが、瘢痕組織よりも質《たち》の悪い予想外の障壁が、中枢神経系の成長円錐の前には立ちはだかっている。脳と脊髄の軸索再生を阻害する第三の大きな障害物は、なんとオリゴデンドロサイトなのだ。オリゴデンドロサイトは、軸索をミエリンで絶縁するという重要な機能を実行する際に、やむなく再生を阻害してしまうというのだ。

スイスの科学者マーティン・シュワブとその同僚は一九八八年に、中枢神経系から抽出したミ

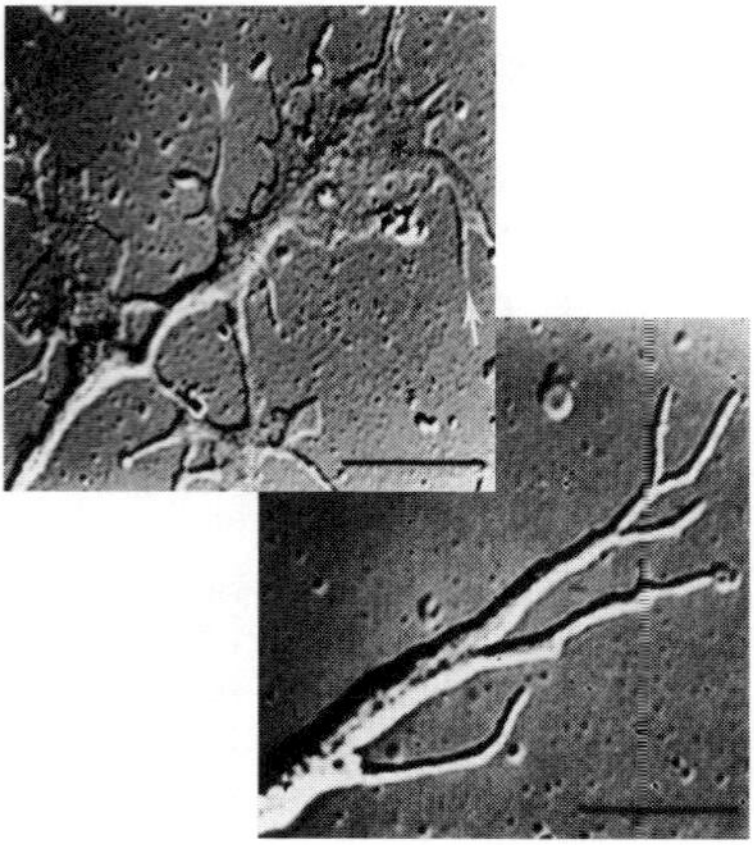

図5-2
周囲を手探りする指のような軸索の成長先端は、成長円錐と呼ばれ、傷害後に結合を再構築する。しかし成長円錐は、損傷した軸索の修復を阻害する中枢神経系のミエリンに接触すると、たちまち崩壊する

エリンに接触すると、成長円錐がたちまち崩壊することを見出した。これはきわめて不可解で、思いも寄らぬ事実だった。発芽した軸索の伸展がことごとく壊滅的に停止するというこの事実は、中枢神経系における受傷後の軸索再生が、かりに可能だとしても、きわめて難しいことを意味していた。なぜならミエリンは、軸索が機能的結合を復元するためには必ず通らなければならない、白質神経路そのものを被覆しているからだ。化学的に抽出して精製し、培養細胞に添加したミエリンのサンプルでさえ、培養皿の成長円錐をたちどころに崩壊させる。軸索を包む絶縁体のミエリンが、軸索の成長先端を寄せつけないとは、誰が想像できただろう？

「たしかに、中枢神経系のミエリンが［軸索再生に］抑制的な役目を持っているとは、たいへん驚きました」と、シュワブは私に知らせてきた。

「［細胞培養の実験で］ニューロンは坐骨神経を通ってよく成長しましたが、視神経の中へはまったく伸長していきませんでした。このことから、抑制因子は中枢神経系のミエリンの中に存在しているのだろうと結論しました。非常に驚くべきことに、オリゴデンドロサイトとミエリンが元凶であることがわかったのです」

一九九〇年代はじめに、シュワブ博士の同僚であるクリスティーン・バントロウ博士を私の研究室に招いて、この問題に関する共同研究を、短期間ではあるが実施する機会に恵まれた。彼女は微細な小胞（ミエリンの小さな泡）を準備して持参してくれたので、それをマウスの感覚ニューロンの培養細胞に添加して、顕微鏡でその成り行きを観察した。この極小の滴を成長円錐に浴びせたときの様子は、航空機による爆撃を思わせた。ミエリン爆弾が成長円錐の最も小さな触手に命中しただけで、成長円錐の構造全体がたちまち崩壊し、線路上で爆撃を受けて粉砕された列車のように、軸索の伸長は止まってしまう。数分のうちに、培養皿全体から成長円錐が完全に姿を消した。培養皿は、崩壊した軸索の切れ端が散乱した荒れ地と化した。

アストロサイトの抑制作用と連携して、オリゴデンドロサイトが軸索再生の進行を妨げていることは、疑いようもなかった。その結末は痛々しいほど明白だったものの、それは脊髄損傷の治療に向けた新たなアプローチを暗示していた。成長円錐にこれほど壊滅的な影響を与えるミエリンの分子が特定され、それを中和できれば、脳と脊髄の損傷に苦しむ人々の治療に役立てられるだろう。

それでもやはり、自然がミエリンに偽装爆弾を仕掛けて、脳内の軸索再生をいっさい阻止するというのは、理に適わないように思われた。またしても、新たな謎の登場だ。これは、私たちが何らかの情報を見逃しているだけでなく、重要な概念さえも見失っていることを暗示しているのだろうか？

「今にして思えば、脳内の多くの部位において、ミエリン形成が進行している時期に限って、発達期可塑性［訳注：発達に伴う新たなシナプス結合の形成］が認められることと、これらの結果は深く相関していたのです」。シュワブは、ここ数年でようやく明らかになってきたミエリンに関する新しい知見を踏まえて、このように述べている。彼が指摘しているのは、子供の脳がみずからを修復したり、幼児期の経験に従って、脳内の神経結合をつなぎ替えたりできるよく知られた能力のことであり、この能力は青年期を過ぎると大幅に低下する。ヒト脳のミエリン形成は偶然にも、青年期後期にほぼ完了する。このテーマについては第3部で再び取り上げ、グリアがどのように学習へ関与しているのかについての新たな考察を検討するが、ここではさしあたって、麻痺を引き起こす傷害のあとに、ミエリンがいかに軸索伸長を阻害するのかに焦点を絞ることにしよう。

シュワブ博士らは、成長円錐を崩壊させるミエリン中の因子を突き止めて、それを中和する方法を探ろうと、精力的な調査を始めた。シュワブ博士は、ミエリンを抽出・精製して、それを別々の化学的分画へ注意深く分別することによって、その因子を含んでいる分画を特定し、最終的には具体的な高分子まで突き止めたいと考えていた。そしてついに、シュワブ博士のグループは、小胞に満たして投与すると、純粋なミエリンとまったく同じように成長円錐を崩壊させる単一のタンパク質を、ミエリンから単離することに成功した。シュワブはこのタンパク質を、Ｎｏｇｏ［訳注：「立入禁止」の意］と命名した。

成長円錐を崩壊させるタンパク質をミエリンから単離するのに成功したシュワブらは、次にそれを中和する方法を探し始めた。予防接種によって注入された細菌のタンパク質に対して、体内で抗体が産生されるのとまったく同じように、あなたの免疫系は、どんな異種タンパク質を認識したときにも抗体を生成し、その抗体が異種タンパク質を認識して破壊している。シュワブはこの仕組みを利用して、ミエリンに含まれるＮｏｇｏタンパク質をウサギに接種し、ウサギの免疫系が産生した抗体を採取するだけでよかった。抗体が手に入れば、それを脊髄の損傷部位に注入できる。その抗体は、レスラーが敵を押さえ込むように、ミエリンに含まれる抑制性タンパク質に結合して、不活性化するだろう。そうなれば、成長円錐は損傷部位をすり抜けて、再び適切な結合部位までたどり着けるはずだった。シュワブがこの方法を試したところ、うまくいったのだ！　傷害を与えたラットの脳と脊髄に、ＩＮ‐１と名付けたこの抗体を注入すると、受傷部位を通り越して正常な結合を復元する軸索の能力が、著しく向上した。なにより重要なことに、この新たな結合が感覚と運動能をある程度回復させたのだ。この処置を受けたラット群は、以前より上手に歩いたり、痛みを感じたりできるようになっていた。

だがそれは、完全な回復からはほど遠かった。再生した軸索の数はごくわずかだった。それでもやはり、これは大きな前進だった。これだけでは、麻痺のある人を車椅子から解放して、歩けるようにはできなかったが、正しい方向に踏み出した一歩ではあった。感覚や運動能のわずかな改善でさえ、麻痺に苦しむ人々にとっては、生活の質の大幅な改善につながるだろう。

この原稿を書いている今、私はたまたま学会へ向かっている途中で、一万二〇〇〇メートルの上空をダラス・フォートワース空港へ近づいている。通路を隔てて私の前方にある足元の広くなった席には、軍人風に髪を短く刈り込んで青いTシャツを着た、背が高くたくましい体つきのアフリカ系アメリカ人が座っている。彼の四肢は麻痺していた。ほぼ一五分おきに、彼に付き添う女性がシートベルトを外して席から立ち上がり、全力を振り絞って彼の両膝を押して、姿勢を立て直している。ところが、彼は座席で体をまっすぐに支えていることができずに、またゆっくりとずり落ちてきてしまうのだ。

彼のようなたくましい男性が、このように華奢な女性に頼りきりなのは、不釣り合いに思われる。彼の身に何が起こったのだろう？　その髪型や若さ、たくましい体つきから察するに、彼は退役したばかりの軍人なのかもしれないが、私にはわからない。女性が立ち上がって、彼の頭を膝のほうへ曲げ、背骨にかかる負担を和らげることもある。私自身もフライトの間、しょっちゅう座席でもぞもぞと体を動かして、体をひねったり、背中や首をほぐしたりして、狭い座席に押し込められた苦痛に抗《あらが》っている。このような長距離便での不快感は、耐えがたいほどだ。彼の姿を見ながら、飛行機への搭乗が彼の筋肉や関節に与える無自覚で無痛の拷問を想像することしか、私にはできない。容赦なく座席に押し込められた彼の身体は、感知こそされないものの、血管が圧迫され、骨や神経や関節がうずいて、苦痛を受けているのだ。この光景を目にすれば、ほんのわずかな感覚や筋肉の収縮力を取り戻すだけで、この男性にどれほどの苦痛の軽減と生活の質の改善がもたらされるかは、誰にだってわかるだろう。そして、自分の力で少しでも座ったり姿勢を直したりできれば、どれほどありがたいかも、想像に難くない。

【Ｎｏｇｏだけではない】

Ｎｏｇｏに対する抗体が、脊髄損傷後の軸索を完全に再生できないという事実に、研究者たちは落胆したが、その理由はまもなく明らかになった。悪者はＮｏｇｏだけではなかったのだ。ミエリンの中には、成長円錐を崩壊させるタンパク質の一団があった。ミエリンに含まれるよく知られたタンパク質のＭＡＧに、Ｎｏｇｏと同じ効果のあることがわかった。また、オリゴデンドロサイトの表面を覆っているＯＭｇｐも、軸索伸長を強力に阻害する三つ目のタンパク質因子であることが判明した。

奇妙なことに、胎児の発達期には、ＭＡＧは成長円錐に対して逆の効果を持つ。ＭＡＧは発達初期に、未成熟なニューロンの軸索伸長を刺激しているのだ。この謎は有望な見通しをもたらす。胎児の発達過程でＭＡＧ活性が自然に出現するのであれば、ミエリンに含まれる成長円錐崩壊因子をニューロン自身が中和できることを、この謎は示唆しているからだ。成熟した軸索に対するＭＡＧの抑制作用を逆転させるためには、ニューコンを未成熟な状態に戻して、ＭＡＧの存在下で順調に生育できるようにしてやればいい。そのためには、成長円錐がこれらの抑制性分子をどのように感知して、両者の相互作用がいかにして成長円錐の細胞骨格を崩壊させるのかを突き止める必要があるだろう。Ｎｏｇｏ、ＯＭｇｐおよびＭＡＧを認識する成長円錐の膜タンパク質を特定できれば、それを薬物で遮断することができるかもしれない。そうすれば成長円錐は、ミエリンの抑制性シグナルを感知できなくなり、損傷後に前進を続けて、もとの結合を再構築できるだろう。

二〇〇一年に、イェール大学のスティーヴン・ストリットマターらは、軸索のＮｏｇｏ受容体を同定した。その結果、この受容体を遮断する方法を考案できるようになった。この遮断法を実際に試したところ、脳卒中後の回復のように、切断した視神経の再生が顕著に改善することをストリットマターらは見出した。しかし、軸索再生はまだまだ不十分だった。

この受容体についてさかんに研究が行われ、ほどなくその詳細な分子構造が判明し、この受容体が成長円錐をどのように崩壊させるのかに関する重要な手がかりが得られた。驚くべきことに、軸索膜上にあるこの受容体は、その妨害シグナルを軸索の細胞質の中へ送り込む手段を持たないことが、この分析によって示された。Ｎｏｇｏ受容体はその代わりに、同じ軸索上にあって、その伸長を制御する信号を送ることのできる別の膜分子をハイジャックしていたのだ。これはつまり、Ｎｏｇｏ受容体が手強い敵であることを意味していた。ひとたび活性化されると、この受容体は軸索伸長を止めるために、多種多様な経路を利用できた。この受容体はテロリストのように、軸索膜から細胞内へ情報を運んでいるさまざまな分子輸送系に、致命的な爆弾を取り付けていた。たとえ薬物を使ってひとつの経路を遮断したとしても、Ｎｏｇｏ受容体から軸索の細胞質へつながる経路は、ほかにいくつも残されていたのだ。

発達の過程で、ＭＡＧが成長円錐の刺激因子から阻害因子へと切り替わることを知って、ニューヨーク市立大学ハンター校のマリー・フィルビンは、膜受容体から送られ、細胞骨格を弱めて崩壊させる多様なメッセージが合流する重要ポイントで、ニューロン内のシグナル伝達経路を遮断してみることにした。薬物を使ってこの重要ポイントでシグナルを断ち切ると、ＭＡＧが存在していても、成熟した軸索の成長能力が回復した。フィルビンが薬物で操作したシグナル伝達経路内のポイントは、加齢に伴い性質が変わり、ＭＡＧが誘発する成長円錐崩壊による影響を受けやすくなることを、彼女が以前に幼若ニューロンで突き止めていたポイントと同じ個所だった。

これらの発見が実証するように、中枢神経系のニューロンが切断後に再生しない理由の理解については、非常に大きな進展がもたらされつつある。そしてこれらの成果は、グリアの研究から得られたものだ。中枢神経系のどこの軸索であれ、損傷後の末梢神経系の軸索と同程度にまで再生させられる治療法は、これまでのところひとつも見つかっていない。中枢神経系のミエリンが軸索伸長を阻害する方法が、これほどたくさん並列的に存在するのはなぜだろう？　そもそも、ミエリンが軸索の発芽にこのような影響を及ぼすのはなぜなのか？　ミエリンに関するこうした新たな情報はどれも、最終的には、脳についてのきわめて根幹的で重要な知見をもたらすのではないかと期待する研究者は多い。

科学者たちは、ミエリンに含まれ、不可逆的な麻痺を引き起こす悪役分子群に迫りつつある。その過程で、ミエリン形成グリアに関する新たな理解が得られて、未熟児の精神遅滞から多発性硬化症に至るさまざまなヒト疾患の治療にも、結びつき始めている。ミエリンは、たんなる絶縁体をはるかに超えた存在であることがわかってきた。軸索は損傷を回復するためだけでなく、学習において新しい結合を形成するためにも発芽する。かつて科学者たちは、ニューロンだけに関心を向けていた。だが現在では、学習や精神障害、情報処理、意識などに関する新しい洞察が、ミエリンから得られている。さらに、後章で考察するように、「老犬に新しい芸を仕込むことはできない」という諺の理由も、ミエリンが明かしている。

もしクリストファー・リーヴが今も生きていたら、彼があれほど力強く訴えていた麻痺治療の研究におけるこうした進歩を、どう評価しただろう？　グリアや、グリアとニューロンの相互作用、とりわけ、軸索再生の促進と阻害に関するグリアの作用については、さらに研究を重ねる必要がある。グリアの有益な作用の多くは、軸索再生を促すために活用できるかもしれない。その一方で、新たに発見されたグリアの阻害作用も、中枢神経系の損傷後にその回復を改善する治療において、適切な時期に遮断できる可能性がある。損傷と治癒には、さまざまな生物学的プロセスがかかわっているので、麻痺を根治する単一の「特効薬」は現れないだろう。しかし、回復過程の適切な時期に、複数の方策を組み合わせて用いることはできるかもしれない。たとえば、以下のようないくつかの方策が考えられる。成長円錐を崩壊させるシグナルを送っているミエリン内のタンパク質を阻害する。アストロサイトとミクログリアが分泌する成長刺激因子を増加させる。ニューロンとオリゴデンドロサイトが死滅する第二の波を最小限に抑えるために、受傷後ただちにアストロサイトとミクログリアの有害な作用を制限および制御する。傷口の状態が安定したら、軸索が損傷個所を通過して伸長できるようにするため、グリア性瘢痕を溶解させる。欠失あるいは損傷した脊髄や神経組織を置換する人工ブリッジを挿入して、軸索を再び適切な目的地まで導く。オリゴデンドロサイトを刺激して、早期のミエリン形成を促し、電気的伝導を回復して、露出した軸索の死滅を防ぐ。さらには、死んだニューロンやオリゴデンドロサイトを置き換えるために、ニューロンやグリア幹細胞を移植するといった手法などが可能かもしれない（脊髄損傷の治療のために、患者にグリアを移植する最新の研究については、第11章参照）。

以上のようなグリア関連のアプローチはどれも、個別に実験動物に適用されて、成功している。ロチェスター大学のマイケン・ネーデルガードらが二〇〇九年に公表した研究は、損傷したニューロンから放出される傷害シグナルに対するアストロサイトとミクログリアの反応を、ある化学物質によって抑制したところ、脊髄損傷からの回復がラットで改善されることを示した。使用された化学物質は、食品添加物の青色一号で、これはM&M'Sのチョコレートをはじめとする食品の色付けに利用されている。この化合物の安全性は認められているので、ヒトでの試験研究もすぐに開始できる。「もうひとつの脳」に関する研究が進展し、現状では車椅子に頼っている人々を救えるかもしれないという見込みが大きく膨らんでいる。しかし、麻痺は神経系損傷の一例にすぎない。脳損傷にはほかにも多くの種類があり、グリアはそのすべてにおいて、損傷とその治療の過程で中心的役割を担

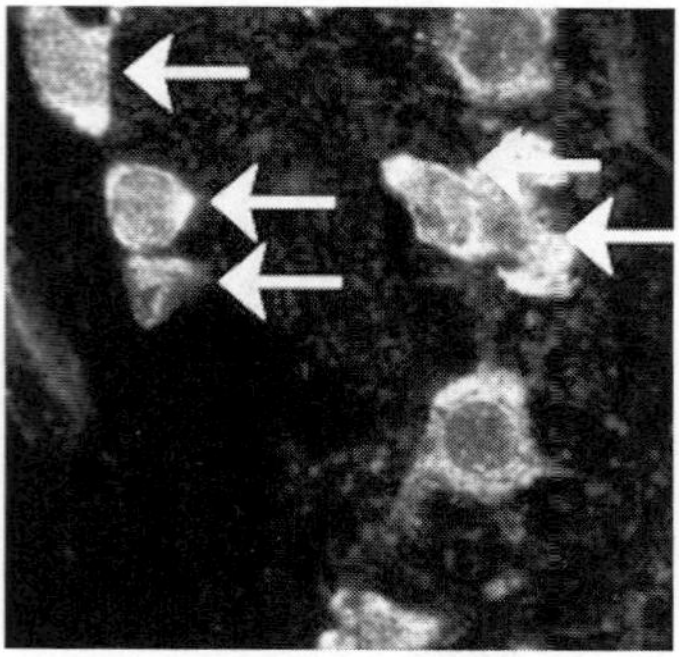

図5-3
脊髄損傷によって生じた麻痺の治療のために移植されるグリア幹細胞

っている。

脳の損傷とロックンロール——ロックスターたち

エリック・クラプトン、ボノ、フィル・コリンズ、ピーター・フランプトン、ボブ・ディラン、ピート・タウンゼントにはみな、ロックミュージック以外にも共通項がある。彼らは全員、ロックのせいで難聴に悩まされている。コンサートを訪れる彼らのファンや、iPodやMP3プレイヤーにつないだイヤホンで大音量の音楽を聴いている人たちも大勢、同じ悩みを抱えてい

る。カナダ音楽家クリニックが最近実施した調査によれば、カナダの全人口の一〇パーセントが難聴を患っているが、ロックミュージシャンではその割合は四倍近く（三七パーセント）に達するという。ロックの殿堂は、「難聴ミュージシャンの殿堂」と呼び替えてもよさそうだ。というのも、殿堂入りする者の六割が、大音量の音楽のせいで聴覚障害を抱えているからだ。その原因が、アンプにつないだ楽器ががなり立てる、体を突き上げるようなロックンロールと、甲高いマイクのハウリング音であるのは明らかだが、耳をつんざくような音楽を愛する退廃的なロックミュージシャンは自業自得だなどと、ほくそ笑むのはやめよう。クラシック音楽でも、彼らを上回る五二パーセントの演奏家が、アンプなしでもコンサートホール全体に響き渡るほどのオーケストラの音楽にさらされて、聴覚障害を抱えている。職業上大きな音にさらされたり、戦闘中にすさまじい爆音の中にいたりすることも、難聴の原因としてよく知られている（注1）。

こうした聴覚障害者の大部分は、短くても激烈な騒音の中にいたり、大きな音に慢性的にさらされたりしたせいで、内耳の有毛細胞が損傷したことを理解している。草原の茂みのように微細な毛が生えているこの小さな細胞は、非常に繊細で、空気の分子を打ちつけながら進む音波のわずかな圧力変化で振動して、それが聴覚を生んでいる。難聴の音楽家のほとんどが理解していないのは、大きな音は脳の損傷も引き起こすという事実だ。そして最近の研究によれば、この脳の変性にはどうやらグリアがかかわっているようなのだ。

コネチカット大学医学部教授であるケント・モレストは、大きな音によって難聴になったときに、脳内では何が起こっているのかを知りたいと考えた。彼は一連の実験で、チンチラとラットを轟音にさらして内耳の有毛細胞を損傷させ、有毛細胞からのインパルスを運ぶニューロンが最初に結合をつくる脳部位（下丘）に電子顕微鏡を向けた。

この研究には、電子顕微鏡が不可欠だった。脳回路の細部は小さすぎて、光学顕微鏡では見えないからである。電子顕微鏡の操作は、時間を要する難しい作業だ。観察対象の構造は非常に小さいので、サンプルの扱いには優れた技能を要し、顕微鏡から得られる画像を理解するには、卓越した空間記憶と論理的思考が求められる。

電子ビームは、光のようには空気中を進めない。そのため、焦点を絞った高エネルギーの電子ビームをサンプルへ照射できるように、完全な真空の中にサンプル組織を置かなくてはならない。だが、真空の中では組織を維持できない。組織内の水分はたちまち激しく沸騰して、細胞を破裂させてしまう。宇宙飛行士が船外活動の際に、真空の宇宙から身を守るために与圧服を着用するのはこのためだ。真空空間での電子ビーム照射に耐えられるように、電子顕微鏡で調べる組織は、あらかじめ化学的処理で保存され、水分を残らず細胞から取り除いたうえで、プラスチック樹脂で置き換えて硬化しなくてはならない。これらすべての作業を、細胞内の繊細な構造を壊すことなく、実行する必要がある。実験の目的は、水分を抜かれてミイラ化した遺骸ではなく、細胞内のきわめて微細な構造をありのままの姿で観察することにあるからだ。

鉛筆の芯程度の小さな組織を、プラスチック樹脂で包埋する作業は、多くの複雑な手順を踏むので、一週間にも及ぶ。次に、包埋した組織から、想像を絶するほどに薄い切片を切り出さなくてはならない。というのも、電子は空気中と同じく、厚いプラスチック層も透過できないからだ。こうして作製された超薄切片は、シャボン玉の膜ほどの厚さしかない。

モレストは自身の研究室で、光学顕微鏡を覗きながら、プラスチックに包埋した組織を含むマトリックスをカミソリの刃で銃弾状に整形する。その銃弾の先端には、針の先ほどの大きさしかない観察対象の組織細片が付着している。次に、その銃弾型のサンプルを精密スライス作製機に装着する。この機器には、きわめて鋭利に研磨されたダイヤモンドの小さな刃が取りつけられている。この机サイズの装置に向かって座り、手回しオルガンの奏者のように、ゆっくりと制御ハンドルを回して、強力な拡大鏡を通して操作の進み具合を確認しながら、超薄切片を切り出していく。極小の切片は、ダイヤモンドの刃から離れて、小さな容器を満たしているアルコールの表面に浮かぶ。わずかな空気の流れや、空気中の静電気でさえも、この小さな構造物にハリケーン並みの大惨事をもたらすおそれがあるので、モレストは息を殺して一枚一枚を（とても慎重に）薄く削り出し、各切片が剝がれて、シャボン玉表面の渦巻きと同じように、虹色にきらめくのを見つめている。その色合いから、彼は切片の厚さを正確に判断できる。深紅や暗青色では厚すぎる。モレストはダイヤモンドナイフの角度やスライス速度など、さまざまな制御を微妙に調整しながら、金色か銀色の切片がダイヤモンドの刃から浮き上がり、アルコールのプールの表面をゆらゆらと漂うまで、これを繰り返す。この顕微鏡切片をいかに完璧に切り出せるかに、実験のすべてがかかっているのだ。

さて今度は、金色に輝く超薄切片を拾い上げて、電子顕微鏡内部へ装着できる支持体に接着しなくてはならない。この操作は、非常に繊細な道具を必要とする。モレストが自作したその道具は、まつげを一本引き抜いて、木製のマドラーの端に糊づけしたものだ。これは、電子顕微鏡を扱う科学者がみんな用いている標準的なやり方だ。拡大鏡越しにじっと見つめながら、その細いまつげで切片を少しずつ動かし、周囲の液体をかき分けながら、試料槽の中心までうまく移動させる。まつげが強く当たりすぎると、木の枝に引っかかって壊れた凧のように、微細な切片がまつげに巻きついてしまう。時計職人の精密ピンセットを使って、紙のように薄い円形の銅グリッド（最も小さい時計の電池よりもさらに少し小さい銅製の格子網）を、浮いている切片に向けて慎重に下ろしていく。すると金色の切片は、走行中の自動車のフロントグリルに蛾が張りつくように、銅グリッドに付着する。

電子顕微鏡は、高さがおよそ一・八メートルもある堂々たる装置で、この機器と周辺装置——高圧トランス、真空ポンプ、液体窒素タンク——のためだけに設計された専用の小さな暗室に収容されている。直径二五センチメートルほどの重量感のあるスチール製カラムが、ワークステーションの操作テーブルから天井まで伸びていて、ワークステーションにはボタンやスイッチ、つまみ、点滅するインジケーターランプ、デジタル数値表示板、ビデオモニターなどが所狭しと並んでいる。カラムの先端からは、直径五センチメートルほどの重い電気ケーブルが出ていて、カラムの先端にある電子銃に一〇万ボルトの電気を供給している。さらに、暗い部屋の中で、カラムの先端からは液体窒素が白くて冷たい霧のようにもうもうと吹き出し、下へ流れ落ちている。それはあたかも、夜明けの発射台で打ち上げを待つロケットから、気化した液体酸素が流れ出しているかのようだ。

顕微鏡にサンプルをセットして、電子銃に電圧を加えると、蛍光スクリーンに黒っぽい模様がくっきりと映し出される。この模様を判読することに慣れていない者には、黄緑色に光る背景に灰色でいたずら書きをしたようにしか見えないだろう。ところが、電子顕微鏡学者として習熟したモレストなら、頭部をカラムに押し当てて、厚いガラス窓越しに輝くスクリーンを見つめながら、ラット脳の細胞内部を覗き込むことができる。この微細な切片は、今まさに、広大な新しい宇宙へと姿を変えた。モレストは、両手で同時にハンドルを操作しながらグリッドを動かして、何時間にもわたって広大な細胞領域を走査し、目の前の新たな世界に完全に没頭する。数時間後に暗室から出てきた彼の額の中央には、カラムに押し当てていた跡が残っていて、それが長時間の没頭ぶりを物語っている。

倍率を上げるたびに、画像は荒々しく回転する。それはまるで、地図上で自分の現在地をやっと見つけたと思ったとたんに、誰かが突然その地図を回転させてしまうようなものだ。このような回転は、電子ビームを集束させる磁気レンズを通るときに、電子がらせん状に偏向するために生じる。電子顕微鏡の倍率を上げるのは、パラシュートでゆらゆらと下降しながら下を見るようなものだ。地面が回転しているように感じられるが、下降するにつれて、だんだんと細部が大きく見えてくる。モレストはこの眩暈《めまい》がしそうな回転の最中も、方向感覚を維持して、切片を切り出す過程以前に、この組織がラット脳内でどの向きに位置していたかについて、概念的にその道筋をたどり直せるようにしておく必要がある。三次元の細胞構造を正確に再構築するためには、彼は何百もの切片を解析しなくてはならないだろう。このような作業には、数ヵ月から数年を要することになる。

有毛細胞からインパルスを運んでくる神経終末がたどり着く脳部位の中に、モレストは特別な構造を見出した。それはシナプスが密集して詰め込まれた巣のような形状で、まるでポップコーンボールみたいだった。そのシナプスの巣には珍しい点があり、それがモレストの目を引いた。なんと、アストロサイトがまったくなかったのだ。そこで彼は次に、大きな音に暴露した直後の動物から取り出した脳のサンプルを観察した。同じ脳部位に焦点を合わせたとたん、シナプスの間に細胞の細い指が入り込んでいるのが見えた。それは、アストロサイトの紛れもない特徴だった。何ヵ月にも及ぶ調査の結果、轟音によって損傷を受けると、脳のこの部位に激しい物理的な再構築《リモデリング》が起こることが判明した。

破壊的な音にさらされると、アストロサイトはすぐにシナプスの巣の中へと移動し始め、轟音を遮るかのように、その細胞の手でシナプスをしっかりと包み込む。実際には、アストロサイトはこの聴覚ニューロンの過剰刺激に応答して、大量に放出されるとニューロンを過剰に刺激して死滅させてしまう興奮性神経伝達物質を吸い上げているのだと、モレストは結論した。アストロサイトは同時に、ニューロン死を防ごうと、神経栄養因子も放出している。

シナプスに正常範囲を超えた発火を引き起こす有害な轟音に耐えきれなくなると、シナプスや神経終末は萎縮し、死に始める。その結果、動物は聴力を失っていく。大きな音は、ラットの耳の有毛細胞を死滅させるだけではない。死にゆく有毛細胞が発する激しい悲鳴は、神経インパルスのかたちで軸索を駆け抜けて脳へと向かい、過剰刺激となって脳細胞も殺すのだ。アストロサイトはこの間、どんな脳損傷のあとにも行う清掃作業に復帰して、細胞の残骸を取り除いている。アストロサイトは「膠症《グリオーシス》」、つまり傷害に反応して膨潤した状態になり、損傷したシナプスを消化し尽くす。

モレストの研究は、アストロサイトが脳のいたるところへ細胞突起を伸ばして、原子炉に挿入された制御棒のように、ニューロンの興奮に介入していることを示している。アストロサイトはニューロンやシナプスの活動に物理的に応答しており、それはとくに、両者の活動が正常範囲を逸脱したときに顕著になる。アストロサイトはまず、脳の神経回路における活動の正常なバランスを回復し、過剰な活動によって生じる有害な副産物からシナプスとニューロンを保護しようと、全力を尽くす。アストロサイトのこうした活動は、ニューロンを救うことも多いが、損傷がひどくて修復不能な場合、アストロサイトは損傷したシナプスやニューロンを選別して、その領域を隔離する。こうして脳の損傷部位は切り離されて、可能であれば、新たな結合を築くための準備が整うことになる。

アストロサイトがシナプスを取り除くのは、大音量の音楽による損傷のあとに、脳をリモデリングする場合だけだろうか？　それとも、この実験は要するに、アストロサイトが思考や情動、あるいは驚嘆などを伝えるあらゆるシナプスに対して、脳の全域で同じ機能を持っていることを明かしているのだろうか？　どちらにしろ、損傷後の脳の治癒や神経回路の再編成にアストロサイトが及ぼす影響は絶大だ。アストロサイトの保護的および破壊的働きの両方について研究を重ねていけば、その活性を利用して、難聴の予防や回復において、このグリアを支援することができるかもしれない。なにしろアストロサイトは、まさに適切な時期および場所で、傷害に対応しているのだ。あらゆる医師は、このロックスター細胞に手を貸すだけで十分なのである。

酸素——虫が食い、さびが付く地上

果てなき宇宙には無数の惑星があるが、そのほとんどは生存に適さない。そうした惑星の温度は凍るほど低いか灼熱かで、大気は有毒だったり、危険なほど腐食性を帯びていたりする。太陽系のある惑星では、大気の腐食性がとても強いため、鋼鉄は粉になり、生体物質は燃え上がる。その惑星とは地球であり、腐食性ガスは酸素だ。

私たちは、暮らしのなかにこの危険な物質があることに慣れきっているので、その存在を気にも留めない。地球以外の惑星には酸素がないので、火もない。それらの惑星の大気中では、住宅や森林が激しい化学反応で焼き尽くされて、高温の粉末状炭素へと姿を変えることはけっしてないだろう。地球上では火事が頻繁に起こるので、多くの人が懸命な消防活動にあたっている。酸素の腐食効果を和らげるために、私たちは食品をプラスチックで包装したり、木材の表面を塗料で覆ったりする。さらに、私たちにとって最も貴重な文書である独立宣言は、アルゴンガスを充塡して密閉したガラスケースに収納され、凶暴な酸素分子を完全に追い出して、酸素に触れないようにされている。そうでなければ、文書は古新聞のように黄色く変色して、ぼろぼろになってしまうからだ。私たちはこうしたことをしながらも、酸素のことを何とも思わないのだ。

地球という惑星は、ずっとこうだったわけではない。この惑星の大気を有毒なものにする酸素は、汚染によって生じている。つまり、酸素は植物が排出する爆発性の老廃物なのだ。この危険な副産物は、植物が光合成というエネルギー生成反応によって、太陽の光を高エネルギーの化学燃料である糖とデンプンに転換するときに産出される。長い年月をかけて植物が大気を汚染するうちに、酸素はより軽い無害な気体を宇宙空間へと追いやり、この惑星全体の大気は、その二〇パーセントを反応性廃棄物である酸素が占めるようになった。

酸素は致死性を持ち、多くの細菌を殺す。というのも、植物がこの腐食性ガスで大気を汚染する以前に、細菌は地球上で進化を遂げたからだ。細菌は今では、死骸の中や深い傷の奥に避難して、この殺戮ガスから逃れている。消毒薬である過酸化水素は、細菌を殺すには十分だが、私たちの細胞にとっては許容範囲となる濃度で活性酸素を放出することによって、感染を防止している。細菌とは対照的に、人類の祖先細胞は、大気がすでにこの腐食性ガスで汚染されたあとに、地球上に出現した。したがって、この反応性ガスへの対抗策を発達させる必要があった。

私たちの祖先細胞は、強力な化学的防御を進化させるという方法で、この凶暴な物質を体内に収容することに成功した。祖先細胞が編み出したなかでも、考えられるかぎりで最高の妙技を用いて、なんと酸素さえ活用する仕組みを考案したのだった。先祖たち、そして私たちは、自分自身の細胞内化学炉で酸素を燃やしている。私たちの細胞は、その高エネルギーを活用する術を身に付けたのだ。細胞が利用している酸素エネルギーは、(何トンもの液体酸素をタンクに装填した)ロケットを宇宙へ打ち上げたり、アセチレンと混合すると、(その混合物は点火により激しく燃え上がり、目も眩むほどに強烈で焼けつくような炎を上げて)鋼鉄の重厚な板をドロドロに溶かしたりするのと同じものだ。酸素が産出するエネルギーは、私たちの細胞の燃料となり、命を支えている。今では私たちの細胞の仕組みは、酸素に大きく依存しているので、私たちは酸素のないところでは、たった数分でも生きていられない。進化の過程で、私たちは複雑な肺と広範な循環器系や血液を発達させ、体内の細胞一つひとつに酸素燃料を送り届けられるようになった。しかし、私たちの体がこの反応性ガスによる破壊を食い止めておけるのは、限られた期間だけで、それほど長くはない。最終的には、誰も酸素の脅威から逃れることはできない。酸素は私たちの細胞のタンパク質や酵素、ＤＮＡをゆっくりと蝕んで弱らせ、ついには崩壊させる――これが、いわゆる老衰死だ。

酸化（鋼鉄ではさびるとき、燃料では燃えるときに起こる化学反応）を食い止める化学物質もあり、それらは抗酸化物質と呼ばれる。酸素は、ほかの原子から電子を盗み取ることによって害を及ぼす。安定性のより高い分子の原子核を周回する電子軌道の外殻から、電子を無理やり奪い取るのだ。電子を奪われた分子は電荷を帯びて不安定になり、ほかの分子に衝突すると、化学反応を起こして自壊し、残留電子を再配分して、分子間の均衡をいくぶん回復させる。この反応によって、電子は均衡のとれた状態に再分布するかもしれないが、酸素に電子を奪われたもとの分子（タンパク質や酵素、あるいはＤＮＡ）は、その過程で破壊され、細胞そのものも何らかのダメージを受ける。こうした細胞の劣化は、時間とともに蓄積されていく。そこで、気前のよい抗酸化物質の出番だ。抗酸化物質は余分の電子を持っていて、酸素による電子強奪を鎮めるため、みずから進んで電子を与える。抗酸化物質は自分が活性酸素の犠牲になることで、細胞の生存に不可欠な他の分子を保護しているのだ。

これは、健康食品産業の大部分を支える化学的根拠になっている。健康アドバイザーは物知り顔で、癌や老化を予防するためにと、抗酸化物質（たとえばビタミンＣ、Ｅ、Ａや緑茶、ブルーベリーなど）の摂取を勧める。こうした天然の抗酸化化合物は、体内の酸化による燃焼の炎を、安全なレベルにまで冷却してくれる。だが、私たちの体内には、健康食品店の棚には並んでいない強力な抗酸化物質がたくさん存在している。なかでもとくに効果的な生体内抗酸化物質のひとつがグルタチオンで、細胞の命を救うこの化合物が最も高い濃度で詰め込まれているのが、グリア、とりわけアストロサイトなのだ。その結果、ニューロンを即座に殺傷するほどの活性酸素を産生できる毒素や病態も、アストロサイトなら難なく生き延びられる。

培養皿に過酸化水素やそのほかの酸化剤を加えて試験すると、ニューロン単独ではすぐに死んでしまう。しかし、アストロサイトの層の上で生育させたニューロンは、死滅せずによく育つ。ところが、グルタチオンを欠失させたアストロサイトでは、酸化による死からニューロンを救えない。グリアがこれほど高濃度の抗酸化物質を含んでいる理由のひとつとして、アストロサイトとミクログリアは活性酸素を武器として活用し、脳を防御していることが挙げられる。グリアは酸化剤を放出して、侵入してきた細菌や病んだ細胞を攻撃する一方、この有毒な戦闘において、みずからは抗酸化物質によって守られている。アストロサイトは周囲の環境とニューロンの要求に常に気を配っていて、酸化の脅威が迫ると、抗酸化物質を放出してニューロンを覆って保護する。消火器から吹きつけられる難燃剤のように、アストロサイトが放出する抗酸化物質は、危機に瀕したニューロンの命を守っているのだ。

アストロサイトから放出される抗酸化物質は、神経変性疾患や癌、老化に対する身体の主要な防衛手段のひとつだ。新鮮な野菜を食べ、緑茶を飲むのもいいだろう。ただそのときに、脳の中ではアストロサイトがあなたの命を守るために、激しい戦闘を繰り広げていることを思い出してほしい。この惑星の厳しい環境の中で、あなたが老齢を迎えるまで生きていられるのは、アストロサイトの警戒と私心のない奮闘があってこそなのだ。

第6章

感染

"狂牛"とイギリス人――プリオンがグリアと出会う

彼らは自分たちを「森の人」（現地語で「フォレ」）と称する。三万五〇〇〇人ほどの部族で、ニューギニア東部のラム‐プラリ分水嶺のプラリ側に位置する、標高一二〇〇～二三〇〇メートルほどの高地に、いくつかの小さな集落をつくって暮らしている。彼らが暮らす二六〇〇平方キロメートルほどの世界は、苔むした深い熱帯雨林で、西をヤニ川に、東をラマリ川に抱かれている。西側には、標高三六〇〇メートルを超えるマイケル山の頂上がそびえたつ。

各集落の中心地には、男性のための家がある。まれに儀式が行われるときを除いては、女性の立ち入りは許されていない。女性は男性の家の向かいに並ぶ小さな小屋で生活し、その間には広い調理場がある。子供たちは女性と一緒に暮らしている。

村のその若い女性は当初、だんだんと体が思うように動かなくなっていくのを隠そうとしていたが、ほどなくそれは誰の目にも明らかになった。熱があるわけでも、具合が悪いわけでもなかったが、やがてナムゴイーアは強い震えに絶え間なく襲われるようになった。震えはひどくなる一方で、とうとう杖の助けを借りても歩けなくなった。言葉が不明瞭になり、感情を抑えられずに爆発させた。そしてしばしば、錯乱したかのような笑いの発作を起こした。

歩けないほど状態が悪化すると、村人はナムゴイーアを小屋から引きずり出し、外に座らせておいた。彼らの予想どおり、彼女は次第に弱っていった。眼窩《がんか》の中で眼球がくるくると回転し始めると、ナムゴイーアは平衡感覚を失って、もはや座ってもいられなくなった。すると、村人たちは彼女を小屋の中に戻し、飢え死にするまでひとりで放っておいた。呪術をかけられたナムゴイーアは、もう救いようがなかった。彼女のような人の多くは、窒息死するか、どうすることもできずに、家の炉に転がり込んで焼け死んだ（注1）。

カールトン・ガイジュシェック博士は、死をもたらすこの新たな病のうわさを耳にすると、たちまち好奇心をそそられた。ガイジュシェックは、アメリカの若い小児専門医で、原始文化における児童の成長を研究するため、特別研究員として奨学金を受けてオーストラリアを訪れていた。全米ポリオ財団から受けた特別研究員の資格を断念すると、ガイジュシェックはオーストラリア公衆衛生局のヴィンセント・ジガス博士に会うために、ただちに深いジャングルへ向かった。ジガスはつい最近、パプアニューギニアの高地地方の奥地に暮らす先住民に壊滅的な打撃を与えている致死性の神経性流行病について、報告した人物だった。それは感染症なのだろうか？　それとも遺伝的疾患なのか？　あるいは、何らかの毒物や栄養不良が原因だろうか？

ガイジュシェックは、メリーランド州ベセスダにある国立衛生研究所（ＮＩＨ）で上司だったジョゼフ・スメイデル博士に宛てて、急いでペンを走らせた一九五七年三月一五日付の手紙に、こう書いている。「私は、ニューギニア島の（東部高地にある）最近外部に開かれたばかりの辺境地域のひとつに滞在していますが、周囲にはさまざまな部族がおり……数日前には、いまだ槍で抗争しているような状況で……。現地の人々が言うには、これは呪術が引き起こした病気であり……。もし可能であれば、そちらに試料や血清などをお送りしてもよろしいでしょうか？　今のところ、その大半はメルボルンに送付される予定です（注2）」

オーストラリア政府が派遣した人類学者のチャールズ・ジュリアス博士は、亡くなった女性の夫であるアウイアに話を聞いた。アウイアは、妻の身に降りかかった悲劇とその陰惨な死について語った。隣村に住む因縁の深い二人の敵が、ナムゴイーアのスカートの切れ端を入手したのだと、彼は主張した。そして、それを木の葉で包み、火で熱した呪術師の石の上に置いたに違いないという。続いて宿敵二人は、棒でその包みを激しく叩きながら、ナムゴイーアの名前を呼んでこう言った。「お前の脚の骨を折ってやる。お前の足の骨を折ってやる。お前の腕の骨を折ってやる。お前の手の骨を折ってやる。そして最後には、お前を殺してやるぞ」。ナムゴイーアの体が震えだしたとき、アウイアはすぐに、二人の敵が妻の私物を手に入れて、それを使って死の呪いをかけたに違いないと直感したという（注3）。

犯人はすぐに捕らえられ、復讐のために殺された。それでも、ナムゴイーアは助からなかった。このような恐ろしい呪術をかけられた者が回復することは、けっしてなかった。

「ジョー、二月にメルボルンを離れたときに、私はポリオ財団からの給料をすべて放棄しており、一月からは、最終的にアメリカに帰国するまで、まったく収入がありません」と、ガイジュシェックはＮＩＨのスメイデルに書き送った。「今のところ、わずかな蓄えを切り崩して生活しており、帰国後にはいくつもの分野でやらねばならない仕事が山ほど待っているというのに、目下のところ研究助成金もありません。ですが、どの仕事も延期したり取りやめたりはできません。この手紙を書いたのは、第一にあなたに現状を知っていただくため、そして第二に、あなたなら用立てられる研究助成金がありはしないかを伺うためです。この疾患の調査をしている未開の森林地帯には、郵便もラジオも、電話も何もなく、私はもっと正式なかたちで助成金を申請できる状況にないのです――。

ですが、ひとたび出発してしまえば、たとえそれが数ヵ月間に及ぼうとも（資金に余裕があれば、確実にそうすべきです）、自分の命をつなぐに足るものがあれば十分なのです……。援助があろうとなかろうと――当面はこの仕事に専念するつもりです（注4）」

ジガスとガイジュシェックは連れ立って、蚊の群がる険しいジャングルを歩き、最近まで外部の者が訪れたことのなかった地域に暮らす、隔絶された部族を探して回った。その途中で、現地の人たちがさまざまな感染症や寄生虫、化膿性の皮膚潰瘍、伝染病などに罹っていることを知り、二人は治療を施した。そうして土地の人々の信頼を得た二人は同時に、彼らがクールーと呼んでいる致死性疾患の犠牲者から病歴やサンプルを収集して歩いた。

ガイジュシェックは、辺境のジャングルの奥地で、謎めいた病気を調査する医師兼探検家として、気ままな助っ人役を心から楽しんでいた。もとの上司であるスメイデルに宛てた別の手紙で、ガイジュシェックはこの不可解な神経疾患に関するジャングルでの調査を続行する機会を与えてくれるよう懇願している。

図6-1
クールーで死に瀕している母親。家の前で５人の子供や夫、姉妹に囲まれている

一九五七年四月三日
親愛なるジョー
南フォレ地域の南端、それにラマリ川、ククク語とアワ語の言語圏の巡察から戻ってすぐ、あなたにこの手紙を書いています。ここには、訪れる者もほとんどなく、規制が少しも及んでいません。部族間の争いや弓矢による殺人など……が、私が到着して以来、たびたび起こっています。タカブ（Takabu、先住民の伝統

的な行為で、呪術師を石で殴って大腿骨を折ったり、肋骨を砕いたり、肋骨脊柱角を強打したりしたあとに絞殺する因習）は、矢によるひどい怪我と並んで、頻発する「緊急の」医療問題の原因となっています。このほとんど知られていない地域を巡察しているのは、クールーがどこまで南に拡がっているのかを突き止めるためです。そして、私の関心の的であるこのクールーが、今回もまた手紙の本題です。

ここモケに、現地の材料でマット敷きの病院を急ごしらえして、そこに顕微鏡や血球計算盤、数々の実験用試薬や装置、それから、こうした「未開地」の病院には当然備わっていそうな診断器具一式、たとえば検眼鏡や音叉などを揃えました。クールーを発見したジガス博士（カイナントゥの医師で、東部高地でただひとりの医学博士）と私はこの病院内に、クールーの調査部門を開設しました。これまでのところ、その部門はおもに、彼と私の熱意、そして、未開の森林の奥深くで私たちが働いている間は、西欧人患者に十分な世話をせずにいることも厭わないジガス博士の勇気のうえに成り立っています。まあ、彼の雇用主である当局が、彼が「研究」という脇道に逸れるのを大目に見てくれているかぎり、ではありますが（注5）。

ガイジュシェックは、自分が集めたクールーの四一件の症例について熱心に説明し、研究を続行するための資金提供を懇願した。

私がこうしてペンを走らせるのは、先の手紙がけっして策略ではなかったと、あなたに信じていただくためです。私の手元には研究に値する「本物」があります。今後も自分自身の資金と、ジガスがポートモレスビーの公衆衛生局（それは今では、つまらない嫉妬心の渦巻く複雑な官僚組織と化していて、辺境の山岳地帯のジャングルにあるこの拠点からすればかけ離れた存在ですが、私たちの頼みの綱ではありります）から調達した資金で、自分たちの生活とこのプロジェクトを支えて、この先も継続することは可能だと思います。ですが、一時的な給与のような資金を調達していただけないか、あなたのお考えをお知らせ願えないでしょうか。そうした資金があれば、それを投入して斧やビーズの装飾品、タバコなどを購入し、それと引き換えに（剖検の承認済みの）遺体や患者のための食料を手に入れて、このプロジェクトを維持することができます。なにしろ当地では、アメリカの平均的な給与は、とてつもなく大きな価値を持つので、あと数ヵ月、少なくとも現在の症例が最終的に致命的な結果に至るまでの経緯を見届けるだけの期間は、この仕事を遂行することができます。追加の必要経費も用意していただければ、なおさら好都合です。一〇〇ドル相当の援助物資を空輸していただけたら、現在私たちが診ている三〇人あまりの患者に加えて、さらに一〇〜二〇人の患者をすべて行き届いた状態で収容するのに十分な広さの新たな建物を増築したいと考えています。この建築資材の大半は現地で調達することになるでしょう……。

私の誠実さと医学的判断（いいですか、ジョー、これは野生のガンを追うような無謀な試みではなく、じつに重要な問題なのです。私のあらゆる医学的素養から、そう確信できます）に対する信頼だけを担保に、研究助成金を支給できるようであれば、お知らせ願います。そうなれば、私は少なくともさらに数ヵ月、ここでの仕事を延長する計画を立てられます。私にはあと一、二ヵ月は持ち堪え、ヨーロッパ経由で帰国するだけの自己資金がありますが……。私はこの問題に自分の医学的名声をすべて懸けているのです……。

この種の疾患は私の専門ではありませんが、この研究を手がけることにかけては、誰にも引けを取りません……。もしアメリカで誰かが、私の行方を気にかけているようでしたら、どうぞ彼らに知らせてください。クールー以外のことについて、私が当地から頻繁に連絡する見込みは、ほとんどなさそうですから（注6）。

オーストラリアの科学者と政府当局は激怒していた。彼らは、この病気の研究事業をすでに進めていたので、ガイジュシェックが強引に研究を奪い取ったと考えたのだ。オーストラリアの科学者たちが、この奇妙な神経疾患に関する調査内容を彼に教えると、ガイジュシェックはたちまち、このプロジェクトを勝手にひとりで進め始めたのだった。

「アンダーソン［博士］に任されていた仕事をあなたが奪い取ったことに、まったく弁解の余地はありません」と、サー・マクファーレン・バーネットは、一九五七年四月九日にガイジュシェックに書き送った。「アンダーソンはひどく憤慨しており、私も彼に同情しています」。バーネットはメルボルンのウォルター・アンド・イライザ・ホール医学研究所の所長で、ガイジュシェックは当初、そこの特別研究員として彼の指導下にあった。彼がこの新しい病気について初めて聞き知ったのも、バーネットの息子からだった（著名な科学者であるバーネットは、一九六〇年にノーベル医学生理学賞を受賞することになる〈注7〉）。

しかし、ガイジュシェックは自分の研究を推し進め、観察結果をフィールドノートに記録して、本国の同僚たちへ絶え間なく報告を書き送っていた。「クールーは、これまで以上に興味深くなると同時に、不可解さも増しており……。私たちは、家々から出る塵や煙を避けるために、屋外で貯めた雨水を使って、エナメル加工を施した膿盆をきれいに洗浄して、その中になんとか検査サンプルを集めています」と、ガイジュシェックはスメイデルに伝えている〈注8〉。

「ガイジュシェック博士は、控えめに言っても、道義に反します」と、ジョン・T・ガンサー博士は一九五七年四月九日付の手紙で、バーネットに正式に苦情を申し立てた〈注9〉。パプアニューギニア公衆衛生局局長であったガンサーは、虚偽の口実で当該地域に侵入し、ジガスに対してホール研究所から派遣された代表者のように装ったとして、ガイジュシェックを非難した。ガンサーの後任だったロイ・スクラッグ博士は、「アメリカ人による新たな侵略だ」と、ガンサーに電話で不満を漏らした〈注10〉。国家の威厳と科学の倫理にかけて、彼らにはガイジュシェックを阻止する必要があった。

一方、ジャングル奥地のガイジュシェックは、この医学的な謎を解明するために、ひたすら自分の探究に没頭していた。「彼［ジガス］が私に語ったところでは、二〜四ヵ月前に集めた二八症例のすべて（なんと驚くべきことに、一〇〇パーセントすべて）が、死に至ったのです！」と、ガイジュシェックはスメイデルに書き送った（注11）。

ガイジュシェックが集めた医学的な手がかりから、疑わしい要因がいくつも浮上したが、この病気の原因をひとつに絞り込むことはできなかった。「毒物中毒の可能性は、真剣に考慮されるべきです。症例は、女性で圧倒的に多く見られ、男性の症例はだんだんと件数が減っていると、ジガス博士は言っています。そして、患者はみな死に向かっているそうです（注12）」

スクラッグはついに、ガイジュシェックに断固とした無線電報を送り、オーストラリア公衆衛生局局長としての権限で、即時退去を命じた。

オーストラリアセイフノ　ヨウセイニヨリ　アンダーソンガ　オコナウ　ヨテイデアッタ　チヨウサヲ　キデンガ　リャクシュシタ　ケンニツキ　バーネットハ　フカク　ユウリョシテイル。　キデンノ　コノモンダイニタイスル　カンシンハ　ジュウブンニ　リカイデキルガ　キデンニハ　ルファチクノミヲ　チョウサスルコトヲ　ワタクシノ　ナニオイテ　ヨウキュウスル。　アンダーソンハ　イッシュウカンイナイニ　トウチャクヨテイ。　リンリテキ　リユウニモトヅキ　クールーチョウサノ　チュウシヲ　ケントウサレルコトヲ　ヨウキュウスル。

アンダーソン　トウチャクノ　セイカクナ　ニチジハ　オッテ　ツウチスルノデ　ゴルカデ

ゴウリュウシテ　コノモンダイヲ　ハナシアウヨウニ。　イジョウニ　シタガイ　キデンノ
ゴイコウヲ　ムセンニテ　ワタクシアテニ　ゴツウチ　ネガウ（注13）。

科学をめぐるこの国家間対立の中心にいた若き小児科医は、ジャングルから無線で返信した。

テッテイテキナ　チョウサニツキ　チュウダン　フカノウ。　ワレワレガ　セキニンヲ　オッテイル　カンジャノ　チリョウヲ　ケイゾクスル（注14）。

備品は減少する一方だったが、ガイジュシェックとジガスはジャングルを切り拓きながら、すさまじいペースで集落を回った。すると、この恐ろしい病気の謎が深まるなか、流行が拡大していることに二人は気づいた。「私たちの目の前で、新たな症例が発生しています。六〇～七〇あまりの症例が、ゆっくりと（一部は急速に）悪化していくのです。フォレ族の人口八〇〇〇～一万人の中から、私たちが探し出した発症者数は現在、七五例にまで増加しており……。ある集落では今や、住人の六～一〇パーセントがこの進行性の疾患を発症していて、過去五年間にわたって毎年、クールーが原因で亡くなったと考えられる者が、全死亡者の半数をゆうに超えている集落もたくさんあります。これほど驚くべき異様な光景が、ほかのどこで見られるでしょうか？（注15）」

オーストラリア当局が縄張りと倫理をめぐって対抗意識を燃やし、ガイジュシェックをジャングルから立ち退かせようと画策している間にも、彼の一行は高温多湿のジャングルのうだるような暑さや、高山地帯の骨に応《こた》えるような寒さ、蚊、有毒な昆虫やクモ、サシバエ、ハチ、渡河でのワニ、さらには熱帯病などに耐えながら、調査を推し進めていた。ガイジュシェックのフィールドノートには、こんな記述がある。「巡察のときには毎日、激しい雨に見舞われ、これまでのところ、土砂降りの雨でずぶ濡れにならなかったのは一度しかない。雨に降られなかったその一度でさえ、何度も腰まで浸かって川を渡らなければならなかった(注16)」「高い尾根の小道には、ヒルが群棲していて……ほとんどの荷役少年たちの脚は、ヒル咬傷のために出血していた(注17)」

NIHのスメイデル博士は、ガイジュシェックと彼のジャングルでの調査を支援するための資金提供を、全米ポリオ財団に要請したが、その要請は却下された。というのも、財団の関心は、クールーではなく麻痺にあったからだ。資金や医薬品の提供がなくなれば、調査は近いうちに行き詰まり、ガイジュシェックは無一文になって、アメリカへ帰国することすらできなくなるだろう。

ところが、全米ポリオ財団の理事を務めていたトマス・リヴァーズ博士は、一九五七年五月二一日付で、ガイジュシェックにこう書き送った。

アメリカ政府のお役所仕事が相当に厄介なことは、あなたもご承知のとおりですが、全米ポリオ財団にも、それはある程度あてはまります。ですが、私はその難題に勇を奮って立ち向かい、オーストラリアのメルボルンにおられるサー・マクファーレン・バーネット氏のもとへ、当財団から貴殿宛てに振り出した一〇〇〇ドルの小切手を発送しました。

私には、医学部門長として自由になる資金がいくらかあり、その資金を期待できそうなプロジェクトや優れた若手に投入することができます。あなたはそれにふさわしい人物だと聞いていますので、あなたに対するこの資金提供が、私の間違いであったと後悔せずにすむように願っています（注18）。

「私は自分でも腹立たしいことに、ガイジュシェックにある種の好感を抱いており、彼の意欲や勇気、困難な仕事をやり抜く能力にはおおいに感服しております」と、バーネットは資金受領に返礼する手紙の中に記した。「またおそらく、この問題に取り組むために必要な言語能力と人類学的な興味、そして医学的素養を併せ持つ人物は、彼以外にはどこにもいないでしょう……。クールーは、今まで私が巡り合った疾患のなかでも、とび抜けて興味深い難題です（注19）」

「彼の人物像に関する非公式な私見を少々お伝えできれば、お役に立つのではないかと考えまして」と、バーネットは手書きのメモを作成して、ガンサーに申し出た。ガンサーは、ガイジュシェックの「道義に反する行動」を先に非難した人物だ。

彼はアメリカ生まれですが、幼少期を中央ヨーロッパで過ごし、多言語を操るじつに非凡な人物です。彼の知性や小児科学とウイルス学の研鑽については、疑問の余地がありません。そして、原始共同体における子供の発達に関する小児科的さらには文化的研究に対して、彼が抱いている熱意に、私自身は強く印象づけられました。その一方で、彼はじつに非凡な個性の持ち主でもあり、私のアメリカの仲間うちでは、ほとんど伝説的になっています。（ボストンの）［ジョン・］エンダーズによれば、ガイジュシェックは非常に聡明な人物ですが、彼がヘーゲルの研究のために一週間、あるいは、先住民のホピ族のもとを訪ねて研究するために一ヵ月間、いつ職場を離れるかは、けっしてわからないということです。ワシントンのスメイデルが言うには、彼を操縦する唯一の方法は、尻を、しかも強く蹴とばすことだそうです。また、彼は能力的には立派だが、人間味はまったくないと言う者もおりました。

私自身の所感を要約しますと、彼は一八〇台の高い知能指数を有しますが、情緒的な未熟さは一五歳程度です。熱意がかき立てられたときには、きわめて精力的に活動しますし、技術アシスタントの熱意を引き出すことにも長けています。彼は、完璧なまでに自己中心的で、神経が図太く、思いやりに欠けますが、同時に、自分のやりたいことにかけては、危険や物理的障害、他人の思惑などは、まるでものともしません。彼はどうやら、女性にはまったく興味がないようですが、子供に対しては過剰なまでの関心を持っており、それは服を着て清潔にしているような子供が対象ではないのです。そして、彼はスラムや草葺きの小屋でも、意に介さずに暮らせます。

彼はどの分野でも、第一級の科学者とは言えませんが、世界各地に点在する原始共同体で暮らす子供たちに関して、彼ほどの知識を持った人物が、この世界にいるとは私には思えません（注20）。

あたかも運命であるかのように、科学者と医師と文化人類学者の才知を兼ね備えたユニークな人物が、舞台に登場したのだった。この困難な調査研究を実施するために必要な能力を、政府事業ならば、多くの専門家の力を結集して揃えたに違いないが、ガイジュシェックはその能力のすべてを持ち合わせていた。「私は今、大急ぎで片言のフォレ語を学んでおり、キミ語とケイアガナ語の語彙リストと医学的な資料も、すでに手元にあります。フォレ語は、この疾患に家族内発生率の高い傾向があるという私たちの発見を裏付ける病歴を聴取するためには、不可欠と言ってよいでしょう（注21）」

クールー患者を見つけ出すのは、根気を要するものの、この病気の流行度合いからすると、悲しいことにそれほど難しい仕事ではなかった。しかし、迷信的な先住民から剖検に不可欠な検体を入手するためには、克服しがたい困難に直面した。「先週、初めて病院でクールー患者が亡くなりました。午前二時、雨が降りしきり、冷たい風が吹きすさぶなか、『ドクタ・ボーイ』［先住

図6-2

白いTシャツ姿のカールトン・ガイジュシェック。1957年、パプアニューギニアに設けた現地調査所で、致死性の神経疾患クールーで死亡した患者の組織を調べている。照明は石油ランプのみで、デスクワークも、患者の治療も、剖検もすべて食卓で行われた。テーブルの上の洗面器の中には、ヒト脳が見てとれる。同席しているのは、左から順に同僚のヴィンセント・ジガスとジャック・ベイカー

民の医療助手」と私は、治療室兼研究室としている小屋で、ランタンの灯りを頼りに剖検を完了しました。その後、一番鶏が鳴く頃に、斧と塩、ラップラップ〔訳注：南太平洋の島民が身に付ける腰布〕という十分な謝礼を添えて、嘆き悲しむ母親とともに遺体を家へ帰しました（母親はラップラップに、娘の死と同じくらい興味を持っているようでした。しかし、娘の死については、ずっとずっと前から覚悟していたからだと、付言しておくべきでしょう）。このようにして、遺体の処理に対して現地の人たちの強い詮索心を引き起こすことや、多くの注意を引きつけることなく、私たちは『卑劣な行為』をやり終えました……。肉切り包丁で、脳から切片を切り出さなくてはならなかったのですが、それは相当に困難な仕事でした。というのも、死後一時間以内に取り出したにもかかわらず、そ

の脳は非常に軟らかかったのです。そのため、病理学者は誰もが、私の作製した切片をひどいものだと考えるのではないかと心配しております（注22）」

「恐怖感や疑念は、慎重を要する問題であり、どのような〔医療〕行為にも疑いの目を向けられます……。彼らの協力を得るためには、臨終間近の病人を家から離れた場所で死なせたくないという心情を尊重することが大切です……もっとも、遺体を埋葬のために家に戻してやれば、問題はありません（注23）」

クールー犠牲者の脳を入手することは、きわめて難しかったが、この医学的調査にとって、脳は最も重要な検体だった。「当然のことながら、誰もがクールーの脳を手に入れたいと思うでしょう。私たちは運よく二つの脳を入手し、あといくつか得られるかもしれません。しかし、〔先住民たちは〕開頭することには反対しますが、その他の部分を切断しても気にならないようです。けれども、辺境にある自分の村から遠く離れた場所で死ぬことには、不安を覚えるのです！（注24）」

この致死性神経疾患の原因が呪術でないことは、明白だった。だが実のところ、この残酷な死の原因について、医学にそれ以上の知見はなく、その病気の治療においても、現代医療が呪術医や彼らの呪術を上回る効果を発揮できるわけではなかった。時間の経過とともに、先住民もこの事実に気づき、調査に支障が出始めた。

「病院への収容に対して、現地でフォレ族の抵抗が増大しています」と、ガイジュシェックは一九五七年六月に、バーネットに警告してきた。「私たちがこの病気に対して無力で、対症療法によって苦痛を長引かせているだけだと、彼らははっきりと見抜いています。そして、食事を与えずに暗闇に放置するという、彼ら独自のやり方に戻したいと強く望んでいます。この方法ならば、病気で身体機能を奪われた者を、結果として速やかに苦しみから解放してやれるからです（注25）」

治療はまだ手の届かぬ希望だったが、医師たちには、患者の脳がスポンジのようになっていることだけはわかっていた。正確な医学用語で言えば、「海綿状脳症」に罹っていたのだ。そのため、脳は孔だらけだった。ニューロンは変性して、生きたまま釜茹でにされたかのように、気泡で満たされていた。さらに、「アストロサイトの増殖」も認められ、「これは広範囲にわたる侵害性刺激に対する組織反応のひとつとして生じた可能性がある」と、エリザベス・ベックは見解を述べた。この発言は、一九六三年二月二一日にロンドンの王立熱帯医学衛生協会でガイジュシェックが講演を行ったあとのコメントだった。この恐ろしい疾患の不可解な症例を解明しようと、ガイジュシェックがフィールドワークを行った数年後に開催されたこの会合には、世界中から科学者が集い、ベックもそのなかのひとりだった（注26）。

出席者の大半は、この疾患を遺伝で説明する考えに傾いていたが、証拠とは齟齬もあった。ほとんどの症例が女性だったが、幼い子供では、男女ともに罹患していた。女性ホルモン因子に関連していそうだったが、そうなると、子供についてはどう説明すればいいのか？　ジャングル滞在中に、ガイジュシェックはテストステロンを注射して治療を試みたことがあったが、効果はなかった。この疾患の発現率は、遺伝則によって求められる割合には、まったくそぐわなかった。いくつかの集落では、遺伝性とはとても考えられないほどの驚異的な頻度で、女性がこの病を発症し、フォレ族の死亡者全体の半数を占めるまでになっていた。けれどもこの病気は、家系をたどって発症しているようにも思われた。

カールトン・ガイジュシェックは、感染源となりえそうなものすべて——細菌、ウイルス、ダニ、性感染症、母乳を介した母子感染、菌類など——を考慮して精査したが、どれもこの謎めいた病気の様相とは合致しなかった。不思議なことに、森林地帯を離れた何年もあとに、この病気が確認されていない街に暮らしていながら、突然本症を発病する者も大勢いた。となると、この病気は感染症ではないのだろうか？　フォレ族は広範囲を歩き回っているにもかかわらず、この狭い森林地域の外では、これまで誰もクールーに罹っていなかった。

この疫病はおそらく、非常にゆっくりと増えるある種のウイルスが原因だろうと、ガイジュシェックは提唱した。その理由は、当時ウイルス性であることが疑われていたヒツジのスクレイピー［訳注：ヒツジやヤギの脳を侵す感染症で、四肢麻痺などを引き起こし、死に至らしめる］によく似ていたからだ。スクレイピーも、動物の脳を粥状に変性させ、よく似た症状を引き起こす。証拠から判断すると、このウイルスは体内に長年潜伏していて、あるとき犠牲者に突然襲いかかり、その脳を溶かすことができるものに違いなかった。一方で、子供でも発病することから、このウイルスは二、三年以内に動き出すこともできるらしかった。

「ガイジュシェック博士は間違いなく、新たなウイルス学の先駆者のひとりであります」と、ゴードン・スミス博士はそのロンドンの会合を締めくくった(注27)。

このパズルの最大のピースが、挑発的な手がかりとして姿を見せ始めていた。それは、「男性がほとんど発病していないのはなぜか?」という疑問だった。

ナムゴイーアがこの振戦［訳注：震え］を伴う病気で亡くなったあと、葬儀が行われた。村人全員が参列し、葬儀後には、彼女の母方のおばが遺体を受け取り、サトウキビ畑へと運んだ。彼女はそこで、竹製のナイフと石斧を使って手足を切り落とし、腕と脚を切り開いて、骨から筋肉を剝ぎ取った。それが済むと、胸と腹を開いて臓器を取り出した。このとき、胆嚢が破れると肉をだめにするので、傷つかないように細心の注意を払った。それから彼女は、頭部を胴体から切り離すと、石斧を数回打ちつけて頭蓋骨を割り、脳を取り出した(注28)。

体の部位はすべて、ショウガを少し加えて調理され、ナムゴイーアの近親者とその子供たちによって食された。全身が食べ尽くされた——脳も、内臓も、生殖器も、骨髄も、骨さえも粉砕されて、緑の野菜とともに食べられた。男性は女性の体をめったに食べなかった。それが危険だと信じていたからだ。また、男性の活力を減退させ、敵の矢の攻撃を受けやすくなると考えて、成人男性の体もほとんど口にしなかった。一方女性は、男性も女性も子供も食べた。子供たちは、母親が与えるものは何でも、いや、より正確に言えば、「誰でも」食べた。この疾患の不可解な発症パターンには、生物学的ではなく文化的な理由があったのだ。

一九六六年に、ガイジュシェックとその同僚たちは、この疾患が感染性であることを証明した。二三歳の女性であるカブイナムパが、六三年一二月にクールーで亡くなったとき、その脳組織は一時間以内に摘出され、冷凍保存された。六四年二月に、彼女の脳組織をすり潰した懸濁液〇・二ミリリットル（一〇滴ほど）が、ジョアンという二歳のチンパンジーの脳に注入された。ガイジュシェック博士が辛抱強く待ち続けていると、一年半後の六五年八月に、ジョアンが振戦を伴うこの疾患の明確な徴候を初めて示した。病状は急激に悪化し、典型的なクールーの進行段階をすべて示して、このチンパンジーは死んだ。

エリザベス・ベックは、その脳組織を組織学的に分析し、チンパンジーの脳が予想どおり、クールー犠牲者に特徴的な虫食い状の損傷を受けていることを確認した。この結果は、数頭のチンパンジーで再現されたが、問題がひとつあった。クールー犠牲者やそれに感染させたチンパンジーから採取した組織を徹底的に調べたにもかかわらず、どんなウイルスも検出できなかったのだ。また、ウイルス感染に対する体の抗体反応を示す化学的証拠も、いっさい見当たらなかった。クールーが感染性であることは間違いなかったが、研究者たちにとってはもどかしいことに、懸命な検出の試みにもかかわらず、病原体の正体は知れなかった。

クールーは、一九五〇年代に発症のピークを迎え、その後オーストラリア政府によって食人の風習が違法とされると、それは姿を消した。あるいは、そう信じられていた。

〈共食いするウシと新たなクールー〉

一九九六年から二〇〇四年にかけて、ユニバーシティ・カレッジ・ロンドンの神経学者ジョン・コリンジの一行は、再びニューギニアへ足を運び、流行の最盛期から半世紀を経て、クールーの再調査を実施した。そして二〇〇六年に、彼らはクールーの最後の一一症例を突き止めたと報告した。コリンジが記録した詳細な家族歴からは、驚愕の事実が判明した。この病気は、驚くほど長い潜伏期間を持つ場合があった。なんと、最後に人肉を口にしてから、少なくとも五六年後に発症した例があったのだ。

「君はステーキを食べないんだろう?」グリアに関するある会合のあと、夕食を取ろうと入ったロンドンの洒落たレストランで、アメリカ人の同僚が私に訊いた。当時、狂牛病のニュースがさかんに報道されていて、イギリスはこの致死性疾患発生の震源地だった。この病気が畜牛に及ぼす効果は、クールーがフォレ族に与えた影響とよく似ていて、ウシもまた同じように——つまり、共食いによって罹患したのだった。だがウシの場合、共食いはみずから意図したものではなかった。死んだ兄弟姉妹の一部が、タンパク質含有量を増やすために、加工飼料に加えられていたせいだった。飼料に加えられたウシの脳や脊髄が、狂牛病の病原体を運んでいたのだ。狂牛病（正式には、牛海綿状脳症またはＢＳＥ）に感染したウシの肉を人間が食べると、フォレ族と同じように、例の脳を蝕む病に罹って、その壊滅的な症状のすべてを示した。

この疾患を人間が発症した場合、変異型クロイツフェルト・ヤコブ病（ｖＣＪＤ）と呼ばれる。この病気もクールー同様、不意に発症し、ときに非常に長い潜伏期間を持つ。畜牛のＢＳＥにも人間のｖＣＪＤにも、治療法はなく、どちらも死を免れない。これまでにおよそ二〇万件のＢＳＥ症例が畜牛で確認されている。一九八六年に、ＢＳＥに感染した雌牛がイギリスで初めて見つかり、その数は九三年にピークに達した。動物向けの加工飼料にウシの脳を加える慣行は、九〇年代に廃止され、そのほかにも対策が取られたことから、現在ではイギリスの牛肉は安全だと見なされている。

しかし、近年の再調査によって、クールーの潜伏期間がさらに長期にわたっていたことが判明し、対策が実施された時点までに汚染された牛肉を食べた可能性のある人たちの不安は、軽減されるどころか、かえって募っている。そうした人たちは、今でも発症する危険があるのだ。

アメリカでは今も、散発的に畜牛のＢＳＥ感染が報告されている。この病気の潜伏期間は非常に長いので、感染したウシが、食肉処理される前に症状を現さないこともある。食肉に病原体検査を実施することは可能だが、食用に供されるすべての動物を検査するのは、現実には難しい。

二〇〇一年には、九二例のヒトｖＣＪＤの症例が確認された。そのうち八八例がイギリスで、三例がフランスで、一例がアイルランドで見つかった。私は英国ビーフのために、脳を溶かしてしまう致死性疾患の危険を冒すべきだろうか、それとも、それを諦めて、安全なイタリアのパスタにしておくべきだろうか？　私はそのとき空腹だった。それは、じつに美味しくてジューシーなステーキで、非の打ちどころのないミディアムレアだった。私は今でもときどき、そのときのことを考えてしまう。

ＢＳＥが人間の健康に関する懸念材料になる前から、クロイツフェルト・ヤコブ病（ＣＪＤ）の犠牲になる人たちはおり、その原因は畜牛と何の関係もなかった。ＣＪＤの症例の一〇〜一五パーセントは遺伝性だが、症例のかなりの部分は、現代版の共食いとも言うべき行為を介して伝染したものだ。すなわち、角膜のような身体組織の移植だ。また、ヒト成長ホルモンをはじめとするヒト由来の汚染された生体物質の注入も原因となっている。クールーやｖＣＪＤ、ＣＪＤ、ＢＳＥの神経症状や脳変性は、すでに述べたように、ヒツジに感染するスクレイピーに非常によく似ている。

ウシ飼料の栄養強化に用いる牛肉副産物を製造する過程を切り抜けて生き残れるウイルスとは、いったいどのようなものなのだろう？　ロンドンにあるハマースミス病院の医学研究審議会（ＭＲＣ）実験放射線病理学研究部のティクバー・アルパーらは一九六七年に、スクレイピーの感染体は、既知のとりわけ強力な殺菌法にも、きわめて強い抵抗性を示すことを報告した。スクレイピーの原因と目される増殖の遅い感染性ウイルスは、放射線や強力な紫外線でも死滅させられなかった。これらの照射は、ＤＮＡやＲＮＡをばらばらに切断して、ほかのどんな生命体も殺傷する。もちろん、ウイルスもそれらに含まれる。この研究結果からアルパーが導き出せる唯一の結論は、スクレイピーを引き起こす病原体は、遺伝物質（ＤＮＡやＲＮＡ）を欠いているに違いないという説だった。したがって、それはウイルスや既知のどんな微生物でもなかった。この新たな病原体はどのようなものなのだろうか？　遺伝子なしで、どうしたら自己複製できるのか？

図6-3
スタンリー・プルシナー。1980年、パプアニューギニアにて

一九六七年には、単一のタンパク質が実際に自己複製して、病気を引き起こすことのできる三通りの理論的な仕組みを、ロンドンのベドフォード・カレッジの生物物理学者ジョン・スタンリー・グリフィスが考案して提唱した。九〇年代に入ると、スタンリー・Ｂ・プルシナーらがこの感染性タンパク質を単離することに成功し、プリオンタンパク質（ＰｒＰ）と名付けた。プルシナー

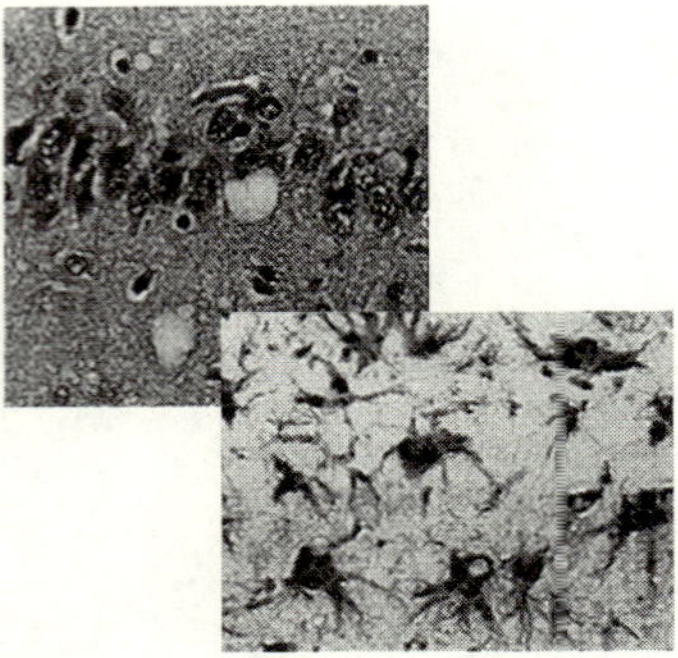

図6-4

プリオン病を発症したマウスから採取した脳組織。孔（上図）と反応性アストロサイト（右図）が確認できる

は、タンパク質がいかなる遺伝物質もなしに自己複製でき、感染体として働きうるという説を受け入れて、大きく前進させた。

不思議なことに、どこも悪くない健康な動物がこのプリオンタンパク質を産生する遺伝子を持っていることを、プルシナーの研究は明らかにした。研究者たちはすぐに、正常なプリオンタンパク質が細胞にとって有害な新しい形状に変化すると、この病気が起こるに違いないと理解した。実際、スクレイピーのプリオンタンパク質は、正常型から変化したものだった。タンパク質を消化する酵素は、正常プリオンタンパク質を容易に分解したが、スクレイピー由来の感染性プリオンタンパク質は、この強力な酵素による破壊に対して、抵抗性を示した。

現在では、プリオンタンパク質が、あたかもアルマジロのように折り畳まれて、外部の影響をはね返す新しい形状に変化することによって、攻撃に対抗できるようになることがわかっている。この折り畳まれたタンパク質には、正常プリオンタンパク質の形状を、病気を引き起こす形に永続的に変化させる能力がある。こうして、吸血鬼が首に噛みついて次々と仲間を増やすという有名な伝説のように、スクレイピーのプリオンタンパク質は、正常プリオンタンパク質分子に接触して、その形状を致死型へと変化させることによって自己増殖する。スクレイピーを引き起こすプリオンは、その数を爆発的に増して、無害なタンパク質を残忍な形状に転換しながら集団を形成し、ねずみ講式にどんどん増え続け、最終的には細胞内の正常プリオンタンパク質のすべてに取って代わる。増殖の遅いウイルスではなく、このプリオンこそ、すべての海綿状脳症の原因なのだ。ある種のプリオン病が遺伝する理由は、簡単に説明できる。正常プリオンタンパク質に遺伝的変異が起こると、そのタンパク質にねじれが生じ、分子形状が有害で自己増殖できる立体配置へと変化しやすくなるのだ。

ガイジュシェックの業績を振り返ってみると、ほかの誰か、あるいは政府の援助を受けた研究事業では、クールーという不可解な病気を、彼のように迅速に解明することができていただろうかと考えさせられる。計画も資金援助もなく、研究計画や科学的倫理、政治的規制には無頓着で、どうしようもなく恐ろしい致死性の病に罹る多大な危険を冒して、この非凡な小児専門医は単独でやり遂げたのだ。この調査が求める要件は、ほとんどの定評ある科学者が耐えきれる限度を逸脱していた。彼が成し遂げたように、数多くの困惑するような可能性のなかから正しい答えに到達するというのは、並外れた偉業と言うほかない。

その調査遠征には、ジャングルをものともしないスタミナを備えた冒険家が必要だった。

［私たちは］三月一四日以来、クールーの疫学的調査のために、（ときには草を刈って道を切り拓きながら）山を登ったり歩いたりして、一六〇〇〜二四〇〇キロメートルほどを踏破しました（注29）。

この調査には、病んだ貧しい人々のなかで暮らすことを厭わないマザー・テレサのような無私の心を持った医師が必要だった。

私たちはよく、低い小さな入り口から狭い小屋の中へ入っていき、ノミやシラミの中に座った……。こうした外部寄生虫による苦痛にはきりがない。シャワーを浴びて、衣服もすべて着替える——その後ほどなく、子供たちを抱きかかえただけで、またすぐに激しい痒みに襲われることになる（注30）。

またこの調査には、原始文化を体験することを楽しみ、自分たちの文化における行動規範と相容れない異質な慣習を進んで受け入れられる人類学者が必要だった。

彼ら［ククク族］は概して手が早く、目を離すと何でも手に取る。私がタイプしていると周囲に寄ってきて、何のためらいもなく、キーをたたいたり、キャリッジを動かしたり——思いつくままに——タイプライターをいじくり回す（注31）。

たいていの人は嫌悪感を覚えるような歓待方法で、現地の人々に受け入れてもらえる奇妙な説得力を持ったひとりの人物によって、この調査は円滑に進められた。

村の男たちの家に戻ると、私の性器を触って調べたがる者たちに再び取り囲まれた——なかでも、［同性愛行為を］したいと望む若者たちは執拗だった。またしても、老若すべての者たちが、彼らの訪問者をこのような行為に誘い込めるかどうかに、興味津々のようだった。卑猥な身振りやほのめかしもたくさんあった……この文化における同性愛と小児愛の役割を、ぜひとも探り出したいものだ（注32）。

翌日のガイジュシェックのフィールドノートには、こう記されている。

私たちの一行の誰もが、アンジまでの道中の少なくとも一部で、ククク族の抱擁を受けていた。今回もまた、彼らの仕掛けてくる攻撃といえば、性器に触れることと、［同性愛行為］への誘いだけだった。こうしたことはすべて、とても温かく友好的で、卑猥で熱狂的に行われた。クククク族の興奮の高波に誘《いざな》われるように、柵に囲われた彼らの村へと私たちは入っていった。彼らの集落で三、四時間ほど過ごしてから、アウローガに向けて帰路に着いた。この滞在中に、私たちをもてなすクククク族について多くを知る機会を得られた（注33）。

カールトン・ガイジュシェックは一九七六年に、クールーとCJDに関する業績により、ノーベル医学生理学賞を受賞した。九七年には、スタンリー・プルシナーが、プリオンの研究によって、同じくノーベル医学生理学賞を受賞した。だが九六年には、ガイジュシェックはメリーランド州ベセスダで、一七歳の少年に性的虐待を加えたとして逮捕された。この少年は、六〇年代以降、彼が南太平洋地域からアメリカに連れ帰った五六人の少年の一人だった。ガイジュシェックは、その性犯罪を（悪いことだとは考えていなかったが）率直に認め、児童に対する性的虐待の罪で有罪判決を受け、一年七ヵ月の懲役刑を宣告された。九八年に釈放されるとすぐに、彼はヨーロッパに戻り、共同研究者として歓迎されながら、数ヵ国でいくつかの研究グループを渡り歩いて、精力的にプリオン病の研究を続けた。そして二〇〇八年一二月に亡くなった。

〈プリオン病――ニューロンを越えた探索〉

一九九〇年代半ばにはまだ、この異常な折り畳み構造を持つタンパク質であるプリオンが、脳組織に損傷を引き起こすメカニズムはわかっていなかった。多くの研究者は、細胞内部や細胞を取り囲む斑《プラーク》の中にこのタンパク質が蓄積する点で、アルツハイマー病やパーキンソン病のような他の神経変性疾患と類似していると気づいていたが、そうした疾患で蓄積するタンパク質は、プリオンタンパク質とは異なる分子だった。

「スクレイピーのプリオンタンパク質の増加が細胞を損傷する正確な仕組みは、誰にもわからない」と、スタンリー・プルシナーは、一九九五年の『サイエンティフィック・アメリカン』誌掲載の記事に書いている（注34）。プルシナーの研究はニューロンに着目したもので、その結果はニューロンが複製能力を持つプリオンを宿せることを示していた。「細胞培養では、正常プリオンタンパク質からスクレイピー型への転換がニューロン内部で起こり、スクレイピーのプリオンタンパク質はその後、リソソームの名で知られる細胞内小器官に蓄積する」と、プルシナーはその記事で報告している。だがアストロサイトでは、話が別だった。

「中枢神経系を検鏡すると、アストロサイトのグリオーシスが見つかります」と、プルシナーは一九九七年一二月八日のノーベル賞受賞講演で語った。このとき紹介した最初の画像は、スクレイピープリオンに感染させたマウスの脳内におけるアストロサイトを示していて、そこには大量のグリア線維性酸性タンパク質（ＧＦＡＰ）が染め出されていた。ＧＦＡＰは、病気に罹ったり、ストレスを受けたりしたアストロサイトの内部に高濃度で認められるタンパク質だ。プリオン病にアストロサイトが関係しているのは明らかだった。実際、感染した脳内に多数の反応性アストロサイトが蓄積するのは、クールーやＣＪＤ、ＢＳＥの顕著な特徴だった。問題は、そのアストロサイトが細胞損傷に応答した結果なのか、それともこの疾患の一因なのかという点だった。プルシナーはノーベル賞受賞講演のなかで、アストロサイトは損傷に応答しているだけだと結論した。そしてこれは、当時の支配的な見解だった。

「スクレイピーでは、GFAPのmRNAおよびタンパク質の濃度が、病気の進行とともに上昇しますが、GFAPの蓄積は、病気の伝染あるいは発症に特異でも必要でもありません」と彼は述べた（注35）。

しかしアストロサイトがこの疾患の一因となっている可能性に、科学者たちは次第に目を向けるようになっていった。とりわけ、ニューロンにとって有毒であるサイトカインなどの物質を放出する点が疑われた。たとえばガイジュシェックは、中枢神経系のすべてのグリア（ミクログリア、アストロサイトおよびオリゴデンドロサイト）のプリオン病への関与について、数編の論文を公表している。これは、彼が実刑判決を受けた頃に始まり、釈放後も続いた。

プルシナーのノーベル賞受賞講演では、アストロサイトがプリオン病におけるニューロン破壊に関与していないことを示す、実験に基づいた証拠が提示されたが、それは最終的な結論とはならなかった。たとえば二〇〇四年には、フランスの研究者たちが、培養したニューロンあるいはアストロサイトに、プリオンが感染しうることを示す研究を報告した。さらに、どちらの細胞も、プリオンタンパク質を複製し続けることができた。プリオンタンパク質は、ニューロンに固執していた神経科学者たちの気づかぬうちに、「もうひとつの脳」の中で複製されていたのだ。

アストロサイトは、プリオンを産生・拡散してニューロンに感染させることで、プリオン病に関与できる。しかし、感染したアストロサイトそのものが、何らかの方法でニューロンを殺しているのだろうか？　モンタナ州にあるＮＩＨの慢性ウイルス病研究室のリサ・カーチャーらは二〇〇四年に、実験用マウスのアストロサイトあるいはニューロンのどちらかにプリオンタンパク質遺伝子を選択的に導入発現させて、そのマウスにスクレイピーを感染させた実験結果を報告した。それによれば、どちらの場合も、つまり、プリオンタンパク質が発現するのが、アストロサイトあるいはニューロンのどちらでも、脳変性が起こったという。スクレイピーのプリオンタンパク質に感染したアストロサイトは、ニューロンにプリオンタンパク質が存在しなくても、ニューロンを殺傷できるのだ。

現在では、プリオン病はニューロンの病気であると同時に、グリアの病気であることが明確になっている。研究者たちがもし、「もうひとつの脳」の存在をあれほど安易に退けていなかったら、プリオン病の原因と治療の探究は、はるか先まで進んでいただろう。数十年を経てようやく、私たちは後れを取り戻しつつある。

アストロサイトは、プリオン病による脳の損傷に対応する一方、ニューロン死の一因にもなっている。アストロサイトはプリオンタンパク質を複製して、プリオン病におけるアミロイド斑の形成に一役買っている（後章で検討するが、アルツハイマー病のアミロイド斑形成にも、同じように関与している）。異常プリオンに感染したアストロサイトは、サイトカインをはじめとする神経毒性のある物質を放出するうえ、ニューロン周辺のグルタミン酸を正常レベルに維持する能力も損なわれる。その結果、ニューロン死が起こるのだ。さらに、アストロサイトはオリゴデンドロサイトとも相互作用する。オリゴデンドロサイトが侵されると、軸索を絶縁しているミエリン鞘が損傷を受ける。さらに幅広い研究が進められれば、プリオンの謎を解明する手がかりがまだまだ見つかるかもしれない。

ワルシャワの精神医学神経学研究所の研究員グラジナ・シュパクらは二〇〇六年に、剖検した四〇例のCJD患者の脳を調査した研究を公表した。彼らの報告から、ミクログリアの活性化およびその免疫炎症反応が、CJDの特性として浮かび上がった。ミクログリア自体も多くが気泡(空胞)で満たされており、プリオン病のニューロンとよく似ていた。

CJD患者を剖検した別の研究から、ミクログリア細胞も、有害型プリオンタンパク質を保有していることが判明した。また、細胞培養による複数の研究も、ミクログリアが病原型プリオンタンパク質を蓄積し、複製できることを示している。これらの論文の著者たちは、ニューロンと違って、ミクログリアは脳内をすばやく遠くまで移動しながら、その後ろに感染性プリオンタンパク質を残していくことによって、感染拡大に寄与していると結論する。

プリオン感染に応答したミクログリアは、ニューロンを死滅させる有害分子(サイトカイン、活性酸素、タンパク質分解酵素、補体タンパク質など)を産生する。また、異常型プリオンタンパク質で活性化されたミクログリアは、アストロサイトに損傷応答を引き起こす物質も放出して、アストロサイトの細胞分裂を促進している。したがって、プリオン病における病理的変化の開始には、ミクログリアが重要な役割を担っていると考えられる。

ミクログリアは、スクレイピープリオンに感染したニューロンを探し出して、選択的に殺す。すなわち、プリオン病におけるニューロン死を、ミクログリアは直接引き起こしている。この事実は、ミクログリア細胞の活性化を抑制する薬物を見つければ、ミクログリアが感染と闘うために放出した神経毒性分子によってニューロンに生じる損傷を軽減することができ、ひいてはプリオン病に苦しむ患者の治療に役立つ可能性を示唆している。

しかし、この見解には異論もある。他の脳障害では非常に重要であるミクログリアの神経保護作用は、脳にとって不可欠なその免疫機能とともに、プリオン病においても有益な役割を果たしていると主張する研究者もいるのだ。この疾患が、症状の出現までずいぶん長い期間、潜伏した状態に見える理由のひとつは、ミクログリアが病気と闘い、脳から感染性プリオンタンパク質を排除しているからかもしれない。ところが、ミクログリアがこの戦闘に敗れ、脳への傷害が加速すると、脳の各部分が次々に破壊され、病気によって重要な脳機能がひとつずつ侵襲されていくなかで、患者は急速に苦痛に満ちた死へと向かうのだ。研究者のなかには、ミクログリアのこうした有益な活動を増強するのが、最善の治療法だと説く者もいる。ミクログリアが、病原性プリオンに感染したニューロンを標的にして殺し、その結果、神経回路を傷害しているのは事実だが、それと同時に、異常プリオンの拡散を制限して、脳を保護しているとも考えられる。ミクログリアは、ニューロン外部に沈着したプリオンタンパク質も貪食して、プリオンタンパク斑の蓄積を防いだり、その進行を遅らせたりしている。しかし、ひとたびプリオンに感染してしまうと、プリオンタンパク質の粒子を貪食するミクログリアの機能は損なわれる。ミクログリアが機能不全に陥った人は、ほかの人よりもプリオンに感染しやすくなるので、この場合も結果的に、ミクログリアはこの疾患に加担することになりかねない。

プリオン病では、この疾患で損傷して機能不全を起こしたアストロサイトの重要な機能の一部を、ミクログリアが肩代わりさえする。正常なアストロサイトは、シナプスから神経伝達物質（たとえばグルタミン酸）を取り除いている。この機能は、シナプス伝達に必要なだけでなく、グルタミン酸が毒性量に上昇するのを防止するうえでも欠かせない。CJDに感染してアストロサイトが死んでいくと、ミクログリアはアストロサイトの機能を代行するために、形質転換を遂げる。細胞膜上にあって、神経伝達物質グルタミン酸をアストロサイトの細胞内へ吸収している輸送体《トランスポーター》分子は、プリオン感染が起こると、ミクログリアで合成され始める。こうして、アストロサイトと同じグルタミン酸輸送体を装備したミクログリアは、病に倒れたグリア仲間のアストロサイトに代わって、損傷した脳組織で有毒レベルに達した神経伝達物質の濃度を低下させるために介入してくる。この働きのおかげで、高濃度グルタミン酸による過剰刺激に起因する死から、ニューロンは保護されている。

ミクログリアはさらに、プリオン病の診断にも活用できるだろう。プリオン感染に応答したミクログリアは、はっきりと識別できる細胞変化を起こすので、適切な診断技術を用いれば、このような形質転換を検出することができる。血球数の変化をモニターすることで、体内の感染症の種類と重症度を医師が判断できるように、ミクログリアの変化を注意深くモニターすれば、脳内の感染症に関する重要な知見が得られるだろうことは、容易に想像できる。

興味深いことに、最新の証拠によれば、オリゴデンドロサイトには感染性プリオンタンパク質の複製を支援する能力がないようだ。この抵抗力は、ニューロンともアストロサイトとも異なる際立った特徴だ。だが、オリゴデンドロサイトとミエリンは、プリオン病による損傷を受ける。また、プリオン感染に伴う酸化傷害によっても、オリゴデンドロサイトが死ぬことを示す研究もある。

プリオンタンパク質は、ニューロン内部の正常なタンパク質であり、プリオン病に罹患すると変異して感染性となることを思い出そう。細胞内の正常プリオンタンパク質の生物学的な役割は、いまだ謎に包まれている。二〇〇五年には、精製したミエリンとオリゴデンドロサイト内に、この正常プリオンタンパク質が見つかったという報告がされた。また二〇〇七年には、スイスのチューリッヒ大学病院のフランク・バウマンらが、プリオンタンパク質の特定部位を変異させると、マウスの中枢および末梢神経系の両方で、ミエリンの分解が起こることを報告した。この研究は、ミエリン内の正常プリオンタンパク質が有する未知の作用によって、ミエリン分子の完全性が維持されているに違いないことを示唆している。ミエリン内のプリオンタンパク質の役割を研究すれば、細胞内でこのタンパク質が持つ正常な機能について、理解が進むだろう。

最後に、中枢神経系の病気としてまったく想定されていなかった発見があった。最近の実験で、シュワン細胞（末梢神経系のグリア細胞）が培養条件下で、ヒツジのスクレイピープリオンを複製できることが示され、プリオン感染が末梢組織にも拡がる可能性が出てきたのだ。だとすれば、ニューギニアの食にうるさい人たちはいっそう、クールーの危険を免れないことになる。さらにこの事実は、牛肉を消費する人々にとって、どんな意味を持つのだろうか？

〈エピローグ〉

今年に入って私が出席した科学の会合で、プリオン病の権威と目されるある研究者が、グリアの関与について最新の研究を発表した。講演後に話をしていたとき、彼は個人的見解であると前置きしてから、これまでの証拠だけで、増殖の遅いウイルスをプリオン病の原因から除外したことに自分は納得しておらず、そう考えているのは自分だけではないと打ち明けた。そこで、「放射線照射の実験をしてみてはいかがでしょう？」と私は訊いてみた。

「ウイルスのなかには、放射線に大きな抵抗性を示すものもあります」と彼は答えた。「おそらく、この分野の研究者の一割ほどは、プリオン病に遅効性ウイルスが関係していると信じていますが、それを主張した論文を発表するのは難しいのです」。彼はさらに、一般的に認められているプリオン説とは相容れないウイルス原因説を裏付ける論点をいくつか挙げたが、物議を醸しかねない発見を公表しようとする際につきものの不満感が、自分の言葉に滲んでいることに気づいて、口をつぐんだ。そこで私は、彼の心情を汲んでこう締めくくった。「あのノーベル賞がありますからね……」

人間のいかなる試みにおいても、大勢《たいせい》と異なる意見を提案することには、常に困難がつきまとう。だが科学の世界では、真実は多数決で決まるものではない。この揺るぎない事実は、これまで得られてきた興味深い数々の情報や新たな洞察以上に、「もうひとつの脳」の物語から学んだ大きな教訓だ。

現代の黒死病《ペスト》——HIVとグリア

一九九一年一一月七日、ロサンジェルス——バスケットのロサンジェルス・レイカーズのスター選手アーヴィン・ジョンソンは、自身がＨＩＶウイルスに感染していることを世界に向けて公表した。彼は一五歳のころから、試合を支配する高い能力にちなんで「マジック」のニックネームで知られている。

「私はレイカーズを退団しなくてはならなくなりました」

満員のプレスルームは静まりかえった。ベテランのスポーツ記者たちも、信じられずに愕然としている。

「私たちは、これは同性愛者だけが罹る病気で、自分の身には起こるはずがないと考えがちです」とジョンソンは語る。「私はここで言いたい、それは誰にでも起こりうるのだと。私にさえ、このマジック・ジョンソンにさえ起こるのです（注36）」

自己憐憫に陥ることなく、マジックは落ち着いて堂々と、悲しい現状をその場に詰めかけたジャーナリストたちに説明する。多くの記者たちが、堪え切れずに涙を流している。

エイズは珍しい疾患で自分とは無縁の話だという、多くの人が抱いていた幻想は、あの日に打ち砕かれた。この病気は身近なものになった。自分は安全だとの勝手な思い込みは踏みにじられた。同性愛者や静脈注射による薬物乱用者がＨＩＶに感染してやせ衰え、落ちくぼんだ眼窩から、力なくうつろな目を向けているというエイズ患者のイメージは、おなじみの笑みを浮かべた英雄的スター選手の眼差しに取って代わられた。その肉体は強さと活力の典型のようだったが、彼のキャリアはその絶頂で突如断ち切られることになった。

私たちは今、現代版の黒死病の最中《さなか》にいる。中世のペスト禍は、ヨーロッパで二五〇〇万人の命を奪ったと推計されている。しかし、二〇〇六年に国連が公表した世界エイズ報告書によると、アフリカだけでこれまでに二二〇〇万人がエイズによって死亡しているという。アフリカのウイルス感染者は五〇〇〇万人にのぼり、各自が徐々に進行していくその不治の感染症を耐え忍んでいる。アメリカに目を転じると、疾病管理予防センターが二〇〇五年四月に行った調査により、性交経験のある同性愛男性における国内のＨＩＶ感染率が、マイアミの一八パーセントから ボルティモアの四〇パーセントまでの範囲に及ぶことが判明した。感染している男性の四八パーセントは、この調査のための検査で初めて、自分の感染を知った（注37）。感染症についての科学的理解がこれほど進み、数々の優れた治療法があるにもかかわらず、世界は致死性ウイルス疾患の爆発的流行に見舞われている。この病は世界中に拡がり、その感染拡大は、一〇億の中国人の間で最も急速に進行している。

エイズは脳を攻撃する。実のところ、脳は致死性のＨＩＶウイルスが最初に狙う標的のひとつだ。感染は、運動障害と認知機能障害を特徴とする認知症につながる。患者は忘れっぽくなり、集中が続かなくなり、精神機能が著しく低下する。脳に感染すると、ＨＩＶは精神異常を引き起こし、躁病や無気力、情緒不安定などの症状が現れる。剖検によって、認知症を発症したＨＩＶ患者の脳には、大脳の萎縮、樹状突起の消失、ニューロン死、脳組織内の空洞（空胞）、白質の欠損などが認められる。現在の非常に効果的な抗レトロウイルス療法が導入される前には、ＨＩＶ患者の四人に一人が神経性機能障害を患っていた。現在では、この疾患の初期段階においては、そうした障害の出現は減少しているが、投薬によってＨＩＶ感染者が以前より長く生きられるようになるにつれて、最終的にＨＩＶ関連の脳損傷に苦しめられる患者の数は増加している。

神経系を攻撃するウイルスの種類は多い。よく知られているのが、ポリオとヘルペスの二つで、前者は麻痺を引き起こし、後者は口唇や性器周辺部に痛みを伴う水疱を生じる。この二つの例は、すべてのウイルスに共通する顕著な特徴をよく示している。その特徴とは、細胞内への侵入経路がそれぞれ異なるせいで、きわめて選択的であるということだ。したがって、多くのウイルスにとって、動物の種をまたいで移動するのは容易ではない。たとえば、私たちはネコ白血病ウイルスをペットからうつされることはないし、ペットが人間の風邪をひくこともほとんどない。これまでのところ、鳥インフルエンザはヒト細胞へは容易に感染できないが、ひとつ変異が生じただけで、ヒト細胞を認識できるようになり、それが人間の疾患となって壊滅的な流行に火がつくのではないかと、科学者たちは懸念している。

ポリオウイルスは、脊髄の運動ニューロンに選択的に感染し、それを殺して、患者に麻痺を起こす。思考力や判断力は清明なままだが、神経を通した脳からの指令が筋肉に届かず、通信経路が切断されることによって、筋肉はやせ細ってしまう。脚へと伸びる運動ニューロンがポリオウイルスに侵された場合、患者は車椅子生活を余儀なくされる。一方、肺につながる運動ニューロンが襲われた場合、患者は人工肺や、常時人工的に呼吸を確保するための手段に頼らざるをえなくなる。

一方、ヘルペスウイルスは感覚ニューロンに感染する。ポリオ同様、ヘルペス感染も根治できず、このウイルスは感覚ニューロンに永久に居座り、患者の生涯を通じて尽きることなくウイルスを産生し、ときおり急に感染症状を引き起こす。単純ヘルペスウイルス2型は、下半身に発症し、単純ヘルペスウイルス1型は、よく知られた痛みを伴う水疱を口唇に生じさせる。

では、ＨＩＶ患者の脳でウイルスが感染するのは、どういった種類のニューロンなのだろう？　ＨＩＶウイルスはどのようにニューロンに侵入するのか？　ヘルペスウイルスのように、神経終末から軸索伝いに細胞体に忍び寄るのだろうか、それとも、樹状突起や細胞体の表面だけにあるタンパク質を攻撃するのだろうか？

剖検の結果、脳はＨＩＶによる嚢胞でハチの巣状に破壊されていて、あとにはニューロンの荒れ地が残されることが判明した。ところがほどなく、研究者たちはＨＩＶウイルスがニューロンにまったく感染していないことを見出した。ＨＩＶが感染するのは、グリアだったのだ。

脳機能におけるグリアの重要性を示す決定的な証拠は、エイズ患者に見られる脳の荒廃ぶりだけで十分だ。あらゆるウイルス同様、ＨＩＶが侵入できるのは、細胞膜上に適切な種類のタンパク質を有する細胞だけだ。ＨＩＶウイルスは、その特定のタンパク質に結合して、細胞膜をすり抜ける。細胞内部に侵入するとすぐに、ウイルスは細胞核にあるＤＮＡ合成機構の制御をハイジャックして、人質にとった細胞を、大量のＨＩＶウイルスを新たに産生するための工場に変えてしまう。こうしてできた新しいウイルスは、その細胞から飛び出して、連鎖反応で爆発的に他の細胞へ感染を繰り返しながら、全身に拡がっていく。ところがニューロンは、ＨＩＶウイルスが結合するために必要なタンパク質受容体を、細胞膜上に持っていない。したがって、ＨＩＶウイルスはニューロンに感染することはできない。ＨＩＶウイルスを細胞膜に引きつける磁石の役目をするタンパク質は、ＣＤ４と呼ばれている。

ＨＩＶはＣＤ４膜タンパク質と結合するが、このタンパク質は感染と闘う白血球細胞のひとつ、ヘルパーＴリンパ球、通称「Ｔ細胞」上に存在する。ＨＩＶ患者では、血中のＣＤ４陽性Ｔ細胞が確実に減少していくので、その細胞数を計測することによって、病気の進行具合を追跡できる。というのも、ＨＩＶウイルスはこの細胞だけを狙って感染し、殺すからだ。血液からこの細胞が失われていくと、ＨＩＶ患者は感染症を撃退できなくなり、あらゆる種類の病原体から攻撃を受けやすくなる。

ＨＩＶウイルスは、感染した白血球細胞の内部に潜んだまま、エイズに侵されて弱くなった血液脳関門を通り抜けて、血中から脳へと侵入する。脳内のミクログリアは、白血球細胞の遠い親戚で、ＨＩＶウイルスが白血球に感染する経路となるＣＤ４膜受容体を持っている。そのため、ミクログリアもＨＩＶに感染する。感染したミクログリアはその後、脳内を動き回って、脳室を介してウイルスを広範囲に拡散する。さらには、脳内の離れた領域をつないでいる、ミエリンで被覆された軸索から成る白質神経路を移動して、後方にウイルス粒子をまき散らしてもいく。オリゴデンドロサイトは感染しないが、あとで述べるように、ＨＩＶに感染して異常をきたしたミクログリアに攻撃され、損傷する。ミクログリアは、脳全体にＨＩＶウイルスを拡散するだけでなく、永続的なウイルス貯蔵庫にもなる。こうしてミクログリアは、脳および体内からウイルスを排除しようとする免疫系の働きや薬の効果に対抗して、ＨＩＶ感染を継続させるのだ。

アストロサイトも、ＨＩＶウイルスに感染しうる。ミクログリアと比較すると、アストロサイトは感染しても、ウイルスの複製能力では劣る。しかし、感染により細胞変化が起こり、アストロサイトは暗殺者に変貌する。ＨＩＶに感染すると、アストロサイトとミクログリアはともに、脳の破壊を引き起こして、神経回路を分断し、ニューロンを殺し、認知症を誘発するのだ。

末梢神経の損傷もＨＩＶ感染の初期徴候だが、このウイルスが神経軸索を傷つけることはない。インドのバンガロールに暮らす六五歳の女性は突然、上下肢の筋力低下を感じ始めた。ポリオに罹ったかのように、筋力低下が急激に進行したため、彼女は治療を求めて神経科医を訪れた。二ヵ月後には、女性は貧血と栄養不良の状態になり、認知症の徴候も現れた。彼女の担当医が脚の神経の生検を行ったところ、ミエリンによる絶縁が壊滅的に消失しており、炎症や軸索の損傷が起こっていることが明らかになった。ところが、筋線維は正常のようだった。電子顕微鏡でさらに詳しく調べたマハデヴァン博士らは二〇〇一年、驚くべき発見を報告した。その女性のシュワン細胞は、ＨＩＶウイルスで埋め尽くされていたのだ。

博士らは、彼女が貧血治療として過去に輸血を何回か受けていたことを確認し、それが原因でＨＩＶに感染したのだろうと推測した。神経損傷の症状に苦しむ別の患者三人を検査したところ、女性と同じように、シュワン細胞内部にＨＩＶウイルスが蓄積していた。いずれの症例でも、感染したシュワン細胞が原因で起こった神経損傷が、ＨＩＶ感染の初発徴候だった。シュワン細胞のＨＩＶ感染に伴って激しい軸索消失が起こるという事実は、神経細胞がこのグリア細胞に決定的に依存していることを、劇的に物語っている。

この現代の黒死病は、まさしくグリアの病気だ。殺人《キラー》ウイルスは、脳内に忍び込んでグリア内部に潜入する。そして、グリアはその暗殺者をかくまい、複製する。HIVウイルス感染の攻撃を受けると、脳は「もうひとつの脳」からの必要不可欠な支援を失って、敗北するのだ。

神経系のどんな感染症でも、グリアはその病気と治癒の中心にいる。この事実は、ニューロンを保護し、それに奉仕するというグリアの役割に関する私たちの理解と合致している。だが、この任務を適切に遂行するためには、病気が引き起こす機能活性の変化を、グリアは敏感に察知しなくてはならない。グリアが神経の活性やその窮状を感知する能力に加え、ニューロンに著しく有益な、あるいは有害な変化をもたらす能力を持つことに照らせば、グリアは原則として、病気のときばかりでなく、いつでも脳機能を調節している可能性が高い。だとすれば、グリアの異常が原因で、ある種の精神疾患が生じる可能性はないだろうか？「もうひとつの脳」が心を狂気へ向かわせることはあるのか？さらには、精神疾患の治療にグリアを役立てることはできるだろうか？

第7章 心の健康《メンタルヘルス》——グリア、精神疾患の隠れた相棒

精神疾患を患っている人たちはよく、「バランスを崩した状態」と表現される。これは、グリアがメンタルヘルスをどう支えているかを正確に言い当てている。というのも、脳内のバランスを維持して、全体的な興奮の調子《トーン》を設定するうえで、グリアはとりわけ重要らしいのだ。

狂気

何世紀もの間、精神疾患は謎だった。その生物学的な根源が目に見えないことから、患者はその症状に苦しむだけでなく、その病気への理解や対応ができない社会の不寛容にも耐えなければならない。超自然的な原因や道徳的な弱さ、親の養育失敗などのどれもが、精神疾患の責めを負わされてきた。歴史を振り返れば、知識がないために、精神障害は神経疾患とひとくくりに扱われていた。こうした無知と混同による混乱から、発作［訳注：脳卒中やてんかんに伴うもの］のよう

な神経学上の身体的症状なども、精神疾患とこれまで混同されてきたのだ。
精神錯乱の謎に包まれた原因が「もうひとつの脳」のなかに見つかるかどうかを調べるにあたり、まずはてんかんの話から始めよう。てんかんに関する最古の医学的記録は、紀元前一〇五〇年頃のエジプトとバビロニアの文書に遡る（注1）。てんかんは超自然的な原因に基づいて生じるという見方が、何世紀にもわたって広く流布していた。てんかん発作中には、その人物の魂と肉体が自然を超越した力に激しく襲われていると信じられていたのだ。「マルコによる福音書」九章一七〜二七節には、以下のように記されている。

「先生、息子をおそばに連れて参りました。この子は霊に取りつかれて、ものが言えません。霊がこの子に取りつくと、所かまわず地面に引き倒すのです。すると、この子は口から泡を出し、歯ぎしりして体をこわばらせてしまいます。この霊を追い出してくださるようにお弟子たちに申しましたが、できませんでした」（中略）
人々は息子をイエスのところに連れて来た。
霊は、イエスを見ると、すぐにその子を引きつけさせた。その子は地面に倒れ、転び回って泡を吹いた。イエスは父親に、「このようになったのは、いつごろからか」とお尋ねになった。父親に言った。「幼い時からです。……」
イエスは、……汚れた霊をお叱りになった。「ものも言わせず、耳も聞こえさせない霊、わたしの命令だ。この子から出て行け。二度とこの子の中に入るな」。すると、霊は叫び声をあげ、ひどく引きつけさせて出て行った。その子は死んだようになったので、多くの者が、「死んでしまった」と言った。しかし、イエスが手を取って起こされると、立ち上がった。

（新共同訳より）

一九世紀以前には、身体に取り憑いた悪霊を追い出すために、宗教的な悪魔祓いや鞭打ち、さらには毒物の摂取といった手法が、てんかん患者への治療として試みられていた。精神を病んだ者やてんかん患者は、魔法使いの烙印を押されて、拷問や足枷、鞭打ちを受けた。また、絞首刑や溺死刑、投石や火あぶりによる死刑にも処せられた。そうでなければ、伝染や犯罪の恐れから、刑務所や保護施設に隔離された。何世紀にもわたって、てんかんの治療としてさまざまな方法が試された。死後間もない人間の血を飲ませる。粉砕した人間の頭蓋骨やヤドリギ、ジギタリス、硝酸銀、酸化亜鉛、あるいはハゲワシの肝臓を内服させる。さらには悪霊を追い払おうと、瀉血《しゃけつ》や嘔吐、穿孔術《せんこう》（頭蓋骨に小孔を開ける処置）、あるいは熱い鉄を頭に押しつけるなどの方法が用いられた。月さえも、てんかんや狂気に影響していると考えられていた。狂気あるいは精神錯乱を意味する単語「lunacy」［訳注：「luna」は「月」を意味する］は、この事実に起源を持つ（注2）。

けれども、聡明なギリシャの医師ヒッポクラテスには、もっと洞察力があった。紀元前四〇〇年頃に、彼はこう記している。てんかんは「私の見解では、ほかの病気同様、神がかりでも神聖でもなく、自然の原因によるものであり、神の力がこの病を引き起こすと見なされている理由はひとえに、人間の未熟さとてんかんの奇妙な性質に対する戸惑いにある」

魔術に対して合法的に認められていた（しばしば身の毛のよだつような）刑罰は、一八世紀半ばに廃止され、精神疾患は治療可能な生物学的原因に基づいているという見方が、超自然的な現象とする考えよりも、次第に優勢になり始めた。一八六六年に出版された『女性におけるある種の精神障害、てんかん、強硬症《カタレプシー》およびヒステリーの完全治癒の可能性について（On the Curability of Certain forms of Insanity, Epilepsy, Catalepsy, and Hysteria in Females）』と題した著作の前書きに、ベイカー・ブラウン博士は以下のように記している。彼はロンドン・サージカル・ホームの主幹外科医で、ロンドン医師会会長も務めた人物で、精神障害には生物学的根拠があり、治療可能だと信じて、この疾患に対する医学的治療と外科手術を提唱していた。

友人や宗教的助言者らによって、患者本人の意思によってコントロールできると見なされている症例について、本当は内科的および外科的な治療に適した身体的疾患の症状にすぎないかもしれないと、誰もが広い慈悲の心をもって、考えを改めることはできないだろうか？　この問題を正面から見据えたうえで、不幸な患者を家庭や社会から追放するのではなく、病気の終盤に向けて経歴《キャリア》が絶望的な事態に至るのを阻止し、患者の精神力を回復させ、彼らを幸せで有益な社会の一員として復帰させる努力をするほうがよいのではないだろうか？（注3）

ブラウンは著書の中に、てんかんや精神障害の患者で、手術によって治療が功を奏した症例を多数記録している。

症例四七：急性ヒステリー性躁病―四ヵ月間の継続―手術―治癒

Ｘ嬢は年齢二三歳、ラドクリフ氏から私のもとへ送られてきた。彼女は精神病患者としてアイルランドから連れてこられ、ある保護施設への入所手続きがすべて整っていたのだが、彼女の入所前日に、ラドクリフ氏は私に相談するよう勧められたとの話だった。彼によれば、周期的な発作［てんかん発作］が毎夕五時半から六時頃に起こるとのこと。もし発作が末梢性刺激のせいで起こっているなら、発作の再発は手術ですぐに防げるだろうと私は答えた。そこで彼女は、一八六四年二月六日にロンドン・サージカル・ホームに入院することになった。

入院時に、彼女は三日間何も食べておらず、紅茶を一杯飲みたいと言ったので、それを与えた。浣腸剤も投与した。

午後三時四五分、発作に襲われ、両腕を頭上に投げ出すと、続いて昏睡状態に陥ったかのようになった。二〇分ほどで意識が回復した。唇が震え始め、少しずつ意識を取り戻すと、「ナイフをちょうだい、血がほしい！」と言った。彼女は看護婦長の手を取り、その手に噛みつきそうな勢いだった……。

午後五時、ベイカー・ブラウン医師が診察した。医師が近づいたとたん、彼女はその肩をものすごい力でつかみ、取り乱して、質問に答えようとしなかった。しかし、次第に興奮もおさまり、診察させるようになった……。

午後五時三〇分、手術開始。最初にクロロホルム投与を試みたときには、激しく抵抗した。麻酔が効くまでには長い時間を要したが、いったん完全に麻酔がかかると、その効果は抜群だった。

クリトリスを切除し、伸長した小陰唇を除去して、肛門裂溝の処置をした。傷は通常どおり包帯で覆い、患者にはアヘン二グレイン［訳注：一グレインは〇・〇六四八グラム］が投与されて、常時付き添うことが命じられた。

二〇分ほどで、クロロホルムから覚めた。落ち着いていて、その晩は眠ったり起きたりを繰り返した。

二月七日、午前一〇時、ベイカー・ブラウン医師が回診した。息子で研修外科医のI・B・ブラウン氏と看護婦長が同席。脈は速いが安定。舌は茶色がかって、舌苔に覆われている。悪臭呼気、歯肉の腫れ。瞳孔は正常。顔色はかなり紅潮しており、皮膚は湿って温かい……。

二月八日、肛門からリント布［訳注：包帯用の布］を取り外し、傷口を手当てした。穏やかで理性的。静かに一日を過ごした。

二月一〇日、非常に落ち着きがない。やむなく手足を拘束した。

二月一一日、昨日より改善。頭が重いと訴えた。表情は明るく、静かで理性的な態度。

二月一二日、非常に興奮して、苛立たしげ。常に手の拘束を解こうと試みて、誰も近づけようとしなかった。午後二時、著しい躁状態で、傷口、さらには乳房をいじろうとし続ける。アヘン錠を一グレイン処方し、臭化アンモニウム一〇グレインを一日三回投与。

二月一三日午前六時、手の拘束を再び解く。アヘンを再投与。その後、午後四時まで就眠し、穏やかで理性的に目覚めた。午後九時、再び就寝。

二月一四日、非常に落ち着きがない。ときおり凶暴になる。帯布による拘束から、拘束衣に変更。

二月一五日、著しく改善。理性的で、機嫌よく談笑した。

二月一六日、改善。

二月一七日、彼女の強い要望により、両手の拘束を解いたが、その直後、興奮が高まった。

三月一日、著しく改善。家族に手紙を書き、日中は編み物と読書を楽しんだ。

三月二日、洋服に着替えることが許可された。この変化を楽しんでいるようで、とても機嫌がよかった。

三月四日、家族が見舞う。一日中落ち着いていて、機嫌もよい。驚くほど改善していることは間違いない。

三月二〇日、散歩に出かけ、楽しんだ。

三月二五日、ホームから離れて、家族とともに一日過ごした。とても元気そうな様子で戻ってきた。この変化のおかげでいっそう良くなっている。

四月二日、十分に治癒したため、退院（注4）。

彼の著作に記録されているとおり、ブラウン医師は、てんかんやその他の精神疾患に苦しむ女性患者四八例に、外科手術を適用した。彼がこの手術で処置した女性や少女の全員が、「治癒」した。

それから一〇〇年後の一九六六年になっても、三州（ウエストヴァージニア州、ノースカロライナ州、ヴァージニア州）には、てんかんを持つ人々の結婚を禁止する法律が存在し、てんかん患者に対する断種を認める法律を有する州も一三を数えた（注5）。

精神錯乱とてんかんを重ね合わせて考えることには、歴史的観点からばかりでなく、生物学的見地からも合点のいく理由がある。というのも、てんかん発作には、顕著で多様な精神病理的および行動的変化が伴うので、そこから精神疾患の説明となりうる脳機能障害の病理に関する洞察が得られるためだ。てんかんに伴って現れる行動的変化としては、攻撃性や性的関心の変化、高揚感、多幸感、情緒不安定、罪悪感、ハイパーグラフィア（克明な日記や詳細なメモなどを書き続ける状態）、怒りっぽさ、強迫行動、被害妄想、嫉妬、宗教的経験、悲しみ、個人的宿命の予感などが挙げられる。興味深いことに、多くの宗教指導者がてんかんだったと伝えられており、そこにはブッダや預言者ムハンマド、ジョージ・フォックス（クエーカーの開祖）、十二使徒の聖パウロ、聖セシリアなどが含まれる（注６）。

それでは次に、いくつかの精神疾患を手短に考察してみよう。そこから、精神疾患と脳発作、さらにはグリアをつなぐ接点が見えてくるだろう。

統合失調症とうつ病――新たな理解

神経科学者になる前、私はニューヨークのうらぶれた一角にあるぼろアパートに住んでいた。その部屋の一番の魅力は、目の前の通りを上から見下ろせることだった。ある日、剝がれたペンキが何層にも挟まって開かなくなった薄汚れた窓から外を眺めていると、赤いピックアップトラックがひどくゆっくりと通り過ぎるのが見えた。これはあらかじめ決めておいた合図で、やつらが私を捕まえに来たことを知らせる警告だった。私たちには、別の連絡法もあった。私はテレビをつけ、地元ニュースにチャンネルを合わせた。チャンネル４のレポーター、ジョン・ニューマンが、私の目を見つめてウインクした。続いて彼は、彼と私にしかわからない秘密の合言葉を口にした。ぼんやりしている暇はなかった。

地下鉄の駅までは、わずか二ブロックしか離れていなかった。私は足早にアパートの玄関へ向かい、群衆のなかへ人知れず紛れ込もうとした。それから、コンクリートの階段を下って、薄暗い地下鉄の駅に駆け込んだ。暗がりに目が慣れると、傘を抱えて自動改札の脇に立っている男に気づいた。雨など降っていなかった。私は進路を変え、別の改札口からプラットホームへ向かった。じりじりしながら列車を待っている間、私の心臓は高鳴った。周囲の人の数が増えてきた。と、そのとき、傘を持った男が歩み寄り、私の横に肩を並べて立った。私は動けなかった。ようやく、金属の軋むような振動とガタガタという音が、列車の接近を告げた。男は鼻を触ると、いかにもわざとらしく眼鏡を直した。私は男の警告を理解した。Nose（鼻）はknows（知っている）、Glasses（眼鏡）はeyes（目）、つまりsee（見ている）ということだ。私はこの男に見つかってしまったのだ。暗いトンネルから冷たい風が吹き出し、鋼鉄の車輪が線路に衝突するガタゴトという音と、耳をつんざくようなブレーキ音とともに、列車のヘッドライトが近づいてきた。私は男の背後に回り、男を線路に突き落とした。

以上の話は完全な創作だが、そのなかのエピソードは、統合失調症の患者たちが実際に経験した出来事だ。悲しいことに、罪のない地下鉄通勤者の殺害も事実だ。この話は、マニトバ大学精神科准教授のマイケル・エレフ博士が、本疾患を説明するときに私に投げかけた重要な質問をよく表している。それは、「人はいかにして物事を理解するのか？」という問いだ。前述の物語のある時点で、あなたはおそらく、自分が読んでいる話の現実味に疑いを抱き始めただろう。統合失調症は、認知機能に影響し、現実と非現実を理解する脳の一部を損なう病気なのだ。

一〇〇人に一人の成人が、一生のうちに統合失調症を発症する。衰弱するほどの幻覚、妄想、思考錯乱を伴うこの病気に、これほど多くの人が苦しんでいるにもかかわらず、よく知らないまれな病気だと思われているのはどうしてだろう？

まずは、統合失調症の人たちが周囲の人々にとって危険だという、よくある誤解を改めることが重要だ。統計的には、統合失調症の人がほかの人たちよりも危険だということはない。前述したような殺人の物珍しさや、彼らの動機となっている異様な思考が、統合失調症の妄想や幻覚に苦しむ者による殺害の衝撃を増幅しているのだ。別の動機（強盗や激怒、報復など）に基づく殺人事件のほうがはるかに多いけれども、そのようなありふれた惨事は、統合失調症患者による殺人ほどの恐怖は引き起こさない。他の精神疾患（たとえば、薬物乱用）に起因する罪のない人々の死や殺人の件数は、統合失調症によるものをはるかに上回っている。また、飲酒運転者が高速道路で起こした事故に巻き込まれて死亡する危険性を、私たちは当然のように受け止めている。路上での恐ろしい死亡事故は、罪のない犠牲者の家族や友人にとってはまさに悲劇だが、酩酊して正体を失くすという状況は理解できる。ところが、統合失調症患者の錯乱した思考には、理解が及ばない。その一方で、統合失調症を患う人たちは、自分自身に危害を及ぼしかねない。この悲惨な精神疾患を持つ人のうち、自殺する者は一〇～一三パーセントにのぼる。また統合失調症患者のおよそ半数が、少なくとも一度は自殺を試みている。

これとは対照的に、筋ジストロフィーは、国立衛生研究所によって希少疾病に分類されているが、誰もがこの病気を知っていて、多くの人たちはこの病気に苦しむ人々に対して同情的だ。アメリカでは毎年、五四万人に一人が筋ジストロフィーと診断され、国内の患者数は五〇〇人ほどにすぎない。けれども、生涯発症率が一〇〇人に一人にもなる統合失調症には、世間の関心がほとんど向けられない。それはなぜなのか？
「これは、患者を社会から引き離し、目につきにくい存在にしてしまう傾向の強い病気なのです」とエレフは説明した。これに加えて、この精神疾患には、ほかの病気には見られない、恥ずべき病という偏見が付きまとっている。統合失調症に苦しむ者の家族は、愛する肉親が癌や糖尿病になったときのようには、あからさまにその病気について話さない。「この疾患は、人々から社会的な発言権を奪ってしまうのです」とエレフは言っている。統合失調症患者の大部分は、孤立したまま生涯にわたる病気に苦しんでいるのだ。

私は五二歳で、これまで三六年にわたって統合失調症を患っています。そのうち、約八年間は前駆症状で、一二年間は発症していたのに治療を受けておらず、抗精神病薬による治療を受け始めてからは一六年が経ちます。一九八〇年から九〇年にかけて、私は非常に深刻な精神病状態を経験し、孤独で経済的にもきわめて困窮していました。八八年にはとうとう、法律に触れる問題を起こし、その期間に精神科医の診察を受けるという条件付きで、三年間の保護観察処分を受けました。私は拘置所に入ったことも、ひどいアルコール中毒になったことも、自殺を試みたこともあり、八〇年には半年間、路上生活もしました。私の身に起こったことは、生物学と社会学が相互作用すると、それが統合失調症を悲惨な病気になしうるという事実を、よく物語っています。一方には病気そのものの問題があり、そしてもう一方には、その病気に罹った人に対して、私たちが社会としてどう接するかという問題があります。

このところ、一般の人々の間でも統合失調症に関心が寄せられ始め、『ビューティフル・マインド』のような映画も高い人気を博しています……。精神病は、心臓発作のようなものです。健康上の重大事件なのです。生涯で一度あるかどうかの経験なのです。

――イアン・チョーヴィルのホームページ

錯乱した精神とは、想像の及ばない精神状態だ。そのような人たちを避けるのは、理のないことではない。統合失調症を抱えるホームレスや犯罪者、薬物中毒者、隣人や家族は誰もが、本人の意向かどうかにかかわらず、みな孤立させられている。どんな病気に対しても不安は感じるが、統合失調症は別格だ。

統合失調症の原因は、あまり理解されていない。なぜなら、この病気は私たちの精神基盤を破壊して、現実を認知する力を蝕んでいるからだ。深刻な統合失調症の当事者が、心の中で聞いている捏造《ねつぞう》された音声と実在するものを識別する拠り所を持たないのとちょうど同じように、科学もまた、このような患者を治療するための知識をほとんど持たない。統合失調症の症状を管理するうえで役立つ薬物療法などの治療法はあるが、私たちの認知や意識、内在的な現実観は、現在の科学知識の枠を超えているため、根治は難しい。

最近では神経科学者の間で、この精神疾患に関する理解がかなり進んできた。この疾患には、強い遺伝的要素がある。一卵性双生児の片方が統合失調症を発症した場合、もう一方も発症する確率は五分五分とする研究がある。この事実は、本疾患の根本原因として遺伝的要因に着目するよう研究者たちに促し、こうした研究から多くの有望な糸口が得られてきている。明らかにされた遺伝的異常の大部分は、この病気の不均衡《アンバランス》な精神状態が、脳内の信号や神経結合の欠陥に起因することを示唆している。それらの欠陥には、脳内で認知や恐怖、記憶を処理するいくつかの神経伝達物質、とりわけドーパミンとグルタミン酸の不足が含まれるだろう。また、そこには脳内回路のバランスを欠いた結合も含まれており、それは脳機能イメージングや、統合失調症脳の剖検によって確認できる。どちらの研究からも最近、これまで見過ごされてきた別の種類のバランスの悪さが明らかになってきている。それは、グリアのアンバランスだ。

統合失調症脳は、正常脳とは物質的に異なっている場合がある。この相違の原因が、発達異常にあるのか、精神の乱れた活動パターンによる損傷にあるのか、あるいは精神のバランスを少しでも回復させるために何年も摂取していた薬物にあるのかは定かでないが、この三つの理由すべてが、統合失調症脳の物質的変化に関与している可能性がきわめて高い。

統合失調症患者の脳では、一部の領域における萎縮と、脳中心部にある髄液で満たされた脳室の拡大がしばしば認められる。消失組織の一部はニューロンだが、大半はグリアだ。この脳組織の減少は、精神疾患の結果なのだろうか、それとも原因なのだろうか？

統合失調症患者に多くの遺伝子異常が存在することを突き止めた最近の発見が、この問題にひとつの答えを提示している。この驚くべき発見は、ヒトゲノム配列の解読を進めるために開発された技術であるＤＮＡチップ解析によって生まれた。この最新の手法を用いれば、一度に何千もの遺伝子を調べることができる。研究者はこれまで、ある病気に関係している可能性のある遺伝子を調べるためには、まずどの遺伝子かを推定してから、その遺伝子を個別に検査しなくてはならなかった。ところが今では、大きな集団の人々から得た何千もの遺伝子を一度に検査し、そのデータをふるいにかけて選別すると、患者間で共通する異常な遺伝子欠損を探し出すことができる。統合失調症とうつ病に関して、この無作為の検索から、思いがけない事実が判明した。

この広範な調査によって発見された遺伝子異常の一部は、理に適ったものだった。というのも、神経伝達物質の機能を制御している遺伝子だったからだ。しかし、探し当てられた異常遺伝子のなかには、まったく予期しなかったものも含まれていた。統合失調症や大うつ病で異常が見つかった遺伝子群のなかでも、大きな比重を占めるカテゴリーのひとつが、オリゴデンドロサイトの発達およびミエリン形成を調節している遺伝子だったのだ。

脳イメージングと剖検による研究から、統合失調症脳では、感覚情報、恐怖、記憶の処理に関与する領域で、ミエリンとオリゴデンドロサイトを欠失することが確認されている。この事実は、統合失調症脳の内部で一部の神経回路が機能異常を生じ、その結果としてミエリン変性、あるいはオリゴデンドロサイト欠失が起こったものだと説明できるかもしれない。しかし、統合失調症の危険因子として、ミエリン形成グリアで異常な遺伝子が発見されたことは、統合失調症や大うつ病、双極性障害の発症機序に、オリゴデンドロサイトが関与している可能性を示唆している。

その一方で、精神疾患の薬物治療が、オリゴデンドロサイトへ直接作用する、あるいは神経回路の電気的活動を変化させた結果としてミエリンに影響を及ぼすといった方法で、白質の正常な構築を損なっている可能性もある。最近の研究によって、クエチアピンをはじめ、統合失調症の治療に用いられる多くの抗精神病薬が、オリゴデンドロサイトの発達とミエリン形成に(プラスにもマイナスにも)影響することが示されている(注7)。だがこれは、意外ではない。オリゴデンドロサイトは、セロトニン、グルタミン酸、ドーパミンを含む数種類の神経伝達物質の受容体を持っているからだ。クエチアピンは、ドーパミンとセロトニンの受容体に作用する。過剰なセロトニンが脱髄を引き起こすことは、以前から知られていた。たとえば一九七七年には、B・A・サーコフらが、セロトニンを注射したイヌでミエリンの激しい崩壊を実証した電子顕微鏡による研究を発表している。この研究グループは「セロトニンには、ミエリンやグリアを損傷する性質があると結論される」とこのうえなく明瞭に実験を総括したが、彼らの発見が暗示していた、統合失調症やうつ病のような精神疾患と白質の間に関連がある可能性に注目した神経科学者は、ほとんどいなかった(注8)。

科学者たちが「もうひとつの脳」の探究を進めるにつれて、正常な脳の働きについての理解が拡大している。それと同時に、精神疾患に罹った脳で起こる機能不全に関するまったく新しい見識が、明確になりつつある。興味深いことに、こうした洞察は新発見ではなく、むしろ驚くべき再発見と言える類のものなのだ。

〈幻覚からロボトミー、そして回復へ〉

ポルトガルの神経科医エガス・モニスは、統合失調症の治療として、一九三六年に前頭葉白質切截術《ロイコトミー》を導入した。これはのちに、前頭葉切截術《ロボトミー》と呼ばれるようになる。もとの名称は、ギリシア語の二つの単語、leukos（白）とtomos（薄く切る）に由来している。その手術は、ニューロンを除去するわけではなく、前頭葉につながる白質の（ミエリンで被覆された）神経線維を切断して、前頭前野とその他の脳部位間を連絡する結合を破壊するものだった。この線維の束が白く見えるのは、オリゴデンドロサイトによって巻きつけられた脂肪質のミエリン絶縁体が厚い層を形成しているためである。この治療法は、大脳皮質のさまざまな部位におけるバランスを欠いた活動が原因となって、深刻な精神障害が生じるという仮説に基づいていた。前頭葉へつながる神経結合を切断すれば、より高次な脳の中を流れる情報のバランスを、少しは回復できるかもしれないというのだ。

この手術は、患者を落ち着かせて統合失調症から解放するうえでは、大きな効果があった。この精神外科手術が画期的な恩恵をもたらす可能性を示した功績が認められ、モニスは一九四九年にノーベル賞を受けた。ところが、この手術はのちに、治療の代償として患者のアイデンティティをあまりに大きく犠牲にするとして、非難を浴びることになった。知能への影響はなかったが、患者たちは脳の前頭前野が司っている高次の実行機能を失った。彼らは従順になり、計画の立案や、精神集中の維持が困難になった。そのうえ五〇年代には、手に負えない患者を統制するための処置として、悪用されるようになった。

ロボトミーを実施するためには、軸索ケーブルを切断する必要はない。事実、モニスが最初に考案したのは、前頭葉につながる白質の神経束にアルコールを注入するという手法だった。白質の軸索を取り巻く絶縁体であるミエリンは、電気的インパルスがそこを流れるために欠かせない。そのため、アルコールによって絶縁体を溶かせば、コミュニケーションを効果的に遮断できる（アルコールの注入は、神経線維も傷つけただろうが、それはコミュニケーションの有効な遮断には必要ない）。現代の機能的ＭＲＩイメージングによって、統合失調症患者では、前頭前野や脳の情動中枢である扁桃体で、ミエリン形成グリアが減少していることがわかっている。

うつ病や統合失調症の治療には、電気けいれん療法も用いられる。この電撃療法の医学的根拠や、治療効果にグリアがかかわっている可能性を理解するために、まずはこの治療法の起源をたどり、ヒト脳波が発見された経緯を調べてみる必要がある。こうした歴史の探索から、強力な電流を流して脳にショックを与え、バランスを回復させようという着想は、グリアから生まれたことが明らかになるだろう。

〈アンバランスな心に宿るアンバランスなグリア〉

医療的に誘発した発作は、うつ病に対して最初に功を奏した治療法であり、今なおきわめて有効であり続けている。しかし、その適用はこれまで常に議論の的となり、非難されてきた。というのも、この治療法がなぜ効果を示すのかを、誰も正確に理解していないからだ。医学史家で精神科医のマックス・フィンクは、電撃療法が偶然に発見された経緯について記している。それは、グリアが精神疾患の原因ではないかという疑念の種から生まれたのだという。一九三〇年代半ば、ハンガリーの神経科学者ラディスラス・フォン・メドゥナは、奇妙な偶然の一致に気づいた。それは、てんかん患者がほとんど統合失調症に罹らないという事実だった。さらには、てんかん発作を起こした経験のある統合失調症患者は、治癒することが多かった。メドゥナは当初から、グリアが重要なカギを握っているのではないかと疑っていた。そこで、その説を検証する方法を見つけ出さなくてはならなかった（注9）。

メドゥナはいくつかの予備的な動物実験を実施したうえで、絶望的な病状だった統合失調症患者に、意図的に発作を誘発する治療を実施することを決意した。その患者は、緊張病性の症状を示し、現実の世界から完全に遊離していて、無反応だった。各種の薬物によってモルモットに発作を誘発する実験を行ったあと、メドゥナは樟脳《カンフル》を静脈内注射で投与することに決めた。その注射を三〜四日間隔で繰り返したところ、五回目の注射までには、その統合失調症患者はもはや、精神病の状態を脱していた。その男性患者は首尾一貫した態度を示し、明敏で、よく話すようになった。メドゥナは一九三五年に、「生物学的手段による統合失調症の経過に影響を与える試み（An attempt to influence the course of schizophrenia by biological means）」と題する論文の中で、この研究成果を発表した。精神疾患を脳内の生物学的プロセスと捉えるこの見解は、まさに革新的だった。その後まもなく、発作を誘発するより好ましい方法が登場し、カンフル注射は電気ショックに取って代わられたが、インシュリン注射によるショック療法も広く用いられた（注10）。

グリアは、心を修復するこの画期的な治療法を着想する源だった。メドゥナはそれ以前に、神経病理学者として頭部外傷後に脳内で生じる細胞変化に興味を持ち、ミクログリアの損傷応答に関するいくつかの論文を著していた。死亡した統合失調症やてんかんの患者（自殺であることも珍しくなかった）の脳に残された手がかりを、彼は見つけ出していた。同様の手がかりは、今も積み重ねられており、それらは統合失調症やてんかんをはじめとする精神疾患にグリアが関与していることを、強く示唆している（注11）。

てんかん患者や精神に異常のある人たちの脳で細胞構造が変化していることは、長らく科学者たちに知られていた。だがこの構造変化は、精神障害によって脳が何らかの傷を負った結果なのだろうか、それとも精神的な病気の根本原因なのだろうか？　発作が始まるヒト脳の領域（てんかん焦点）では、アストロサイトが姿を変え、その数も大幅に増加している。てんかん焦点のアストロサイトは通常より大きくなり（肥大し）、ほかのアストロサイトとは異なる分子組成を呈する。とくに、細胞骨格を形成するＧＦＡＰが異常増加している。そのため神経病理学者は、顕微鏡スライド上の脳組織をＧＦＡＰの集積を明らかにする染料で処理するだけで、てんかん発作が開始した脳部位を特定できる。それはちょうど、法医学者が犯罪現場に残された目に見えない指紋を、化学物質で浮き上がらせるようなものだ。

科学者たちはさらに、慢性うつ病や統合失調症、その他いくつかの精神疾患を患う人々の脳が、萎縮していることにも気づいていた。興味深いことに、統合失調症患者の脳内で失われた組織の大部分はグリアであり、とくにオリゴデンドロサイトとアストロサイトの減少が著しかった。そこでメドゥナはこう考えた。このようなグリアのアンバランスは、一方ではうつ病や統合失調症のような精神疾患の、他方ではてんかん発作の原因となっているのではないか？

今では、多くの精神疾患がシナプス伝達の欠陥に起因すると理解されている。となると、グリアの異常が精神疾患に与える影響の重大性は、容易に推論できる。統合失調症や双極性障害やうつ病に対する現代の治療は、特定の脳回路における神経伝達のバランスを回復する薬物に基礎を置いている。こうした病気に苦しむ患者の認知や知覚、情動に関連する回路では、とくに神経伝達物質のセロトニン、グルタミン酸、ドーパミンが欠乏している。神経伝達物質の再取り込み阻害薬として知られる薬物が、最善の治療法となる場合も多い。これらの薬物は、神経終末から放出された神経伝達物質をシナプス間隙から除去する細胞プロセスを阻害する。シナプス間隙から神経伝達物質を排出することは、次のメッセージを伝えられるように、黒板を消すような作業だ。しかし、薬物によって再取り込みが遅くなると、黒板はすばやく消されなくなる。そのためシナプス間隙に、一定量の神経伝達物質が少し長く滞留することになり、メッセージを読み取る時間が延びるので、精神疾患に罹った人々の脳内で弱くなっていたシナプス結合を増強することができる。

これはまさに、アストロサイトがシナプスで行っている活動だ。アストロサイトは、シナプス間隙に放出された興奮性神経伝達物質であるグルタミン酸を吸収する細胞だからである。かつては、君主たるニューロンに奉仕する身分の低い（lowly）清掃担当の召使いと軽視されていたこのグリア細胞が、今では病気のときも健康なときも、シナプスを最終的に制御する立場にあることが明白になっている。グリアはニューロン間の情報の流れを掌握しており、ときには有害な結果をもたらすこともあるのだ。

シナプスにおける神経伝達物質のアンバランスが心のアンバランスの原因となっている精神疾患や薬物中毒が、ほかにもどれほどあるか考えてみよう。強迫性障害は、セロトニン再取り込み阻害薬によって治療される。エクスタシー（ＭＤＭＡ）のようなアンフェタミン由来の薬物は、セロトニン作動性シナプスを攪乱する。メタンフェタミン（メセドリン）は、神経変性疾患であるパーキンソン病と同じように、神経伝達物質ドーパミンを使用しているシナプスに影響を及ぼす［訳注：パーキンソン病では、ドーパミン作動性シナプス伝達が減弱する］。マリファナやアルコール、コカイン、アンフェタミン、カフェイン、ベンゾジアゼピン類（たとえば抗不安薬のバリウム）、ニコチン、ヘロイン、フェンシクリジン（ＰＣＰ、俗称エンジェルダスト）、精神安定剤などはどれも、脳内のシナプス伝達に影響する。精神疾患におけるグリアの役割については、わずかに研究されているにすぎないが、グリアはシナプスからの神経伝達物質排出を担う主要な細胞である。アストロサイトがその役目を果たせなくなったとしたら、そのことがシナプス機能や認知能力に及ぼす影響は、神経伝達物質の量を変化させる薬物の効果と少しも変わらないだろう。

シナプスのグリアに作用する薬物を研究することによって、薬物中毒や精神疾患に対するより優れた治療法を開発できないだろうか？　精神疾患（ＡＤＨＤ、躁病、うつ病、不安、統合失調症など）の治療に現在使用されている薬物のなかには、グリアに対する作用を通して効果の一部を発現しているものがあることは、ほぼ間違いない。だとしたら、グリアに作用する薬物を設計して、精神疾患を治療するより優れた新薬を見つけ出し、神経系作用薬を貯えている私たちの薬品庫を拡充できないだろうか？　より良い治療へのこうした期待を実現するには、考え方の障壁を打ち破って、これまでニューロンの研究に投じてきたのと少なくとも同じだけの情熱と資金を注ぎ込んで、グリアを研究する意志さえあれば十分だ。

だが、現代的な洞察の恩恵を受けられなかったメドゥナは、彼が発見した明瞭なアンバランスだけを前提に推理した。すなわち、統合失調症脳ではアストロサイトが減少し、てんかん脳では増加していると仮定し、これら二つの病状が相殺されているように見えた理由は、両方の疾患が合併すると、脳内のアストロサイトが重要な正常バランスを回復するからにすぎないのだろうと考えた。驚くべきことに、急性の統合失調症の発症後に、人為的に誘発したてんかん発作によって処置されたメドゥナの患者のうち、九五パーセントで症状が改善した。さらに、発症から一年以内に誘発発作による治療を受けた患者の八〇パーセントが治癒した。うつ病に対しても、メドゥナの研究では一貫して高い成功率が得られていて、現在でもこの治療法は、約八割の症例で効果をあげている（注12）。

だが、この話にはまだ、好奇心を刺激するような未解決の問題が残されている。なかでも、てんかん発作の焦点でアストロサイトが増加しているのはなぜかという疑問は注目に値する。これは、グリアが元凶である証拠なのだろうか？　それとも罪のない第三者、あるいは苦境に陥ったニューロンを救うために駆けつけた善きサマリア人であることを示しているのだろうか？　これら三つの可能性は相容れないものではなく、グリアはその三つの理由すべてのために、そこに存在するのかもしれない。しかし、てんかん焦点により多くのアストロサイトが存在する事実は、グリアと脳内の電気的活動に関係があることを強く暗示している。少なくとも、正常な脳波パターンが激しく乱れて制御不能になり、脳全体と全身に発作が起こるような極端な状況では、両者に関係がありそうだ。

脳波と狂気――脳発作と電撃療法におけるグリア

病院に入ったときに鼻を突くツンとした匂いは、消毒薬のフェノールだが、それは警戒を促す香りであり、そこが生と死の入れ替わる場所であることを告げている。だがハンス・ベルガー医師にとって、公衆衛生につきもののその香りは、ドイツのイエナ大学精神科の外来診療部《クリニック》で慣れ親しんだ、気分の休まるものだったに違いない。というのもその場所で、彼は一九二〇年代に精神・神経科の学科長と病院長を務めていたからだ。業務の細部にまでこだわり、時間どおり厳格に日々の職務を遂行するベルガーは、同僚を苛立たせ、彼のように厳密な習慣を持たない部下からは、疎まれていただろう。ベルガーの科学研究は十分に評価されておらず、彼の伝記作家によれば、政治的理由によって、彼は最終的に院長の地位を失うことになったと結論されている（注13）。

ベルガーが脳内の身体的および精神的エネルギーの相関関係を探究していた一九二〇年代には、オカルトや超自然現象への強い興味に世間は熱狂していた。アメリカやヨーロッパでは、死者の霊魂と交信する降霊術の会がさかんに催されていた。新たな世紀に入ると、科学の世界では次々と革命が起こり、透視や精神感応《テレパシー》への関心が、生命の深遠な謎を解き明かしたいという人間の強い熱望と共鳴した。ベルガーは透視やテレパシーの信奉者であり、その科学的証拠も握っていた。

ベルガーは扉の鍵を開けると、精神科病院の敷地内にある別棟の小さな建物に入っていった。そこには、フランケンシュタインの映画セットさながらの世界が広がっていた。ステンレス製の

図7-1
ハンス・ベルガー。ヒト脳波を初めて記録した人物

器具、電子機器のダイヤル、さらには人の頭皮に装着する電極の付いた装置が並んでいた。捉えどころのない精神機能の物質的、科学的基盤を探究するなかで、ベルガーはついに、急速に発展していた電気科学にその糸口を見出した。人工光線が印画紙の上で踊りながら、ノコギリの歯のようなギザギザの線や波状曲線を描いていった。これこそが、人間の思考パターンが残した軌跡だった。光のスポットは、あたかも念力に動かされているかのようだった。霊媒師がウイジャ盤［訳注：霊界との交信ができるとされる文字盤］上に指を置くと、それが勝手に動いて、（越えることのできない障壁の向こうから）答えを明かすのに似ていた。ベルガーは脳機能に関する重要な研究を行う一方で、テレパシーの科学的メカニズムを発見したと信じてもいた。そして、その科学的成果を細心の注意を払って守り抜こうとした。彼は夜間の病院でひとり、極秘裏に研究を続け、系統的な科学調査によって、人間の脳波やテレパシーの謎を独力で解き明かしたのだった。彼は精神病患者を対象に多くの実験を行ったが、一〇代だった実の息子を被験者とすることも多かった。

ベルガーは、ヒト脳が無線送信機とよく似た電磁波を放射していることを発見した。私たちの

図7-2
1919～38年にハンス・ベルガーが院長を務めていたドイツのイエナにある精神科病院

図7-3
ベルガーがヒト脳波を記録するために使用した装置

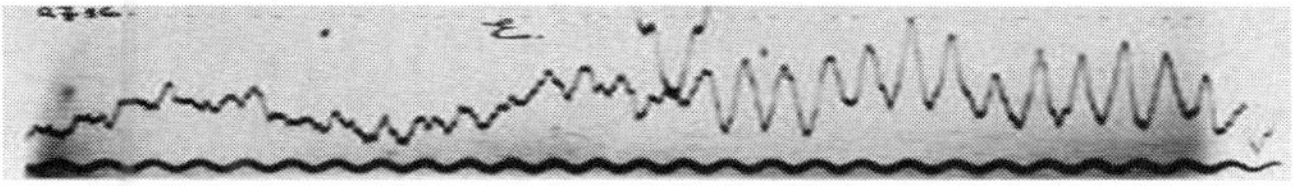

図7-4
ベルガーによって記録された初期の脳波図

思考によって活性化されるその電磁波は、感覚刺激や精神集中や注意によって変化する。表面的にはまったくわからないが、この電磁的な脳波は、人間の私的な精神活動を送信している。ベルガーは五年にわたって実験を重ねたあとでようやく、この発見を世間に公表した。グリアが脳波に何らかの関連を持っている可能性には、当時は誰も思い至らず、その状況は二一世紀に入るまで続いた。

精神科クリニックの責任者として、ベルガーは一九三〇年代にドイツで起こった政治的混乱に巻き込まれた。精神病患者は、台頭著しい国家社会主義《ナチ》運動の最初の標的にされ、多くの精神科医が政局のただなかで翻弄された。安楽死の手法を最初に完成させたのは各地の精神科クリニックで、その目的は精神疾患者を排除することにあり、それによって無益な障害者を扶養する重荷から社会を解放し、アーリア人の遺伝子プールを劣化させる恐れのある汚染源を根絶しようとした。この行為は、消毒剤になぞらえて、「社会衛生」と呼ばれた。

一九四一年八月までに、ドイツの精神科病院では七万人の患者が安楽死させられた。これは、その後ユダヤ人や同性愛者、共産主義者、ロマ民族へと続く大量抹殺への前触れにすぎなかった。この政策は非常に効率がよかったので、陸軍医長だったO・ヴュート教授を「こんなに患者数の少ない分野になってしまっては、精神医学を志す者などいなくなるだろう」と懸念させるほどだった（注14）。

医師や科学者たちは、冷徹な論理に従ってみずからの技能を揮《ふる》った。ガス室は、できるかぎり効率的に大量殺戮を行う方法を追求して、入念な科学的研究を重ねた成果だった。一九四一年には、精神科病院に設置されていたガス室が取り外され、アウシュヴィッツとトレブリンカの強制収容所へ送られた。同じ病院の医師や技術者、看護師が、装置とともに収容所に移ることも多かった（注15）。

優生政策の第二戦線は強制断種で、これもまた精神科病院で始められた。強制断種による遺伝的純化の狙いは、「障害のある」望ましくない者を、次世代への入り口で断絶することだった。精神科医は個人記録を査定して、どの患者を断種すべきかの専門的勧告をした。医師団は、「患者」の睾丸や卵巣にＸ線を系統的に照射し、その後それらの器官を外科手術で切除して、断種の達成に最も適切な時期と線量を科学的に突き止めた（注16）。

多くの科学者や医者たちが、自国のこのような常軌を逸した状況から逃げだした。なかでも有名な例が、ジークムント・フロイトとアルベルト・アインシュタインだ。ほかの人々は、個人的さらには職業的な理由から、残留して生き延びることを余儀なくされた。また、戦争の気運に煽られて、戦時に高まる愛国心や義務感から、進んで協力した者もいた。

ベルガーは、ナチスに好かれていなかったと言われている（注17）。ナチスが支配権を握ると、ドイツ全土の大学で好ましくないと見なされた教職員が追放され、上位の管理職にはナチス支持者が任命された。ベルリンの壁崩壊後に明るみに出た記録から、イエナ大学の上位の管理職や教職員がナチスの戦争犯罪に加担していたことが、最近になって判明した。イエナ大学と言えば、ベルガーが病院長を務め、脳波の研究を行っていた場所だ。記録によれば、この大学はナチスの優生政策の中心地だったという。ヴァイマール＝ブーヘンヴァルト強制収容所のすぐ近くであったこと、また、ドイツ国内のこの地域には、国家社会党員に対する強い支持があったことが影響している。科学史家スザネ・ツィンマーマン博士と解剖学者クリス・レディーズ博士らが二〇〇五年に公表した調査によって、有名なイエナ大学解剖学研究所で当時一般公開されていたコレクションのうち、少なくとも二〇〇のヒト標本が、ナチス政権下で安楽死させられた精神病患者の遺体の一部であることが明らかにされている。これに加えて、さらに別の二〇〇標本は、望ましくない者としてナチに処刑された人々、おもにユダヤ人と軽犯罪者の遺体から採取したものだった（調査結果の公表以後、これらの解剖標本は展示から外され、殺害された人々に敬意を表するプレートが掛けられている〈注18〉）。

ハンス・ベルガーは生来、人付き合いが苦手で、同僚の多くは、精神的エネルギーと身体的エネルギーの接合領域を脳波によって明らかにするという、彼の研究の科学的な価値を疑問視していた。一九三八年に彼は、ナチスによって即時辞任を強いられた。当時の社会を支配していた真の狂気が、憂鬱からくる絶望に周期的に襲われがちなベルガー自身の性向、いわば彼の内なる狂気に共鳴した〈注19〉。四一年六月一日、ハンス・ベルガーは病院に入っていくと、あらかじめ決めていた場所に直行した。そこで、消毒液の匂いのする空気を最後にひと息深く吸い込み、首をつった。彼のしたことは理性を欠いていた。だが選んだ場所は、そうとも言えなかった。

「私は自分の子供たちに、彼を英雄だと教えようとは思いません」。ドイツの神経科学者で解剖学者のクリス・レディーズ博士は、スザネ・ツィンマーマン博士からの回答を転送し、その中でベルガーについてこう要約した。ツィンマーマン博士はイエナ大学の医学史家で、ベルガーの過去に光を当てるために、私が連絡を取った人物だ。彼の伝記に繰り返し説明されている記述に反して、ベルガーの辞任は強制されたものではなかったと、ツィンマーマンは結論している。事実、ベルガーは自分の後任を決める選考委員会の一員であり、そこで選出された人物は戦争終結直後に、それまでの親ナチ活動により罷免されたという。ツィンマーマンによると、ベルガーは優生裁判所の判事も務めていた。優生裁判所は、ナチスの社会衛生構想に適合しない人々に断種を強制する裁定を下していた。また彼の日記には、反ユダヤ主義的な所感が記述されている。ベルガーの自殺は、自分の精神的不調に関する身体的な説明を見出そうという成功の見込めない試みで彼が入院している間に、実際に大うつ病を発症してしまった結果だと、ツィンマーマンは言う。彼の自殺は、政治的主張の表明ではなかった。それは、精神疾患がもたらした結末だった。

ツィンマーマンの研究は、ナチス時代のイエナで実施された安楽死計画に関して、多くの不都合な新事実を暴露した。彼女の仕事は、誰からも広く賛同を受けているわけではない。なぜなら彼女が近年見つけ出した事実は、イエナが誇りにしている医師たち（なかには存命の者もいる）の名声に傷をつけたからだ。

遠い昔の出来事の影から歴史的真実を再構築するのは困難である。それは、各個人の視点によって揺らぐものだからだ。私は二〇〇六年の春に、彼女の見出したとする事実を自分自身で確かめようと、イエナのツィンマーマンとレディーズを訪ねた。ツィンマーマンは、一三センチメートルほどの厚みがある黒いバインダーに綴じられ、インデックスを付けてきちんと整理された一九三〇年代の公式記録のコピーをぱらぱらとめくっていたが、精神病患者の強制断種について上級裁判所が検討した一連の訴訟記録のところで手を止めた。それらの判例には、精神遅滞児、統合失調症患者、てんかん患者、それに六一歳のアルコール依存症の男性などが含まれていた。ツインマーマンがある事例の記録を読み上げるのを聞いていたとき、私の脳裏に浮かんだのは、若い妻を強制断種しないでほしいと夫が裁判所に嘆願している悲痛で重々しい場面だった。記録に残っているすべての上訴が棄却されていた。黒いバインダーを膝の上に載せて、ツインマーマンは各判決の最後にある署名を指さした。正確にペンで手書きされた、紛いようのないその署名を目にして、私は気分が悪くなった。そこには、「ハンス・ベルガー」と記されていた。

ベルガーによるヒト脳波の発見は、二〇世紀の電気生理学における最大の発見と言えるだろう。脳波記録は今日、脳に関する科学研究の基本的な調査手段であり、臨床での診断にも欠かせない装置だ。その活用範囲は科学と医学を超えて、社会や法律の領域にまで拡がっている。現代社会では、脳波が死に究極的定義を与えるまでになっているのだ。

ベルガーの悲劇的な生涯が大きな皮肉のように思われるのは、彼が発見した脳波が今では、彼が苦しんだうつ病や、その他多くの精神疾患を緩和するためのカギになると考えられていることだ。すでに述べたように、うつ病にとりわけ有効な処置のひとつが、電撃療法であり、これは脳内に電気的活動の火嵐《ファイアストーム》を引き起こすような治療法だ。その灰燼《かいじん》の中から、沈静で平穏な精神が蘇るのである。

しかし、電撃療法で脳波をリセットすると、うつ病や統合失調症の魔の手から精神病患者を解放できるのはどうしてだろうか？　脳に発作を起こすことと、うつ病や躁病、統合失調症などを含む精神障害の治療を結びつけている不可解な関連性を解き明かす糸口は、グリアにあるのかもしれない。

〈脳波――てんかんとうつ病におけるグリア〉

ハンス・ベルガーは、発作を起こしているてんかん患者の脳内における激しい脳波を初めて記録した人物だ。てんかん患者の脳波が、発作に襲われている間は非常に大きく振れ、その後ほぼ平坦になることを、彼は見出した。また、アルツハイマー病と多発性硬化症の患者でも、脳波が変化することを知った。多発性硬化症はグリア（オリゴデンドロサイト）を襲う病気なので、これはグリアが脳波へ関与する可能性を暗示している。また、小児における脳波の変動を研究していたときにベルガーが発見した事実は、グリアが脳波に影響を与えていることを示すさらなる手がかりであったと、のちに理解されることになる。彼の装置で脳波が記録できたのは、生後二ヵ月を過ぎた子供たちだけだった。この時期は、脳の広い範囲において、グリア細胞がミエリンの絶縁層による神経線維の被覆を完了する時期と一致していたのだ。

脳波は、数多くのニューロンにおける電気的活動の複合作用から生じる。それは、スタンドの何千人もの観衆が交わす会話が一体となって湧き上がる、野球場の歓声のようなものだ。こうした会話は、ほとんどの時間は誰もが自由に交わしていて、持続的な背景雑音でしかないが、ある特定の時点で、バットの快音のような何らかの刺激によって観客の活動が協調されると、背景雑音をはるかに凌ぐどよめきを巻き起こす。目の開閉、覚醒、睡眠などはどれも、私たちの大脳皮質にある何千ものニューロンの協調的な活動に大きく影響し、この活動が頭皮から計測する脳波に反映されるのだ。

だが、電気信号を使って交信しないグリアが、頭部から放射される電磁波にどうしたら影響を与えることができるのかは難解だ。これを理解するためには、神経細胞間のコミュニケーションを作動させているニューロンの電気的な力の源について、もっと詳細に調べる必要がある。

電流がひとつのニューロンを通過すると、その神経細胞を取り囲む体液を通ってリターン電流が戻ってくる。これが起こるのは、電気は必ずループになった回路内を流れる必要があるためだ。回路が途切れると、電流も止まる。ニューロンの周囲を流れるこの電流は、そのニューロン周辺に、磁石の二極間に配列した鉄粒子が描く磁場によく似た電場を生み出す。脳内のあらゆる細胞の間を満たす体液を通して流れるこの電流は、水のように、最も抵抗の小さい経路に沿って移動する。個々のニューロンに由来する多方面からの電流は全体として、脳波計で記録される脳内電流［訳注：脳波］の発生に寄与している。私たちの脳内を流れる電流は、頭皮に取り付けた電子増幅器を使って、電気信号として検出できる。これはちょうど、ステレオ受信装置が大気中の微弱な電磁波を検知して、増幅するようなものだ。

私たちの脳内では、この電流は一定ではない。大脳皮質で活動しているすべてのニューロンの複合作用に従って、潮や波のように揺らいでいる。だからこそ、リラックスしているときの脳波は、規則的な周期で海岸線に打ち寄せる波のように、緩徐な波動パターンを描いて振動している。脳内で激しい活動が群発すると、脳波はぶつかり合って、もはや規則的に波動できなくなり、より不規則で頻繁な衝突に取って代わられる。ただ目を開けるだけでも、脳波パターンには著しい変化が起こる。この変化を最初に観察したのはハンス・ベルガーで、被験者だった息子の頭皮から脳波を記録していて、彼に目を開けるように求めたときに、それは起こったのだった。

グリア細胞も電位を持っていることを思い出そう。アストロサイトは電気的インパルスを発することはできない。ニューロンが律動的な放電を繰り返すのとは対照的に、アストロサイトには電池のような一定の電位があるだけだ。病態であれ正常であれ、脳機能の多く〈たとえば、睡眠や低酸素、低血糖、虚血〈脳発作〉など〉は、グリアの緩やかな電位変化と関連しており、脳波変動の一因となっている。たとえば、網膜に閃光を照射すると、視覚ニューロンが刺激されて発火し、その網膜ニューロンの外側にカリウムイオンが増加する。この閃光照射により、網膜のグリア細胞〈ミューラー細胞と呼ばれる〉は八ミリボルトほど正に荷電する。というのも、網膜ニューロンが排出した正電荷を持つ過剰なカリウムイオンを、ミューラー細胞が吸い取るからだ。カリウムイオンを吸収してグリア網を介して移動させるときと同じように、グリアが荷電したり放電したりするプロセスは、おそらく脳の全域で起こっていて、このようなグリアの電位変動も脳波計で記録されているのだ。

したがってアストロサイトは、ニューロンの電気的な力を調節することを通して、神経活動およびその結果生じる脳波に影響を与えているだけでなく、グリア網を介して正電荷を持つカリウムイオンを動かすことによって、脳内により緩やかな電流ウェーブを発生させる直接的な原因ともなっている。

グリアの脳波への関与は、これだけではない。なぜならニューロンは、カリウムイオンを排出してアストロサイトに吸収してもらうだけでなく、ドーパミンやグルタミン酸をはじめとする神経伝達物質も、シナプスに放出しているからだ。これらの神経伝達物質もまた、電荷を持つ分子であり、アストロサイトに取り込まれると、電流を生む。これらの物質がアストロサイト内部に輸送されれば、その細胞質に流れ込む荷電分子のバランスが変化するためである。

ニューロンの発火に対する以上のようなグリアの応答はどれも、脳の活動が激しいときには増強され、それに比例してグリア電流の脳波活動への寄与も大きくなる。たとえば、脳発作が起こると、グリアはカリウムイオンを大量に蓄積して十分に脱分極し、通常はマイナス一〇〇ミリボルトの膜電位が三五ミリボルトほど正方向へシフトする。脳の広範囲に拡延性抑圧と呼ばれる電位変化が起こると、脳波計で記録することができる。これは、送電網の不具合による停電のようなものであり、脳発作の際に生じる酸素欠乏（低酸素症）や血流不足によってしばしば誘発される。拡延性抑圧が起こっている領域のグリアは、電位差をすべて消失する可能性があり、そうした脳部位はてんかん発作の震源地ともなりうる。この現象は、グリアが脳波や発作にどのように寄与しているかを説明するとともに、統合失調症やうつ病その他の精神障害にどう関与しうるかも明らかにしている。

【ニューロンのブレーキでありアクセルであるグリア】

てんかん、躁病および薬物乱用においては、グルタミン酸がとりわけ興味深い。グルタミン酸は、高次脳（大脳皮質や海馬）シナプスの主要な神経伝達物質で、ニューロン間で興奮のメッセージを伝達している。抑制性シナプスと呼ばれるもう一種類のシナプスでは、ニューロン発火を抑止する別の神経伝達物質が使われている。抑制性シナプスで最も広く使われている神経伝達物質のひとつが、ＧＡＢＡ（γ-アミノ酪酸）である。この神経伝達物質は、鎮静（抗不安）薬として用いられるバリウムの標的となっているシナプスを活性化する。グルタミン酸とＧＡＢＡはそれぞれ、私たちの覚醒状態を制御する化学的なアクセルとブレーキなのだ。アストロサイトは、ＧＡＢＡとグルタミン酸のどちらの受容体も持っている。したがって、アストロサイトはある意味で、私たちの精神状態を「知っている」と言える。さらに、アストロサイトはグルタミン酸を放出、あるいは吸収することもできる。これにより、アストロサイトはニューロンを興奮させたり、抑制したりできるのだ。

ニューロン間のシナプスから漏れ出した神経伝達物質は、グリアのグルタミン酸およびＧＡＢＡ受容体を活性化し、アストロサイトのカルシウム上昇を刺激する。このカルシウム増加は、細胞から細胞へと次々に伝播していくカルシウムウェーブを引き起こして、アストロサイトどうしの細胞間コミュニケーションを始動させる。第3章で論じたように、カルシウムウェーブを介したシグナル伝達は、グリア間における情報流通の主要な様式で、この情報伝達にニューロン回路間の通信経路からは独立して作動している。アストロサイト網を介したこのカルシウムシグナリングは、シナプスやニューロン間の局所的活動をより広い脳の領域に拡散させ、統合する役割を果たしている。その結果、シナプスを介した個々の接続点を通じてしか、ニューロンが連絡できないのとは対照的に、「ニューロンの脳」における興奮の全体的なレベルに対して、アストロサイトはより広範な影響力を得ている。したがって、広域的な様式で作用しているアストロサイトには、大脳皮質の興奮性の大規模な変化に寄与する態勢が整っている。このような興奮性の変化こそが、てんかんの根本を成す機能不全だ。

カルシウム上昇に応答したアストロサイトは、多くの物質を放出する。そこには神経伝達物質およびその他の因子が含まれ、ニューロンの興奮性や生存に直接影響する。アストロサイトは、このような方法でニューロンの興奮性を調節することを通して、てんかん発作のけいれんに関与し、それを調節している。それだけでなく、睡眠（第13章で後述）を含む覚醒状態の調節や、過剰興奮に起因するニューロン死にも、アストロサイトは関与している。精神疾患では、「ニューロンの脳」に対するアストロサイトの安定化作用が損なわれ、それによって思考の錯乱や幻覚が引き起こされていると考える研究者は多い。

グルタミン酸が過剰になると、脳が過活動の状態になるだけでなく、回転速度を上げすぎたエンジンのように、ニューロンは損傷あるいは死滅する。グルタミン酸の過剰は、神経回路自体の過活動に起因するが、アストロサイトもグルタミン酸を放出できるので、たとえばてんかん発作などの場合に、火に油を注いで、過剰興奮に伴うニューロン死に一役買いかねない。

ところがアストロサイトは、シナプスから過剰なグルタミン酸を除去してもいる。これは、アストロサイトの重要な機能として長年認められてきたものだ。てんかん患者でグリアの数が増加するのは、グルタミン酸量を正常に回復させるために、発作時の過活動によって引き起こされるグリア応答であると解釈するのが妥当だろう。現在では、双極性障害に苦しむ患者において、気分を調節する脳部位でグリアが減っていることも知られている。となると、神経活動が過剰になるか、逆に抑圧されるかする双極性障害患者の脳で、思考や気分を制御する脳部位におけるグリアの不足が、どのようにグルタミン酸のアンバランスに関与しているのかは、容易に推測できる。

最近の研究から、アストロサイトのカルシウムシグナリングが、実験的にけいれん発作を誘発した動物において著しく変化することが判明した。大脳皮質のアストロサイト間で起こるカルシウムシグナリングの程度は、正常では比較的軽度だが、けいれん発作後には通常、大きな振動を示すようになる。このようなシグナルは、激しいウェーブとなって大脳皮質全体に伝播し、より多量のグルタミン酸放出を促して、脳を発作の方向へ傾けていると推測される。アストロサイトのカルシウムシグナリングのこのような変動が、発作中にアストロサイト内に誘発されたカルシウムシグナリング増強の残響というよりはむしろ、発作が繰り返されたために生じた永続的な変化であることを示唆する証拠もある。発作後に起こるアストロサイトのカルシウムシグナリングのこうした変化は、有益かもしれない。しかし、てんかんの動物モデルを用いた以前の研究で、薬物によってアストロサイトの過剰なシグナリングを減弱させると、症状が改善し、ニューロン死も抑制できることが示されている。

前述したように、双極性障害と統合失調症の患者でも、脳のミエリン形成細胞であるオリゴデンドロサイトが減っていることを明らかにした興味深い新たな研究がある。このグリア細胞は、軸索をミエリンで被覆するが、グルタミン酸の調節には関与していないと考えられている。それにもかかわらず、過剰なグルタミン酸は、ニューロンに対するのと同じように、ミエリン形成グリアにも有毒である。このようなかたちでも、グリアは精神疾患に関与しているのだろう。なぜなら、ミエリンによる絶縁が擦り切れると、精神機能にもほころびが出るからだ。

脳内の過剰なグルタミン酸は、この神経伝達物質の過剰産生に悩まされている人たちの脳で、ミエリン形成グリアが死滅する主要な原因のひとつになっていると考えられる。ミエリン形成グリアそのものはシナプスに直接関係していないが、この細胞に対するグルタミン酸の作用は、認知機能に影響する可能性がある。ロボトミーが前頭葉へつながる神経結合の切断によって効果を発揮し、この処置を受けた者の人格を一変させてしまうことを思えば、前頭葉へと伸びるこの経路にあるミエリン形成グリアを病気で失うと、統合失調症やその他の精神疾患を発症する恐れがあることは、想像に難くない。脳の重要な伝達ケーブルの絶縁を損傷した場合には、そのケーブルを切断したときと同じように、コミュニケーションが分断される。このことから、ロボトミーがいかに精神病患者の症状を軽減し、衰弱させるほどの気分の変動を鎮静しているのかを、説明できるかもしれない。この外科手術は、前頭葉への神経結合を切断するという単純な処置だったが、神経軸索の絶縁が破壊された結果として前頭葉へのコミュニケーションが分断された場合にも、ロボトミーと同様の効果が得られるだろう。

脳の通信経路を介した伝達を変更するこの方法を、より選択的に適用できるようになれば、ある種の精神疾患に有効な治療法となるかもしれない。その悪評にもかかわらず、ロボトミーは使用された技術の粗雑さがおもな理由で、不当な中傷を受けているのではないかと異議を唱える一部の医師や患者もいる。より精密な外科手術によって、精神病患者の脳内で分断されてしまった通信回路のバランスを回復できれば、統合失調症のような重い精神疾患にとって、向精神薬を生涯飲み続けるよりもはるかに優れた究極の治療法となるかもしれない。脳回路を巡るインパルスの流れを選択的に調節するためには、神経軸索を通るインパルスの流れを制御している絶縁形成グリアを操作することに勝る方法が、何かほかにあるだろうか？

電撃ショックは、脳波をリセットすることによって、うつ病や統合失調症に治療効果を示すが、このショック療法は脳内の有益な損傷応答も活性化しているようだ。アストロサイトとミクログリアは、脳がどんな傷害を受けたときにも第一線で防御にあたるので、発作を起こしている脳部位で変形したグリアが認められるのは当然である。脳発作に対するグリアのこの損傷応答は、電撃療法で誘発される脳機能の変化を説明できる細胞メカニズムのひとつかもしれない。ミクログリアとアストロサイトはどちらも、脳のストレスや損傷に応答して成長因子を放出する。こうした成長因子は、通常ならばニューロンを殺してしまうほど毒性の強い状況下でも、ニューロンの生存を維持できる。また健常な脳でも、これらのグリア由来の成長因子は、ニューロンの成長や健康を増進する。ミクログリアとアストロサイトはともに、治癒作用を助けるさまざまな天然の炎症性物質を数多く放出しており、これらのグリア応答はどれも、おそらく電撃療法の治療効果に貢献していると考えられる。

グリアは、もうひとつ別の強力な方法によって、電撃療法の治療効果に関与しうる。グリアの多くの種類は、幹細胞として働くことができ、休眠状態で脳に潜伏していて、傷害や病気で失われたニューロンに代わる新たなニューロンを生成するよう刺激される機会を待ち構えている。驚くべきことに、主要な抗うつ薬のすべてが、記憶の獲得に欠かせない脳部位である海馬で、新しいニューロンの産生を刺激することが、最近発見された。今では、神経幹細胞がニューロン、あるいはアストロサイトのどちらに分化するかを、アストロサイトが制御できることが知られている。脳内には、ニューロンやアストロサイトよりも未発達で可塑的な（変わりやすい）性質を示す別の種類の幹細胞が存在していて、それらはグリアとして生まれ、その後にオリゴデンドロサイトあるいはニューロンのどちらかに転換する細胞を生成することができる。

以上のようなグリアの多様な働きは、電撃療法の治療効果に複数のメカニズムが介在していることを示唆するだけでなく、脳発作やさまざまな種類の精神障害の根幹にグリアが位置することも意味している。これらのグリアの活動から、脳発作や電撃療法後に患者の脳で認められるアストロサイトの変化についても説明がつく。

このような観点からすれば、個々の精神疾患に関連するグリアに差異が見つかるとしても、驚くにはあたらない。アストロサイトは、グルタミン酸やその他の物質（たとえば、ＡＴＰ）を放出することによって、てんかん発作中にニューロンの興奮性を高めている。あたかも火に油を注ぐかのように、グリアが放出した神経伝達物質は、ニューロンを神経回路へと結びつけているシナプスを刺激しているのだ。発作中にアストロサイトが放出する物質のなかには、（たとえばアデノシンのように）神経興奮を抑制するものもある。

【グリアを標的とした精神疾患治療薬】

統合失調症が外界からの感覚情報や内部情報の脳内における伝達と処理の異常に起因するという前提に立てば、軸索のインパルス伝導を制御する細胞が、この病気に決定的な影響を与えていると推測することは、理に適っている。軸索を包むミエリン絶縁体の欠損によって、インパルスが適切なときに適正な結合部へ到達できなくなると、精神内部の情報処理が損なわれることになる。このような「擦り切れたワイヤー」が原因で情報の流れが遮断されれば、ケーブル切断と同等の効果を持つだろう。統合失調症を治療するために実施された初期のロボトミーは、メスを使わずに、前頭葉へつながる白質の神経線維束にアルコールを注入して、ミエリン絶縁体を破壊していたことを思い出そう。それはおそらく、軸索をも損傷していただろう。

統合失調症患者で異常に発現する遺伝子のひとつは、成長因子であるニューレグリンをコードしている。この成長因子は、ミエリン形成グリア（末梢神経ではシュワン細胞、脳ではオリゴデンドロサイト）の発達を調節することが、グリア生物学者の間では以前から知られていた。統合失調症患者の脳内でこの成長因子の消失を補塡して、オリゴデンドロサイトの形成を刺激したり、その細胞死を阻止したりできる薬を見出すための新しい研究分野が生まれている。統合失調症患者にはこれ以外にも、ミエリン関連遺伝子に少なくとも一〇種以上の異常があることが最近確認され、この病気の原因と新たな治療法を探るために、新しい研究が数多く出現してきている。

統合失調症患者で異常が認められる他の遺伝子には、脳内におけるニューロンとグリアの発達や移動に影響するものもある。胎児脳でニューロンの移動、ならびに神経結合の伸長を指揮するグリアの重要な役割（第11章参照）に注目して、今では多くの神経科学者が、統合失調症を発症させそうな発達期の微細な欠陥に、グリアが関連している可能性を探究し始めている。

前述のように、統合失調症への関与が示唆されている大きな遺伝子群のなかには、神経伝達物質に関係した遺伝子が含まれる。フェンシクリジン（ＰＣＰ）やケタミンのような幻覚薬は、統合失調症で経験されるような幻覚を引き起こす。これらの薬物は、グルタミン酸を神経伝達物質として使用している脳内の興奮性シナプスに作用する。重要なグルタミン酸受容体の一種に、ＮＭＤＡ受容体と呼ばれるものがあり、これはいくつかの非常に独特な性質を持っている。開錠に二本の鍵を必要とする金庫室とよく似て、ＮＭＤＡ受容体は、神経伝達物質グルタミン酸に加えて、Ｄ-セリンという別の物質が同時に受容体へ結合しないかぎり開口せず、活動できないのだ。このように高度な安全性が備わっている理由は、ＮＭＤＡ受容体が新しい記憶を貯蔵するための引き金になる重要なグルタミン酸受容体だからだ。

ところが、この重要な受容体を開口させるために必要な二本目の鍵を、グリアが握っていることが判明している。セリンは体内で一般的なアミノ酸のひとつだが、Ｄ-セリンはほかとは異なっている。アミノ酸は有機（炭素を基礎にした）分子で、その三次元構造は分子に左右対称性を付与している。どんな手袋にも親指と四本の指があるが、左手用あるいは右手用で形が異なるのとちょうど同じように、アミノ酸にも左右の違いがある。同一分子が左右の鏡に投影した鏡像の左側をＬ体（ラテン語で「左」を意味するlevo）、右側をＤ体（ラテン語で「右」を意味するdextro）と呼んでいる。タンパク質は、さまざまな種類のアミノ酸を長い鎖につなぎ合わせて作られる。二種類の異なる手袋（左右両方）が必要なことに伴う苦労は、誰もがすぐ思い当たるだろう。片方を間違えると、反対側の手袋では代用できない。手を握り合わせるときのように、アミノ酸連鎖を作るには、「手に合った」アミノ酸を組み合わせなくてはならない。そこで自然は、使用する型をひとつに絞ることで、この問題を解決した。つまり、左手型（Ｌ体）だけにしたのだ。地球上のあらゆる生命体を形作っているタンパク質を構成する天然のアミノ酸はすべて、左手型だけから成る。自然界には、右手用の手袋は存在しない。この性質を利用すれば、隕石から抽出したアミノ酸を調査する科学者は、その有機分子が地球外の有機化学反応で合成されたものなのか、地球上の生物の汚染により混入したものなのかを判別することができる。地球外の化学反応では、左右どちらの型のアミノ酸も区別することなく生成されうるが、地球上の生命体が生み出すアミノ酸は、左手型だけだ。

だが、これには例外がひとつある。セリンというアミノ酸の右手型（D-セリンと呼ばれる）が、脳内で検出されるのだ。この右手型のアミノ酸は、タンパク質を組み立てる役には立たないが、その風変わりな性質は、メッセンジャー分子として、細胞間で化学的メッセージを運ぶには適している。D-セリンは、NMDA受容体を開口させるために必要な二本目の鍵となるユニークな存在だ。NMDA受容体が開いているときにだけ、神経結合が強化され、記憶が形成される。

D-セリンについて奇妙な点は、脳内で自然な型のL-セリンを特殊なD-セリンに転換する酵素を探すと、グルタミン酸を神経伝達物質として使用しているシナプスを緊密に取り囲んでいるアストロサイトの内部で見つかることだ。このような様式でアストロサイト、つまりグリアは、記憶の形成に欠かせない脳内の神経伝達物質システムを制御しているのだ。グリアはD-セリンを合成し、シナプス間隙に放出することによって、神経終末からグルタミン酸が放出されたときに、NMDA受容体が活性化することを可能にしている。

最近の遺伝子解析から、統合失調症患者の一部は、D-セリン合成にかかわる遺伝子に欠陥のあることがわかり、それをきっかけに、D-セリンに類似した統合失調症治療薬の開発を目指す精力的な研究が始まっている。シナプスのグリアを標的とする多くの薬がこのほかにも開発されれば、統合失調症やその他の消耗性精神障害に対する新たな治療につながるのではないかと、期待されている。

グリアが精神障害に関与する程度については、調査が始まったばかりだが、広範な神経障害におけるグリアの基本的な重要性は、長らく認知されてきた。意外な研究から、グリアが多くの神経変性疾患にも関与していることが新たに判明し、「もうひとつの脳」の正常な脳機能および精神疾患の両面における重要性を支持する強力な証拠となっている。パーキンソン病やアルツハイマー病、ＡＬＳ、ハンチントン病などの神経変性疾患は、ニューロン死によって起こる。これらの疾患においてグリアは味方とも敵ともなると、現在では理解されている。

心の修復のために働いているグリアに関する情報を積み重ねていけば、人生を一変させてしまうこれらの神経疾患の原因を解明し、有望な治療法を見出せるだけでなく、先に私たちがシュワン細胞の実験で観察したように、軸索に寄り添っているグリアが、なぜ電気的インパルスに応答するのかという難しい問題への洞察を深めることもできるかもしれない。この問題への解答は、いまだ理解しがたい。なぜなら、アストロサイトとは違って、ミエリン形成シュワン細胞はシナプスに関係がないからだ。それでも、精神障害がミエリン形成グリアの欠損に関連しているという事実が暗示するように、脳内の情報の流れ、ひいては私たちの思考（正常であれ、異常であれ）は、シナプスを越えた場所で働くプロセス、すなわち、ミエリン形成グリアが働いているプロセスによって制御されているように見える。

第8章

神経変性疾患

アストロサイトは、精神疾患の隠れた相棒として、強力な役割を果たしている。それらは、ニューロンの電力源（カリウムイオン）を調節し、シナプスから神経伝達物質を吸収しては放出し、成長因子を放出してニューロン損傷に応答し、ニューロン新生を促している。アストロサイトはこうした機能によって、アルツハイマー病やパーキンソン病、その他の神経変性疾患において、さらには脳損傷からの回復を支援する場合にも、ニューロンの生死を決する大きな影響力を発揮している。

筋萎縮性側索硬化症（ＡＬＳまたはルー・ゲーリッグ病）

「歩けない者が飛ぶ」という聖書の奇跡のように、世界的に知られた天体物理学者のスティーヴン・ホーキングは二〇〇七年四月二六日、大西洋に向かって自由落下するボーイング七二七型機

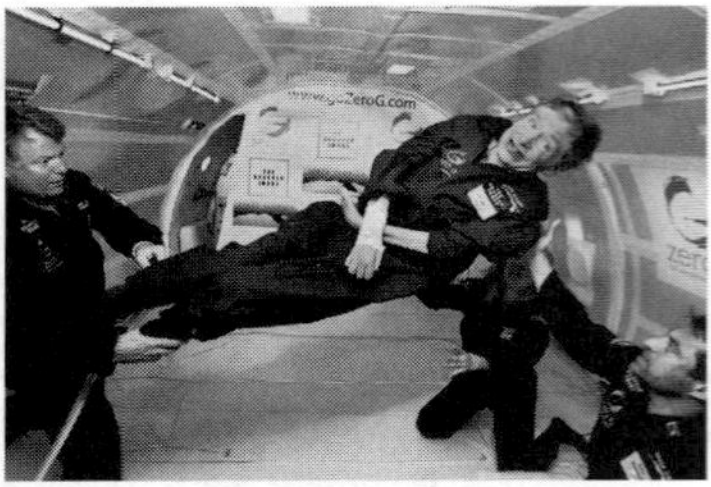

図8-1

ALS患者である著名な天体物理学者スティーヴン・ホーキング。2007年、NASAのボーイング727型機内を無重力状態で浮遊した。この病気がグリアに関連していることが、近年明らかになった

の機内を、無重力状態で浮遊した。麻痺で歪んだ彼のトレードマークの笑顔は、晴れやかな高揚感に輝いていた。ホーキングは、二〇代前半から進行性の運動ニューロン疾患のため車椅子生活を送っているが、卓越した科学者として、そして『ホーキング、宇宙を語る――ビッグバンからブラックホールまで』（林一訳、早川書房、一九八九年）の著者として尊敬を集めている。彼は病気に屈せず、頭部のかすかな動きに反応するコンピュータープログラムを使って、一語一語をつつき出すようにして文章を綴った。ホーキングは単語をひとつずつリストから選び、パズルのピースのようにそれを動かしながら、一文ずつ文章を紡ぎ出し、ついには一冊の本を書き上げたのだ。それは、どれほど壮健な肉体を持っていたとしても、誰にも書けない本だった。三人の子供の父親でもあるホーキングは、感銘を与えずにはおかない人物だ。

「退院してまもなく、私は処刑されそうになっている夢を見た。そのとき突然、もし死刑執行が猶予されたら、私には価値あることが数多くできると悟った」と彼は書いている。私たちは誰もが、彼の執行猶予の恩恵に与っている。

ホーキングを襲った筋萎縮性側索硬化症（ＡＬＳ）という病気は、ルー・ゲーリッグ病という名でも知られている。その疾患は、健康も身体能力も万全の状態にあった、あのメジャーリーグのスター選手を、転落させることになったからだ。ゲーリッグは、やがて生命を含めたすべてを彼から奪い去ることになる運命を、潔く受け入れたその態度によって、絶大な親愛を込めて記憶されている。

ファンのみなさん、この二週間、あなた方は私に降りかかった不運についての記事を目にしてきました。けれども本日、私は自分がこの地球上で最も幸せな男だと思っています。私はこれまで一七年間、球場でプレーし続け、ファンのみなさんからいただいたのは、温かい気持ちと激励の言葉ばかりでした。

この素晴らしい人たちを見てください。たった一日だけでも、彼らとともにプレーできることは、選手生活における最高の経験だと、誰もが思うのではないでしょうか。間違いなく、私は幸せ者です……。たしかに私は、大変な不運に見舞われたのかもしれませんが、私には非常に多くの生きがいがあるのです。

――ルー・ゲーリッグの引退スピーチ

一九三九年七月四日、ニューヨーク市ヤンキースタジアム引退スピーチから二年も経たないうちに、ゲーリッグは亡くなった。ALSは、運動ニューロンを殺すことによって、麻痺を引き起こす。運動ニューロンは脊髄の中にあり、筋肉に指令を出している神経細胞だ。ALSは、何の前触れもなく襲ってきて、通常は成人になって突然発症する。攻撃によって麻痺が引き起こされると、科学者たちにもその惨状がはっきりと見て取れるようになる。ALSを発病した患者の運動ニューロンは、死滅するのだ。今のところ、ALSには治療法がない。

奇妙なことにALSでは、目を見張るような正確さで運動ニューロンだけが狙い撃ちされる。脊髄や脳にあるほかの多様なニューロンはどれも、まったく無傷のままだ。この病気が特定のニューロンだけを標的にして、これほど的確なピンポイント攻撃を達成できる仕組みは、いまだ謎である。

一九九三年には、ALS患者数人の遺伝子に類似点が見つかり、ALSへ結びつく遺伝的糸口が得られた。マサチューセッツ総合病院の生物学者ダニエル・ローゼンらのグループが、第二一番染色体上の遺伝子のひとつに、遺伝子コードの小さな突然変異があることを発見したのだ。この遺伝子は、スーパーオキシドジスムターゼ1（SOD1）と呼ばれる抗酸化酵素を生成することが知られていた。研究チームは、この疾患を有する一三家系において、一一種類の異なる遺伝子変異を見出し、すべての症例で、SOD1をコードする遺伝子に変異が起こっていることを突き止めた。

ALSを発症した患者の誰もが、遺伝でこの病気を受け継いだのではない。ALSにSOD1酵素が関与していることを示唆する遺伝的な手がかりからは当然ながら、この酵素分子を傷つけるどんな要素も、ALSを引き起こすだろうとの結論が導かれる。では、タンパク質の活性中心に銅と亜鉛原子を含むこの風変わりな酵素は、何をしているのだろう？

SOD1は、細胞質全体に存在する酵素で、そこで遊離基《フリーラジカル》と呼ばれる毒性型の酸素分子を捜索している。第5章で説明したように、フリーラジカルとは、他の原子から電子を奪った酸素原子である。負に荷電した電子を過剰に溜め込んだせいで、酸素フリーラジカルは、タンパク質や生体組織に対する化学的な反応性や腐食性がきわめて強い。SOD1は、酸素フリーラジカルから余分な電子を奪い取って、その電子を水分子に付加する。このやり方で過剰な電子を消去することによって、過酸化水素と安定した酸素が作り出される。細胞質で警戒にあたるこの抗酸化タンパク質がなければ、フリーラジカルが有毒レベルにまで蓄積して、すべての細胞を構成しているタンパク質はひどく破壊されてしまう。運動ニューロンでSOD1の正常な機能が失われると、ニューロンは容易に細胞死へ向かうだろう。SOD1の機能不全に伴って起こる、酸化を介したこの緩徐な腐食は、ALSが成人で発症するという事実とも一致する。老化がそうであるように、細胞損傷がゆっくりと積み重なると、あるとき突然、ニューロンは機能不全さらには死に至るのだ。

この仮説を裏付ける証拠は、ALSの原因遺伝子を挿入したマウスの実験から得られた。マウスの運動ニューロンで変異SOD1遺伝子が発現するのを研究者らが人為的に阻止すると、そのマウスは治癒した。つまり、マウスはALS様の運動ニューロン病を発症しなくなったのだ。正常マウスの運動ニューロンに変異SOD1遺伝子を挿入した実験からも、さらなる証拠が得られた。このようなマウスの運動ニューロンが死滅したことから、運動ニューロンに欠陥遺伝子が存在していると、ALSを発症することが証明された。

ところが、対照実験ではしばしば起こるように、これらのALS研究の対照実験も、意外な結果をもたらした。ALSを引き起こす遺伝子を挿入したマウスの対照実験で、研究者らは運動ニューロンを取り囲んでいる細胞群では変異の発現を阻害する一方、運動ニューロンは、その変異した不健全なSOD1遺伝子を保持したままにしておいた。彼らは当然のことながら、運動ニューロンは正常に機能するSOD1を持たないので死に、マウスはALSの症状に苦しむだろうと予測した。ところが予想に反して、マウスは健常なままだった。研究グループは、運動ニューロン周辺の細胞が、SOD1の関与するメカニズムを介して、この神経変性疾患を何らかの方法で防いだのだろうと結論した。二〇〇七年には、二つのグループがそれぞれ独立して、ALSから命を救うこの重要な細胞が、アストロサイトであることを突き止めた。

その研究者たちは、運動ニューロンを細胞培養して、正常アストロサイト、あるいはSOD1をコードする遺伝子に突然変異を持つアストロサイトのどちらかと一緒に生育した。欠損SOD1遺伝子を持つアストロサイト上で育てた運動ニューロンは死滅した。この実験結果は、アストロサイトが運動ニューロンを殺したことを示唆している。

研究グループはさらに、アストロサイトには共犯者がいることも見出した。ミクログリアのSOD1活性も、この運動ニューロンの死に関与していたのだ。ミクログリアはALS発症の引き金にはならなそうだが、そのSOD1欠損は、後期段階での急速な病状進行に寄与する。

また、その変異アストロサイト由来の培養液も、運動ニューロンを殺すことがわかった。この結果は、変異アストロサイトが、ニューロンに有毒な何かを放出していることを暗示している。このアストロサイトと運動ニューロンの間のこの関係は、特別である。というのも、SOD1をコードする遺伝子を破壊した別の種類の細胞と、運動ニューロンを一緒に培養しても、いっさい影響しなかったからだ。両細胞のこのような特別な結びつきも、ALSで運動ニューロンだけが選択的に死ぬことをよく説明している。

変異SOD1を持つアストロサイトは、反応性（グリオーシス状態）になる。アストログリオーシスは以前から、ALSの顕著な特徴としてよく知られている。だが、変異SOD1遺伝子を持つアストロサイトは、どのような有毒物質を放出しているのだろうか？　この問題は今も調査中で、最近、シナプスで放出された神経伝達物質グルタミン酸を除去するアストロサイトの能力が損なわれると、グルタミン酸が神経毒性を示すレベルまで上昇することを強く示唆する検証結果も出ている。理論的には、SOD1欠損の複合的な影響を受けて、アストロサイトは多種類の有毒物質を放出し、周辺の運動ニューロンを殺傷していると考えられる。有毒物質として、いくつかの候補分子が調べられているが、現時点ではアストロサイトから放出され、ALS患者から手足の自由を奪う致命的な毒素は特定されていない。だが今では、少なくともその毒素の放出源がどこなのかは判明している。

この発見はひとえに、「ニューロンの世界」を越えて、それまで無視されてきた「もうひとつの脳」の中の細胞群にまで探索範囲を拡大したために、成し遂げられたのだった。二〇〇四年に彼の科学的予言のひとつ［訳注：「ブラックホール情報パラドクス」として有名な仮説］が反証されたときに、ホーキングが潔く認めたように、情報はときにブラックホールから抜け出せることもあるのだ。

多発性硬化症――グリア戦争に伴う二次的な損害

あなたはカップに手を伸ばすが、それは手から滑り落ち、熱いコーヒーがテーブルにこぼれる。カップを拾い上げようとすると、またしても取っ手を握り損ねて、カップはテーブルに音を立てて落ちる。怒りに駆られたあなたは、反射的に三度目の試みでカップを摑んで、しっかりと握りしめ、慎重にテーブルの上で高く持ち上げる。今朝の食卓でのあなたは、いったいどうしたのだろう？　ただ眠たいだけかもしれない。なにしろ、この数週間、ずっとひどい疲れを感じていて、どういうわけか十分に体力を回復できるほど眠れないのだ。ひょっとして、慢性疲労症候群だろうか？　医者に行って、血液検査をしてもらうといいかもしれない。

数週間後、朝起きて目を開けると、視野にぽっかり穴の開いた部分があり、いくらこすってもそれは消えない。どこを見ても、カメラのレンズに付着して落ちない汚れのように、その穴はずっと消えずに視野にあって、うっとうしくて気力が削がれる。その斑点の外側でも、それまで外界が示していた鮮やかな色彩が、色褪せた洗濯物のように洗い流されている。

多発性硬化症は多くの場合、こんなふうに最初の徴候が現れる。その原因は、脳内の通信回路がショートすることにある。感覚器官から発せられたインパルスは脳に届かず、脳からの指令は、筋肉へと伸びる神経軸索の絶縁が途切れた場所を通過できなくなっている。電子機器に短絡《ショート》回路が発生する場合と同じように、多発性硬化症の機能不全も広範囲に生じる。視覚や平衡感覚に支障が出ることもあれば、膀胱や腸、あるいは性機能が障害される場合もある。多発性硬化症は協調運動を損ない、振戦、脱力、疲労、しびれや痛みを引き起こすこともある。以前は当たり前のようにできていたこと、たとえば読書や運転、会話や歩行などに困難を覚えるようになる。言葉が不明瞭になって、いつも酔っぱらっているような話し方になることもある。多発性硬化症患者の三人に一人は、認知障害や精神障害を経験する。そうなると、記憶力が衰え、予測や計画のような重要な生活能力が減退する。ときには、人格変化や情緒不安定を起こす場合もある。脳回路のどの部分が損傷したかによって、現れる症状は千差万別だ。

この病気が致命的になることはまれだが、この進行性障害の最も悲惨な点は、寛解を繰り返すという特性にある。病状が一時的に改善し、苦しみはすべて悪夢だったかのように思われるときがある。網膜の斑点は消え去り、外界に鮮やかな色彩が蘇る。障害がもたらす試練を受けていた最中に感じていた自己憐憫や恐怖だ、何だかばかばかしく思えてくる。ところがそんなとき、また不意に病魔が襲ってきて、あなたの脳や肉体、能力、そして外界とのつながりをまた少し蝕むのだ。

多発性硬化症が襲うのは神経系だが、ニューロンが攻撃されるのではない。その標的は、オリゴデンドロサイトだ。この激しい攻撃に対しても、グリア細胞はけっして戦闘を放棄しない。一部の戦線で勝利して、失われた領土と機能を取り戻すこともあるが、四方八方から容赦ない攻撃を仕掛けられて、最終的にはこの戦争に敗れてしまう。数年の間に、それまで楽しんでいた人付き合いや物事への愛着が、次第に奪われていく。病状の進行を食い止める術は、現在の科学にはまだない。この病気の患者数はかなり多く、七〇〇人に一人が多発性硬化症に苦しんでいる［訳注：この病気は白人に多く、日本人では一万二〇〇〇人に一人程度］。その病状の程度は、わずか、あるいは一時的な症状から、重篤な進行性のものまで幅広い。

多発性硬化症に関する現在の見解によれば、この病気は自分自身の免疫系による誤爆の結果である。第2章で考察したように、脳には独自の免疫系、つまりミクログリアが存在し、病気の監視役を務めている。脳以外の全身を防護する白血球は、正常では脳内には存在しないが、病気や損傷によって血液脳関門が破られると、脳内へ侵入できる。こうなると、深刻な問題が持ちあがる。感染性病原体によって活性化された免疫系のT細胞が、血液脳関門を通り抜けて入り込んでくることになるのだ。感染が起こると、T細胞は全身をくまなく回って侵入者を探すが、中枢神経系では、すばやく調査を終えると去っていく。ところが多発性硬化症の場合、一部のT細胞が活性化され、本来存在しないはずの脳内に留まることになる。ここから、問題が生じる。ミクログリアはこのT細胞を見つけ出して攻撃し、その結果、脳組織に炎症反応を引き起こす。この戦闘は制御不能になって、最終的にはミエリンの破壊につながる。そのまま病気が続けば、ミエリン生成細胞であるオリゴデンドロサイトが死ぬことになる。このような脳内の破壊部位は、斑《プラーク》の様相を呈する。プラークとは、細胞の残骸が残る荒れ地で、そこではミエリンは消失し、死滅したオリゴデンドロサイトと大量のミクログリア、さらには損傷した血液脳関門から潜入してきた白血球細胞が認められる。

　多発性硬化症はミエリン形成グリアだけを攻撃するが、軸索とグリアの間に密接な相互依存関係があるために、その被害は拡大する。詳細な理由はわかっていないが、慢性多発性硬化症の患者では、軸索が縮んで死に始める。本症の進行期では、侵された脳部位のニューロンは失われる。この事実は、ミエリン形成グリア細胞が軸索のために、たんなる電気的な絶縁以上の役割を果たしていることを示唆している。

　全体的な状況は、不法侵入してくるT細胞によってさらに悪化する。脳血管を裏打ちして、血液脳関門に貢献しているアストロサイトの重要な役割を踏まえて、アストロサイトがT細胞の侵入に加担、あるいはそれを煽動しているのだろうと疑う専門家も多い。ひとたび戦闘が手に負えなくなると、なぜ多くの死と破壊が起こるのかは容易に理解できる。ミクログリアが放出するサイトカインは、血液脳関門を形成している細胞を含め、細胞間の接着性を変える。また、小さなシグナリングタンパク質であるケモカインは、白血球を活性化して、炎症部位へと動員する。アストロサイトも活性化されると、これらの物質を放出する。白血球がひとたび脳内に入ると、血中で侵入病原体と闘うときと同じように、独自の炎症性物質を放出する。こうした物質は、ミクログリアとアストロサイトに生きるか死ぬかの闘いを仕掛ける。その戦闘においてミクログリアは、細胞に有害な毒性物質を放出し、補体と呼ばれるタンパク質の槍で細胞膜に穴を開ける。

しかしこの防衛隊は、脳損傷の修復を助け、新しいオリゴデンドロサイトの分裂を刺激して、戦闘で死んだ細胞を補充する役目も担う。新たに生まれたオリゴデンドロサイトは成熟すると、軸索を再びミエリンで被覆して、損傷した絶縁を修復する。多発性硬化症の患者が一時的に改善するのはこのためだ。

多発性硬化症には、治療の望みがある。なぜなら、この病気の発症原因を理解していると、科学者たちは信じているからだ。その原因とは、脳の免疫防御システムが制御不能になることである。さらなる研究により、三種類のグリア（アストロサイト、オリゴデンドロサイト、ミクログリア）に狙いを定めた薬で、多発性硬化症患者を治療できる日が来るだろう。オリゴデンドロサイトがどのように成長し、ある軸索にミエリンを形成するかしないかを決断するのかについて十分に理解が進めば、損傷したミエリンの修復を刺激する効果的な方法を見出すヒントが得られるだろう。

中枢神経系の損傷部位にシュワン細胞を移植した動物による実験的治療では、末梢神経にあることのミエリン形成グリアは、中枢神経の軸索をいともたやすく被覆することが示された。この結果は、多発性硬化症の問題は神経軸索ではなく、オリゴデンドロサイトにあることを証明しており、この病気で損傷した脳部位に末梢神経のシュワン細胞を移植し、消失したオリゴデンドロサイトに代わって脳の軸索を再び被覆させるという手法が、実用的であることを示唆している。最終的には、幹細胞をミエリン形成グリアへ転換する知識を近いうちに獲得して（第11章を参照のこと）、消失したオリゴデンドロサイトに置き換えるため、それを患者に移植できるようになるだろう。この補充療法はすでに、ラットを用いた実験的研究で十分な成果をあげている。これらの実験的研究で用いられている幹細胞は、骨髄や可塑性の著しい嗅部（嗅覚に関連した脳の部位）のシュワン細胞類似の細胞を含む、多様な部位から採取されたものであり、これによって、ヒト胎生組織から幹細胞を入手することに伴う倫理的さらには実用的な難問を回避している。このような移植治療が人間に応用できるようになるまでには、まだ多くの研究が必要だ。代用となるミエリン形成細胞が暴れ回って、さらに深刻な問題を起こさないことを、医師たちが確信しなくてはならない。これはけっして、ささいな懸念ではない。とりわけ幹細胞は、そもそも容易に分裂して、多種多様な細胞に形質転換できるのであれば、なおさらだ。それらは、脳内で容易に腫瘍を形成するかもしれない。以上のような問題に解答が得られ、究極的な治療を実現するためには、ミクログリアとミエリン形成グリアへのより良い理解が待ち望まれる。

多発性硬化症は、神経軸索がいかにミエリン形成グリアに依存しているかをよく示しているので、シュワン細胞やオリゴデンドロサイトだ、軸索内の電気活動を感知できるのはなぜかという疑問に対するヒントになるのではないだろうか？　軸索が周囲を被覆しているグリアに大きく依存しているという事実は、適切な応答をするために、グリアは軸索内のインパルス活動をモニターする必要があるのではないかという問題を提起する。ニューロン間で電気的シグナルを効率的に伝達するためには、ミエリンによる絶縁形成は不可欠で、このプロセスがインパルス活動の影響を受けることには利点があると仮定するのは、理に適っている。理学療法はたしかに、多発性硬化症患者に効果がある。理学療法で症状が改善する理由はいくつもあるが、軸索のインパルス活動によってミエリン形成を刺激することは、脱髄疾患患者に有益に作用する手法のひとつのようだ。

心臓発作と脳卒中——不十分な配管システム

人体は、驚くほど洗練された装置だが、ときに最もありふれた不具合、つまり配管システムの故障に屈服することがある。循環器は、体内の各細胞へパイプを通して血液を輸送し、酸素と栄養を供給して、老廃物を取り除いている。体内のあらゆる細胞を養える配管システムの複雑性は計り知れない。だが、こと配管に関しては、複雑さは望ましくない。

人体の循環器も、複雑な配管システムにつきもののあらゆる惨事を免れない。突然の漏れや破裂、詰まり、ポンプの故障などが起こる。古い家と同じように、年を重ねた人体の配管もしばしば突然不調をきたして、悲惨な結果の連鎖をもたらす。サウスダコタ州選出の上院議員ティム・ジョンソンは二〇〇六年、電話で記者たちと話している最中に病に襲われた。音も痛みもなく血管が破裂して、発話を制御する脳の一部への血流が途絶え、そこのニューロンを餓死させた。生存に不可欠な血液が流出したために、その電話中にもニューロンは急速に死んでいき、上院議員は自分の体の異変を感じとって、大変な事態であることをはっきりと自覚していながら、救助を求める言葉を発することができなかった。この類の配管故障、つまり血管破裂は、二種類に分類される脳卒中のうちのひとつだ。

毎年一五〇万人のアメリカ人が心臓発作を起こしており、心疾患はアメリカにおける死亡原因の第一位となっている（注1）。主たるポンプである心臓が不調になると、初期徴候が現れることもあるが、多くの場合、心臓は急に停止する。全臓器のうち心臓発作に最も弱いのは、脳だ。心臓が速やかに再始動できないと、脳細胞は死んでいく。あなたの心臓が止まったことに周囲の人が気づいてから、何とか再始動させるまでに、あなたに許される時間はわずか二、三分しかない。

老化した循環器では、古い配管同様、詰まりが頻繁に問題を起こす。その改善策も同じで、先がらせん状になったワイヤーをパイプに通して、詰まりを取り除くのだ。この処置は、医療用語では血管形成術と呼ばれる。心臓内の動脈が詰まると、心筋は飢えて、絶え間ない鼓動が徐々に停止に向かう。脳の動脈が詰まった場合も、脳細胞は飢えて、そのパイプラインによって供給を受けていた脳部位が壊死し、そこが担っていた機能もすべて失われる。それ以外の脳部位は、精神の一部が脳卒中によって死んでいくのに気づきながら、手の施しようもなくただ見ているだけだ。またしても詰まった配水管のたとえではないが、循環器システムは閉塞するその日までうまく機能していたのに、突然の脳卒中で、あなたはいつもの日常生活を奪われて、自力ではどうにもならない新しい境遇へと追いやられることになる。アメリカ心臓協会および疾病管理予防センターによると、脳卒中はアメリカにおける死因の第三位となっている。四五秒に一人のアメリカ人が脳卒中を起こしている。そのうち、毎年二七万五〇〇〇人が死亡し、助かった人の多くも、脳機能の一部を失ったまま、残りの人生を過ごすことになる。このような状態のアメリカ人は、現時点で六五〇〇万人にのぼる。

最近の研究から、脳卒中後には、アストロサイトを通って流れるカルシウムウェーブの頻度と強度が大幅に増すことが明らかになった。すでに見たように、アストロサイトを通過するカルシウムウェーブの増加は、てんかん後にも、同じように起こることがわかっている。カルシウム上昇は、アストロサイトに神経伝達物質グルタミン酸（高濃度では神経毒性を持つ）の放出を促すので、脳卒中に続くこのグリアの攪乱は、最初の発作から相当な時間が経過したあとに、さらなるニューロン死をもたらすことが知られている。このようなアストロサイト内のカルシウムウェーブを減弱する薬物が、動物実験で現在試験されていて、脳卒中後に起こる細胞死の第二波から、ニューロンを救済できることを示す有望な結果が得られている。

脳にとって循環器の真の魅力は、血流と脳細胞の間で特別に進化した細胞性インターフェイスにある。この細胞性インターフェイスは、神経血管ユニットと呼ばれている。この微細な装置は、単純に脳へ血液を送る配管と比較すると、まさに驚異的だ。血液と脳の間の分子交換はすべて、この神経血管インターフェイスを介して行われる。重要な交換系の例に漏れず、このプロセスにも、供給物に対する需要量の変化に合わせて高度に調節され、柔軟に対応することが求められる。脳細胞に送られる酸素量は、今まさに働いている特定の脳細胞集団で刻々と変化する需要に釣り合っていなくてはならない。また、脳の働きによって生じる老廃物は、過酷な状況下でどれほど速く蓄積するとしても、迅速に除去しなくてはならない。栄養や薬物、ホルモンは、適宜血液と脳の境界を通過する必要があるが、脳を浸している特別な細胞外液は、清浄な状態に維持され、全身の体液から隔絶されていなくてはならない。

血液と脳の間の栄養や老廃物、酸素の移動を監視し、調節し、適正化するシステムを考案するには、精緻で複雑なセンサー群を組み込んだプロセッサーや交換器が必要だ。こうした装置は、人間工学ではとても実現は望みえない。この望みをかなえたシステムは、脳の血管壁に存在する細胞と、ニューロンの変動する需要を監視してそれに対応している細胞の間における、微細な協力関係の上に成り立っている。後者は、「血管周囲アストロサイト」と呼ばれている。

〈偉大なる防壁——血液脳関門〉

脳はきわめて不安定な状態で作動している。一杯のビールやコーヒー、あるいは一分間の酸欠で、私たちの精神機能はバランスを崩してしまう。完全に定常的な状態で脳を維持するために、脳はきわめて特権的なシェルター内に格納され、身体の他の部分からほぼ完全に分離している。血液脳関門と呼ばれる巧みな構造の内側に、脳組織は密閉されているのだ。

脳には多くの血管や毛細血管が張り巡らされているが、それらの血管壁は、この血液脳関門という特別な障壁によって閉ざされていて、その関門を抜けて侵入できるのは、限られた数の物質だけだ。どんな障壁にもあてはまることだが、血液脳関門にも実用上の難点がある。血流に取り込まれた薬の大半は、この関門を通り抜けられないのだ。したがって、多くの脳の病気に効果が期待される薬は、血液を介して脳へ投与することができない。内服あるいは注射で投与されても、その薬が血液脳関門を通過できるように設計されていないかぎり、脳がそれに出会うことはけっしてない。けれどもこの関門がなければ、さまざまな物質（脳脊髄液や血流中のイオンや水、栄養、抗体その他のあらゆる物質）が一日中出入りすることになり、脳は著しく不安定な状態に陥るだろう。では、血液と脳を隔てるこの関門は、何で構成されているのだろう？

脳内の毛細血管細胞の際立った特性は、それぞれが隙間なく密着している点にある。この毛細血管を鞘のように覆っているグリア細胞は、血液脳関門を支え、その働きを調節している。この

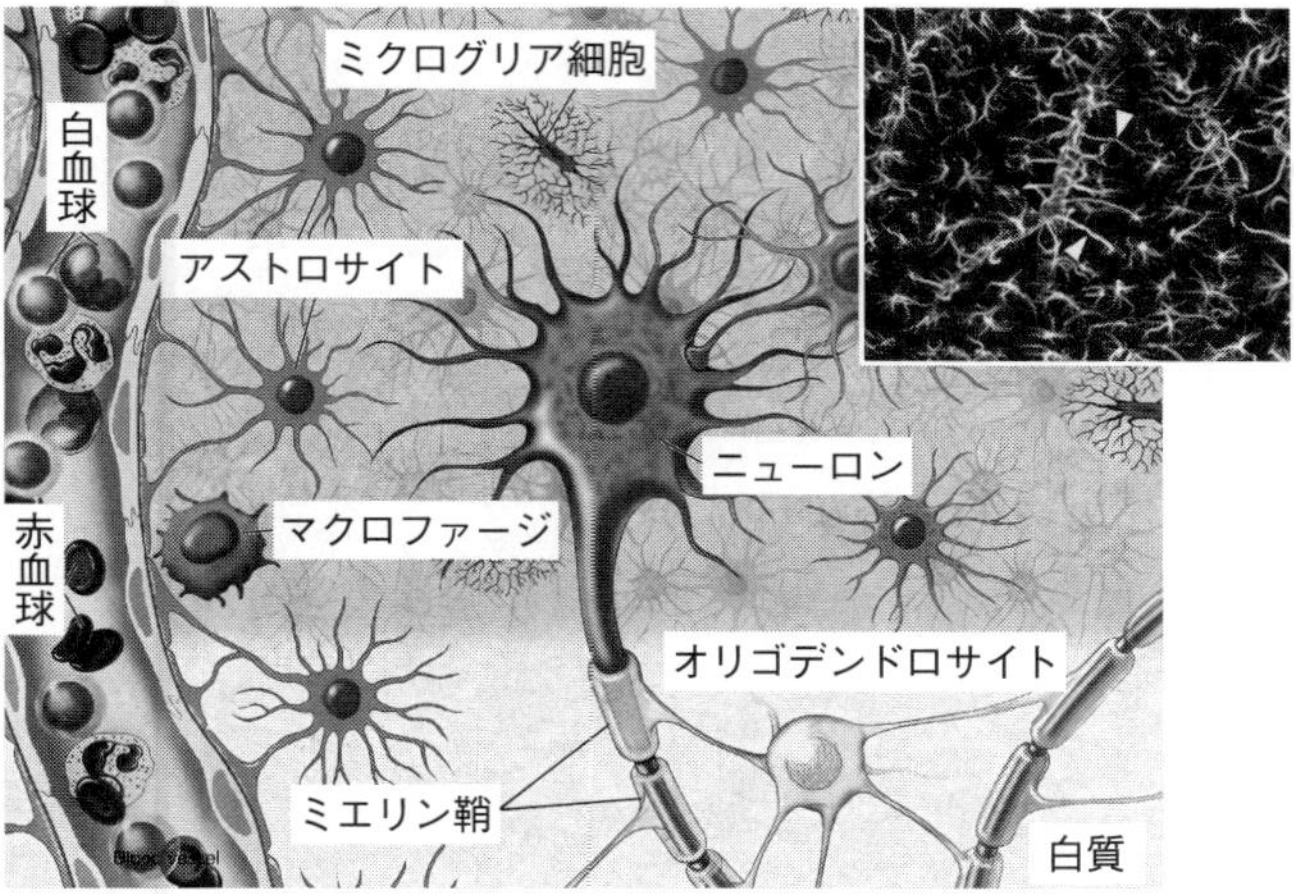

図8-2

血液脳関門は、血液と脳の間の水分、イオン、物質の交換を制御している。アストロサイトは、ニューロンの需要に合わせて、血管の直径を調節している。右上の挿入図は、血管をつかむアストロサイトのエンドフィートの顕微鏡像

特異なアストロサイトは、この機能のために特別に分化したものだ。この細胞は、健康なときはもちろん、病気の際にはとくに、血液脳関門の透過性を調節し、血液と脳の間で栄養やイオンをやり取りしている。酸素とグルコースを大量に必要とするにもかかわらず、ニューロンは脳の毛細血管と直接の物理的接触を持たず、自身の生存をアストロサイトに委ねているのだ。

　高名な脳外科医ワイルダー・ペンフィールドは、患者の脳を電極で探査して、思考や記憶が脳のどこに貯蔵され、情報がどのように脳内を移動しているのかを突き止めようとした。彼は一九三三年に、手術台に横

たわった患者の頭蓋骨を切除して露出させた脳で、大脳皮質の色が急速に変化する様子を観察することによって、てんかん発作の開始を確認できたと記録している。大脳皮質のてんかん発作が始まった場所では、血流が急激に変化して、豆腐のような色をした脳組織に、赤い花が開いたかのように紅潮が拡がったのだ。

脳細胞は何らかの手段で、非常に微細なスケールで血流をコントロールしている。それは、発火が増加して、より多くの酸素と栄養が必要になった特定のニューロンの需要を満たすためだ。脳と血液は、何らかの方法でコミュニケーションをとっていた。今では、そのコミュニケーションに、アストロサイトが通訳として利用されていることがわかっている。

血液と脳のこの相互作用を、医師や研究者たちがいつの日か、微小な規模の血流変化をモニターできる強力な機器を利用して、被験者を害することなく、頭蓋の外から覗き見られるようになるとは、ペンフィールドには想像もつかなかっただろう。こうした技術を使って科学者たちは、文字どおり「ヒト脳の中を思考が行き交う様子を見る」ことができるようになったのだ。

【思考とは何か?】

もし透視能力によって、電気的インパルスが脳内を騒々しく往来する中から、脳がひとつの考えを魔法のように生み出すところを、頭蓋の外から目撃できるとしたら、それはどのように見えるだろう? 耳障りなテレビのノイズ画面から、一枚の絵画が浮かび上がるように、その考えが見えるとしたら、どうだろう？

業務用の衣類乾燥機によく似た、白い大型装置のトンネルのような入り口に頭を置いて、あおむけに横たわった私は、医療技師に突然ベルトのバックルを乱暴につかまれ、開口部へ向けて強引に押し込まれたように感じた。驚いて足の方へ目を向けたが、そこには誰もいなかった。それは、目に見えない信じられないほど強力な磁石の手であり、ベルトの金属製バックルを引きつけて、装置の内部へ私を引き入れたのだった。私はそのとき、ｆＭＲＩ（機能的磁気共鳴画像法）による検査を受けようとしていた。ｆＭＲＩとは、脳活動の増加に伴って起こる脳内血流の局所的な変化を検出する技法だ。この新しい技術は、脳機能を覗き見る窓となって、脳が（意識下および無意識下の）思考をどのように処理しているかについて、基礎的な情報を新たにもたらすと同時に、医学研究者にとっては、貴重な新規のツールともなっている。

ｆＭＲＩは、神経活動に伴って脳内の血流が局所的に増加するという事実を、巧みに利用している。ヘモグロビンは、鉄の多いタンパク質で、赤血球細胞を赤色にすると同時に、酸素を捕集して全身の細胞へ届ける役割を赤血球に与えている。ＭＲＩ装置が検出する脳内のシグナルは、個々の、あるいは小集団のニューロンが必要としている酸素分子を、選択的に送り届けたヘモグロビンが誘起しているエネルギーだ。酸素を失ったヘモグロビン（デオキシヘモグロビン）は、磁気を帯びている。このデオキシヘモグロビン由来の磁場が、ＭＲＩ装置によって発生させた強力な探査用の磁場に反応して共鳴している磁気シグナルを変化させるので、それが検知されるのだ。

被験者が何らかの精神活動を行っている最中の一分半ほどの時間に、通常は約三〇枚の脳画像が取得される。その精神活動の前後に取得し、コンピューター処理された脳画像を対照として使用し、それらのシグナルが、精神的な作業中に得られた脳画像から差し引かれる。すると、シグナルが残った場所が、その精神的作業の間に神経活動が変化した脳部位ということになる。

たとえば、一〇~二〇枚目の画像の間に、被験者がバッハのフーガを聴いていたとする。その間の画像を加算平均して、バッハのフーガ前後の対照期間に集められた画像を差し引く。その結果得られる差分画像は、バッハを聴いているときに血流に差があった脳の領域を示している。こうして、音楽を聴くという精神作用に脳のどの部位が従事しているのかを、研究者は目で見ることができる。fMRIをさらに独創的に応用して、意識下および無意識下の精神活動がどのように行われているかの理解も進んでいる。たとえば、読書中の失読症患者の脳における情報の流れが、正常な読書能力を持つ人の脳内における情報の流れと比較してどう違うのかを、見ることができるのだ。

脳機能に向けて開かれたこの窓は、認知・知覚反応や痛みの神経生理学的な基盤を解明した。また、隠れた脳腫瘍の位置を明らかにしたり、神経障害が脳内のどこにあるのかを正確に特定したりもできる。つい最近までは、機能的脳イメージング法が、ニューロン内で増加した電気的活動を直接示すだけでなく、ニューロンの酸素需要に応えるグリアの活動までも明示できるとは、誰も想像していなかった。だが、脳細胞への局所的な血流を制御しているのは何かと言えば、これもまたアストロサイトなのだ。

ここ二、三年の間に、アストロサイトが近傍のニューロンの神経活動を感知して、脳内の細い血管を拡張あるいは収縮させる分子を放出していることを示す発見が相次いでいる。最近では、ニューロン-アストロサイト-血管間のこうしたコミュニケーションが行われている様子を、生きたマウスやラットの脳で実際に見ながら研究することに、科学者たちは成功している。ラット脳内のアストロサイトにカルシウム感受性色素を注入したあと、その麻酔したラットを、強力なレーザー走査型共焦点顕微鏡のステージに置く。すると、頭蓋骨に開けた小さな隙間から、生きたラットの脳内でアストロサイトを通して流れていくカルシウムウェーブを観察できる。ラット脳内で特定のニューロン群が活性化すると、それらを取り囲むアストロサイトは、細胞内のカルシウム濃度上昇によって光を発し、やがてその光は、ラット脳内の別のアストロサイトへも拡がっていく。まもなく、その脳領域にある細い血管が、飢えたニューロンに送る血流や酸素の流れを調節するために、拡張あるいは収縮するのだ。

たとえば、顕微鏡のステージ上で眠っているラットのひげに軽く触れると、ひげの動きを解読しているニューロンが存在する大脳皮質の部位で、アストロサイトが光りだす。同じ領域にある血管は、アストロサイトの影響を受けて拡張反応を起こす。活動中のニューロンへ酸素を届ける血流を制御しているアストロサイトに応答して、オキシヘモグロビンが低下［訳注：つまりニューロンに酸素を与えデオキシヘモグロビンに変化」することを利用して、ＭＲＩ装置はこの部位における神経活動の増加を検出できる。研究者たちは、特定のシグナリング分子を阻害する薬物や、アストロサイト内のカルシウム濃度の上昇を減弱する薬物を投与することによって、アストロサイトが神経活動の増加をいかに感知し、どのような分子を放出して局所の毛細血管を収縮あるいは拡張させているのかを、正確に究明しようとしている。

このような情報が、基礎的な神経科学にとって重要であるように、このニューロン‐グリア相互作用は、医療応用にとっても多くの重要な示唆を含んでいる。脳発作や多くの神経変性疾患に対する脳の応答には、血流の局所的変化が関与しており、このプロセスの重要な調節因子として働いている細胞がアストロサイトであることは、今では科学者の間でよく知られている。マイケン・ネーデルガードらによる最近の研究から、一種のアルツハイマー病に罹ったマウスでは、ひげ刺激に対するアストロサイトの応答が鈍くなり、その結果、ニューロンへの局所的血流を調節する働きが弱まることがわかっている。

【片頭痛】

この「アストロサイト‐毛細血管‐ニューロン」群は、今では「神経血管ユニット」と呼ばれていて、何百万もの人々を苦しめている、痛みと身体障害を伴う別の疾患とも密接に関連している。その病気とは片頭痛だ。これは、脳内から生じる気力を削ぐような血管性頭痛だ。脳の別の部位へ拡がる電気的インパルスが神経細胞の活動を変化させ、それに伴って生じる局所血流の乱れと相まって、視覚障害、しびれ、刺すような痛みや眩暈《めまい》といった症状を引き起こす。この脳波の拡延性抑圧については、てんかんとの関連ですでに説明した。同じ現象が片頭痛でも起こっていて、ここでもまたアストロサイトが、そのプロセスに関与している。

このような血管性頭痛は、脳内の血管が過剰に拡張し、その周辺領域に痛みや炎症を誘発することで起こる。炎症は三叉神経を刺激して、その結果、脳を覆っている被膜様細胞である髄膜から、拍動性の激しい頭痛が起こるのだ。感覚が過敏になり、ちょっとした音や光でさえも、耐え難いほどの痛みを引き起こす。片頭痛の発作には、悪心［訳注：吐き気］や嘔吐、食欲不振、気分障害が伴う場合もある。また、大脳皮質の視覚を処理する部位で血流が不足して、神経細胞の活動異常が起こると、患者は光のちらつきや幻覚などの前兆をしばしば経験する。

片頭痛は周期的に起こり、女性に多く発症する。そのため、片頭痛にはホルモンの影響が関連していると疑われているが、遺伝的疾患の側面もある。アストロサイトが神経活動を感知し、脳波と局所的な血流を制御するために用いている分子メカニズムについて、もっと理解が進めば、ニューロン、グリア、血管の間における複雑な連携作用が不調をきたしたときに起こる、つらい痛みを伴った後遺症を、たんに対症療法で和らげようとするのではなく、問題をその根源で制御する新たな治療法が考案できるだろう。

パーキンソン病――石のようになる

彼があれほど病みつきにならなければよかったのだが、薬物中毒と忍耐が共存することはめったにない。彼は我慢ができず、その結果、脳内のグリアが彼を永久に麻痺させることになった。マニュエル（仮名）は一九八二年、サンタクララ郡医療センターのベッドに横たわり、よだれを垂らし、話すことも歩くこともできなかった。医師たちには打つ手がなかった。

その一週間後、麻痺と固縮［訳注：硬直］の症状でマネキンのようになった若い女性が、同じ病院に収容された。イザベル（仮名）がマニュエルの恋人だと知って、担当医師の懸念は警戒に変わった。原因はウイルスだろうか？　ウィリアム・ラングストン医師はただちに、広く警戒を呼びかけた。するとまもなく、固縮、振戦、発話不能という同じ症状を呈する患者がさらに五人見つかった。

ラングストン医師は、こうした症状がパーキンソン病で認められることは承知していたが、この病気はたいてい中高年に発症し、徐々に進行する神経変性疾患なのだ。マニュエルとイザベルは、一夜にして「石のようになって」いた。パーキンソン病の原因は、十分に立証されている。黒質と呼ばれる脳部位で、黒っぽい色のニューロンが死滅することによって発症するのだ。随意運動は、脳の中心部にある大脳基底核という部位によって制御されている。この神経核には、運動を司る回路のブレーキとアクセルを制御している二種類のニューロンがあり、それらは筋肉の繊細な動きを調節している。アクセル役のニューロンは、神経伝達物質としてアセチルコリンを使って、動きを促進する。一方、ブレーキ役のニューロンは、神経伝達物質としてドーパミンを使用して、動きを抑制する。パーキンソン病では、この二つのペダルのバランスが崩れて、黒質ニューロンから十分な抑制が送られなくなる。そのため、「動け」と命じるニューロンが活動過剰になって、身体に強い固縮が起こるのだ。つまり、アクセルやブレーキをクラッチと円滑に連動させられない運転者によって、マニュアル車がエンストするときのように、筋肉の動作は停止してしまうことになる。元司法長官のジャネット・リノ、ローマ法王の故ヨハネ・パウロ二世、ボクシングチャンピオンのモハメド・アリ、俳優のマイケル・J・フォックスなどは、パーキンソン病患者としてよく知られている。

Ｌ-ドーパによる治療を受けたパーキンソン病患者で、氷が水になるように体の強張りが解けていく過程は、まさしく劇的だ。患者にとって、Ｌ-ドーパは奇跡の薬だ。この薬はドーパミンを増加させて、運動を司る回路の興奮と抑制のバランスを急速に回復する。だが、時間の経過とともに、その効力は次第に弱まる。Ｌ-ドーパは、ニューロンが抑制性神経伝達物質ドーパミンを合成するための原料だ。患者に投与するＬ-ドーパの量を増やせば、患者の脳内のドーパミン量も増加する。この化学物質は、薬として投与しやすい。というのも、血液脳関門を通過して、それを必要としているニューロン内部で神経伝達物質に変換することができるからだ。

ラングストン医師は直感に従って、マニュエルたちにＬ-ドーパを投与した。すると突如として、彼らの症状は改善した。氷結したような体は融解して、生彩を取り戻した。Ｌ－ドーパによる回復は、患者の全員が、黒質ニューコンの機能消失か、おそらくはその死滅に苦しんでいたことを裏付けていた。だが、それはどうしてか？

患者への問診から、ほどなく共通点が見つかった。患者は全員、薬物乱用者だったのだ。以前にも、これと同じことが起こっていた。数年前の一九七六年、九年間にわたって色々な薬物を試してきた二三歳の大学院生が、合成麻薬であるＭＰＰ（合成アヘンの一種）を、自分で使うために作製した。その薬を大量に手早く調製しようと試みている最中に、一連の反応過程を短縮するため、彼は加熱を強めることにした。この時短が化学反応を変質させ、副産物として有害物質が生じて、自家製ドラッグに混入することになった。

この有害物質を含む合成ヘロインを服用したあと、彼には固縮が現れ始めた。振戦にも苦しめられ、ほどなく話すことさえできなくなった。彼は入院し、そこで緊張型統合失調症と診断された。ところが、Ｌ－ドーパによって彼の病状が改善することがわかり、その診断は変更された。彼はパーキンソン症候群を発症していると考えられた。汚染された違法ドラッグが、黒質ニューロンを攻撃したことは確実だった。

それから二年後、この患者はコカインの過剰摂取により自殺した。この一件で、彼の脳を調べる機会が得られた。剖検結果は、医師のにらんだとおりだった。つまり、彼の脳では、黒質ニューロンが破壊されていたのだ。しかし、自家製ドラッグに含まれたこの悲劇的な混入物質は、科学に恩恵をもたらすことになった。なぜなら、サルにパーキンソン病を実験的に誘発する手段として、この混入物質を医学研究に活用できるようになったからだ。

ところが突然、話は意外な展開を見せた。合成ヘロインに混入していた有害物質であるＭＰＴＰを単離して、実験動物の黒質へ注入すると、ドーパミン含有ニューロンが死滅した。だが奇妙なことに、細胞培養したドーパミン含有ニューロンにこの化合物を添加しても、この条件下のニューロンには毒性をまったく示さなかったのだ。これには、研究者たちも困惑した。この謎が解けたのは、ニューロン死に関与しているもうひとつの重要な要素が発見されたからだ。その要素とは、アストロサイトだった。細胞培養でアストロサイトと一緒に生育させたニューロンは、この薬物によって死んだ。さらに、実験動物の脳の黒質において、まずアストロサイトを殺してからＭＰＴＰを注入すると、ニューロンは死を免れた。アストロサイトとあの混入物質の組み合わせが、黒質ニューロンの死を招いたのだ。研究者たちは最終的に、アストロサイトが混入物質ＭＰＴＰを取り込んで、ＭＰＰ＋という別の毒性物質に転換していることを突き止めた。この毒物が黒質に蓄積して、やがてドーパミン含有ニューロンを殺傷するのだ。

薬物乱用以外についても、この発見は興味深い問題を提起している。アストロサイトは、自然に発症するパーキンソン病にも関与しているのだろうか？　すなわち、アストロサイトが生涯にわたり、別の脳内物質を分解して、その副産物として神経毒を生成し、この毒がやがて重要な黒質ニューロンを損傷している可能性はあるだろうか？　ひょっとすると、アストロサイトに作用する他の環境因子が、似たようなやり方でパーキンソン病に寄与しているのかもしれない。有害物質に生涯を通じて暴露されることが、特異な神経毒の産生をアストロサイトに促し、それが選択的に黒質細胞を殺し、その細胞死が蓄積して、私たちがある年齢に達したとき、ついにパーキンソン病を引き起こすのかもしれない。これならば、この病気の発症率が、加齢とともに増大することにも説明がつく。

〈パーキンソン病治療におけるアストロサイト〉

ドーパミン含有ニューロンの死によって減ったドーパミンを、L-ドーパ投与で補うことによってパーキンソン病の症状を治療するよりも、この病気の原因を根本から断てるなら、そのほうがはるかに望ましい。神経学者にはしばしば見過ごされているが、アストロサイトはパーキンソン病の発症に関与しているだけでなく、この病気の新たな治療に役立ちそうでもある。

パーキンソン病で黒質ニューロンが死ぬのは、本来ならニューロンの自浄作用で破壊されるはずの異常なタンパク質が、ニューロン内に溜まってしまうからだ。アルツハイマー病、ALS、レビー小体型認知症など多くの神経変性疾患でも同じように、不要なタンパク質の異常蓄積が認められる。科学者たちは最近まで、患者のニューロン内部に封入されたタンパク質ばかりに注目していたので、近傍のアストロサイトも同じ異常タンパク質の塊で満たされている事実を見逃していた。解剖学的レベルでは、アストロサイトも「神経変性」疾患の一部を成しており、ニューロン－グリア相互作用に関する新たな知見に照らせば、こうした異常なアストロサイトが神経変性疾患の根本原因のひとつかもしれないと考えるのは、非常に筋が通っている。

別の研究では、アストロサイトの自然な神経保護作用を利用した、パーキンソン病の新しい治療法が提案されている。脊髄損傷の章で説明したように、神経栄養因子は、細胞から放出される、ニューロンの生存に重要なタンパク質だ。一九九三年に公表された研究で、フランシス・コリンズのグループは、ある神経栄養因子の精製に成功したことを明かした。それは、パーキンソン病で死滅する例のドーパミン含有ニューロンの生存を増進するという。細胞培養したドーパミンニューロンに投与すると、この因子はニューロンの生存を支援し、その生育を刺激し、培地からドーパミンを取り込む生物活性を促進した。この因子は、ドーパミンニューロンにきわめて特異的に作用した。この新たな神経栄養因子は、試験した別の数種類のニューロンには、まったく影響しなかった。研究グループは、この新しい成長因子をグリア由来神経栄養因子（glial-derived neurotrophic factor、ＧＤＮＦ）と命名した。この名前は、その因子がグリア細胞のアストロサイトに由来することを反映している。

現時点で、医科学研究のデータベースであるパブメド（PubMed）には、ＧＤＮＦに関する科学論文が二〇〇〇編以上も収載されている。これらの研究は、このグリア由来因子が、多くの病態に関連して、中枢ニューロンだけでなく、一部の末梢ニューロンの生存も維持することを示している。この注目に値する成長因子は、変性からのニューロン保護、痛みに悩む患者の治療、神経系損傷からの回復促進、幹細胞からニューロンへの転換の刺激、アルコール依存症の治療、モルヒネ効果の変調、気分障害や多発性硬化症の治療、シュワン細胞によるミエリン形成の促進、MPTP毒性や低酸素からの保護などに効果を発揮することがわかってきている。パーキンソン病におけるGDNFの役割をテーマにした論文だけでも、数百にのぼる。イギリスのブリストル大学に所属するスティーヴン・ギルらは、カテーテルを使ってGDNFを患者の脳の線条体領域へ送り込むことにより、パーキンソン病の治療に成功した。また、アムジェン［訳注：アメリカに本拠を置く、世界最大級のバイオテクノロジー企業］が実施した大規模な応用研究は、残念ながら中止されたが、それは安全性に関する懸念からだった。GDNFの頭文字Gが、すべてを言い表している——ニューロンの生存は、グリアにかかっているのだ。GDNFの副作用について理解が深まり、それを克服できれば、パーキンソン病の新たな治療法が見つかるだろう。アストロサイトがニューロンに供給している成長因子に関する研究を推進することは、パーキンソン病やその他の神経変性疾患の新たな治療法につながる最も有望な道筋のひとつだ。このような研究はおそらく、黒質ニューロンの死や、その他多くの「神経変性」疾患を引き起こしている原因を明らかにするだろう。

パーキンソン病の治療に向けて、大きな期待のかかるもうひとつの手法は、ドーパミン含有ニューロンを失った脳部位に、ドーパミンを放出する細胞を移植する試みだ。この技術はこれまでに成果をあげているが、中絶したヒト胎児から採取した神経幹細胞を移植することへの倫理的・

政治的な懸念が障害となっている。ドーパミンを産生するほかの細胞、たとえば網膜上皮細胞の利用も試され、有望な結果が得られている。また、ドーパミンを生成するようにアストロサイトを遺伝子操作することも可能で、幹細胞とアストロサイトの関係について今後さらに理解が進めば、この変化しやすいグリア細胞を細胞培養によって、ドーパミン含有ニューロンへと転換するよう誘導して、胎児幹細胞の使用に頼ることなく、パーキンソン病患者の脳内への移植が可能になるかもしれない。

近年、パーキンソン病の新たな治療法として登場したのが、脳深部刺激という驚くべき手法だ。脳外科医たちは一九九〇年代半ばに、パーキンソン病で運動障害を引き起こす脳内の大脳基底核に、細いプラチナ製ワイヤー電極を埋め込んだ。そこから電気パルスを流すと、パーキンソン病に特有な筋肉の振戦や固縮を軽減する目覚ましい効果を発揮し、その脳部位が刺激された直後に、患者はスムーズに歩けるようになる。この人工的な刺激の有効性は、薬物治療よりもはるかに長く継続する。というのも、治療薬への耐性が生じて、薬物治療はやがて効かなくなるからだ。

脳深部刺激療法がどのような仕組みで、運動能力を奪うパーキンソン病の症状を緩和しているのかはわかっていない。今では多くの研究者が、この治療は「もうひとつの脳」を刺激していると考えるようになっている。アストロサイトを通して流れるカルシウムウェーブは、ニューロンの興奮ウェーブを協調させ、脳活動や発作、睡眠時において脳内回路の興奮性を調節するために、重要な役割を演じている。この点に着目し、神経変性疾患によって正常に機能しなくなった脳回路の神経活動を連係して働かせることに、アストロサイトのカルシウムウェーブが貢献している可能性を調べ始めた研究者もいる。つまり、脳深部刺激療法は、運動を制御しているニューロンの大集団の活動を協調させているアストロサイトのカルシウムウェーブを変化させることによって、この重要なニューロン－グリア相互作用に影響を与えているかもしれないのだ。

神経変性疾患には、必ずグリア応答が伴っている。しかし、グリア細胞をニューロンの使用人と捉える見解が支配的だったせいで、グリアがニューロン死に応答しているのではなく、その根本原因である可能性に、多くの科学者は思い至らなかった。ところが、ALSやパーキンソン病に関する近年の研究が示すように、グリアの機能不全が直接、神経変性疾患の原因になることも少なくない。ニューロンとグリアを厳格に差別する考え方も、その逆の事実、すなわち、「グリア病」として知られている多発性硬化症のような疾患がニューロン死をもたらす可能性について、多くの科学者が正しく認識するのを妨げてきた。最近になってこの可能性が「ありうること」と認識されるようになったのは、最新の手がかりのおかげではない。その証拠はずっと目の前にあったのに、先入観にとらわれて無視され続けていた。通説に抵触する見解は、物議を醸すと敬遠されてきたのだった。

とはいえ、ニューロン損傷の第一応答者というグリアの役割は、古くから十分に認められていた。それにもかかわらず、脳の病気や損傷の新たな調査法や治療法を考案するために、グリアを活用しようとする研究があまり活発になされてこなかったのは驚きだ。神経科学者たちや科学分野の権威筋（研究支援機関、科学誌の編集者、さらにはバイオメディカル関連企業さえ）も、この有望な方向へなかなか足を踏み出さなかった。人間の脳内における機能的活動を観察できる素晴らしい撮像法に驚嘆している科学者らにさえ、脳内で働いているグリアの能力を自分たちが実際に目撃していることを十分に認識している者は、ほとんどいなかった。健康なときも病気のときも、情報処理を促進し、神経機能を維持しながら、グリアが奮闘しているという事実は、見過ごされてしまったのだ。

しかし現在では、神経科学は危機を脱しつつある。研究にこのような新しい方向性が見出され、グリアへの取り組み方が啓発されたおかげで、アルツハイマー病から脳卒中までほぼすべての神経変性疾患に関して、私たちは新しい基本的理解に近づき始めている。この方面の発見からは、心躍るような新たな治療法とともに、いくつもの驚くべき事実が判明している。たとえば、次章で考察するように、グリアが痛みでも一役買っていようとは、最近まで誰も想像していなかった。体内の痛みを伝える神経回路図はすべて描き出されていたが、その神経学的な配線の中に、グリア細胞はひとつもなかった。だが今では、そこに何かが欠けていることを、私たちは知っている。

第9章

グリアと痛み ——恩恵と災禍

痛みは私たちの生活を支配する。行動の動機づけとして、痛みの力に匹敵するものはない。私たちは飢えの苦痛を癒すために、苦労して地を耕し、動物を殺して食べる。苦痛に駆り立てられて、寒さや暑さ、嵐を逃れられる場所を求める。炎症を起こした関節や傷ついた骨が訴える激しい痛みは、動き回りたいという人間の本質的欲求さえ拒み、体の衰えた高齢者を引きこもらせる。さらには、あまりの痛みから、そのつらさを断ち切るために、うずく歯を抜いてほしい、あるいは患部を切り取ってほしいと、他者に懇願する者もいる。拷問にかけられた者は、耐えきれずに服従する。古い時代には、痛みが人々を穿孔《せんこう》や瀉血《しゃけつ》に駆り立てることもあった。つまり、頭蓋に孔を開けたり、静脈を切開したりしてもらって、痛みを解消しようと試みた。現在では、救いようのない痛みに見舞われた者たちは、従来とは異なる治療に痛み軽減の望みをかけて、鍼灸師やカイロプラクティックの施術師、偽医者や神秘主義者のもとへ足を運んでいる。痛みを鎮める秘薬を求めて、薬物中毒に陥る者も少なくない。

だが、誰もが同じ強さで痛みに襲われるわけではなく、ときにはきわめて激しく攻撃されても、なぜか痛みをまったく感じないこともある。出産時には、女性の骨盤は無理やり開かれ、組織も裂ける。壮絶な戦闘を繰り広げている兵士は、あとになってようやく、自分が撃たれて致命的な傷を負っていて、死が間近に迫っていることに気づくのだ。クロロホルムやエーテルのようなありふれた溶媒から、蒸気をひと嗅ぎしただけで、不思議と痛みが消え去る。さらに、砂糖の錠剤一粒で痛みから逃れられると強く信じるだけでも、痛みは和らぐ。痛みとは、まったく謎めいている。

痛みには効用もある。効用どころか、命を救いさえする。ジョージア州パターソンに暮らす五歳の少女アシュリン・ブロッカーは、痛みをまったく感じない。彼女は麻痺しているのでも、触覚を失っているのでもない。ただ、痛みを感じないだけだ。愛情深い彼女の母親は、見守られていて安全な自宅からアシュリンを解き放って、学校へ通わせることを恐れている。たしかに学校では、ほかの子どもたちと一緒に遊び、学ぶことができる。だが、この五歳の少女はすでに、数知れない骨折、やけど、指の切断、食事中気づかないうちに何度も嚙み切ってずたずたになった舌などで、まさに満身創痍の状態なのだ。彼女は片目の視力も失っている（注1）。

アシュリンと同じ先天性疾患の人々は、先天性無痛無汗症（CIPA）と呼ばれ、通常は二五歳を迎える前に亡くなる。けがや感染症が命取りになるのだ。彼らには咽頭反射がなく、鼻がムズムズムしてくしゃみをしたり、喉がヒリヒリして咳込んだりすることがない。また、どれほど負傷がひどくても、その原因が何であれ、アシュリンはけっして、医師にどこが痛むのかを伝えられない。このような子供たちは、虫垂の炎症も耳の感染症も自覚しないので、感染症は気づかない間に猛威を振るう。乳幼児期から、痛みで泣き叫ぶことはなく、自分の血を見て反射的に警戒感を抱いたり、パニックになったりすることもない。このような幼児にとって、血液はたんなる好奇心の対象にすぎない。悲しくぞっとするような話だが、幼いアシュリンにとって、自分の血液がおぞましいおもちゃだったのも無理はない。この病気の人たちは、ほかの点ではまったく正常だが、ひとつの遺伝子欠損が痛覚ニューロンを出生前に弱らせて殺すせいで、痛みを感じることなく傷を負い、早世する。

この謎のような痛みのない負傷とは対照的に、多くの人は逆の状況に苦しんでいる。つまり、負傷のない痛みだ。慢性疼痛は、さらなる傷害から私たちの身を守るための警告信号として働く急性疼痛とは異なる。急性疼痛は、ひとりでに弱まっていく。ところが慢性疼痛は、奇妙なことに、傷が治ったあとで起こる場合が多い。有害な状態や損傷を知らせて痛覚ニューロンを興奮させるシグナルはもはやなくなったにもかかわらず、それらのニューロンが腸《はらわた》のちぎれるほどの痛みに悲鳴をあげるために、慢性疼痛は強まることになる。絶え間ない激しい痛みは、慢性疼痛患者の生活を支配する。痛みのせいで夜も眠れず、常に苦痛に苛まれて、彼らの生活からはあらゆる喜びが消え去る。ふつうならば心地よいはずの接触や感覚が、痛みの激しい炎を燃え上がらせる。靴下を履くことすら、耐えられないときもある。

　慢性疼痛は、医師にとっても患者にとっても、不可解で悩ましい問題だ。というのも、はっきりとした原因も十分な治療もないからだ。モルヒネのような強力な鎮痛薬は、一時的に痛みを止めるが、その緩和効果は次第に薄れていく。長期間にわたって投与が続くと、こうした麻薬に対する耐性が生じて、やがては薬物用量を増やさなくてはならない。その結果、患者は薬物依存になる。こうなると患者は、強力な鎮痛薬の副作用で眠気、放心、意識障害を含む譫妄《せんもう》に加えて、慢性疼痛と麻薬依存症の両方に苦しむことになる。慢性疼痛に耐えかねて、絶え間ない苦痛を鎮めるために、外科医に痛覚神経を切断してもらう者もいる。ところがどうしたことか、この処置はかならずしも功を奏さない。たしかに痛みは、神経の末端部で発生するのだろうが、実際には脊髄を介して処理されて運ばれているので、外科医のメスはそこまで届かない。傷ついた神経は、治癒後にも脊髄内の痛覚回路に変化を起こすことができ、それが何百万人もの患者の慢性的な痛みの発生源となっている。

　患者のなかには、警察に嫌疑をかけられるほど大量の鎮痛薬を手元に保持して、使用せざるをえない者もいる。慢性疼痛の患者の治療にあたる医師は、重症患者の痛みを緩和するために大量の麻薬を処方することで、当局から厳しい詮索を受けかねない。というのも、彼らに処方する麻薬の用量は、耐性のない人にとっては致死量となりうるからだ。警察や保険会社から不必要な関心を引かないように、耐性が高まった患者にはもう効果がないことを承知のうえで、多くの医師は鎮痛薬の処方量を抑制せざるをえない状況にある。

リチャード・パイは四七歳で、三人の子供の父親だ。自動車事故で脊椎を損傷したあと、彼の人生も損なわれてしまった。身体の傷は癒えたが、痛みは消えなかった。それどころか、絶え間ない激しい苦痛へと強まった。「脚を暖炉に突っ込んでいるように感じていました」と、CBSの報道番組「60ミニッツ」の記者にパイは語った。「脚は燃えているようだったが、動かすこともできませんでした。それは強烈な痛みです。いつかは本当に自殺に追い込まれてしまうほどのものなのです」。彼は実際、二度自殺を試みている。「死ぬことができていたら、それは私にとって一種の安らぎとなったでしょうね」。かつては成功した弁護士であり、夫であり、父親であった男はこのとき、二五年の刑に処せられて、フロリダ州のある刑務所に座っていた。彼の罪状は、慢性疼痛緩和に必要な大量の麻薬を手に入れるために、処方箋を偽造したことだった。今や受刑者となった彼は、十分な量の麻薬を州政府から支給されていた（注2）（刑務所で四年を過ごしたあと、リチャード・パイは二〇〇七年一〇月に、クリスト州知事により赦免された）。

医師や科学者たちは長年、慢性疼痛の原因を懸命に探してきたが、成果はあまりなかった。最近まで答えを見出せなかったのはひとえに、間違った場所を調べていたからだった。「不可能なものを除外していけば、残ったものはいかに可能性が低かろうとも、それが真実に違いない」と、アーサー・コナン・ドイルの『四つの署名』のなかで、シャーロック・ホームズは言っている。可能性はきわめて低いように思われるが、慢性疼痛という不可解な事件は、炎症を起こした神経の単独犯行ではなかったのだ。

神経系の機能におけるグリアについての認識が高まるにつれて、疼痛研究者の一部が、最も可能性の低そうな容疑者を調べ始め、なんと犯人を突き止めた。これらの科学探偵は、慢性疼痛がニューロン自体ではなくグリアに起因するという、とてもありそうにない事実を見抜いたのだ。この洞察は、慢性疼痛の新たな治療につながるだけでなく、ヘロインやその他の麻薬に対する薬物依存の問題も解決に導きつつある。

痛覚回路――感覚の始動と停止

慢性疼痛とグリアの役割を考える前に、まずは痛覚回路の基本をいくつか押さえておく必要がある。意外に思われるかもしれないが、痛覚ニューロンは脳内にはない。また、筋肉へ指令を送っている運動ニューロンが見つかる脊髄の中にさえない。痛覚ニューロンは、背中の中心に一列の瘤《こぶ》のように並んだごつごつした脊柱の各椎骨の隙間に、あとから思いついたかのように押し込まれている。背骨をつなぐそれぞれの椎骨間の空間には、痛覚ニューロンの詰まった袋がある。関節でつながった脊柱の各分節の左右両側に、痛覚ニューロンの袋はひとつずつある。

四足動物では、それぞれの椎間関節の間に痛覚ニューロンの小さな袋を収納しておく十分なスペースがあるが、人類は二本の後ろ脚で立つようになったため、椎骨は垂直に積み重なり、個々の骨の間を埋めている弾力性を持った円板を圧迫している。さらに、私たちの脊柱は、四足動物（たとえばウマ）のようなアーチ状の堅固な背骨から変形して、ゆるやかなS字を描き、腰部と頸部で湾曲している。ここは痛みに襲われやすい部位で、人類が前脚と引き換えに手を獲得した代償として耐え忍ばなくてはならない苦難だ。痛覚ニューロンの袋を椎骨の間に押し込んでいる円板がヘルニアになったり、圧迫されたりした結果、多くの人が首や腰の痛みに苦しんでいる。この痛みは、つらいうえに有害でもある。押し潰された神経細胞は炎症を起こし、神経インパルスを次々に発火して窮状を訴える。一部の神経は、圧迫されて傷ついた軸索を失って死ぬ。

この袋の中の神経細胞は独特である。細胞体は、ゼリーで満たされたゴム風船のような澄んだ球形をしている。痛覚ニューロンに樹状突起はないが、ゴム風船のような細胞体から一本の軸索が細い糸のように伸び出していて、他の感覚ニューロンの軸索とともに束ねられ、神経を通って全身の皮膚や筋肉に到達する。そこで、小さな神経終末が枝分かれして、微細な感覚器官へと特殊化し、触感、圧感、温感、冷感、刺激性物質、さらには日焼け、擦り傷や切り傷などで損傷した皮膚細胞が放出する物質などを感知できるようになる。

この小さな神経終末を通って、外界から多種多様な情報が私たちの脳に流れ込む。ベルベットやサテン、ガラス、恋人の肩、あるいは子犬の毛並みの絹のような感触から、砂利や砂、樹皮や石の粗い手触りまでさまざまだ。夕方のそよ風、冷たい大理石や氷のハッとするような冷たさ、そして、差し伸べられた手のひらから感じる温もり、雲の間を抜けてくる暖かな日差し、夏のアスファルトを裸足で歩いたときの焼けつくような熱さ。乾燥して脆くなった秋の葉もあれば、冷たい小川のじめじめとした湿気もある。ほかの人の肌に触れた指先を通して知る世界は、がっしりと握った手の固さ、手をつないだときの胸が高鳴るような親密さ、そして、優しいキスの柔らかで濡れた温かみまで幅広い。この繊細な神経終末こそ、私たちに感覚を与えるニューロンであり、その感覚には心地よいものと苦痛なものの両方が含まれる。

こうした神経のセンサーは、体の内側も監視している。一部の神経は軸索を筋肉内部へ伸ばして、先端を各筋肉線維の周囲につるのように巻きつけている。小さな触手はそこで、筋肉内部の伸縮や緊張を感じ取る。そして、全身のそれぞれの筋肉の張力や位置に関する重要な情報を、無意識の脳に報告している。この繊細で複雑な無意識の感覚がなければ、私たちは二本の脚でバランスをとって動くことはもとより、立ち上がることさえできないだろう。

それぞれの感覚神経の袋から伸びるニューロンには、全身における固有の守備範囲が明確に決まっている。椎骨間の各袋から伸び出したニューロンは、皮膚や筋肉の細長い領域を探査しており、頭からつま先まで、全身がキングスネークの縞模様のように、帯状の担当領域に分割されているのだ。このような感覚の縞模様は、神経の袋のひとつを損傷したときに、帯状に無感覚な部位が現れることからわかる。また慢性疼痛の場合には、帯状の強い感受性亢進と痛みとして出現する（以前、私の頸部で感覚神経の袋が圧迫されたときには、胸筋から右腕の上腕三頭筋へと伸びる帯の中に、しびれとチクチクとした痛みを生じる目に見えない縞模様が描かれ、それは薬指と小指を、目には見えないが明瞭な境界を持つ手袋のように包み込んだ)。

球状の各神経細胞に、もう一本別の軸索を脊髄の中へも伸ばしている。つまり、この感覚ニューロンは、両腕のような二本の軸索を持っている。一本は末梢へ伸ばして、その指で刺激に反応し、もう一本は脊髄に入り込んで、末梢で感知した情報を信号として送り出している。その軸索が脊髄の最表層(つまり背側表面)に進入するので、この感覚ニューロンには後根神経節(DRG)ニューロンという名称が付いている。体の左右は鏡像のように対称を成しているので、後根神経節の袋は、背骨の各分節間の左右両側にある。

背側から入り込んだ軸索は次に、シナプスを介して脊髄内部のニューロンへ情報を送る(脊柱とは背骨のことで、脊髄を保護する役目を担う。脊髄は、脳組織の延長部分で、この背骨の中を通って、コードのように背中を下行している。先に述べたように、脊髄は中枢神経系の一部だ)。これらの脊髄ニューロンは、一連のニューロンによって、脊髄の反対側へつながっている。右半身の感覚は脊髄の左側へ向かって送られる。これは、脳の右側から発せられた指令が、左側の手足の運動を制御しているのと同じだ。情報を受け取る脊髄の左側にあるニューロンは、その軸索を脳へと伸ばしている。大脳皮質に出入りする情報を司る主要なスイッチボックスである視床へ到達すると、ニューロンは痛みのシグナルを大脳皮質および情動を処理する脳の中枢へと送り、そこで痛みが知覚され、適切な情動反応と関連づけられる。

歯科医が歯茎にノボカイン[訳注:局所麻酔薬]を注射するときのように、皮膚の痛覚ニューロンを沈黙させると、痛みは止まる。ノボカインは、神経インパルスを発火させるイオンチャネルを遮断する。神経インパルスが発生しなければ、痛みのシグナルは脊髄に届かなくなるので、痛みを伴わずに歯を抜くことができる。

痛みを緩和するためには、脊柱内部へ麻酔薬を注入するという別の方略もある。医師がしばしば硬膜外注射で麻酔（脊髄ブロック）して、無痛分娩を確実にするのが、その一例だ。この場合、女性の骨盤内にある感覚ニューロンは、激しくインパルスを発火し続けているが、脊髄に入るその感覚ニューロンの軸索に麻酔薬を浴びせかけて、インパルス発火のシグナルを遮断している。全身麻酔と比較すると、この部位で痛みを止めることには、女性が意識を完全に保った状態で、自分の子供を出産する一連の行為を体験しながら、そこに関与できるという利点がある。全身麻酔は、脳の大脳皮質にある神経回路も麻痺させるため、意識を失わせてしまうのだ。

〈痛みを感じさせない――麻酔〉

全身麻酔の発見は、アメリカ人のサクセス・ストーリーであり、科学の前進はいつも、新しいものを試してみたいという人間に深く根ざした本能によってもたらされることを物語る興味深い実例だ。このとき試したのは、レクリエーショナルドラッグだった。

一八〇〇年頃、イギリスの科学者ハンフリー・デイヴィーは、亜酸化窒素を吸入して、陽気な気分を感じていた。デイヴィーは心地よい一種のレクリエーショナルドラッグを発見しただけでなく、亜酸化窒素を嗅いでいると、それまで悩まされていた親知らずのひどい痛みが治まることにも気づいた。ところがなぜか、この気体を医療目的の麻酔に応用するという次のステップに踏み出すことはなかった。もし彼がその応用を実施していたら、この気体に正統な医学用語を与えていたかもしれないが、この高名な科学者はその代わりに、この気体を「笑気」と呼んだ。そしてこの笑気は、レクリエーショナルドラッグとして流行することになった。

この頃、浮かれ騒ぎ《フロリック》と呼ばれる集まりが、社交的な催しとして人気を博するようになった。このような会合で客たちは笑気を吸入し、にぎやかに酩酊して、無感覚の中毒状態でばか騒ぎをした。参加者はときに、転んでけがをすることもあったが、まったく痛みを感じずに、幸せそうにクスクス笑っているのだった。

フロリックの人気は、アメリカでも急速に高まった。だがここでは、より入手しやすいドラッグが好まれた。それはエーテルだ。エーテルは以前から溶剤として出回っていたが、あるとき誰かが、その匂いを嗅ぐと愉快な酩酊状態になることに気づいた。二〇世紀のシンナー遊びによく似ているが、現代のような（相応の）社会的非難を受けることもなく、アメリカ人はエーテルを吸いながら、ばか騒ぎを際限なく続けた。

ジョージア州の小さな町ジェファーソンで内科医をしていた二七歳のクロフォード・ロングに、麻酔の探究を思い立たせたのは、科学ではなく、実用主義の彩りの混じったパーティだった。羽目を外して楽しんだ医学生時代から、エーテルを使ったフロリックになじみのあったロング医師は、一八四二年に、ある男性の首から皮膚腫瘍を切除する小手術に際し、患者の痛みを鈍麻させるためにこの物質を利用した。ロングがパーティのお楽しみを応用したこの手法をようやく報告したのは六年後のことだったが、その頃までに、麻酔は歴史的にもきわめて重要な功績のひとつであると、急速に認知され始めていた。ロングは結局、自分の麻酔実験に注目を集められずじまいになったが、その一方で、歯科医のホーレス・ウェルズが四五年に行った麻酔の公開実演は世間を騒然とさせた。

コネティカット州ハートフォードで歯科医をしていた二九歳のウェルズは、仲間の医師に頼んで、笑気ガスを嗅いでいる間に、ズキズキとうずく臼歯を無痛で抜いてもらった。この成功に有頂天になったウェルズは、一八四五年にボストンで、歯科治療に亜酸化窒素を使用した有名な公開実演を行った。この実証実験は、彼の医学的キャリアの絶頂と科学の大きな飛躍を記すはずだった。ところが、運命は急に暗転し、ウェルズは打ちひしがれることになった。実演は無残な失敗だった。患者は痛みのあまり泣き叫び、ウェルズは公然とやぶ医者の汚名を着せられることになった。ウェルズはこの不名誉から立ち直れないまま、四八年にみずから命を絶った。

麻酔の公開実演に成功した最初の人物という栄誉に浴したのは、ウェルズの同僚だったウィリアム・トマス・グリーン・モートンだった。彼は一八四六年に、エベン・フロスト氏の痛む歯を抜いた。モートンは、亜酸化窒素を投与する代わりに、アメリカ版フロリックで使われるパーティドラッグのエーテルを使用した。翌日のボストンの新聞には、この実演を鮮明に描写した記事が掲載され、これを機にエーテル麻酔は広く実用され始めた（注3）。

アメリカ人がエーテルをぼろ布に浸み込ませて、それを患者の鼻に押し当てて満足している間に、イギリスの科学者たちは、エーテルの麻酔効果に関する体系的な研究を開始していた。ジェームズ・シンプソンは、エーテルを正確な量で投与するための装置を開発して、さまざまな麻酔・鎮痛効果に必要な用量を確定した。彼は麻酔の各段階とそれぞれの徴候を丹念に記述して、この課題を取り上げた最初の科学論文として、研究成果を公表した。産科医だったシンプソンは、出産に伴う痛みを緩和するための麻酔薬としてエーテルを利用した最初の人物だった。

新興国アメリカでの科学的成功が、独自の麻酔物質を発見することに対するイギリス人の関心を煽ってしまったと、根強い不満を述べる者もいる（実際には、イギリス人は亜酸化窒素という独自の物質をすでに手にしていたが、ホーレス・ウェルズによる公衆の面前での大失敗を受けて、亜酸化窒素を麻酔薬として追求する熱意は萎えてしまっていた）。イギリス人は、自分たちが探し求めていたものを、比較的新しい合成溶媒であるクロロホルムに見出した。シンプソンは一八四七年に、クロロホルムを麻酔薬として導入し、五三年にはジョン・スノーが、レオポルド王子の出産に際して、ヴィクトリア女王にクロロホルムを投与し、産科麻酔としてクロロホルムが広く受け入れられるきっかけをつくった。アメリカでは、安全な投与がより容易であるとの理由から、その後もエーテルの使用が主流だった。

亜酸化窒素やエーテル、クロロホルムなどの全身麻酔薬が発見されるずっと前から、人々はさまざまな植物を噛んで試して、コカの葉やケシの未熟果から出る乳液（それぞれ、コカインとアヘンの原料）のようないくつかの植物性物質が、痛みによる不快感を大幅に軽減することを知っていた。そうした植物由来の生成物を内服したり、火をつけて吸ったりすると、痛み緩和のほかにも、脳に奇妙な効果が現れた。植物に含まれる物質が、人間の脳に痛みの軽減効果を発揮するのはなぜだろうか？　この場合、さらにはニコチンやマリファナを含むその他多くの物質の場合、それらの植物成分によく似た化学物質が、脳機能を調節するために、私たちの体内で自然に作られているからというのがその答えだ。こうした植物由来物質は、体内の天然化合物とよく似ているので、脊髄や脳における痛覚シグナルの伝達を調節できるのである。ニコチンやマリファナ、アヘンは、体内の天然の麻薬が刺激するのと同じヒト細胞上の受容体に作用する。

これは、一九八〇年代に新たな事実として見出された洞察であり、モルヒネやヘロイン、アヘン、大麻の存在は、人体が痛みを遮断する強力な独自の薬を備えていることを示す確実な証拠だった。モルヒネのような麻薬が痛みを遮断するのは、まさに外科医のメスが届かない部位である。すなわち、脊髄内部で痛みシグナルが感覚ニューロンから痛覚回路に受け渡される個所なのだ。感覚ニューロンと脊髄ニューロンはどちらも、ニューロンの活動を抑制するこれらの麻薬に対する受容体を持っている。体内で生成される天然のアヘンは、エンドルフィンと呼ばれる。この強力な鎮痛物質は、実際には脊髄から脳へ伝わる痛みシグナルの流れを仕切っている弁を閉鎖することによって、自然に痛みを調節している。

強い痛みやストレスを感じているときには、エンドルフィンが血液中に溢れ出している。だからこそ、戦闘のストレス下にある最中は、兵士は銃創を負ったことにも気づかないでいられるのだ。出産中の女性も、体内で自然にエンドルフィンが合成される。この「内因性」（「体内で作られた」の意）モルヒネによって、女性は出産の痛みに耐えられる。エンドルフィンは痛みに対してだけでなく、非常に激しい運動やセックスの間にも放出される。カイロプラクティック施術師による強い圧迫、鍼治療における神経刺激、さらには砂糖錠による偽薬《プラセボ》効果も、体にエンドルフィンを放出させることで効きめを示す。エンドルフィンを遮断する薬物を使った実験によって、疼痛抑制療法におけるこの化合物の役割が証明されている。

エンドルフィンが脳と血流へ分泌されたときに、マラソン走者が経験するいわゆる「ランナーズハイ」によってセックス後の恍惚感を説明できるとする報告が、広くなされている。ところが、最近のある研究では、エンドルフィンとオルガスムの関係は疑問視されている。家畜の生産において、人工授精のための精子を得る手段として、畜産家は雄ブタを模造の雌ブタと交尾するよう訓練する。前述の研究では、模造の相手との交尾がうまくいかないほうが、オルガスムに達して射精したときよりも、多くのエンドルフィンが放出されることがわかった。この結果は、セックス中に放出されるエンドルフィンは、ロマンティックな恍惚感よりも、鍼治療の痛みやストレスに近いことを示唆している。とはいえ、人間の男性の性行動がこのような方法で十分にモデル化できるかに関しては、見解の分かれるところだろう。

オピエート受容体［訳注：モルヒネやエンドルフィンが作用する受容体］を遮断する薬物のナロキソンを用いた研究が、興味深い手がかりを明らかにした。どうやら人間には、痛みを鎮める別のメカニズムがあるようなのだ。オピエート受容体をナロキソンによって遮断しても、ストレスを受けている人たちは、痛みに対する感受性の減弱を示した。これは、エンドルフィンのほかにも天然の鎮痛物質が体内にあるに違いないことを暗示している。痛み緩和と違法薬物の別のつながりから、その内因性鎮痛物質は、マリファナに含まれる活性成分で活性化されるのと同一の受容体を刺激することが判明した。

ある研究では、マリファナ常用者が大麻《カンナビス》でハイになっているときに痛みを感じないのと同じように、強いストレスや痛みに襲われている人たちは、その苦痛に対処するために体内で放出された天然のカンナビノイド化合物［訳注：大麻に含まれる生理活性作用を持つ有機化合物］によって、苦痛の著しい軽減を経験していることが示された。脊髄のグリアもエンドルフィンとカンナビノイドの受容体を持つことが最近明らかになり、神経科学者たちも驚いている。この不可解な発見は、慢性疼痛においても、グリアが思いも寄らぬ役割を演じている可能性を示す強力なヒントとなった。

痛みが病気になるとき――慢性疼痛におけるグリア

傷害によって引き起こされる痛みは、防御のためだ。ところが、痛みには別の種類があり、それは理由もわからずに生じて、損傷が治癒したあとも強まっていく。この「神経因性の」痛みは、防御のための痛みをつらい病気へと変質させる。慢性疼痛は、受けた損傷が治癒したあとに、中枢神経系の痛覚回路に変化が起こるために発生する。慢性疼痛に苦しむ患者の痛覚ニューロンが、損傷の治癒後に過剰興奮状態になっていることは、神経科学者の間では知られている。わずかな接触や気温の変化さえも、こうしたニューロンが神経インパルスを一斉放射する引き金となり、脳に猛烈な痛みが伝わることになる。このニューロンは、ひとりでに猛烈な勢いで激しい異常発火を開始することもある。発火を始動させる刺激が何もなくても、同じフレーズばかり繰り返す壊れたレコードのように、神経インパルスが延々と痛みの悲鳴をあげ続けるのだ。

痛覚ニューロンが制御不能になるのはどうしてだろう？　身体に傷を負ったり、感染症に罹ったりすると、その防御と治癒にかかわる細胞は、炎症性サイトカインおよびケモカインという強力な化学物質を放出する。イブプロフェンやアスピリンのような薬は、これらのサイトカインの作用を遮断して、痛みを緩和している。炎症性サイトカインにはさまざまな作用があり、そのひとつに、痛覚の神経線維の感受性を高めるという効果がある。自然はこうして、治癒するまで無理をしないよう私たちに教えてくれているのだ。私たちは誰でも、この現象をよく知っている。けがの周囲が敏感になって、痛みを感じるのはその一例だ。また、ひどい頭痛に襲われているときに、光や音も苦痛に感じたという経験が、誰にだってあるだろう。感覚が痛みにまで高まっているのだ。だが、炎症状態が治まらないと、傷が治ったあとも、痛みや感覚過敏は続くことになる。

慢性疼痛の患者はよく、自分の苦痛を神経が痛むと表現する。しかし最近の研究は、慢性疼痛が神経だけの問題ではないことを示唆している。痛みに苦しむ多くの患者にとって、そのどうにもならない慢性痛の源はグリアにある。ボールダーのコロラド大学で痛覚を研究しているリンダ・ワトキンズは、神経傷害のあとに起こる慢性疼痛の起源が、ミクログリアにあるのではないかとの疑いを持ち始めた。通常の痛み伝達にグリアは関与していないが、損傷が治癒したあとに生じる慢性疼痛では、問題が別かもしれないと彼女は考えた。ミクログリアが脳および脊髄の免疫系細胞であることは、よく知られている。また、神経系の損傷や感染を受けて、サイトカインやケモカインを放出する主要な細胞であることも周知の事実だ。どちらの物質も、ニューロンを過剰興奮の状態にすることができる。これらの証拠はすべて、ミクログリアが慢性疼痛を引き起こす最有力の容疑者であることを示している。実際に、数年前の一九九四年には、アイオワ大学のスティーヴン・T・メラーらが、違う種類のグリアが慢性疼痛にかかわっていることを示していた。彼らは、アストロサイトを選択的に殺す毒物を動物に投与した。するとその動物で、神経傷害後の慢性疼痛が、顕著に軽減したのだった。

ミクログリアが慢性疼痛を引き起こしているというワトキンズらの仮説を検証するためには、ミクログリアの正常な損傷応答を阻害し、このような処置をした動物で、グリア応答の鈍麻により慢性疼痛が緩和されるかどうかを試験すればよい。ワトキンズのグループは、脊髄に傷害を与えて慢性疼痛を引き起こしたラットで実験を行った。彼女らは、そのラットにミノサイクリンを投与した。ミノサイクリンはミクログリア標的薬であり、ミクログリアが損傷に応答して活性化し、サイトカインを放出することを阻害する。ワトキンズと数人の研究者たちは、この薬物を脊髄液の中に注入すると、脊髄損傷で引き起こされたラットの慢性疼痛が、ほどなく緩和されることを見出した。この実験により、ミノサイクリンを投与されたラットで慢性疼痛が著しく減弱したのは、ミクログリアの損傷応答を阻害した結果であることが証明された。

ミノサイクリンを用いた別の研究では、ミクログリアと慢性疼痛に関するこの発見が、アストロサイトにまで拡大されている。何と言っても、傷害と感染への対応は、アストロサイトとミクログリアに共通する機能のひとつなのだ。傷害を受けると、アストロサイトは増殖して、骨格タンパク質のＧＦＡＰを高濃度に発現し始める。この細胞再構築《リモデリング》により、アストロサイトは形状や運動性を変化させる。ミクログリア同様、アストロサイトも、ニューロンが放出する損傷関連シグナルに対して多くの受容体を備えており、それらが刺激されると、アストロサイトは成長因子やサイトカイン、ケモカインを放出する。これらの物質が、状況によっては慢性疼痛の一因となるのだ。

とはいえ、ミクログリアとアストロサイトは、傷害後に多くの重要な機能を担っている。そのため、傷害に対するグリアの反応を完全に排除してしまうと、望ましくないさまざまな結果を招いてしまう可能性が高い。ミクログリアが神経損傷を感知する仕組みや、損傷、治癒、さらには慢性疼痛発症の過程で、ミクログリアの多種多様な応答を制御しているメカニズムの詳細を、私たちがもっと理解できるようになれば、グリアの治癒機能を犠牲にせずに、新しい強力な薬物療法を開発して、慢性疼痛に苦しむ患者たちの痛みを緩和できるだろう。

ニューロンが損傷して窮地に陥ったときに発信することが知られているシグナルのひとつに、フラクタルカインと呼ばれる物質がある。この分子は、ニューロンの表面につなぎ留められていて、傷害を受けたり窮地に陥ったりするとただちに、非常事態を知らせる信号弾のように放出される。ミクログリアは、フラクタルカインによる非常信号を感知する特別な受容体を持っている。ミクログリアの感覚受容体タンパク質がフラクタルカインを感知すると、このグリア細胞は損傷部位へと急行し、その領域にサイトカインを浴びせかける。この反応は通常、傷が治るのに伴って数週間で消えるが、不運なことに、ミクログリアが組織をサイトカインで満たすのを止めない場合もある。すると傷は癒えても、痛みを伴う炎症反応は猛威を振るい続ける。

ワトキンズの研究チームは、ミクログリアのフラクタルカインに対するセンサーを鈍らせる薬物を投与したあと、痛みに対するラットの感受性を試験した。痛みを正確に、しかも人道的に評価するために、何種類かの確立した試験法がある。たとえば、ラットの尾を加熱パッドの上に置き、ラットが尾を退避させるまで、少しずつ温度を上げていく熱板法も、そのひとつだ。あらかじめ神経傷害を与えて慢性疼痛を引き起こしたラットは、わずかな温度変化でさえ、すぐに尾をパッドから退ける。もうひとつの試験は、硬さを正確に調整した細い剛毛で皮膚に触れるという手法で、これも痛みに対する感受性を正確に測定できる。このような剛毛は通常なら痛くないが、慢性疼痛に苦しむラット（あるいは人）は、わずかに触れただけでも、開いた傷口を突かれたかのような耐え難い痛みを感じる。ミクログリアのフラクタルカイン受容体を遮断する薬をラットに投与してから試験を実施すると、ラットは慢性疼痛の魔の手から解放されていることがわかった。ミクログリアは、損傷したニューロンが送り出すフラクタルカインの非常信号を受け取れなくなったために、痛みを引き起こす炎症性サイトカインを放出しなかったのだ。

これは医科学における驚異的な変遷と言える。なぜなら、この痛み止めは痛覚ニューロンに作用するわけではないからだ。ニューロン以外の細胞に作用して、慢性疼痛を軽減しているのである。これはまるで、慢性疼痛のまったく新しい治療薬の在庫がぎっしりと詰まった部屋への扉が、ぱっと開かれたようなものだ。このようなグリア標的薬の一部は現在、絶え間なく続く手に負えない痛みに苦しむ人々を対象に、臨床試験が実施されている。

〈痛みは絶対に許さない――マリファナ〉

マリファナには痛みを緩和する効果があり、場合によっては、ほかのどんな鎮痛薬も効かない痛みをも和らげるという報告がある。この事実は、カリフォルニア州や一部の国々で、医療目的のマリファナが合法とされる根拠になっている。大麻を喫煙したり食べたりするのは、薬の投与法としては原始的で不正確であるうえ、認知機能への著しい副作用は言うまでもない。かつては、科学研究のために大麻やマリファナの活性成分を入手することを制限する法律が存在し、ごく一部の研究室を除いては、マリファナがどのように脳に作用して、痛みを軽減するのかを調査することは、非常に困難だった。幸いにも、このような状況は改善してきている。

イタリアのミラノにあるシェリング・プラウ研究所のマッシミリアーノ・ベルトラーモらによる研究は、マリファナによって活性化されるニューロンの受容体（カンナビノイド受容体と呼ばれる）を刺激する大麻由来の薬物をラットに投与すると、実際に慢性疼痛が劇的に軽減することを明らかにした。これは驚くにはあたらないかもしれないが、私たちの体内には、ＣＢ１とＣＢ２というカンナビノイドに対する二種類の受容体がある。ＣＢ１受容体は、脳内の数種類のニューロンに存在し、マリファナの幻覚誘発効果の原因となっている。ＣＢ２受容体は、ニューロンには存在しない。このカンナビノイド受容体の大半は、炎症に関与する脳の外部の細胞で見つかる。だが、これにはひとつ例外がある。なんと、ミクログリアにも存在するのだ。

疼痛緩和を目指し、ミクログリアやその他の免疫系細胞のＣＢ２受容体に作用して痛みを軽減する薬の開発に、強い関心が集まっている。というのも、マリファナがＣＢ１受容体に作用して起こすような認知機能への副作用を伴わずにすむことが期待できるからだ。最近になって、脊髄に損傷が起こると、後根神経節や脊髄内のＣＢ２受容体の数が増加することがわかった。この変化は、慢性疼痛を軽減しようとして、内因性のカンナビノイドに対する感受性を高める体の仕組みだと考えられる。遺伝子操作によってCB1受容体遺伝子を除去したマウスで、CB2受容体を刺激する薬の効果を研究者らが調べたところ、マウスはCB1がなくても同じように、カンナビノイド投与による鎮痛効果の大きな恩恵を受けられたという。この結果は、マリファナに含まれ、ミクログリア上のCB2受容体を活性化する化合物が、認知機能に何ら悪影響を与えることなく、痛みの緩和に活用できることを証明し、CB2受容体が慢性疼痛を緩和するための非常に魅力的な標的であることを示している。科学者がミクログリアやアストロサイトに作用する薬の設計を学ぶときには、慢性疼痛に「絶対に許しません」と言う方法を、マリファナが教えてくれるだろう。

〈グリアを標的とする鎮痛薬の宝庫〉

痛みを緩和するための治療薬を開発するにあたって、ミクログリアには数多くの魅力的な標的がある。というのも、ミクログリアは脳の損傷を聞きつける「耳」をたくさん持っているからだ。したがって、グリアを標的とした慢性疼痛の治療薬は、多種多様な経路で効果を発揮することができる。現時点で候補に挙がっている物質は、以下のとおりだ。フルオロクエン酸は、アストロサイトの代謝阻害薬であり、ミノサイクリンは、ミクログリアの活性化を阻害する。イブジラスト（AV411）とプロペントフィリンは、反応性アストロサイトを阻害する。またメチオニンは、グルタミン合成を阻害する。さらにJWH-015とサティベックスは、CB2カンナビノイド受容体を活性化する。こうしたグリア標的薬のなかには、動物でのみ実験的に試験されている段階のものもあるが、絶え間なく続く手に負えない痛みに苦しむ人たちを対象に、現在すでに臨床試験が実施されているものもある。カンナビノイド受容体に作用するサティベックスは、多発性硬化症の慢性疼痛の治療に、二〇〇五年からカナダやその他の国で使用されている。この薬は目下のところ、アメリカでは臨床試験第三相の段階にある。

慢性疼痛にかかわるミクログリアの膜受容体のなかで、もうひとつの興味深い存在が、Ｐ２Ｘ４受容体だ。このタンパク性受容体は、神経細胞が損傷したときに放出されるアデノシン三リン酸（ＡＴＰ）により活性化される。ＡＴＰを感知すると、Ｐ２Ｘ４受容体の孔が開き、ミクログリアの細胞内部へカルシウムがどっと流れ込み、数々の損傷応答を始動させる。慢性疼痛の場合、これらの応答が過剰に起こり、ミクログリアは脊髄痛の原因となっている。

東京にある国立医薬品食品衛生研究所の井上和秀［訳注：現在は九州大学］のグループは、神経損傷後に、脊髄のミクログリアが細胞膜のＰ２Ｘ４受容体の数を増加させ、受容体を過剰な警戒状態にすることを見出した。この受容体が過剰に活性化されると、脊髄痛が大きく増して、神経因性疼痛と似たような症状を示すようになる。関与するメカニズムはまったく異なるものの、Ｐ２Ｘ４受容体に関するこの研究も、グリアが慢性疼痛に決定的なかかわりを持っていることを証明している。

だが、過剰に活性化されたミクログリアは、どのように痛覚ニューロンを感受性過剰にするのだろうか？　カナダのケベック州にあるラヴァル大学のジェフリー・クールらは、二〇〇五年に発表した研究で、Ｐ２Ｘ４受容体がＡＴＰによって活性化されたあとに、ミクログリアが脊髄の痛覚ニューロンに過剰興奮を引き起こす仕組みのひとつを突き止めた。彼らはまず、電気的シグナルを測定できるように、脊髄ニューロンに微小電極を刺入してから、ＡＴＰを投与してミクログリアのＰ２Ｘ４受容体を刺激した。すると、ニューロンの電位が急に正の方向に振れた。ミクログリアは何らかの方法で、ニューロンの膜電位を正の方向へ変化させて、痛覚ニューロンに激しいインパルスの発火を誘発していた。脳にとってこのようなシグナルは、強烈な痛みにほかならない。一連の研究により、損傷したニューロンから放出されたＡＴＰがミクログリアのＰ２Ｘ４受容体を刺激すると、ミクログリアからニューロンの治癒を助ける成長因子（脳由来神経栄養因子〈ＢＤＮＦ〉と呼ばれる）が放出されることが判明した。ところがこの成長因子は、脊髄ニューロンにも作用して、強い痛みのシグナルとなるインパルスの発火を引き起こしていたのだ。このほかにも、ミクログリアとアストロサイトから放出され、軸索の過剰興奮をもたらすさまざまな分子が同定されている。

したがって今では、ミクログリアが誘発する脊髄痛には、二通りの対抗法が考えられる。第一に、ミクログリアの受容体を遮断する方法、第二に、ニューロンを過剰興奮させる物質のミクログリアによる放出を阻害する方法だ。こうした新たな薬物を用いたアプローチは、麻薬を使用する従来の疼痛緩和法に基づいていないので、麻薬の使用が強いる医学的・社会的負担を患者が回避するために役立つだろう。

この研究は、脊髄損傷以外の分野でも急速に応用されるようになっている。というのも、感染や病気にも多様な炎症反応が伴うからだ。なかでもとくに大きな期待がかけられているのが、癌に伴う慢性疼痛の緩和だ。脳を損傷した場合と同じく、癌に伴う激しい慢性疼痛も、炎症反応がその一因となっている。メリーランド大学のルイ・シン・チャン博士らは、骨癌に伴う痛みにおけるアストロサイトとミクログリアの関連性を見出し、それが激しくつらい痛みを引き起こすことを突き止めた。チャンの研究チームは、癌性の前立腺細胞を骨に注入することによって、実験動物の脛骨に癌を発生させると、脊髄の痛覚回路でアストロサイトとミクログリアが活性化されることを発見した。脊髄内のミクログリアが過剰に活性化されて、周囲の痛覚ニューロンを過剰興奮させるサイトカインを送り出すと、癌患者が神経因性疼痛を感じることには、ほとんど疑いの余地がない。

ＨＩＶウイルスの感染も痛みを引き起こすが、ウイルス自体は痛覚ニューロンに直接影響を及ぼすことはできない。なぜなら、ニューロンはＨＩＶウイルスに感染しないからだ。最近の研究で、ＨＩＶウイルス由来のタンパク質（gp120と命名された）をラットの脊髄内へ注入すると、ラットは感覚過敏と慢性疼痛を起こすことが示された。リンダ・ワトキンズの実験は、ＨＩＶウイルス由来の同じタンパク質がミクログリアを活性化して、炎症性サイトカインの放出を誘発することを明らかにしている。

慢性疼痛の分野を襲った数々の衝撃的なニュースを締めくくるのは、ミクログリアとアストロサイトがモルヒネやその他のアヘン剤に対する受容体を持っているという発見だ。体内のエンドルフィンに反応している人も、ひどい痛みを緩和するためにモルヒネを投与されている患者も、ヘロインを注射している薬物中毒の者もみな、気づかぬうちに、グリアのオピエート受容体を活性化していたのだ。アヘン剤の鎮痛効果にグリアが関与していることは、この新たな証拠から今や確実だが、グリア細胞の関与には誰もが驚いた。グリアが薬物耐性や依存症に関与する醜悪な悪魔であると、この研究は指摘する。次章では、この課題を探っていきたい。

第10章 グリアと薬物依存症──ニューロンとグリアの依存関係

キース・リチャーズ、ミック・ジャガー、エリック・クラプトン、チャーリー・パーカー、ビリー・ホリデイ、レイ・チャールズ、ジャニス・ジョプリン、ジョナサン・メルヴォイン、ジミ・ヘンドリックス、ルー・リード、シド・ヴィシャス、ヒレル・スロヴァク、ジョン・レノンに、音楽以外に共通するものは何だろう? それは、ヘロイン中毒だ。なかには、ヘンドリックスやジョプリン、スロヴァク（レッド・ホット・チリ・ペッパーズ）、メルヴォイン（スマッシング・パンプキンズ）のように、薬物の過剰摂取で命を落とした者もいる。

ヘロインは過剰摂取に陥りやすい薬物だ。なぜなら、耐性が徐々に高まって、同じ効果を得るためには、より強力な用量が必要になるからだ。鈍感になった麻薬常習者への有効用量は、ヘロインを初めて試す者にとっての致死量になりかねない。

前掲のリストから、ミュージシャンにはヘロイン乱用の並外れた性癖があると判断するのは、間違いだろう。ミュージシャンにヘロイン中毒の者が驚くほど多いのは、彼らに薬物常用に要する高額な費用を支払う経済的余裕があること、さらには著名人ゆえに私生活が世間の厳しい目にさらされていることが、影響しているのかもしれない。近年の例としては、下院議員のパトリック・ケネディ（エドワード・ケネディの息子）、ラジオ番組司会者のラッシュ・リンボー、大統領候補にもなった上院議員ジョン・マケインの妻などが、処方箋で入手できる強力な麻薬（たとえばオキシコンチン）を当初は鎮痛目的で服用していたが、それに依存するようになり、過剰摂取に陥っている。こうした鎮痛薬は、ヘロインのように注射するわけではないが、体内でまったく同じように作用する。

一九八九年に椎間板ヘルニアの治療のために背部手術を受けたあと、シンディ・マケインは麻薬性鎮痛薬であるバイコディンとパーコセットの依存症になった。彼女はほどなく、二〇年の実刑判決を受ける可能性のある罪で、連邦政府に告発された。麻薬取締局の調査で、彼女が処方箋を偽造し、非営利団体に支給されるはずだった麻薬を、自分のために転用したことが明らかになった。この慈善団体は、ボランティアの医師や看護師を第三世界の国々へ派遣して、無料医療を提供していた。マケイン夫人に麻薬の処方箋を出していたジョン・マックス・ジョンソン医師は、医師免許を剝奪された。多くの人々と同じように、マケイン夫人も薬物耐性によって、化学的依存の罠に捕らわれてしまったのだ。耐性が生じると、時間とともに麻薬性鎮痛薬の効力は弱まり、投薬が中断されると、苦しい禁断症状が起こる（注1）。

個人的な体験から、私はヘロイン中毒についてある程度理解できるのではないかと思っている。かつて私は、スキーでひどい事故に遭い、ヘリコプターで搬送されたことがある。病院に到着するとすぐに、モルヒネを注射された。私の左脚は寛骨臼から外れて、半周捻じれたために、足は後ろ向きになり、大腿骨頭の球関節が臀部からドアノブのように飛び出していた。ところが、モルヒネ注射を受けたとたん、これ以上ないほどの幸福感を感じた――まさに、文字どおりの至福だった。今にして思えば、あれは心底恐ろしい出来事だった。このわずかなモルヒネの経験から、アヘン中毒はたんなる倫理的な問題ではなく、生理現象でもあることを私は学んだ。幸福の追求は人生の究極の目的であり、麻薬常習者にとって、そのとき現実がどれほど陰惨なものだったとしても、ヘロインの小瓶の中には、見果てぬ夢の世界が広がっているのだ。だが、薬物がもたらす幸福は所詮まやかしにすぎず、あっという間に消え去って、中毒という牢獄へつながれることになる。ジョン・レノンの楽曲「冷たい七面鳥（コールド・ターキー）」〔訳注：原題の"Cold Turkey"には、「薬物を急に断つこと、またはその禁断症状」の意味がある〕には、ヘロイン中毒とその薬物からのつらい離脱症状が鮮やかに表現されている。そこでは、発熱や耐え難いほどの苦痛、体の痛み、不眠、絶望が、死にたいと願うほどにまで極まっている。

ヘロイン中毒患者の激しい苦痛は、ヘロイン常習によって起こる脳と脊髄の変化が原因だ。アヘン剤の長期使用は、薬物耐性につながる。つまり、同じ効果を得るために、ますます高用量の薬物を必要とするようになる。耐性は、ヘロイン（あるいは、どんなアヘン剤も）が痛覚にかかわる脳回路内の活動を抑制して痛みを鈍麻する効果に対抗し、その回路を調整して、正常な活動バランスを回復しようと、脳が懸命に奮闘した結果である。このように、アヘン剤に長期間さらされると、ニューロンの興奮性は高まるので、その活動を再び抑制するためには、より多くのモルヒネやヘロインが必要になるのだ。このバランスを回復させる歯止め装置が繰り返し働くことで、薬物耐性はだんだんと強まり、最終的に脳は、血液循環を介した麻薬の供給を常に求めるようになる。

アヘン剤を断つと、このシステムのバランスが突如として崩される。アヘン剤の抑圧から急に解放された痛覚回路は、激しく発火し、それが痛みと極端な感覚過敏を引き起こす。感受性が過敏になると、正常な感覚(たとえば、光や音)さえも苦痛になり、ジョン・レノンの楽曲にあったような症状が現れることになる。レノンは、三六時間も「苦痛でのたうち回り」ながら、体内の痛覚回路が再調整されて、ヘロインの抑制効果が消えた状態でも、正常に作動できるようになるのを待った。

麻薬からの離脱症状は、鎮痛剤が切れた慢性疼痛患者の苦しみとよく似ている。慢性疼痛の場合、過去に負った傷害のせいで、痛覚ニューロンが異常な過活動状態となり、そのために患者は普通の感覚さえも苦痛に感じ、強烈で容赦のない肉体的な痛みに襲われている。

グリアも、オピエート受容体を持っている。アヘン剤は、グリアにどんな効果を及ぼすのだろうか? 一九八八年に、スウェーデンのヨーテボリ大学に所属するラース・ルーンバックとエリザベッツ・ハンソンは、グリアがモルヒネ中毒の一因になっていると主張した。彼らの研究は、モルヒネがアストロサイトのオピエート受容体を活性化し、その細胞に痛覚回路を刺激する多くの物質を放出させていることを明らかにしていた。理論的には、モルヒネの神経抑制効果に拮抗する神経刺激物質をグリアが放出していて、それがモルヒネ耐性の発現に寄与していると考えられる。つまり、神経の感受性と活動の正常なバランスを再構築するために、グリアはモルヒネの鎮静効果を打ち消すことで、より強力な高用量のモルヒネを欲しがる中毒患者の要求を徐々に高め、薬物耐性を形成するのだ。

モルヒネに反応して、アストロサイトとミクログリアが放出する物質には、痛覚ニューロンの活性を高めることが知られている多くの生体内化合物、たとえばグルタミン酸や一酸化窒素、プロスタグランジン、炎症性サイトカインなどが含まれる。一方、モルヒネ自体にも、痛覚ニューロンのモルヒネ受容体の働きを阻害する物質、たとえば、コレシストキニンやダイノルフィンなどをグリアに放出させる作用がある。この第二のメカニズムは、モルヒネの鎮痛効果を直接抑制する。さらに、長期間アヘン化合物に暴露されると、グリアの細胞膜にあるオピエート受容体の数そのものが増加する。その結果、グリアのモルヒネに対する感受性がいっそう高まる。これがおそらく、薬物耐性を引き起こす直接のメカニズムなのだろう。グリアはニューロンの興奮性を高めることによって、アヘン剤の抑制効果に対抗しているので、グリアのモルヒネに対する感受性が高まるにつれ、モルヒネの作用を減弱する力も増強される。

リンダ・ワトキンズらは二〇〇四年に、グリアから放出される炎症性サイトカインとフラクタルカインも、薬物耐性に関与していると報告した。その研究から、モルヒネを長期的にラットへ投与すると、グリアが産生する炎症性サイトカインの量が増加することが判明した。サイトカイン産生の増加は、ヘロイン中毒患者に痛みを引き起こし、痛覚回路の感受性を高めると考えられる。これはまさに、前章で取り上げたミクログリアが慢性疼痛を引き起こすのと同じ仕組みだ。この発見を支持する事実として、炎症性サイトカインの受容体を遮断する薬物と一緒にモルヒネを投与すると、モルヒネの鎮痛作用が突如として大幅に効力を増すことを、研究グループは突き止めた。それは、モルヒネの痛覚鈍麻効果を打ち消しているグリアの対抗作用が、同時投与によって抑制されるからだった。つまり、ミクログリアの作用が拮抗されて、薬物耐性の発現が阻害されたのだ。

二〇〇九年にダートマス医科大学の痛覚研究者ジョイス・デレオが発表した研究は、アヘン剤とミクログリアP2X4受容体の間における興味深い相互作用が、慢性疼痛とモルヒネ依存に関与していることを示している。この受容体は、損傷して過剰活動になったニューロンから放出されるATPを感知していることを思い出そう。この新しい研究は、P2X4受容体の作用を特異的拮抗薬によって遮断すると、モルヒネ耐性を発現させるミクログリアの活性を減弱できることを明らかにしている。この処置は、ミクログリアがATP放出の起こっているニューロン近傍に向けて移動するのを阻止して、モルヒネの痛覚鈍麻作用を打ち消すために、痛覚ニューロンの興奮性を増強する物質を放出できなくしている。

歴史を通して、慢性疼痛と薬物中毒はいつも相互に関連していた。現在では、そのおもな理由の一端が、グリアにあることがわかっている。これらの新たな発見は、モルヒネ耐性の発現を阻止する治療法につながり、医師は低用量の麻薬性鎮痛薬のままで、慢性疼痛患者を効果的に治療できるようになるだろう。同時に、もしモルヒネ耐性の発現を防止できれば、同じ効果を得るために用量を増やし続ける必要や、つらい禁断症状なしに麻薬摂取を個人の意思で中断できないことから生じる麻薬依存の悪循環に、患者が陥るのを防げるだろう（ミクログリア研究から得られたこの医学的恩恵は、ヘロイン中毒患者の救済にも及ぶだろう）。

このような新発見が、慢性疼痛患者の薬物依存症および疼痛緩和にとって、どのような意義を持ちうるのかを考えてみよう。患者たちは、モルヒネの鎮痛作用を打ち消そうとするグリアの働きが一部災いして、鎮痛のために異常な用量のアヘン製剤を必要としている。リチャード・パイは三人の子供を持つ四七歳の父親で、耐え難い慢性疼痛に苦しめられていなければ、法を順守する一市民であり続けただろう。だが彼は、その痛みを和らげるため、治療用アヘン製剤の有効量を入手しようとして、処方箋偽造という手段に頼り、四半世紀に及ぶ刑に処せられて、フロリダの刑務所に収監されてしまった。薬物依存がなければ、彼は自宅にいて、弁護士の仕事を続け、父親としての責任を果たすことができただろう。同じように、数えきれないほどのヘロイン中毒の者たちが、刑務所を満たすこともなかったに違いない。アヘン剤への依存は、個人的にも社会的にも、きわめて大きな犠牲を強いる。何世代にもわたって人類を苦しめてきたアヘン中毒の危険で断ちがたい悪循環から、小さなグリア細胞がまもなく、私たちを救出してくれるかもしれない。シャーロック・ホームズは、「七パーセント溶液」（精神的苦痛を鎮めるためにホームズが注射していたコカイン混合液）に依存していたが、この物語の急展開には非常に喜んだだろう。とりわけ、すべての容疑者のなかで最もありそうにない者（すなわちグリア）が、「謎に満ちた慢性疼痛事件」に関与していることを知れば、ほくそ笑んだに違いない。

グリアを標的にしたこの治療法は、疼痛患者のモルヒネ耐性だけでなく、アヘン依存からの離脱に伴う禁断症状で起こる耐え難い苦痛も軽減するだろう。モルヒネ依存症を誘発した動物で、サイトカイン受容体を遮断してから、そのアヘン製剤から離脱させると、動物の禁断症状は大幅に軽減される。サイトカイン受容体を遮断した動物は、無処置のモルヒネ依存ラットに比べて、薬物中断後の禁断症状への感受性が低くなる。無処置ラットは、感受性が異常に高まり、モルヒネ中断後には、平凡な感覚さえ痛がるほどになっていた。

研究用ラットで得られたこのような新しい実験結果を人間にあてはめてみると、患者がアヘン依存から離脱するときのつらい禁断症状は、アストロサイトやミクログリアが放出する炎症性サイトカインに対するニューロン上の受容体を遮断することによって、軽減できるだろう。モルヒネ依存症になったグリアは、これらの興奮性物質をニューロンに浴びせ続けるだろうが、ニューロンへの刺激効果は遮断されるからだ。

ジョン・レノンは、ヘロインの禁断症状を表現した楽曲のなかで、この地獄から彼を救い出すことができる者なら誰にでも、何でもすると約束しながら、嘆願し祈っている。今の私たちには、彼が何を待ち望んでいたのかがわかる。レノンは、炎症性サイトカインやその他の神経刺激物質を、グリアが彼のニューロンに浴びせかけるのをやめるときを待ち望んでいたのだ。

アルコール依存症――グリアとアルコール

精神遅滞のある子供に出会うと、思いやりと悲しみで胸が詰まる。子宮の中で発芽し始めた脳に影響した不運さえ防げていたならば、と思わずにはいられない。悲しい事実だが、精神遅滞を負う子供の大半に襲いかかった元凶を、私たちは知っている。さらに、その壊滅的な攻撃をどうしたら止められるかも知っているというのに、それは続いているのだ。小児に精神遅滞を引き起こす第一の要因は、胎児性アルコール症候群だ（注2）。

これまでに判明している事実は、以下のとおりだ。アルコールはニューロンを害する。発達期の脳にアルコールが侵入した場合、脳への効果は最も壊滅的で永続するものになる。胎児脳の発達を害するには、慢性アルコール中毒である必要はない。重要な時期［訳注：臨界期］におけるたった一度のアルコール暴露（つまり、一回の痛飲）が、胎児脳に永続的な損傷を与えかねない。

脳領域各部や脳内の多種多様な種類の細胞はそれぞれ、妊娠中の異なる時期に発達する。一般に、胎児の脳がアルコールに暴露される最悪の時期は妊娠後期であり、この時期に脳は、目覚ましい成長スパートで増大する。ニューロンとグリアは急速に分裂・増殖して、脳の大規模な成長を後押しする。この時期、ニューロンは樹状突起も活発に発芽し、春の若木が小枝を伸ばすように、さかんに枝分かれする。軸索は脳内に伸長して、神経結合網を形成し、新芽のように枝先から発芽してきた新たな無数のシナプスを連結しながら、複雑な神経回路を編成する。この期間にアルコール毒に遭遇すると、脳の急速な発育が阻害される――しかも、不可逆的に。胎児性アルコール症候群の子供の八五パーセントが、脳が異常に小さい。これを医療用語で「小頭症」という。出生前のアルコール暴露は、二通りの様式で脳の成長スパートを抑制する。第一に、暴露はニューロンの増殖を阻害（細胞分裂を遅延）する。第二に、ニューロンを死滅させ、これはとくに、海馬や小脳（それぞれ記憶と運動協調に重要な脳領域）において顕著だ。

では、グリアはどうだろう？　ニューロンに対するアルコールの影響に関しては、多くのデータがあるのに比べて、グリアについてはほとんど知られていない。しかし、グリアが脳細胞全体のおよそ八五パーセントを占めることを考えれば、小頭症はニューロンだけでなく、グリアの消失にも起因すると当然予測できる。そしてこの仮説は、証拠によって裏付けられている。

細胞培養で、ラットあるいはヒト由来のアストロサイトをアルコールで処置すると、アストロサイトの細胞分裂が強く抑制される。アストロサイトの細胞分裂に対するアルコールの遅滞効果は非常に強力なので、体内で生成されることが知られている大半の成長因子の刺激作用を凌駕する。細胞培養に付加して調べられたヒト由来の強力な成長因子はどれひとつとして、アストロサイトの細胞分裂に対するアルコールの抑制効果に打ち勝つことができなかった。

アルコールは、グリアを殺しもする。アルコールの影響は、ラットの大脳皮質から採取して培養したアストロサイト、および妊娠中にアルコールに暴露したラットの脳内で観察されている。ある研究では、胎仔のときにアルコールに暴露したラットの大脳皮質で計測された細胞残骸のうち、四〇パーセントがアストロサイトだったという（注3）。

ニューロンやグリアの数が減少した小頭症の脳では思考能力が減退するという単純な影響のほかに、アルコールによる胎児グリアへの攻撃が引き起こす多くの壊滅的な結果を予測するには、神経系発達を指揮するために、グリアが演じている重要な役割を考えてみるだけでいい。次章で考察するが、グリアは胎児脳を支える基盤構造であり、その上に胎児の神経系が構築されていく足場になっている。グリアは栄養因子を供給して、未成熟細胞から適切な種類のニューロンへの転換を促し、発達後もこれらのニューロンを維持している。グリアはまた、軸索が適切に結合を形成して、きちんと機能する神経回路を形成できるように、途中の経路に分子を敷設していく。シナプス形成も、グリアが助けている。グリアは神経伝達物質を取り込み、生命維持に欠かせない塩や栄養を、ニューロン周囲で至適な濃度に保っている。また、グリアは脳を感染から保護する。発達期の細胞移動も、グリアによって制御されている。したがって、アルコール汚染によるグリアの消失は、発達途中にある脳に多くの悪影響を及ぼすことになる。

グリアとニューロンは、胎児脳を築くために、正しい場所に集合しなくてはならない。胎児性アルコール症候群の子供には、グリアの異常な移動が認められ、それは、実験動物でも同様である。動物実験では、グリア細胞をアルコールにわずかに暴露しただけで、中毒になったグリア細胞に間違った経路をたどる障害が起こりうる。その結果、脳の奇形が生じる。左右の大脳半球間をつなぐ架け橋である脳梁が作られる工程でグリアが担う重要な役割は、次章で詳しく論じることにするが、両半球間にグリアの架け橋がないと、ニューロンは反対側の脳まで軸索を渡すことができない。胎児性アルコール症候群の子供では、両半球をつなぐこの壮大な橋は形成不全のままである（注4）。この脳異常は、胎児性アルコール症候群に顕著な特徴のひとつだ。胎児性アルコール症候群は、ニューロンの病気であるのと少なくとも同じ程度に、グリア病でもある。

アルコールには幅広い毒性があり、ニューロンとグリアをさまざまに中毒させ、害する。アルコールの中毒作用は大部分が、肝臓にあるアルコール脱水素酵素によって作られるアルコール分解産物アセトアルデヒドによって引き起こされる。このきわめて重要な酵素が進化したのは、人類の祖先が食物として腐った果物も摂取していたと考えられ、さらに消化過程そのものでも腸内でアルコールがいくらか発生するためだ。しかし、飲酒のように意図的にアルコールを摂取すれば、それを無毒化して中毒を防ぐ酵素のような体内機能では、とても太刀打ちできない。

アルコールそのものも（その分解産物だけでなく）、ニューロンとグリアに死をもたらす直接因子である。アルコールは、脳内で通常は過剰興奮を減弱している受容体（ＧＡＢＡ受容体）に作用する。この受容体は、バルビツール酸やバリウムで活性化される抑制性受容体であり、このことはアルコールが鎮静効果を有する一因となっている。ところが、アルコールを常用すると、脳は抑制性回路を駆動するＧＡＢＡ受容体の数を減らして、グルタミン酸で作動する興奮性回路の活性を高めるようになる。この変化が、アルコール依存をもたらす。なぜなら、アルコールが途切れると、不安や気分、痛みを制御している回路が、過剰興奮の状態になるからだ。気分や脳内の「報酬回路」の調節に関与する神経伝達物質のドーパミンやセロトニンに対しても、アルコールは似たような効果を持ち、これもアルコール依存に加担している。この三つの神経伝達物質は、胎児および成体幹細胞からニューロンやグリアへの発達を調節することが知られている。これらのアルコールによる変化は、記憶回路をも損傷する。長期的なアルコールの常用は、抑制を減弱させ、興奮を増大して、脳の興奮を正常なレベルに保っているＧＡＢＡの重要な抑制作用から、ニューロンを解き放つ。脳内の抑制性回路がアルコールで弱められると、脳回路は過剰興奮の方向へ傾き、過剰刺激によってニューロン死が引き起こされるのだ。

アルコールは、ＮＭＤＡ受容体の感受性を低下させることによっても、精神の働きを鈍らせている。というのも、この受容体は、学習と記憶にかかわるシナプスの強度を高めるための、最初の重要な段階で働いているからだ。一方で長期的なアルコールの常用は、この受容体数を増加させる。受容体が増えると、過剰興奮によってニューロンやグリアが死ぬ傾向が強まる。将来オリゴデンドロサイトに分化して、出生後の新生児脳でミエリンを形成する予定の胎児脳細胞も、アルコールは殺傷する。事実、白質の減少は胎児性アルコール症候群の主要な特徴のひとつであり、ミエリン量低下が精神機能の低下を意味することは、現在では広く認知されている。

これらの損傷に加えて、アルコールは脱水、酸化ストレス、ビタミンの欠乏、さらには多くの代謝・損傷応答にも影響する。これらはすべて、奇跡のような胎児脳の発達を害している。グリアは、このアルコールという毒物の主要な犠牲者なのである。

第11章 母親と子供

脳を築く——脳を配線するグリア

生物学において、受精卵から完全な生命体への変容ほど、奇跡的なことはない。未受精卵は、顕微鏡を通して見ると、明るい屈折光の輪の中で、冷たい月のように銀色に輝きながら、静かに休眠している。ひとたび受精すると、卵は急に球状の衝撃波を放ち、それは超新星のように外側へ放射しながら、周囲の空間を染みひとつない無菌状態へと掃き清めていく。この衝撃波は、硬化して保護殻となり、卵を密封して侵入や感染から防御し、鉄壁のこの受精殻に向かって突進し身もだえする何千もの精子を遮っている。

受精卵は、黒点や表面爆発のある太陽表面のようにきらめき、揺れ動いて、中心部における強いエネルギーの高まりを物語っている。突然、隆起が起こると、球全体が二つに裂けて、二個の完全な割球として分離し、受精卵を保護する輝く殻の中でぴったりと寄り添う。この時点で、二つの割球が（自然に、あるいは人為的に）分離すると、それぞれから一卵性双生児が発生することになる。細胞分裂は加速しながら、二個が四個、四個が八個と繰り返されて、指数関数的に分裂速度を上げ、受精卵はやがて、無数の小さな細胞の凝集した泥だんごのような塊へと変貌していく。これらの細胞の多くでは、それぞれの運命がすでに決定されている。この事実は、発達初期のこの段階で、細胞ごとに個別の追跡用色素を注入し、それらが心臓や骨や脳などに分化していく過程を見届けるという方法によって証明されている。

この細胞塊はいよいよ、決められた振り付けに従って、最初の連係した動きを開始する。すなわち、細胞どうしが集合して、中空の球体を形成するのだ。この球体から、胚の特徴的な形態《トポロジー》が形成される——つまり将来の内外の位置付けが決まるのだ。皮膚や神経を作ることになる細胞群は、外側の層［訳注：外胚葉］へ、消化管を形成する細胞群は内側［訳注：内胚葉］へ移動し、骨や筋肉や血液となる細胞群は、内側と外側の層の間［訳注：中胚葉］にサンドイッチのように挟まれる。

この小さな胚の中で最初に形成される器官は、拍動する心臓ではない。実のところ、最初に出現する身体器官は、神経系なのだ。胎児の神経系は、全身が築き上げられていく土台の役目を果たしている。胚の神経系はまず、球体の表面に一筋の溝、あるいはひだとして出現し、それが閉じて一本の管を形成する。そして、これが脊髄になる。この神経系形成の初期段階で、その後に続いて起こる全身の発達へ向けた配置がすでに割り当てられている。それは、頭部と尾部、そして左右対称な身体の両側という配置である。将来神経系になる溝の中の胚細胞は、数を増やしながら移動・整列して、神経管と呼ばれる細長いスポイト様の細胞集団を形成する。

脳は、神経管の一端の膨らみとして始まる。そのため、形成の初期段階にある神経系は、スポイトのような形に見える。その「ゴム製の球状部」に相当する部分は、膨らみ続けて脳になり、大きくなるにつれて、三つの基本的な部位に分かれていく。第一の前脳は、のちに大脳皮質の高次精神機能を支えることになる。第二の中脳は、眼および無意識で自律的な身体制御系に接続する。そして最後の後脳は、頭蓋の根底で延髄と小脳に発達する。そこは、脊髄が脳へ入り込む場所でもある。

重篤な先天性欠損は、壊滅的な場合もあるが、胚細胞から神経管が形成される過程での失敗に起因している。この神経管の欠損によって、無脳症や単眼症、二分脊椎症の乳児が出生することがある。二分脊椎症では、脊髄尾部が完全に閉鎖されないことから、麻痺や学習障害が起こる。このような衝撃的で悲惨な事態を未然に防ぐために、脳形成の最初期段階に秘められた深い謎を、研究者らは解明しなければならない。

スポイト様の神経管が成長して、成熟脳へと姿を変えていく過程で、神経管内部の空洞は、脳および脊髄の室となる。あらゆる脊椎動物の脳には空洞があって、循環している脳脊髄液で満たされている（医師が脊椎穿刺を行う際に採取されるのが、この液体だ）。胎児の発達期に、この空洞はバルーンアートのようにぎゅっと絞られて、膨らんだ個所が四つの脳室となり、主要な脳葉の捻れや突出した部分を収容している。これらの脳室を結ぶ通路が塞がれると、空洞を満たしている脳脊髄液の圧力が高まって、文字どおり脳が膨らみ、水頭症と呼ばれる病的な膨張状態に陥る。水頭症を伴って出生した乳児は、液体で膨張した脳を収めておくために、頭蓋骨が分離して押し広げられ、頭部が非常に大きくなることがある。水頭症は脳に損傷を与え、適切に処置されないと、その子供は精神遅滞を生じてしまう。

現在の治療法は、考えつくかぎりで最も初歩的な手法だ。脳室に排液管《ドレーン》を挿入して、過剰な脳脊髄液を抜き取るのだ。発達中の脳細胞が、いかに自己組織化して、脳室を形成しているのか、その基本的メカニズムを理解できれば、もっと洗練された治療法を考案できるかもしれない。ノースカロライナ大学チャペルヒル校のケン・マッカーシー研究室による最近の研究では、アストロサイトを遺伝子操作したマウスで、水頭症が発症した。これはまったく予期せぬ発見であり、胎児脳の水頭症にグリアがどのように関与するのかとの疑問を突きつけている。さらに研究を重ねていけば、ある種の先天性水頭症を理解し、予防したいという希望を、グリアが実現してくれるかもしれない。

〈脳を組み立てて配線する〉

一〇〇〇億個のニューロンとその間の無数のシナプス結合から成る人間の脳は、この世で最も複雑な構造であると評されてきた。これほど複雑な機械を設計して作り上げることは、ハードウェア設計者とエンジニアのきわめて優秀なチームの能力をも、はるかに超えている。ところが私たちの脳は、このうえなく単純な基盤から発生してくる。すなわち、胚細胞の丸い塊に浮き彫りにされた一条の線から、脳は生まれる。これはあたかも、芸術家の手の中の泥だんごに引かれた親指の爪痕のようなものだ。一〇〇〇億個もの神経細胞はそれぞれ、胎児脳の中で、どのように自分の正しい居場所を見つけ出すのだろうか？　単一のニューロンに一〇万個ものシナプス結合が適正に接続しているというのに、それぞれの微細な軸索線維は、正しいニューロン上にある唯一無二の適切な結合部位を、どうやって探し出すのか？　無秩序な塊から脳の構造が発達していくときに、個々のニューロンが占めるべき位置を、何が采配しているのだろうか？　ニューロン間の結合から成る、計り知れないほど複雑な迷路を手引きしているのは何だろうか？　その答えは、グリアだ。

胎児の発達期には、脳の形成を指揮する特別な監督者《マスター》グリアの一群が登場し、その仕事を終えると消えていなくなる。アストロサイトに転換するものもあれば、たんに姿を消すものもある。このマスターグリアの指揮に従って、この世で最も複雑な構造であるヒト脳全体が、小さいボールのような細胞塊からわずか九ヵ月足らずで姿を現すのだ。

脳室に接する面から外面の被膜に至る脳の厚み全体を架橋するように伸長しているのが、放射状グリアと呼ばれる特別な種類の細胞だ。この細胞は、色々なものにたとえられる。その名称は、それらの細胞の幾何学的な配列にちなんでいて、自動車タイヤの構造を支えている放射状線維に似ている。脳の実質は、胎児脳の床から天井までの壁全体に架かった大きな放射状グリアによって、強化されている。脳皮質がコンクリート壁だとすると、放射状グリアはそれを支えるために埋め込まれた鉄筋の骨組みだと言えるだろう。放射状グリアは、その細胞体を脳の床にしっかりと固定したまま、扇形のサンゴに似せて平たく刈り込まれたつるのように、その枝を屋根に向かって伸ばしている。この構造が土台から屋根に至る足場となっていて、それぞれの放射状グリアは、家の壁を支える間柱のように規則的に並んでいる。

ニューロンは、胎児脳の床にある幹細胞から誕生する。それらは、発酵中のパン生地のあちこちにできる小さなガスの膨らみのように芽を出して、放射状グリアが提供する足場を滑るように登り始める。放射状グリアの表面は、タンパク質マーカー分子で覆われていて、幼若ニューロンに行き先を教えている。粘着性のあるそのマーカー分子は、細胞接着分子と呼ばれており、幼いニューロンが足場をしっかりつかむのを助け、それらのニューロンを脳内の適切な位置へと誘導している。幼若ニューロンは、放射状グリア上に特定の種類のニューロンに宛てて置かれている標識を読み取っている。その標識は、それぞれの種類のニューロンが、どこで足場から降りて、自分と同じ種類の仲間と集合し、脳組織の層構造を形成し始めればよいかを告げている。

幹細胞──グリアがニューロンを生み出す

科学者がニューロンとグリアを差別する拠りどころとなっていた過去の科学的偏見の多くが、

新たに公表された研究によって拭い去られたのは、ここ数年のことだ。胎児脳の基底部にある細胞から生まれたニューロンの起源をたどる新しい技術を利用した研究者たちが、マスターグリアがニューロンに進路を案内するだけでなく、みずからニューロンを生成していることも発見した。ある実験では、細胞版トロイの木馬として働くウイルスを実験室で作製して、ウイルス内部で緑色蛍光タンパク質を合成する遺伝的指令を仕込んだ。このウイルス粒子を実験動物の放射状グリアに感染させると、感染したグリアは、緑色の光を発して輝いた。スティーヴン・ノクター、パオロ・マラテスタ、アルトゥーロ・アルヴァレス＝ブイラ、マグダレーナ・ゲッツらは、緑色をした怪物のようなグリアの基部から娘細胞が発芽してくる様子を、顕微鏡で観察した。彼らの目前で、この娘細胞は放射状グリアの幹を登り始め、グリア細胞の継娘から王女ニューロンへと転換した。紛れもない緑の蛍光色素で依然として標識されていたため、そのニューロンがグリアに由来することは一目瞭然だった。放射状グリアの母細胞一個が、何世代ものニューロンを生み出し、胎児脳内の運命づけられた目的地へと導いている。妊娠中期のヒト胎児脳では、一個の放射状グリア細胞の樹幹に、三〇世代ものニューロンがしがみついて移動している。

出生後まもなく、この放射状グリアは姿を消し始める。一部はアストロサイトへ転換し、急速な細胞分裂によって集団を形成する一方で、少数の放射状グリアは、成熟脳の一部で生き続ける。これはなぜだろう?

そうした細胞はおそらく、脳が病気や傷害に侵されたときに備えて、予備の役割を担っているのだろう。成熟マウスの前脳で、残留していた放射状グリアがニューロンに転換し、その後、脳内の嗅部と海馬領域に組み込まれる様子が、最近捉えられた（海馬は、私たちの日常体験を持続的な記憶に変換するための重要な脳部位である）。以上のように、マスターグリア細胞は胎児期に脳の形成を指揮したあと、舞台裏へ身を引いて、脳がその役目を演じるのを見守っている。だが生涯を通じて、脳が問題や病気に直面したときには、いつでも舞台上に戻って、ニューロンの役割を肩代わりできるように待機しているのだ。

〈細胞の兄弟姉妹〉

以前は、グリアとニューロンは、まったく無関係な祖先に由来するに違いないと推測されていた。ところが実際には、ニューロンとオリゴデンドロサイトは、同じ母細胞の子孫なのだ。母細胞が二つに分裂すると、一方がニューロンになり、もう一方は幹細胞のまま残るか、未熟なグリア細胞となる。胎児ニューロンは分裂を継続し、次世代以降はニューロンだけを生成し続ける。一方、未熟なグリア細胞は、ニューロンにもグリアにもなれる細胞に分裂する。ニューロンは成熟すると、分裂して新たな細胞を生み出すことができなくなる。胎児脳の未熟なニューロンだけが、このような分裂能を持つ（最近になって、成熟した脳の特定の部位に少数の「母細胞」が残存していて、一定の条件下では新しいニューロンを生成できることが発見された。これは傷害後にとくに顕著だが、身体運動や学習のあとにも起こる）。だが、若いオリゴデンドロサイトは、ニューロンよりもはるかにダイナミックだ。オリゴデンドロサイトは成熟しても、傷害や病気のあとに脳を修復するため、初期段階へ戻って、多くのオリゴデンドログリア（未熟なオリゴデンドロサイト）を生成することができる。不思議なことに、一部のオリゴデンドログリアは、成熟した脳内でも未熟な段階に留まっている。これは奇妙な話だ。なぜなら、こうした未熟なオリゴデンドロサイトは、比較的単純な細胞構造を持っており、ミエリンを形成しないからだ。では、このような幼若オリゴデンドロサイトは、子宮を離れてから数十年が過ぎた私たちの頭の中で、いったい何をしているのだろう？

〈新たな役者の登場――NG2細胞〉

一九八〇年代半ば、当時カリフォルニア州ラホヤのソーク研究所にいたウィリアム・スタルカップとジョエル・レヴィーンは、新たな種類の脳細胞を発見した。この卓越した発見に注目した者はほとんどなく、おそらく読者のみなさんは耳にしたこともないだろう。この情報は、まだ教科書にはなく、この新たな脳細胞の実体がもっと正確に理解されないかぎり、記載されることもないだろう。

けれども、このNG2グリアは、今では細胞神経科学者の間で大きな興奮を引き起こしている。それは、「ミッシングリンク」をつなぐ新たな化石の発見が考古学者の間に巻き起こす興奮にも匹敵するほどだ。このNG2は、これまでに知られているどんな細胞とも異なり、非常に変わっている。スタルカップとレヴィーンの研究チームが、この新しい脳細胞を発見したきっかけは、細胞培養で生育している脳腫瘍細胞のさまざまな株に対する抗体を作製したことだった。次に彼らは、顕微鏡スライドに載った正常な脳組織の薄い切片にその抗体を添加し、どのような種類の細胞に結合するのかを観察した。その抗体は、正常脳にある細胞のうち、癌細胞の表面でその抗体が認識したのと同じタンパク質を持つものと結合するはずだった。

「実のところ、私たちに確たる仮説はありませんでした」と、ジョエル・レヴィーンは最近になって告白している。「私たちはただ、どんな新しい事柄が見つかるだろうかと見守っていただけです。当時はまだ、そんなことが許されていましたから」

レヴィーンは、過ぎ去った日々を現在の状況と対比しながら、回想した。今日では、科学研究への資金調達は非常に厳しく、有意義な新発見が確実に得られそうだと審査委員の科学者たちが同意した研究だけしか、支援対象として考慮されない。言うまでもないことだが、あのダーウィンも、彼の観察が有意義な発見をもたらすだろうとの裏付けを求められていたら、政府からの財政的支援を首尾よく勝ち取ることは、けっしてできなかっただろう。ダーウィンによる研究助成金申請は、以下のようなものだった。「英国海軍艦船ビーグル号で世界中を航海し、素晴らしい多様性を備えた自然を調査する」。また、ラモニ・カハールやゴルジも、支援される資格を満たしてはいなかっただろう。

レヴィーンとスタルカップが見出したのは、彼らの新しい抗体のひとつ（NG2と呼ばれており、その名は、実験ノートの中でその抗体にたまたま割り振られた整理番号にちなんでいる）が、成体脳に広く分布している細胞の一集団に、きわめて選択的に結合することだった。その細胞は風変わりだった。ニューロンに顕著な特徴を何ひとつ持たず、樹状突起も軸索もなかった。アストロサイトやミクログリアでもなかったが、成体脳の全細胞の五パーセント近くを占めていた。奇妙なことに、この不可思議な細胞は、コショウを均一に振りかけたように、脳組織の全域に点在していて、脳内における通常の区画や解剖学的な境界領域［訳注：つまり特定の神経核］に局在している様子は見られなかった。

「その［顕微鏡］スライドを同僚たちに見せると、彼らは顕微鏡を覗き込んで、『これは変わっているな！』と一言だけ言うと、さっさと実験台での作業に戻っていきました」と、レヴィーンは語った。

レヴィーンとスタルカップだけが、戸惑いながら、次のような疑問を抱いた。この脳細胞はいったい何だろう？　これは何に由来するのか？　そして何をしているのか？　これらは中枢神経系の四番目のグリアなのか、あるいは、たんなるオリゴデンドロサイトの一種で、発達が途中で停止したまま、成熟脳をあてもなくうろついているのだろうか？　さらには、病気や傷害によって変化するのか？　その後二〇年にも及ぶ研究と、他の研究室によって最近発表された二つの論文によって、こうした疑問への答えが今や急速に集まりつつあり、それは神経科学のルールを変えようとしている。

【眠れる細胞】

NG2細胞は、もうひとつ非常に重要な点において、ニューロンと異なることが判明した。成熟ニューロンと違い、NG2細胞は分裂し、増殖することができるのだ。実際、成熟脳で分裂能を持つ細胞の大部分が、このNG2細胞であることを知って、レヴィーンらは驚愕した。NG2細胞は、正常な成人の脳で分裂している細胞の九〇パーセントにもなる。この事実は、NG2細胞をとりわけ興味深い存在にしている。つまり、NG2グリアは、脳腫瘍の種かもしれないのだ。というのも、腫瘍とは、制御できぬまま分裂を続ける細胞だからだ。ニューロンは分裂しないので、癌の発生源としてはほぼ除外できる。NG2抗体はそもそも、癌細胞から単離されたことを思い出そう。その一方で、病気を撃退し、損傷を癒す脳の果敢な反応の中で、NG2細胞の分裂能は、潜在的な重要も持つ。

ここで話は、ますます面白みを増してくる。というのも、研究者たちはほどなく、NG2細胞が分裂できるだけでなく、幹細胞に似た注目すべき性質を持つことを見出したのだ。西山明子らは、ワシントンDCにある国立小児医療センターのヴィットリオ・ギャロとともに、至適な条件下では、NG2細胞が多様な脳細胞に転換できることを突き止めた。そこには、オリゴデンドロサイト、アストロサイト、ニューロンが含まれた。脳卒中やその他の脳損傷後に分裂している細胞のなかで、NG2グリアは大きな割合を占めている。

脊髄損傷の治療として人間に細胞移植するという長らく待ち望まれていた夢が、二〇〇九年についに実現した。アメリカ食品医薬品局が、カリフォルニア州に本拠を置くバイオテクノロジー企業ジェロンに、脊髄損傷患者で細胞移植の臨床試験を始める許可を与えたのだ。試験に使用される細胞は、ヒト胚性幹細胞に由来しており、あらゆる種類の細胞に分化する潜在力を持っている。では、損傷した脊髄に移植するためには、どのような種類の細胞が理想的なのだろうか？

動物での実験データを精査したジェロンは、傷害に反応するユニークな能力を持った細胞、すなわちNG2細胞に賭けてみることにした。同社の研究チームは、幹細胞をNG2細胞に分化するよう誘導し、重篤な脊髄損傷後一〜二週間が経過した患者一〇人に、その細胞を注入する計画だ。NG2細胞は適切な条件下では、アストロサイト、ニューロン、あるいはオリゴデンドロサイトを生成できるが、研究チームはNG2細胞がおもに、ミエリン形成グリアに転換することを期待している。脊髄損傷後に絶縁被覆を失った軸索に新しいミエリンを形成すれば、NG2細胞は軸索のインパルス伝導を回復し、患者に感覚や運動制御の増強をもたらすはずだ。さらに、今ではよく知られているように、軸索のミエリン鞘を失ったニューロンは、しばしば死滅する。NG2細胞が軸索のミエリン絶縁を回復できれば、受傷直後を生き延びた貴重なニューロンを救助できるに違いない。

幹細胞様の性質を持つ細胞を人間の患者に移植する場合の重大な懸念は、細胞が激しく分裂と成長を続けて、腫瘍にならないかという点にある。NG2細胞はそもそも、脳腫瘍細胞に対する抗体を作ることによって同定されたのであるから、これは深刻な問題だ。ところが、このもっともな懸念を、ジェロンの最高経営責任者（CEO）のトーマス・オカーマは一蹴する。大半の神経科学者がこれまでNG2細胞の十分な研究を怠り、この細胞については概して無知であるがゆえに、そうした不安を抱くのだという。「学界には細胞療法の専門知識がほとんどないので、「NG2細胞が癌を生じうる危険性を懸念する」そうした人々は神経質にならざるをえません……。私たちは、彼らのはるか先を行っています」。ジェロンは、アルツハイマー病や脳卒中、多発性硬化症の治療へのNG2グリアの活用も追求している（注1）。

NG2細胞には、細胞神経科学の基本的教義を覆すような、さらに奇妙な点がある。ジョンズ・ホプキンズ大学医学部に現在所属しているドワイト・バーグルズとその同僚は二〇〇〇年に、NG2細胞上に形成されたシナプスを見出した。この発見は、ニューロンとグリアの根本的な区別に反している。つまり、ニューロンはシナプスを介してコミュニケーションをとるが、グリアはそうではないとする区別だ。この発見がとりわけ不可解なのは、NG2細胞が、未成熟オリゴデンドロサイトに最もよく似たグリアの範疇に属している点である。幹細胞様の性質を持ち、ミエリンを形成するグリア細胞が、シナプスによって神経系へと結びつけられているのはなぜだろう？　NG2細胞は、ニューロンのように他の細胞を活性化する出力用結合は持っていないので、シナプス入力に応答して別の細胞へメッセージを中継することはできない。では、NG2グリア上のシナプスは、何の役に立つのだろうか？

おそらく、NG2グリアは神経回路に配線されることによって、脳内の電気活動を利用して、ニューロン間の情報伝達をモニターすることができるのだろう。だとしたら、NG2細胞の分裂や別の細胞への分化は、脳内のインパルス活動によって調節されているのかもしれない。このインパルス活動はひょっとすると、多発性硬化症患者の脳内で、NG2細胞にミエリンを形成するオリゴデンドロサイトを増産するよう促したり、成体脳でNG2細胞を新たなニューロンに転換させたりすることさえ、できるのかもしれない。

二〇〇八年には、ユニバーシティ・カレッジ・ロンドンのデイヴィッド・アットウェル、ラグンヒルドゥル・カゥラドッティルらが、ニューロンとグリアの根本的な相違のひとつを完全に覆す事実を発見した。その違いとは、電気的インパルス（活動電位）を発火する能力だ。アットウェルらは、NG2細胞に微小電極を刺入して、その細胞がシナプス入力を通して受け取っている電気信号を記録しているときに、NG2細胞の半数が、ニューロンと同じメカニズムを使って電気的インパルスを発火できることを見出した。研究者のなかには、インパルスを発火しているその細胞がグリアであるとは納得できず、その代わりに、前駆細胞であるNG2細胞からの移行段階にある一種のニューロンではないかと考える者もいる。

現時点では、NG2グリアが中枢神経系の四番目の新たなグリア細胞なのか、途中で発達が停止したまま成体脳にまで残っているオリゴデンドロサイトなのか、あるいはまったく新しいニューロン-グリアのハイブリッドなのかは定かでない。しかし、最近発見されたこの脳細胞によって、ニューロンとグリアの境界が曖昧になりつつある。この細胞の発見は、「ニューロンの脳」と「もうひとつの脳」の接点で、神経科学者の想像力を新たな可能性へ向けて解き放っている。今や、科学者たちは検証すべき具体的な仮説を数多く抱えていて、NG2グリアを研究するための助成金申請が相次いで舞い込んでいる。

二つの心──グリアが統合する

私たちの脳は、大半の身体器官とは異なり、ある種の接合双生児のように、相互に結びついた一対の構造を成している。したがって、私たちの頭蓋の中には、実際には二つの脳が収まっている。とはいえ、話ができるのはそのうちの片方だけだ。この事実は、理性的であるはずの意思決定プロセスを、自分では必ずしも説明できない方向へと突き動かしているのが、潜在意識での直感や感情であることを説明できるかもしれない。通常、左の大脳半球は分析的な機能に特化しており、右半球は芸術的な活動に長けている。発話能力は、左半球に属する。この二つの脳は、神経線維の太い束（脳梁）を通して相互に連絡している。この脳梁が、両側の大脳皮質の姉妹関係にある部位の間で、情報を運んでいる。てんかん発作をコントロールするためにこの連絡ラインを切断された患者は、あらゆる点でまったく正常に見えても、巧妙な検査をすると、脳梁による結合を喪失したあとでは、ひとつの頭部に収まる二つの脳が互いの存在にまったく気づいていないことが明らかになる。これは、患者の片方の脳だけに情報を提示するという方法で確かめられる。たとえば、片方の眼を塞いだうえで、絵を見せるといったやり方だ。広く知られているように、情報は多くの場合、体の左側から脳の右側へ交差して入り、逆も同じく右から左へ交差する。こうして伝搬された別々の情報を再び元通りにまとめて、二つの脳を単一の意識的な精神に統合しているのが脳梁だ。この結合が無傷でないと、左脳には右脳が何をしているのかがわからない。

私たちの左手は、右の大脳半球によって制御されている。それは、手の筋肉を制御するために脳から伸び出した神経線維が、脊髄内で体の反対側へ交差しているからだ。私たちの視野にある情報も交差している。空間のある一点に焦点を合わせると、焦点面［訳注：つまり網膜］の右側へ入った視覚情報は、交差して左側の大脳皮質へ送られる。この情報の交差は、視交叉と呼ばれる部位で起こる。そこでは、両眼から伸びる視神経線維が左脳もしくは右脳と結合するよう導かれる。被験者の視野右側に提示された視覚情報が、左の大脳皮質（発話能力が局在する）に正しく届かないかぎり、被験者は提示された事実を否定する。

一例を挙げよう。ある分離脳の患者（脳梁離断の手術を受けた者）が、鼻先に示された海賊の絵を正面から見たとする。海賊が片耳に耳飾りを着けていて、それが患者の右側の視野に入っていた場合、患者はその耳飾りの詳細を容易に説明できる。右側の視野の視覚情報は交差して、左の大脳皮質に到達するが、そこは発話も司っているからだ。しかし、もし海賊が反対の耳に耳飾りを着けていたとしたら、その患者は、海賊の耳に何かがぶら下がっていることを否定するだろう。

視野の左半分からの情報は右脳に向かったが、そこは話すことができないからだ。とはいえ、この右半分の脳に、その耳飾りについてすべてを知っている。潜在意識下で得たこの知識は、患者に左手で海賊の顔を描くよう依頼すると、明らかにできる。求めに応じた患者の絵には、その耳飾りが正確な位置に描かれているだろう。耳飾りを描いた理由を尋ねても、患者は当惑して「わからない」と答えるに違いない。実際、脳梁が切断されていると、「話をしている脳」は耳飾りについては知らない。なぜなら、左の視野にある耳飾りの情報は、右の大脳皮質にしか届かないからだ。右脳は話すことはできないが、言語によらないコミュニケーション手段によって、たとえば、同側の大脳半球で支配されている手で絵を描くことによって、右脳が知覚した内容を表現することができる。

ロジャー・スペリーは一九八一年に、分離脳患者の研究、および胎児の発達期において脳が回路を形成する仕組みを明らかにした画期的な研究によって、ノーベル賞を受賞した。分離脳患者に関するこの興味深い課題は、多くの神経科学者、なかでもスペリーの共同研究者だったマイケル・ガザニガによって、今も追究されている。

胎児脳の発達に伴って、この重要な連絡ケーブルの長距離幹線が敷設される仕組みは、発達期にすべてのニューロン間で結合を誘導しているメカニズムについても、多くのことを明かしている。さらに、傷害後および学習中に起こる成体脳の再構築《リモデリング》でも、胎生期に脳を形成したメカニズムの多くが復活して、利用されている。

前述のように、大脳半球間の結合部は脳梁と呼ばれ、両半球をつなぐ太いケーブルであり、脳を二つに分断したときに、脳の内側に見られる最も目立った構造だ。両半球間のこの太い連絡ケーブルは、胎児脳の二つの半球間に一時的に作られたグリアの架け橋を頼りにして、敷設される。実験動物で、アストロサイトによるこの架け橋を切断すると、軸索は反対側の脳へ横断できなくなる。ニューロンからつるのように伸び出した軸索は、左右の大脳半球を分断している切れ目に到達すると、どこへ向かえばいいのかも、どのように反対側へ横断すればいいのかもわからず困り果てて、コイルのように両側で積み重なる。胎児アストロサイトを付着させた濾紙、あるいは、そのグリアから剝がした細胞膜を塗布した濾紙を用いて、人工的な架け橋を作製できる。この人工橋を切れ目に挿入すると、軸索は直ちに向こう側へ渡っていくようになる。

似たようなアストロサイトから成る橋や通路は、胎児脳のほかの場所にも出現し、ひとつの神経回路に組み込まれるべきニューロン群の間で連結を誘導している。アストロサイトは、そのあとを神経軸索が追従できるように物理的な通路を切り拓くだけでなく、胎児軸索の伸長を刺激し、目的地へと導く分子シグナルを放出することによっても、軸索を誘導している。重要な決断を求められる脳内の地点では、先導役細胞のアストロサイトが化学的シグナルを拡散して、誤った道筋をたどっているニューロンから伸び出した軸索を、引き返させている。

興味深いことに、脳発達におけるある種の異常は、並外れた能力を生み出す場合がある。最近発見されたのだが、サヴァン症候群の人たち（事実に関する情報、たとえば数年前に読んだ本の全文を、記憶するような驚くべき能力を発揮する人たち）のなかには、脳梁を欠損している者がいる。しかしそうした人々は、他の精神障害に苦しむ傾向がある。彼らは、情報をやすやすと記憶できるものの、それを抽象化したり、十分に理解したりできないことが多い。それはあたかも、正常な場合には多彩な知的機能に振り向けられている脳の全パワーが、発達過程で大脳皮質の結合が誤って配線された結果として、作動できる一部の神経回路に集中しているかのようだ（注2）。

左右の脳を仕切る正中線は、きわめて重要な分水界であり、その境界線沿いに配備された胎生期グリアによって、厳重に保護されている。そのため、交差して配線された体の左右両側からの入力あるいは出力シグナルは、脳内の反対側では得られない。この正中線に並んだグリア上の分子標識と、グリアの放散している化学シグナルは、脳の反対側へ交差しなければならない軸索と、同側の領域に留まっていなければならない軸索では、異なる解釈がなされる。遺伝子操作によってショウジョウバエの正中線グリアに、間違った分子を発現させた実験では、幼虫の神経系が誤配線を起こし、体の左右から伸びた軸索はでたらめに交差したり戻ったりしながら、どうしようもなく絡み合って、機能できなくなる様子が観察されている。

正中線グリアが、ニューロンから伸び出した軸索を誘導するためのシグナルとして利用している分子群や、それらのシグナルを受容し、分析している軸索の成長先端にある分子装置に関して、多くの知識が得られてきている。胎児発達期にグリアが与えるこうしたシグナルの情報を、損傷した脳や脊髄の再配線に活用しようとするならば、それらを十分に使いこなせるようになることが必要だろう。原則として、グリアが与える適切な道標を、必要とされる部位に挿入するだけで、医師は損傷から回復しつつある軸索の伸長を正しい方向へ再誘導できるからだ。

グリアが張り巡らせたクモの巣にかかったニューロン――その間隙

私たちの脳内における細胞間の空間は見過ごされがちだが、あらゆる思考や精神機能は、研究するのが困難なこの領域を通って伝わっていく。ニューロンが放出する神経伝達物質も、ニューロンが発する電流も、この脳細胞間のスペースを通して、他のニューロンへとメッセージを運んでいる。ホルモン、栄養、病原体なども、細胞外間隙を通って移動する。しかし、この脳の細胞間スペースとは、どのようなものなのだろうか？　脳組織のうち、細胞間の空いたスペースが占めるのはどれほどなのか？　細胞間の隙間は、神経活動や学習、病気、老化などで変化するのだろうか？　変化するとしたら、その結果どうなるのか？　このスペースは、どのように調節されているのか？　神経伝達物質は、細胞間の隙間を通って、脳内をどれほどの速さで、どのくらい遠くまで伝わっていけるのか？　そしてグリアは、この細胞間領域に影響を及ぼしているのだろうか？

先駆的な科学者たちがずっと前に、脳細胞の入り組んだ細部を顕微鏡で精査するかたわら、この細胞外間隙についても探究していただろうと、読者のみなさんは思われたかもしれない。ところが残念なことに、彼らは気づかないうちに、この空間を消失させていた。身体組織をホルムアルデヒドで保存すると、それは鉄板上のハンバーグのように縮んで、細胞間スペースは完全になくなってしまう。生化学者も、脳のこの部分を見逃していた。彼らは、細胞の内側にきっちりと包み込まれた細胞質にある分子を分析する一方で、細胞外間隙の分子（その多くは神経細胞間における化学的コミュニケーションの制御に必須である）は、試験管内での研究のために脳細胞を単離する過程で、取り逃してしまうからだ。

ニューヨーク大学の神経生物学者チャールズ・ニコルソンと、プラハの実験医学研究所のエヴァ・シーコヴァは、目には見えない脳内の細胞外間隙を調査する方法を考案した。彼らは、ラット脳の生きた切片に追跡子《トレーサー》を注入し、その拡散を追跡するという手法で、脳の約二〇パーセントが細胞外間隙であることを突き止めた。これは、顕微鏡スライド上の化学的に固定された組織の観察から読み取れる脳構造の様態と比べて、はるかに大きな割合だった。

驚いたことに、生きた脳組織の細胞外間隙へ放出された蛍光色素は、予想される速度、たとえば一滴のクリームがコーヒー中を拡散していくような速さでは拡がっていかないことに、ニコルソンは気づいた。脳のこの細胞外領域にある何かが、拡散を遅らせているのだ。そこで彼は、追跡用色素による測定と拡散の数学的モデルを組み合わせて、私たちの頭の中のこのミクロ宇宙が非常に複雑な物理的構造を持っているために、脳の細胞外間隙における分子の拡散は、速度が低下して制限されていると結論した。脳細胞の間には、いたるところに引っ込みや割れ目があって、それが細胞外間隙の物質の流れを妨げており、分子は拡散の途中で小さな袋小路へ入り込んで、出られなくなってしまうのだ。この仕組みには利点があり、シナプスで放出された神経伝達物質がより高濃度に蓄積され、予想されるほど急速には、あるいは放出地点から遠くまでは、拡散しない。このようにメッセージを集中的に持続させることで、ニューロン間のコミュニケーションは向上する。

エヴァ・シーコヴァと同僚のリーディア・ヴァルゴヴァの研究は、脳内の細胞外間隙がきわめてダイナミックであることを明らかにした。この空間は病気や加齢によって変化し、結果として学習に影響を及ぼす。脳卒中のような虚血状態では、細胞外間隙は縮小する。空間が収縮するにつれ、脳細胞間での物質の拡散は遅くなる。刺し傷による脳損傷には、同じような収縮効果がある一方、脳腫瘍は、脳細胞間のスペースを脳容積の四三パーセント近くまで拡大し、なんと、癌性脳組織は容積の半分近くが流動性になる。こうして粥状に軟らかくなった脳では、癌細胞の拡散速度が増すことになる。

ヴァルゴヴァによる研究は、加齢が進むにつれて、私たちの脳内の細胞間スペースは狭まり、その結果、ニューロン間のメッセンジャー分子の拡散が妨げられることを明らかにしている。ヒトと同じように、ラットも加齢に伴う精神機能の衰えを経験するが、老齢に近づくにつれて現れる精神機能減退の程度には個体差がある。迷路テストで最も学習能力の高い老齢ラットと、同じく老齢だが学習能力で劣るラットをヴァルゴヴァが比較したところ、学習能力の高いラットのほうが、学習能力で劣るラットよりも、細胞外間隙の消失がはるかに少なかった。

では、脳内の細胞外間隙の量を制御しているのは何だろうか？　おもな要因のひとつはグリアだ。細胞間スペースの容積とその構造的な複雑さはおもに、グリアの縮小や膨張、さらにはその細胞体から伸びる突起の伸長や退縮によって調節されている。このようにして、グリア（アストロサイト）は、ニューロンを引き離している触手によって、細胞外間隙を通る神経伝達物質の往来を制御し、ひいてはニューロン間で神経伝達物質によって運ばれている情報の伝達距離と速度をコントロールしているのだ。

星間空間が真空であるのとは違って、私たちの頭蓋内の宇宙における細胞間の空間は、空っぽではない。そこは、神経伝達物質の合成や分解を調節する酵素が取り付けられた線維性タンパク質で満たされている。私たちの体のほぼすべての組織で、このようなタンパク質のマトリックスが細胞を接着しているが、脳内では、この細胞外マトリックスがさまざまな分子や酵素を複合的に含んでいて、細胞を組織へとつなぎ合わせる以上の働きをしている。これらの分子は、細胞環境を調節して、細胞間を行き交うシグナルを制御している。ニューロンおよびグリアの細胞膜を貫通している巨大分子と連結することによって、細胞外にあるこのマトリックス分子群は、外部環境に関する情報を細胞内部へ中継している。

脳の細胞外マトリックスは脳発達期に、ニューロンではなく、おもにアストロサイトによって合成される。私たちの体幹および四肢の神経線維では、シュワン細胞が神経細胞の周囲にこのマトリックスを巻きつけている。

建築中の足場のように、細胞外マトリックスは胎児脳の発達を支えるために欠かせない。タンパク質マトリックスは、軸索の伸長を支援し、他のニューロンと結合するための適切な地点へと軸索を誘導する分子を含んでいる。アストロサイトは、さまざまな種類の成長・誘導分子を、胎児発達のふさわしい時期にマトリックスに付加する。クモが粘着性の糸とそうでない糸を使い分けて巣を編むように、アストロサイトが細胞外マトリックスに埋め込む分子の一部は粘着性を持ち、ニューロンはその分子にたやすく接着して、その上を伸長していく。軸索が進入してはならない脳内の別の場所（あるいは、軸索が入り込むのが不適当な特定の時期）には、アストロサイトは滑りやすい分子を細胞外マトリックスに付加する。こうした潤滑な障壁があると、軸索やニューロンはそこを渡っていけなくなる。第5章で麻痺について述べたとおり、滑りやすいコーティングが施されたグリアの障壁は、脊髄・脳損傷後の軸索再生も妨げる。脊髄損傷や外傷性脳損傷のあとに、アストロサイトが形成するグリア性瘢痕に含まれる細胞外マトリックスの接着性および非接着性を調節する方法を見つけ出そうと、現在世界中で活発に研究が進行している。麻痺の治療という大きな目標に、私たちがいつの日か到達するためには、この足場の仕組みを理解することが肝心だ。

脳の発達期にアストロサイトが組んだ足場は、成体脳でも機能していて、すでに述べたように、細胞外マトリックスが学習や記憶、さらには病気にも関与することを示す明確な証拠もある。アストロサイトは、学習中にシナプスを連結している接着分子を修飾［訳注：対象となる分子などの機能を調節、あるいは補完すること〕して、新たなシナプスの形成を可能にしている。また、傷が治癒する過程では、酵素（タンパク質分解酵素）を分泌して、マトリックスを分解する。アストロサイトが癌化すると、このようなタンパク質分解酵素は、脳に敵対して細胞外マトリックスを分解し、癌細胞の転移と脳の他の部位への侵入を可能にする。細胞外マトリックスの制御を逃れた癌細胞は、損傷を広く拡散する。

細胞外マトリックスの構築および分解におけるグリアの役割が理解できれば、脳がどのように築き上げられ、経験によっていかに変化し、負傷や病気、たとえば癌の拡がりによって脳の働きがどれほど弱められるかについて、重要な洞察が得られるだろう。しかし、二つのニューロンを隔てるあらゆるスペースのうちで最も重要なのは、シナプスに存在する小さな湾だ。新たな研究から、この重要な電子的接合部の形成において、建築家の役割を担うのがアストロサイトであることが判明している。

シナプス創生——夜空にきらめく星たち

神経科学者たちは現在、衝撃的な事実に直面している。それは、脳を神経回路へと配線していく働きは、ニューロンだけでなく、グリアによっても制御されているという事実だ。グリアはさらに、ニューロン上でシナプスが発芽する過程をコントロールすることさえできる。

一九九七年に、ベン・バレスとスタンフォード大学の彼の研究室の仲間は、好奇心をそそる観察を報告した。ラットの網膜から単離して培養したニューロンは、アストロサイトを完全に除去してしまうと、うまく成長できなかった。同じような所見は以前に、海馬を含む別の脳部位から採取したニューロンの培養でも認められていた。バレスの研究チームが、ラット網膜の培養でシナプスがよく見えるようにニューロンを染色し、微小電極を用いてシナプスを越えて電気信号がやり取りされる様子を記録したところ、疑う余地のない結果が得られた。すなわち、アストロサイトが存在しない条件下で培養したニューロンでは、機能しているシナプス結合の数が減少していたのだ。

それ以前は常に、ひとつのニューロンが形成するシナプスの数は、そのニューロン自体が完全に支配していると想定されていた。理論および応用神経科学はすべて、この前提の上に成り立っていた。バレスの発見はこの前提を根底から覆して、単一のニューロンが何個のシナプスを形成するかを決定するのに、アストロサイトが何らかの未知の仕組みによって加担していることを示唆していた。神経系の基本的な機能単位であるシナプスの形成が、グリアによってコントロールされているとしたらどうだろう！

アストロサイトがシナプス創生を支配できる仕組みを、バレスらは究明し始めた。ニューロンに接触することによって、アストロサイトはシナプスの誕生を刺激しているのだろうか？　それとも、ニューロンにシナプス発芽を増進させるような物質を、培養液中へ放出しているのだろうか？

これを突き止めるために、研究チームはアストロサイトだけを純粋に生育させた培養液を集めて、ニューロンだけの純粋培養へ添加した。この実験によって、シナプス形成に寄与している活性成分は、アストロサイトが放出している何らかの物質であることが明らかになった。というのも、アストロサイトの細胞培養から集めた培養液が、純粋ニューロン培養にアストロサイトそのものを加えた場合とまったく同程度に、シナプス形成を刺激したからだ（読者の多くは、このシナプス発芽物質はどんなもので、それはどこで得られるのかを知りたいに違いない）。一連の生化学的な単離と試験を繰り返した結果、アストロサイトは少なくとも二種類、おそらくはそれ以上の化学信号を放出して、シナプス形成を刺激していることが判明した。

ドイツのフランクフルトにあるマックス・プランク研究所のフランク・プフリーガーは、活性成分のひとつとして、コレステロールを単離した。アストロサイトに由来するコレステロールが、シナプス創生をどのように促進しているのかについては、まだ完全にはわかっていない。

二〇〇四年には、カレン・クリストファーソンとエリック・ユリアンらのグループが、アストロサイトが放出する別のシナプス刺激分子として、トロンボスポンジンという名の大きなタンパク質を同定した。この分子は、以前から血液細胞の研究者たちに知られていたが、シナプス形成に関与していることは、それまで認知されていなかった。

アストロサイトがシナプス間隙を通した神経伝達の調節によって、シナプス強度を制御するだけでなく、シナプス形成そのものをコントロールしているという認識に、私たちは現在直面している。胎児発達期、および小児や成人の学習におけるシナプス新生は、神経科学における最も基本的な過程のひとつで、活発に研究されている。この五年間に、アストロサイトがそれを掌握していることを示す発見が相次ぎ、この研究分野を大きく揺るがしている。

シナプス形成に対するこのグリアによるコントロールは、脳や脊髄の内部だけでなく、末梢神経系でも働いている。しかも末梢神経系では、グリアがシナプスを再構築《リモデリング》する様子を、顕微鏡で観察することができる。テキサス大学のウェスリー・トンプソンらとハーバード大学のジェフ・リクトマンらのグループが、神経筋接合部（運動神経と筋線維の間のシナプス）で、筋肉の収縮を制御しているシナプスの発達や除去、修復などを、シュワン細胞がコントロールしていることを見出した。

生後間もないマウスを顕微鏡下に置き、皮膚の直下にある神経筋シナプスの同じ個所を、数日間続けて毎日観察すると、筋肉の上に一個のシナプスが作られる過程、さらには余分なシナプス結合の除去されていく過程を追跡できる。驚いたことに、神経筋接合部のシュワン細胞は、筋線維上のどこにシナプスを作るかを正確にコントロールしていた。彼らはさらに、余分なシナプスを筋線維から除去する過程を、シュワン細胞が誘導していることも発見した。

同様の発達メカニズムは、成熟動物で損傷後に神経系が修復される際にも、しばしば再現される。運動神経の軸索が切断されると、軸索が再生して伸び出し、適正な筋線維にシナプスを再形成して、失われた筋肉の機能を回復させる。トンプソンらは、この治癒の過程を顕微鏡下で観察しているときに、通常ならばシナプス前終末をぴったり包み込んでいる終末シュワン細胞が、突然姿を変えるところを目撃した。軸索が傷害されると、終末シュワン細胞に激しく発芽して、長くつるを伸ばしたのだ。つるの一部はやがて、近傍の筋線維上にあるシナプスに達した。すると、伸び出した軸索の無傷の神経終末がシュワン細胞のつるに反応して、突然側枝を発芽し、その側枝がシュワン細胞の架けた橋を追いかけて、シナプス結合を喪失していた筋線維に到達した。こうしてシナプスは再結合を果たし、その筋線維は機能を回復した。つまりシュワン細胞は、すべての神経筋シナプスの働き具合を注意深く監視していて、傷害や病気によって破壊された筋肉へのシナプス結合を修復することで、私たちを治しているのである。私たちの頭の中で起こっているシナプス再構築のうち、どれほどの割合が、各シナプスを通る情報の流れを監視しているグリアによってコントロールされているのかを、ぜひとも知りたいものだ。

絶好のチャンスとその終わり——グリアと臨界期

思春期を過ぎてから新しい言語を習得すると、どうしても発音の訛りを克服できない。まさに、老犬に新しい芸は仕込めないというわけだ。生まれたときには誰にでも、どんな言語のどんな音声も聞き分けられる能力が備わっている。だが、脳の働きを合理化するなかで、母国語に必要な音声を識別する能力を研ぎ澄ます一方、母国語にとって重要でない音声の区別に不可欠な神経回路は捨て去っていく。この事実は、脳内回路の配線が、環境に依存した経験によって方向付けをされていて、遺伝的な青写真だけを頼りに決定されているのではないことを示している。英語に慣れ親しんでいる日本の幼い子供は、「L」と「R」の音を難なく区別できるようになるが、彼らの両親はbreachとbleachの音声の違いを識別しようとすると、途方に暮れてしまうだろう。幼少期に英語に触れる機会のないまま大人になった日本人が、彼らの脳が聞き分けることのできない別々の音から成る単語を正確に識別するためには、あらゆる言語の聴覚障害者と同じように、何か別の手がかり、たとえば話者の口の形、あるいは文脈のようなものを活用して理解する術を身につけなくてはならない。脳は実のところ、使用されていない神経結合を刈り込んでいき、どこでどのように使うかに合わせて、その性能と効率を巧みに向上させているのだ。

この点について最もよく研究されている例が、視覚にかかわる過程だ。ノーベル賞受賞者のデイヴィッド・ヒューベルとトルステン・ウィーゼルは、外界に向けて目を開いたばかりの子ネコで、三次元の視覚が発達する過程を研究していて、視覚野（視覚情報を分析する大脳皮質の部位）における神経回路の形成に、視覚系と環境の相互作用が決定的に重要であることを発見した。子ネコの片眼を出生直後に眼帯で遮蔽し、数週間後にそれを取り外すと、遮蔽した眼はずっと失明したままになるようだった。その眼の光学系には何も異常はなかったが、そこからの入力を脳は利用できなかった。神経回路を形成するためには、適正に機能する視覚経験によってフィードバックを与える必要があるが、それを得られなかったことで、眼は大脳皮質へ正しく配線されなかったのだ。

どんなコンピューターでもそうだが、この配線の工程がいったん完了すると、回路を大幅に配線し直すことは不可能に近い。視覚回路が脳へ配線されていく決定的な時期に、子ネコが経験した視覚遮断の影響は、成熟してからどれほどの経験を積んでもけっして補償できないことを、ヒューベルとウィーゼルは発見した。二人はこの時期を「臨界期」と呼び、それは実験動物だけでなく、人間にもあてはまることが明らかになっている。臨界期が存在するからこそ、医師はできるだけ早いうちに、新生児の白内障を治療したり、斜視で生まれた子供の両眼の配置を矯正したりしようと躍起になるのだ。現在では、同様の臨界期がさまざまな感覚系の発達においても知られている。

一九八九年には、マックス・プランク研究所のクリスチャン・ミュラーとヨハネス・ベストが、成猫の脳に未成熟なアストロサイトを移植すると、視覚野の配線が正しく作り直されたと報告し、臨界期が打ち破られた。この未成熟アストロサイトは何らかのやり方で、柔軟で再配線の可能な初期段階へと、視覚野を回帰させることができたのだ。

何年もの間、この実験をどう解釈すべきなのかは誰にもわからなかった。グリアが臨界期を制御しているのだろうか？　もしそうだとしたら、脳内のシナプス結合の配線とその切断に、グリアが役割（しかも、主導的な役割）を担っていることになりはしないか？　また、それが事実であれば、グリアは神経情報の処理および伝達に介入する何らかの手段を持っていなければならない。グリアにこのような能力が備わっている可能性を、多くの神経科学者は理解できなかった。

彼らにとって「もうひとつの脳」は、月の裏側のように暗く謎めいていた。移植されたアストロサイトが臨界期を再開できる理由は、今なおわかっていない。それは、アストロサイトが成長因子を分泌すること、あるいは酵素を分泌して細胞外マトリックスを分解し、新しいシナプスの形成を可能にしていることと関係があるのかもしれない。確かなことは誰にもわからないが、学習における臨界期の成立をグリアが支援している理由については、今では神経科学者たちに理解され始めている。このテーマは本書の第3部で再度検討することにして、ここでは麻痺が提起している謎を解く手がかりを再考してみよう。なぜなら麻痺は、学習における臨界期への新たな洞察を提供しているからだ。脳と脊髄でグリアが形成するミエリンは、軸索の再伸長を阻止する数多くのタンパク質で覆われているが、末梢神経系のシュワン細胞によって作られたミエリンの上では、軸索は自由に発芽し、伸長することができる。それはなぜだろうか？

〈未熟児の脳損傷——ミエリン形成グリアからの隠れたメッセージ〉

出生時に酸素欠乏状態に陥る赤ちゃんは少なくなく、これは脳に深刻な損傷をもたらす。酸素不足によって、ニューロンが損傷するのはもちろん、オリゴデンドロサイトを生み出す細胞はさらに脆弱である。出生時にこのグリア細胞が死んでしまうと、精神遅滞が生じる。こうした子供たちは、脳室周囲白質軟化症（PVL）を発症する。この疾患では、オリゴデンドロサイトに成長する細胞の死に伴い、ミエリンが欠失する。このようにミエリンが欠損した小児は、絶縁されていない軸索を神経インパルスがうまく伝わっていかないせいで、精神遅滞や注意欠陥多動性障害を発症する。

不思議なことに、このような小児、さらにはPVLを発症させた実験動物の脳では、多くの軸索がさかんに分枝を発芽し、本来向かうべきではない場所へと伸長していく。ミエリン形成グリアは、正常では発達期の軸索発芽を抑制しており、脳が正しく配線されるために、この働きは必須であると考えられる。

ミエリンは以前から、導線の周囲に巻かれた絶縁テープになぞらえられており、絶縁は、実際にミエリンの重要な機能だ。しかし別の意味においても、ミエリンは絶縁テープに似ていると言えるかもしれない。ミエリンによる軸索の被覆には、インパルス伝導を加速するだけでなく、脳の配線作業において必要な最終仕上げを施すために、完全につなぎ終えた神経回路を一緒に包み込むという目的もあるに違いないと、一部の科学者は強く直感している。これはちょうど、電気技師がすべてを正しく配線し終えたあと、安定性を確保するため、電子装置の内部で導線をまとめてテープで留めるようなものだ。

この仕上げが施されないと、軸索は脳内でむやみに発芽し続けるのかもしれない。理論的には、成熟した脳において発芽した軸索は、ミエリン被覆に触れると刈り込まれて退縮する。幼児や幼若な動物で、神経系の損傷の修復が成人よりも良好なのは、ミエリンの形成が不完全なことも理由のひとつだ。オポッサムをはじめとする有袋類は、カンガルーのように母親の育児嚢《のう》の中で子供が成長するので、発達の研究に理想的と言える。というのも、胎児発達の最終段階が子宮外で起こるからだ。たとえば、幼若オポッサムでは、切断した脊髄が回復するのを観察できる――ただし、脊髄でミエリン形成が起こる前に傷害を与えた場合に限るが。

傷害を受けたときに最初に損壊するもののひとつがミエリンである。すると軸索は、無傷の新芽を再び送り出せるようになる。受傷しなかった別の軸索を被覆しているミエリン（それは発芽を抑え、インパルス伝導を加速している）にその新芽が接触すると、残念ながら、発芽は伸長の途中で停止してしまう。この性質は、生物学的なジレンマを示している――軸索の発芽は状況次第で良くも悪くもなるのだ。

進化の観点から考えると、脳や脊髄内の軸索が受傷しても再生しない理由は、容易に理解できる。つまり自然界では、中枢神経系が損傷した動物は捕食される。対照的に、致命傷になる前に治癒する四肢の傷であれば、動物は軽微な損傷に苦しみながらも、寿命をまっとうできる可能性が高い。野生動物にとっては、脳や脊髄のミエリンに、損傷を受けた軸索の発芽や再生を阻害するタンパク質が仕掛けられているかどうかは、問題ではないのだ。ミエリン中にこうした抑制性タンパク質が存在するのには、別の目的がある。すなわち、完全な神経回路がひとたび発達し終えたら、軸索の発芽を停止するという目的だ。

ミエリン中にある軸索発芽の阻害タンパク質の第一号としてＮｏｇｏを発見したマーティン・シュワブも、この見解に同意する。軸索発芽を阻害するＮｏｇｏやその他のタンパク質を、自然がなぜミエリンの中に加えたのかと尋ねると、シュワブはこう答えた。「［ミエリン中の］Ｎｏｇｏやその他の阻害因子は、高等脊椎動物の成熟した中枢神経系のきわめて複雑な構造を安定させる役割を担っていると考えられます」。さらに、自分の意見を以下のように続けた。「Ｎｏｇｏ－Ａは、カエルが『発案した』もので、魚類やサンショウウオにはありません。ひとたび中枢神経系が成熟したら、可塑性を［進化した脳の］小さな空間領域に限定しておくことが、Ｎｏｇｏ－Ａの役割のひとつです」

初期発達において、軸索伸長と発芽の時期を何かが終了させなければならないことは、十分に理解できるとしても、軸索の発芽を阻害するのが他の細胞ではなく、ミエリンとオリゴデンドロサイトでなくてはならないのはなぜだろう？

私のこの質問に、シュワブはこう答えた。「オリゴデンドロサイトは、遅れて成熟します。実のところ、神経線維経路の成熟との相関関係で言えば、軸索伸長は、経路が完成した時点で終了するのですが……。オリゴデンドロサイトは、発達過程のちょうどその時点に居合わせ、このグリアが軸索を被覆している間に、その神経回路の臨界期が終わりに近づくのです」。

イェール大学の神経生物学者スティーヴン・ストリットマター教授は、オリゴデンドロサイトが、臨界期の窓を閉じるのにふさわしい細胞であるとの見方に賛同する。「アグアヨとシュワブによる過去の研究が、中枢神経系のミエリン中に、抑制的な何かが存在することを明らかにしていたが……ミエリン形成が起こるタイミングは、臨界期が終了する発達段階に最もよく合致している。一連の発達過程を概略すると、ニューロンが誕生し、それらが適切な場所に移動して、軸索や樹状突起を伸ばし、やがて神経伝達物質やシナプスが作られ、経験に従って神経結合が微調整される。この過程がすべて完了したのちに、ミエリンが形成され、経験に依存した調律《チューニング》が終了する。ほかのどんな現象と比べても、オリゴデンドロサイトの成熟は、経験に依存したチューニングの終了期に最もよく一致している」

ストリットマターと博士研究員のアーロン・マギーは近年、この仮説を検証した。先に説明したように、Ｎｏｇｏはニューロンの細胞膜にある受容体タンパク質と結合することによって作用する。ストリットマターらは、マウスでＮｏｇｏ受容体の遺伝子を欠損させた。この変異マウスでは、脳卒中や脊髄損傷後に、軸索が過剰に発芽した。そのうえ、Ｎｏｇｏ受容体を持たないその欠損マウスでは、傷害後に歩行や物をつかむ能力が相当に回復した。シュワブの研究室も、抗体によってＮｏｇｏを阻害するという手法で、ほぼ同じ結果を得た。しかし、Ｎｏｇｏ受容体の機能を阻害すると、ニューロンの修復が可能になることに加えて、学習にも重大な影響がもたらされた。

ストリットマターらは、ミエリン内の抑制性タンパク質であるＮｏｇｏを阻害すると、成体脳では失われていた幼若期の柔軟性が回復することに気づいた。一九六〇年代にヒューベルとウィーゼルが示したように、子ネコで実験的に数週間遮蔽した片方の眼から、正常なら入力を受け取るはずの脳内のニューロンは、その見ることのできない眼からの結合を失って、開いている眼と配線し直される。その結果、このニューロンは、良いほうの眼を通して「見る」ことができるようになる。ところが、より加齢の進んだ動物では、この柔軟性は得られない。この再配線の臨界期は、視覚回路のミエリン形成が完了する時期と一致している。二〇〇五年に公表されたストリットマターの実験は、マウスのニューロンからＮｏｇｏ受容体を取り除くと、臨界期が再開しうることを明らかにした。老齢の動物でも、片眼の視力喪失に適応するために、視覚ニューロンを配線し直すことができたのだ。

臨界期が完結するときに、ミエリンが果たしている役割を解明したこれらの新発見は、脊髄損傷を永続的な麻痺の原因にしてしまうタンパク質が、なぜ軸索を絶縁するミエリンに含まれているのかという難問に答えている。こうした洞察は、脊髄損傷に伴う麻痺の治療に向けて、胸の躍るような新たな可能性をもたらすが、その一方で、学習に臨界期がある理由や、あらゆる種類の能力で臨界期に違いがある理由を説明することにも役立つだろう。ミエリンが形成される時期は、脳の部位ごとにそれぞれ異なる。「もうひとつの脳」の探究により発見されたパズルのピースがつながり始め、これまで長い間謎だった「ニューロンの脳」に関する知識の欠けていた隙間を埋めつつある。以上のような新発見は、以前はニューロンだけに頼っていると推定されていた学習の制御に、ミエリン形成グリアがかかわっていることを明かしている。

第12章 老化
―グリアは絶えゆく光に抗って奮い立つ

子供たちは着飾って、親の大きな靴を引きずりながら嬉しそうに歩き回る。ティーンエイジャーは、二一歳に見られようと大人ぶる。女性のなかには（いや男性にも）三〇歳の誕生日を迎えることを受け容れられない者がおり、その状態がときに何年も続く。高齢者層《シニア》に近づいている人たちは、奇跡の強壮剤、ビタミン類、太極拳、美容整形やボトックス、温浴施設《ヘルススパ》に救いを求める。何歳であっても、年齢は私たちに挑んでくる。なぜなら、それは私たちの一部でありながら、自分ではコントロールできないからだ。

失われた若さを取り戻そうとする試みは、はるか昔から世界中で探求されてきた。人々は虚しく若さを追い求める。言い伝えによると、スペインの探検家ポンセ・デ・レオンは、きらめくカリブ海の水面を見やって、スペインへ帰国するクリストファー・コロンブスを乗せた船が広大な水平線へ消えていくのを、自分は母国へ帰還せずに眺めていたという。旧世界を拒絶した彼は、あとに残り、何もかもが新しく新鮮な土地で、若さという捉えどころのない宝物を探し求めることを選択した。もちろん彼は失敗に終わっただ、現代科学に細胞内部に隠された時計仕掛けをこじ開けて、その宝物を首尾よく見つけ出せるかもしれない。だとしても、仮に人類が実験室で若返りの泉を発見するようなことがあれば、天地が逆転するほどの影響が出るだろう。生物の生活環《ライフサイクル》には理由があり、そのサイクルを乱すことには、自然の全機構を破壊してしまう危険が伴う。だが、あらゆる生物が自然史および生態系と見事に調和した生活環を持つとわかってはいても、そこにほんの少し手を加えて欺いたところでたいした害はないだろうと、私たちはつい考えたくなる。

科学の世界では、皮膚細胞の老化については、グリア細胞の老化に関するよりも、はるかに熱心に研究されていると言っても差し支えないだろう。皮相な投資だとほのめかす者もいるかもしれない。だが現代のポンセ・デ・レオンたちは、グリアの老化という地図に載っていない未知の領域を探索し始めている。本章では、グリア細胞の成熟から死までをたどりながら、その生活環の第二ステージを調べてみることにしよう。

老化する脳

あなたが経験する途方もない量の情報を、この世に誕生した日に処理し始めた神経細胞が、八〇年後もまだ脳内で同じように処理を続けているとは、まさに驚異だ。ほかの細胞とは違い、二ューロンは分裂しない。対照的に、赤血球は三、四ヵ月ごとに入れ替わり、皮膚細胞も剝がれ落ちて、絶えず新しいものに置き換わっている。暮らしのなかで、脳細胞ほど耐久性のあるものは数少ない——自動車、住宅、電子機器などは、うまくすると八〇年以上機能し続け、無傷で持ち堪えることもあるが。しかしニューロンは、生涯を通じて死んでいき、私たちの脳は老齢に達すると、徐々に重さが減少する。

六五歳になると、脳の重さは中年期よりも平均で七～八パーセント軽くなる。計画の立案や実行などの意思決定にとって重要な脳部位である大脳皮質の前頭葉の容積は、五～一〇パーセントほど縮小する。幸いにも、かつては優れた働きをしていた機能がわずかに衰えても、たいした支障はなく、むしろ引退後の生活の質を向上させるという見方もある。

加齢につれて、個々のニューロンは劣化し始めて死んでいくが、どれほど死滅するかは、脳の部位ごとに大きく異なる。高齢者では、海馬と黒質のニューロン消失が広く認められる。このニューロン消失と並行して、記憶力が低下し、加齢に伴うパーキンソン病の発症傾向が強まる。

皮膚の染みがだんだんと増えていくのと同じように、老化したニューロンには、凝固したタンパク質が絡み合った黒っぽい沈着物や封入体が形成され始める。アルツハイマー病患者のニューロン内部に神経原線維変化が作られるのも、線維状のタウタンパク質が異常に蓄積した結果だ。アルツハイマー病患者ではニューロンの外側にも、不要になったタンパク質の集まりが、裏通りに捨てられた廃品のように溜まっていく。アミロイド斑と呼ばれるこの沈着物を見れば、アルツハイマー病患者の脳組織であると、神経病理学者は一目で診断できる。それは、小児科医にとっての水痘のようなものだ。

古い家の屋根裏部屋で増えていくガラクタのように、加齢に伴って、ニューロン内部には他の多くのタンパク質も蓄積していく。このタンパク質のごみは、筋萎縮性側索硬化症やハンチントン病、パーキンソン病のような神経変性疾患に関連している。α-シヌクレインというタンパク質がごみの山のように堆積すると、ニューロン内にはレビー小体と呼ばれる障害物が作り出される。これは顕微鏡下の老化したニューロン内部で、たやすく観察できる。多くのパーキンソン病患者のニューロンには、レビー小体が詰まっており、アルツハイマー病やレビー小体型のような別の認知症と診断された患者らでも同様に認められる。レビー小体型認知症では、言語や記憶、理性が損なわれ、体の震えや幻覚が生じる場合もある。

病理学者は最近になって、「明白な事実ほど当てにならないものはない」というシャーロック・ホームズの到達した結論を、身をもって体験することになった。例の凝固したタンパク質から成る黒っぽい斑点は、老化したニューロンの腹を膨らませて、神経変性疾患を研究する神経科学者の注目を一身に集めていたが、アストロサイトとオリゴデンドロサイトの内部にも詰まっていることが新たに発覚したのだ。これらのタンパク質は、同じ顕微鏡スライド上で、アルツハイマー病患者に由来するニューロンと隣り合っているグリアの内部に見出すことができる。つまり、この事実は最近まで、たんに見逃されていたにすぎない。フランスの哲学者アンリ・ベルクソンが賢明にも言い当てているように、「心に理解する用意のあるものしか、目には見えない」のだ。このグリア細胞の封入体が、神経変性疾患においてどのような役割を担っているのか、そして新しい医療にどんなチャンスをもたらすのかといった課題は、ようやく研究が始まったばかりだ。

六五歳までの脳萎縮は、すべてが神経細胞の消失によって起こるわけではない。脳容積の減少は、脳内の細胞を隔てるスペースの縮小にも起因している。その結果、細胞が密集することになり、細胞間の狭くなった流路を通る生体内物質、神経伝達物質、栄養その他の物質の拡散は減速する。この流れの遅滞は次に、シナプス伝達に影響して、ニューロン周辺のイオン平衡を乱し、有毒な代謝生成物および副産物をニューロンから除去する作用を損なう。また、細胞外間隙の狭まりは、グリア間の連絡チャネルも制限する。

興味深いことに、老化した脳では、白質の容積のほうが灰白質よりも大きく減少する（白質はミエリンで何重にも被覆された軸索が束になって走っている部位であり、灰白質は神経細胞が集まって、互いにシナプス結合を形成している部位を指すことを思い出そう）。したがって、この事実からは、ミエリン形成グリアはニューロンと同程度、あるいはそれ以上に、加齢の影響を受けると結論せざるをえない。

老化の影響を受けるのは、ミエリン形成グリアばかりではない。アストロサイトも数が増加して、グリオーシスを生じるようになる。これはちょうど、脳損傷後と同じである。グリオーシスを形成するアストロサイト（損傷に応答して膨満した細胞）はひょっとすると、老人の肌に生じるいわゆる肝斑のように、神経系に長らく蓄積してきたストレスや小さな損傷の結果なのかもしれない。もしくは、高齢者の脳でアストロサイトのグリオーシスが増加するのは、周辺のニューロンで起こっている神経変性に対する応答なのかもしれない。すなわち老化する脳で、減少の一途をたどるニューロンを守るために、アストロサイトはできるかぎりのことをしているというわけだ。

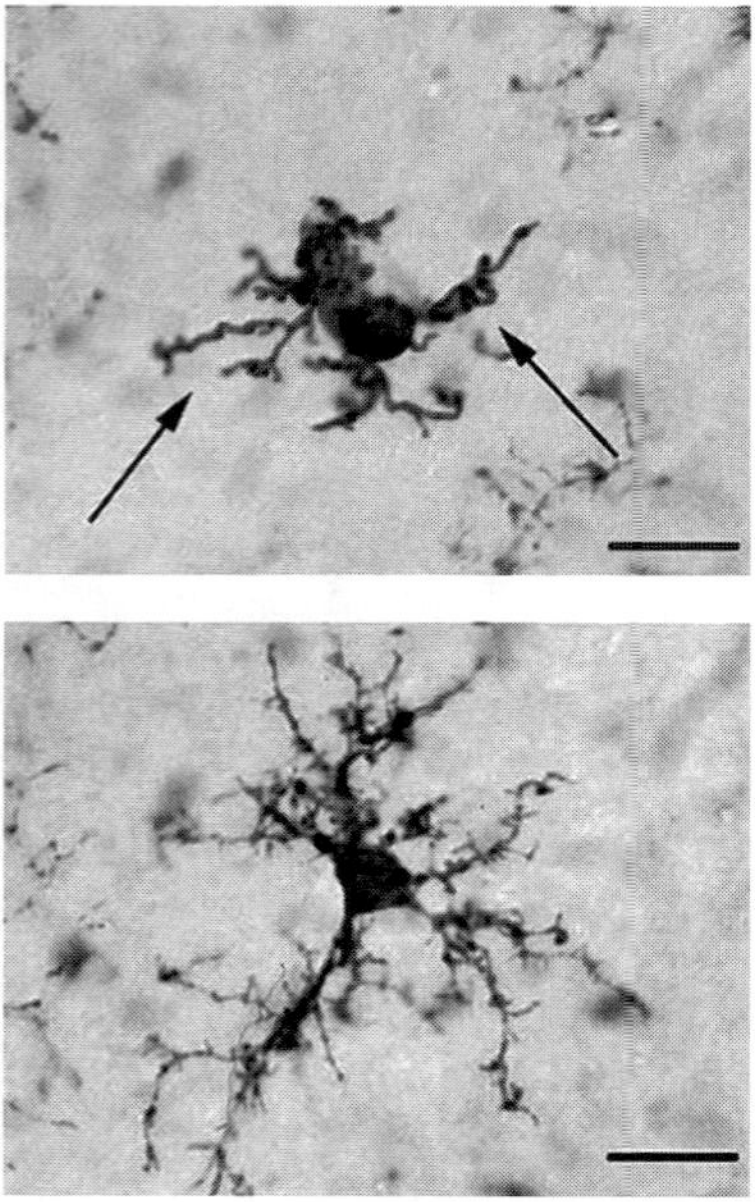

図12-1

（上）68歳のヒト脳で、加齢により退縮したミクログリア。これはアルツハイマー病を含む、老化に関連した神経変性疾患の一因となる（下）正常なミクログリア脳内のアストロサイトは生涯を通じて、軽微な脳のストレス、感染や傷害などに応答して、増殖し、損傷組織を包み込み、炎症を制御し、神経保護分子を分泌し、損傷部位を取り囲んで、組織の破壊が脳全体に拡がるのを防いでいる。ところが、傷害に反応する過程で、アストロサイトは危険なレベルの炎症を引き起こす物質や、神経毒性のある化合物を放出することもある。この反応は図らずもニューロンの再生を阻害したり、オリゴデンドロサイトを攻撃して脱髄を引き起こしたりする。

年を取るにつれて、脳内のミクログリアも活性化して、この防御細胞は感染との闘いのためにいつでも臨戦できる状態へと転換を進める。しかし高齢者の脳では、あまりに多くのミクログリアが警戒配備についてしまうと、傷害や感染と闘うために加勢するミクログリアが必要とされるとき、あるいは脳部位で、これに応じられる細胞備蓄が足りなくなってしまう。

加齢の進む全身のあらゆる部分とまったく同じように、アストロサイトも老いていく。このグリアはだんだんと疲弊して、弱くなる。若いときのほうが脳損傷への反応が良好なのは、このためでもある。アストロサイトは老化するにつれて、傷害を受けたときにニューロンが警告として発するシグナルへの反応性が衰えてくる。研究室の培養皿で行う実験によって、老いたアストロサイトも、培養の中に加えた有害シグナルに応答するものの、老化が進むにつれて、その反応が減弱し、遅くなるのを観察できる。老化したアストロサイトに若い細胞と同じような活動状態を誘発するためには、警戒シグナルの濃度をどんどん高めていかなくてはならない。八〇歳以上の高齢者では、中年の患者に比べて脳卒中からの回復がずっと遅くなる理由はここにある。不活発になったアストロサイトが損傷への応答不良と関連していることは、高齢者よりはむしろ、中年期に脳卒中で亡くなった患者の死後剖検の所見によって、明確に裏付けられている。神経病理学者が脳組織の顕微鏡切片を調べると、中年者の脳では脳卒中の発作に続いて、高齢者よりも激しいグリオーシス応答が起こっていることが、はっきりと認められる。

ある程度の成熟段階に達すると、誰でも老化の影響を先送りしたいと思うようになるだろう。性ホルモンにはそれが可能だ。だが、その効果が続くのはしばらくの期間だけで、エストロゲン補充療法を受けた女性の多くが思い知ったように、やがてその対価を支払うことになる。もともとエストロゲン補充は、閉経後の女性における心疾患や脳卒中、骨密度低下、認知機能の衰退を抑える手段として勧められたが、長期的研究によって、この処置を受けた女性には、心臓への何ら有益な効果が認められない一方で、癌の発症が増えることが示された。閉経後の女性に対するエストロゲンとプロゲステロンの併用療法が、心疾患とアルツハイマー病の発症リスクを高めることを示した研究もある。アルツハイマー病は、合併症としては予期せぬもので、興味をそそった。

アストロサイトが、生殖器官の細胞上にあるのと同じ性ホルモン受容体タンパク質を持っていると知ったら、多くの人は驚くかもしれない。他の成長ホルモンと同じく、性ホルモンも若いグリアの生育を刺激する。しかし、細胞増殖の時期は、私たちが若いときであり、年を取るにつれて、性ホルモンや成長ホルモンの分泌も、それに対する反応も低下するように自然は仕組んでいるらしい。それはちょうど、料理が完成に近づいたら、沸騰を止めてコトコトと煮込めるように、料理人が火加減を弱めるようなものだ。エストロゲンは若いアストロサイトの生育を促進するが、老化したアストロサイトでは、このホルモンへの反応は逆転して、エストロゲン（男女どちらでも分泌されるが、その量は女性のほうが多い）は実際に、老化したアストロサイトの増殖を阻害することが、実験により示されている。グリアには、エストロゲン補充療法を避けるべき理由がもうひとつあるかもしれない。つまり、生涯の中で、エストロゲンが高い濃度で血中循環しているはずの時期を過ぎて補充したエストロゲンは、傷害や神経変性疾患に対するアストロサイトのすでに鈍った応答を、いっそう遅らせるようなのだ。

年を取るにつれて、自然が性ホルモンや成長ホルモンを抑制してきたことには、もっともな理由がありそうだ。つまり、私たちはもはや急速に成長する必要がないのである（アメリカの中年層の多くにとって、これは控えめな表現だろう）。さらに、長く生きるほど、癌に罹る危険が高まる。これは多くの場合、高齢者を襲う病気である。細胞分裂の制御が障害された細胞が癌であり、そのため急速に分裂・成長して、コントロール不能になる。したがって、最も避けたいのは、性ホルモンや成長ホルモンを補充するというかたちで、火に油を注ぐことだ。ホルモンは一時的に、見た目の若さや活力を回復させるかもしれないが、軽率な料理人が調理も終わりに近づいているときに、むやみに火力を上げたらどうなるかを考えてみれば、結果はおのずと明らかだ。

こうして、高齢になってから性ホルモンで細胞の成長と分裂を促進することの悪影響に関して、性ホルモンが実際に、老化したアストロサイトやその他の細胞に負の作用を及ぼしうることを示す証拠が新たに加わった。この負の作用は、これらのホルモンの受容体が、高齢においては、青春時代とは異なる応答性を示すために生じる。

狙撃手《スナイパー》の影――グリアとアルツハイマー病

「わたしは自分のことがわからなくなってしまいました」

「あなたのお名前は?」

「アウグステ」と彼女は答えた。

「では、姓は?」

「アウグステ」

「ご主人のお名前は何ですか?」

「アウグステじゃないかしら」

「こちらに来てどれぐらいになりますか?」

彼女はこれにきちんと答えられなかった(注1)。


ゆっくりとタバコの煙を吐き出すと、そのドイツ人医師の意識には五年前の場面が鮮やかに蘇ってきた。彼はそのとき、顕微鏡用のスライドガラスに切手のように貼り付いた淡黄色の脳切片に、紫色の斑点が散らばっているのを見つめていた。それは、アウグステ・データーの脳だった。

彼は顕微鏡スライドを覗きながら、当時五一歳だったその困惑した女性の瞳を思い出した。彼女の目は助けを求めて、すがるように彼を見つめていたが、彼にできることはほとんどなかった。彼女の担当医だったアロイス・アルツハイマーは、アウグステ・データーが現実とのつながりを急速に失っていくのを見守っていた。わずか数年のうちに、彼女は亡くなった。最後には、彼女は妄想を呈して支離滅裂なことを言い、寝たきり状態で失禁するようになった。何時間も延々と叫び続け、なだめようもなかった。まるで手の施しようがなかった。

アルツハイマーは、データーを救うことはできなかったが、彼女の心を蝕み、その人生のあらゆる時期、すなわち過去、現在そして未来をすべて奪い取った怪物の正体を、彼女とともに暴くことになるだろう。その怪物とは、彼女を絶えることなく思い惑わせ続け、彼女に友人や場所に対する親しみを喪失させ、自分が誰であるかさえも見失わせた病だった。彼女の脳内の恐ろしいほどに損傷した細胞を一目見てすぐ、アルツハイマーは第一容疑者に目星をつけた。それは、グリアだ。

病んだニューロンを塞いでいる破片の絡まりの中に、アルツハイマー病の原因を追い求めてきた大方の神経科学者の目を、この容疑者は長年にわたって逃れていた。現在では、このドイツ人精神科医の名前を冠した不治の病によって、ゆっくりと苦痛に満ちた心の死を引き起こしている犯人、そして共謀者として、ダリアに再びスポットライトが当たっている。

無差別に標的を狙うスナイパーのように、この病気は無防備な犠牲者に忍び寄っていく。ときおり私たちを驚かせ、いらだたせる物忘れや一時的な混乱は、誰にでもよくある精神機能のちょっとした停止なのだろうか？　それとも、殺し屋の影なのか？　誰かがこの病気につけ狙われていても、初期の段階では、それを確実に言い当てることはできない。ところが、脳実質を顕微鏡検査するだけで、この病気の決定的な特徴が明らかになるだろう。その特徴とは、斑点［訳注：老人斑］と線維の絡まり［訳注：神経原線維変化］だ。これらは、アルツハイマーが鼻眼鏡を外し、目を細めて顕微鏡を覗き込んで、アウグステ・データーの傷ついた脳で観察したものだ。

それまでの人生で、天賦の記憶力と権威ある地位に恵まれていた者でも、無情にもアルツハイマー病の攻撃に倒れることがある。台詞をすばやく覚える能力に長けたB級映画の俳優で、のちに第四〇代アメリカ合衆国大統領となった人物は、名誉ある過酷な地位にかつて自分が就いていたときのどんな記憶も消し去る精神の崩壊に、徐々に屈服していった。

彼にはその影が見えていたのだろうか？　一九八五年一一月、再選から丸一年を記念して、レーガン大統領は以下のように宣言した。

アルツハイマー病に罹患した二〇〇万以上のアメリカ人にとっては、毎日が恐れと落胆に満ちています。自宅近辺で道に迷う恐怖、親密な家族の一員を見分けられなくなる恐怖、単純で慣れた作業ができなくなる恐怖です。この疾患の犠牲者にとっては、靴紐を結ぶこと、あるいは食卓を準備することですら、手に負えない仕事となりうるのです……。

私、アメリカ合衆国大統領ロナルド・レーガンは、一九八五年一一月を全国アルツハイマー病月間とすることをここに宣言し、この月間にふさわしい行事や活動が実施されることを、合衆国国民に要望いたします（注2）。

一九九三年の同じく一一月には、かつての宣言が予兆であったことが明らかになった。メイヨークリニックの医師団が、アルツハイマー病の診断をレーガンに下したのだ。翌年一一月に、レーガン元大統領はアメリカ国民に向けて、表現豊かな手書きの書簡で病気を公表した。これが、彼の最後のカーテンコールとなった。

私は先日、アルツハイマー病に苦しめられるであろう何百万ものアメリカ人の一人であるとの診断を受けました。

この事実に接して、ナンシーと私は一私人として、これを個人的な問題として留めおくべきか、それとも広く公表するべきか、決断しなくてはなりませんでした。

過去にも、ナンシーは乳癌を経験し、私自身も癌の手術を受けています。そのときに、私たちが病気を広く公表することで、一般の方々の意識を向上させられると知りました。その結果、より多くの人が検査を受けるようになったことを嬉しく思いました。

初期の段階で治療を受け、私たちは通常の健康的な生活に戻ることができたのです。ですから、今回の事実もみなさんと共有することが大切だと、私たちは考えています。率直にお伝えすることで、この病状に対して認識が高まるよう願っています。そうなれば、アルツハイマー病に苦しむ方々やその家族について、より明瞭な理解が進むことでしょう。

現在のところ、私はとても元気です。私は神がこの地上で与えてくれる残りの年月を、今までどおりに過ごしていこうと思っています。最愛の妻ナンシーや愛する家族と一緒に、人生の旅路を歩み続けていきます。大自然を堪能し、友人や支持者の方々とも変わらぬお付き合いを続けていくつもりです。

残念なことに、アルツハイマー病の進行に伴い、患者の家族にはしばしば、重い負担がのしかかります。どうにかして、ナンシーにそのような辛い経験をさせずにすませたいと、切に願わずにはいられません。その時が来ても、みなさんのお力添えがあれば、彼女は信念と勇気を持ってそれを受け止められると、私は確信しています。

最後に、アメリカ国民のみなさんに感謝を申し上げます。みなさんの大統領としての役目を与えていただき、非常に光栄でした。神に召されるときには、それが何時になろうとも、私たちのこの国への心からの愛と、その未来に対する永遠に続く明るい希望を胸に、私は旅立ちます。

私はこれから、人生の黄昏に向かう旅路を歩み始めます。アメリカの進む先には、いつも輝かしい夜明けがあることを、私は知っています。

みなさん、ありがとうございました。あなたがたに常に神のご加護がありますように。

真心を込めて、

ロナルド・レーガン（注3）

ナンシー・レーガンは実際に、献身的愛情と信念と勇気を持ってその厳しい試練を受け止め、暗い旅路をたどる夫を支えた。だが、わずか数年のうちに、元大統領は最愛の妻ナンシーのことも、まったくわからなくなってしまったのだった。

〈アルツハイマー病――グリアの疾患〉

アルツハイマー病は、脳内のニューロンと連絡経路を破壊する。一部の脳部位、とりわけ、思考（大脳皮質）や記憶（海馬）、さらには恐怖、情動および攻撃性（扁桃体）を制御する部位は、ほかの部位よりも侵襲を受けやすい。これらの脳部位が、アルツハイマー病のおもな標的となる。

この病気は、六五歳以上の人口の一〇パーセントを悩ませている。医療の進歩に伴い、平均寿命が延びるにつれて、この病気に苦しむ人々がさらに増加するだろう。八五歳を迎えられたとしたら、アルツハイマー病に罹る確率は五分五分になる。言い方を換えれば、夫婦揃ってこの年齢まで長生きできれば、どちらか一方はおそらく、アルツハイマー病による認知症や人格変化に苦しむことになる。加齢は、この疾患に対する最大の危険因子であり、この事実は、アルツハイマー病の発症メカニズムについて、興味深い生物学的洞察をもたらしている。

アルツハイマー病の顕著な特徴は、脳組織に認められる老人斑であり、これはまさに、アウグステ・データーの脳から切り出された切片の検査所見に基づき、一九〇七年にアルツハイマーが最初に報告したものだ。この老人斑は、β-アミロイドという物質の凝集体で、損傷したニューロンを取り囲んでいる。ところが、この老人斑をさらに取り囲んでいるのが、ミクログリアの巨大な集合体だ。アルツハイマー自身も、脳損傷の老人斑部位に集まるミクログリアを認めて、報告していた。この老人斑は、脳組織に強い慢性炎症が起こっている場所でもある。これだけでも、その場にミクログリアが数多く見つかることは予想される。だが、ミクログリアの存在は、この病気の一部なのだろうか、それとも、病気への応答にすぎないのだろうか？　老人斑は、認知症を患っていない高齢者の脳では認められないので、老化の進む脳の自然な成り行きではなく、病気の結果だと言える。アルツハイマー病の第二の診断上の特徴は、神経原線維変化として知られるタンパク質線維の絡まった束が、ニューロンの細胞体内部に詰まっていることだ。

アルツハイマー病は、ニューロン-グリア間の健全な相互作用がうまくいかなくなった際に、脳と心に起こりうる現象の絶好の例であると、今では認識され始めている。アルツハイマー病における神経障害は、ミクログリアとアストロサイトによるニューロンへの攻撃に起因していて、この攻撃が脳の慢性的な炎症に結びついているのだ。

アルツハイマー病患者の脳内で老人斑を形成する過剰なβ-アミロイドタンパク質は、この物質の過剰産生、あるいはβ-アミロイドの排出《クリアランス》機能の低下のどちらでも起こる。機能不全になったグリアは、どちらの経路でも老人斑の形成に寄与する。ミクログリアは、過剰なβ-アミロイドを活発に貪食して、ニューロンの間隙からこの物質を排出している。老人斑の周囲にミクログリアが大量に認められるのは、おもにこのためだ。しかし、慢性炎症の状況では、脳からβ-アミロイドを排出するミクログリアの能力は、著しく低下するので、この有害なペプチドの蓄積が加速することになる。さらに、ミクログリアがβ-アミロイドに接触すると、数種類の神経毒性因子が放出される（その因子には、活性酸素種、サイトカイン、ケモカインなどが含まれる）。反応性アストロサイトも、このアミロイド沈着物へと動員され、細胞体から伸びる触手で老人斑を探り、β-アミロイドを溶解する酵素を放出する。このようにアストロサイトは、脳からβ-アミロイドを排出する働きにおいて、ミクログリアを支援している。

その一方でアストロサイトは、アルツハイマー病においてニューロン死も引き起こしている。というのも、アミロイド前駆タンパク質（APP）と呼ばれる前駆体分子を病的に処理《プロセシング》することによって、アストロサイトは老人斑を形成するβ-アミロイドを生成できるのだ。この前駆タンパクAPPだが、アストロサイト内の酵素によって切断されると、有害なβ-アミロイドペプチドが産生される。このように、ニューロン同様、アストロサイトもAPPを産生し、さらには病んだニューロンが作っているのと同じ、神経毒性のあるβ-アミロイドを切り出す酵素も生成している。

有害な酸化からニューロンを保護するアストロサイトの能力は、アストロサイトがβ-アミロイドタンパク質に暴露されると、阻害される。これは、β-アミロイドが、強力な抗酸化物質であるグルタチオン（これについては第5章で取り上げた）を産生するアストロサイトの能力を抑制するからだ。これと並行して、アルツハイマー病における反応性アストロサイトは、スモッグの毒性成分である一酸化窒素を放出する。これは高濃度になると、酸化ストレスによってニューロンを殺傷する。また、アルツハイマー病患者では、神経伝達物質グルタミン酸のアストロサイトによる取り込みも損なわれている。この結果、シナプス機能が低下するだけでなく、グルタミン酸濃度が毒性量まで上昇して、過剰刺激によってニューロンを死滅させる。

ニューロンへの血流量をその代謝要求に応じて調節することも、アストロサイトの重要な機能のひとつだが、アルツハイマー病ではこの機能も損なわれる。このことは、ロチェスター大学の神経科学者マイケン・ネーデルガードらが、麻酔したマウスの頭蓋に開けた孔を通して、アストロサイト内のカルシウム振動に焦点を合わせた顕微鏡による観察で究明した。脳機能を亢進させると、正常では大脳皮質の微小血管は拡張するが、この反応がアルツハイマー病を発症したマウスでは著しく損なわれていることを、彼らは見出した。マウスのひげを触ると、ひげの動きを分析している大脳皮質の血流が増加する。すでに説明したように、この血管調節には、微小血管を取り囲むアストロサイトがカルシウムシグナルによって交信することも関与している。ところが、アルツハイマー病の動物では、アストロサイトのカルシウム応答が阻害されて、微小血管を取り巻くアストロサイトの血流調節能力が減弱した結果、ニューロン死が起こるのだ。

アストロサイトは、アルツハイマー病のニューロン死に図らずもかかわっているが、その一方で、成長因子を放出して、ニューロンの死を防ごうともしている。アストロサイトをβ-アミロイドで処理すると、脳由来神経栄養因子（BDNF）が増産され、この栄養因子は、細胞培養下でβ-アミロイドが引き起こしている毒性から、神経細胞を救助する。残念ながらアストロサイトも、この疾患の被害をこうむる。二〇〇七年に発表された最近の研究で、β-アミロイドペプチドは、細胞培養したアストロサイトにも有害なことが示されている。

アルツハイマー病では、老人斑の周囲における脳の慢性的な局所炎症が、有害な環境を作り出して、ミクログリアおよびアストロサイトの応答を変化させる。ミクログリアは、アストロサイトとともに炎症性サイトカインを分泌して、この炎症反応を誘発している。この炎症物質で処理したアストロサイトとミクログリアは、β-アミロイドを排出する能力を失うだけでなく、神経毒性物質を放出し始める。抗炎症薬（たとえばイブプロフェン）の投与によって、アルツハイマー病の発症リスクが減少するという研究報告もある。だが、その効果は神経の保護に限られる。そのため、ひとたびアルツハイマー病を発症して、脳が不可逆的な神経損傷を受けたと考えられる場合には、これらの抗炎症薬は治療の役に立たない。

慢性炎症とアルツハイマー病のこうした関連性は、加齢がこの病気の最大の危険因子である理由を説明できるかもしれない。小さな脳外傷や有害薬物、あるいは虚血（血流が損なわれること）のような脳への軽度な傷害は、生涯を通して蓄積していく。このような状態がグリアの活性化を促し、その結果、炎症性サイトカインの放出が促進される。こうした状況と遺伝的な危険因子が重なると、小さな脳病変でさえ、アルツハイマー病の種をまくことになりかねない。また、年を取るにつれて、グリア細胞も老化して脆弱になっていくことも、私たちは心得ておく必要がある。人生も終わりに近づくと、ミクログリアとアストロサイトは、ニューロンを保護するための警戒任務を継続できなくなるのかもしれない。これらのグリア細胞が弱くなると、ニューロンは死ぬのだ。

【アルツハイマー病を捕らえる】

アルツハイマー病にグリアが関与していることが新たにわかり、この病気が感染によっても引き起こされるという不可解なつい最近の研究にも、説明がつくようになった。ＨＩＶや単純ヘルペスなどのウイルスは、脳内で神経変性につながるような著しい炎症反応を引き起こす。アルツハイマー病発症への関与が疑われている感染性病原体のなかでも、最近判明したきわめて興味深いものがクラミジア菌だ。

これは、性感染症を引き起こすクラミジア属細菌（クラミジア・トラコマチス）とは異なる。その近縁種である肺炎クラミジア菌で、他のどんな微生物よりも多くのアメリカ人の命を奪っている可能性がある。この菌は肺炎を引き起こす。ありふれた呼吸器感染症、鼻炎、気管支炎などの際に、一生のうちに誰もがかならず遭遇している細菌だ。高齢者にとっては、これらの感染症は命取りになりかねない。肺炎クラミジア菌（最近*Chlamydophila pneumoniae*と学名が変更された）による感染症は、六〇～七九歳の人々で最も多い。

デトロイトにあるウェイン州立大学のH・C・ジェラードは、肺炎クラミジア菌がアルツハイマー病患者の脳組織、とくに神経病理学的変化を示している脳領域に、頻繁に認められることを報告した。認知症を患っていない高齢者の脳に、この細菌は見られない。環境と遺伝子の相互作用を示す興味深い一例として、アルツハイマー病の遺伝的危険因子であるアポリポタンパク質Eのε４（APOEε4）遺伝子を持つ患者の脳内には、ほかのアルツハイマー病患者よりも多くのクラミジア菌が存在することも、ジェラードの研究から判明している。

肺炎クラミジア菌は、ニューロンに感染して殺傷することができる。しかし、オランダのマーストリヒト大学のE・ブーレンらは二〇〇七年に、この細菌がミクログリアとアストロサイトにも感染するとの研究報告を行った。ブーレンの研究では、グリアがクラミジア菌に感染したことに起因する炎症反応が、アルツハイマー病のニューロン死の一因となることが示された。感染したミクログリアは、多くのサイトカインを放出する。感染したアストロサイトの培養液をニューロンに添加しても無害だったが、クラミジア菌に感染したミクログリアの培養液は、ニューロンを死滅させた。このニューロン死は、感染したミクログリアが放出した炎症性サイトカインによって引き起こされたのだ。

アルツハイマー病は、ニューロン－グリア相互作用が妨害された疾患である。この疾患でグリアにどんな異常が起こるのかを理解できれば、より良い治療につながるに違いない。実際、アルツハイマー病を含む神経変性疾患に対する治療の多くには、ミクログリアが関与することになるだろう。ヒトβ－アミロイドタンパク質に対するワクチンはすでに作製されており、一九九九年には、このワクチンで免疫すると、アルツハイマー病マウスの症状が軽減するという報告がなされた。細胞培養の研究から、ワクチン接種によって産生された抗体が、ミクログリアによる有害タンパク質の貪食作用を刺激することがわかっている。しかし炎症状態では、ミクログリアがこの働きを十分に発揮できない。他方、京都薬科大学の高田《たかた》和幸らは、β－アミロイドの排出に関するミクログリアの重要性に注目して、ラットの脳にまずβ－アミロイドタンパク質を注入し、続いてミクログリアを注入した。その結果、ミクログリアの数を増やすと、脳から有害なβ－アミロイドを排出する働きが大きく改善することを見出した。この研究成果を報告した二〇〇七年の論文で、ミクログリア移植は、アルツハイマー病治療に有効な新手法となりうるだろうと、高田らは示唆している。

精神を蝕む壊滅的なこの疾患の脳切片に関する詳細な報告がなされてから一〇〇年を経て、アウグステ・データーの脳が今やようやく理解され始めている。彼女の精神機能が急速に低下した原因は、謎めいた斑点とそれを取り囲むグリアにあることが判明したのである。

第3部 思考と記憶におけるグリア

第13章 「もうひとつの脳」の心
――グリアは意識と無意識を制御する

ラモニ・カハールが、脳組織の内部に詰まった肉眼では見えない微小な神経細胞の複雑な構造を丹念に解き明かし、卓越した洞察によってニューロン説を着想してから、一〇〇年以上が過ぎた。この学説は、脳が機能する仕組みを理解しようと努める研究者たちを、これまで一世紀にわたって支え続ける堅固な基盤となってきた。しかし、脳組織の謎めいた構造を探っているうちに、ニューロンとは明らかに異なる細胞が脳にひしめいていることにも、ラモニ・カハールは気づいた。それらの細胞は実のところ、ニューロンよりもはるかに多く脳内に存在していた。ラモニ・カハールは顕微鏡を覗き込み、先を尖らせた鉛筆でそれらの細胞を精確にスケッチしたが、その形状や脳内での組織構成を頼りに思案しただけでは、彼にもこの奇妙で多彩な細胞を理解することはできなかった。

二〇世紀初頭には、脳の細胞構造はレンガ壁になぞらえられていた。つまり、レンガ（ニューロン）は、健康なときも病気のときも、ニューロンの要求に応えている接着用モルタル（ニューログリアあるいは「神経の接着剤」）によって、適切な位置に保持されているというのだ。このレンガ壁の奇妙な点は、モルタルが構造の八五パーセントを占め、レンガは残りの一五パーセントの部分全体に、装飾のように点々と埋め込まれていることだった。少なくともこれが、当時の研究者や医師たちの選んだ脳の捉え方だった。

二〇世紀も終わりに近づいた頃、マリアン・ダイアモンドは、アインシュタインの非凡な才能に関する手がかりを彼の盗まれた脳の中に探し求めたが、神経細胞には何の手がかりも見つからなかった。だが、細胞計数を集計していた彼女は、グリアの数が突出して多いことに驚いた。これはただの偶然だろうか、それとも、グリアには誰もが考えている以上の働きがあることを示唆する手がかりなのだろうか？　アインシュタインの傑出した脳はその死後も、科学を想像もつかなかった方向へと導く灯台となりうるのだろうか？

重要性でははるかに劣るが、私自身の研究室でもかつて、理解に苦しむ問題に直面したことがある。神経軸索を刺激してインパルスを発火させたところ、カルシウムが細胞質に流れ込むと発光する色素を満たしたシュワン細胞が、明るく輝きだしたのだった。なぜ、脳の配線を覆っている電気的絶縁体が、神経の配線の中を走る電気信号に反応していたのだろうか？

神経科学者が「もうひとつの脳」を探究し始めたのは、近年になってからのことで、研究が進むにつれて、これらの重要な発見が暗示する事柄は、脳の機能する仕組みについて私たちが抱いていた推論に疑問を投げかけている。たしかに、ニューロンは脳の半分にすぎないが、もう半分の正体は何なのだろうか？　グリアは健常な脳機能の制御に協力できそうだが、本当にそうなのか？　グリアは、思考や記憶に関与しているのか？　情報は「ニューロンの脳」から「もうひとつの脳」へと伝わり、そこでグリア回路によって処理されたあと、シナプス結合を使ったニューロンの直列的な連鎖にはできないような方法で、ニューロンの情報処理を操作しているのだろうか？

　ある種の精神的障害（統合失調症やうつ病、不安障害など）を患う人たちのグリア細胞に異常があることを明らかにした最近の研究は、正常に機能しないグリアが、場合によっては精神疾患の種をまいている可能性を示す状況証拠になっている。だが、これを敷衍《ふえん》すれば、グリアが思考に関与し、健常な精神機能でも働いていると考えられないだろうか？　ニューロン回路を流れる情報をグリアが感知して、それに影響を与えられるという事実と、グリアが仲間どうしで連絡できるという知識を考え合わせれば、私たちの脳内における細胞間情報処理について、可能性に満ちた新たな世界が見えてくる。

　グリアを研究することで、脳の働く仕組みに関する私たちの理解は、どのように改まるだろうか？　「もうひとつの脳」の探究は、人間の心の秘密に光を当てることができるだろうか？　グリアはニューロンに奉仕するだけでなく、私たちの意識的な心、さらには無意識の心さえも動かす役割を演じられるのだろうか？

グリアについて、私たちはまだほとんど知らない。基本的な事実、たとえば何種類のグリアがあるのか、発達期にどこから派生するのか、各種のグリア細胞の細部がどうなっているのかさえ、判明していない。神経科学の分野に足を踏み入れる学生のほとんどが、ニューロンでない細胞を研究しようとしないのは、動かしがたい事実だ。さらに悪いことに、ニューロンだけが脳内の情報処理にとって重要であるという従前の見方によって、グリア生物学者の研究は、重要性に乏しいと安易に退けられている。その結果、「もうひとつの脳」に関する研究は、「ニューロンの脳」の研究より、一〇〇年も後れを取っているのだ。

〈流れ落ちる星〉

グリアの形状や、脳内に何種類のグリアが存在するのかといった基本的事実さえ、いまだに知られていない。これには、注目すべき実例がある。二〇〇一年まで、アストロサイトがどのような姿をしているのかを、神経科学者たちは知っていると考えていた。ところがその年、マーク・エリスマンと彼の教え子の大学院生たちが、アストロサイトに関する一編の論文を発表し、その真の特性を明らかにしたのだ。

エリスマンは針金のように硬い髪をした精力的な人物で、国内屈指の先進的な研究センターを一九九〇年代に創設し、現在も運営している。そのセンターでは、スーパーコンピューターを装備して強化した光学および高圧電子顕微鏡を用いて、脳細胞の細胞・細胞下構造を研究している。テクノロジーに目がないエリスマンは、腰に下げたウエストポーチに、いつも最新の電子機器を詰め込んでいて、その中の機器は家電業界で次に大ヒットすることになる素晴らしいものばかりだった。私が初めて見たｉＰｏｄは、ある晩私の家で夕食をとったあとに、エリスマンのポーチから元気なカンガルーの赤ん坊のように飛び出してきたものだった。

エリスマンは、一九八〇年代初めに、カリフォルニア大学サンディエゴ校で私が博士課程に在籍していたときの指導教官だった。二〇〇一年に、私が企画したニューロン-グリア相互作用に関するシンポジウムへの出席を、彼に承諾してもらえたことは幸運だった。私は彼が何について話すつもりなのかは知らなかったが、視覚に訴える彼の素晴らしい講演は、必ずや聴衆を刺激して、シンポジウムの幕開けを盛り上げてくれるだろうと確信していた。マークは期待を裏切らず、三次元画像と脳内を冒険するビデオ映像で、聴衆の科学者たちを仰天させた。彼は『パワーズ・オブ・テン（Powers of Ten）』〔訳注：一九六八年に製作された教育映画で、一〇分の一ずつスケールを変えながら、極大の宇宙から極小の素粒子まで自然界を探検する〕の旅路に倣い、映像はニューロンの内側へ入り込み、ニューロンを作動させている分子群の内部へ到達するところから始まった。次にスケールが拡大すると、噴煙が噴き出すように、神経伝達物質分子が勢いよく放出されているシナプスを駆け抜けた。映像はシナプスや樹状突起が絡み合う間を縫って進み、加速してそこから抜け出すと、グリア細胞を通り過ぎたところで、再び解剖構造スケールがぐんと上がって、ヒトの毛根から頭皮の上へと一粒の汗が湧き出している皮膚の孔から脱出した。映画『ファイト・ク

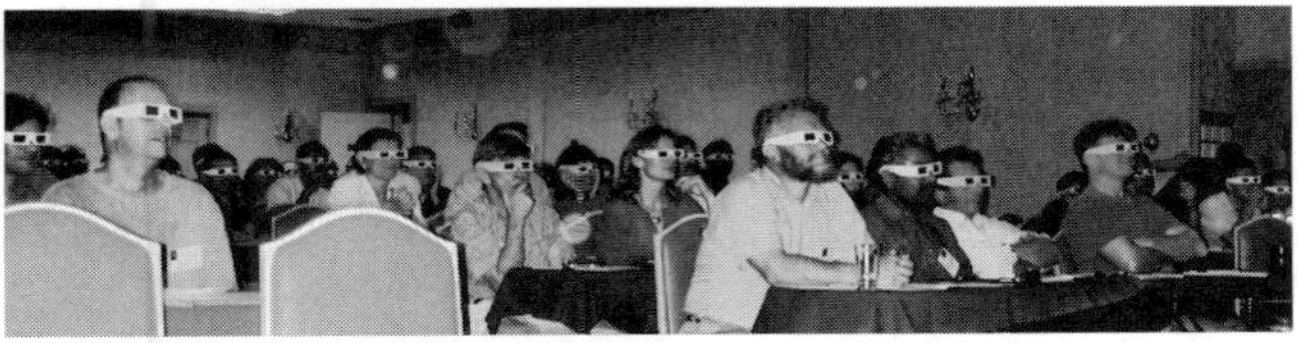

図13-1
アストロサイトの真の三次元構造を初めて目にする神経科学者たち

ラブ』を観たことがあるなら、同じようなシーンを見たはずだ「訳注：映画のオープニングに、脳細胞の中を駆け巡るような映像がある」。あのシーンは、実際の科学的データを集めて作製されており、それらをスーパーコンピューターで処理し、一連のビデオ映像に編集して、想像の域を超えた旅路へと観客を誘《いざな》っているのだ。

　ビデオ映像の最後に、エリスマンはきわめて繊細なアストロサイトの形態を明らかにした三次元スライドのコレクションを紹介した。圧倒されて身動きもできない聴衆を見やっていた私は、その光景にひとり含み笑いを禁じえなかった。なにしろ、世界でもトップクラスの神経科学者一五〇人が、そろって3Dメガネをかけ、まるでホラー映画が上映されている3Dシアターで、固唾を呑んで画面を見つめている子供のようになっていたのだ。続いてエリスマンは、これまで誰も見たことがないような三次元画像を観客に披露した。それは、ヒトの記憶にとって決定的に重要な脳部位である海馬で、アストロサイトが実際にどのような姿をしているのかを捉えた画像だった。

　解剖学者はそれまで、脳組織内のアストロサイトの姿を明らかにするために、多数の染料を試していた。細胞中の線維性タンパク質が染

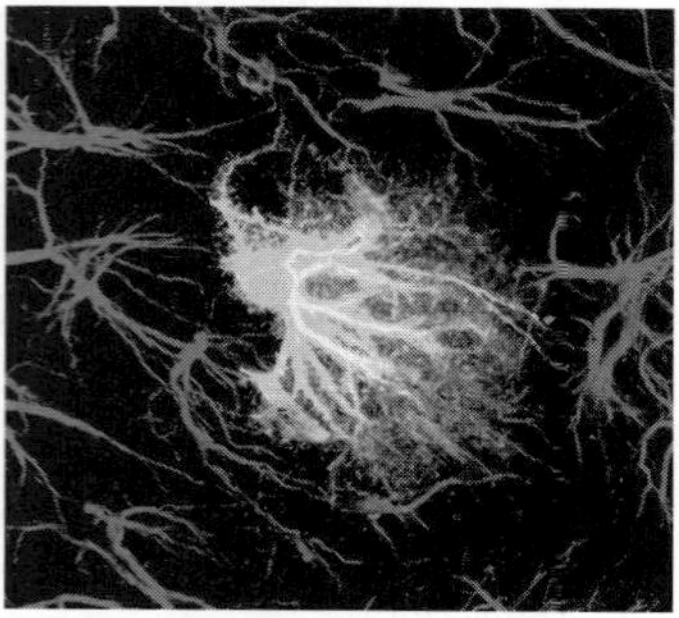

図13-2
色素で満たされたことで判明したアストロサイトの真の構造。背景に見えるアストロサイトは、細胞骨格だけが染め出されたために星形に見える

料をとくによく取り込むため、アストロサイトはその星状構造によって、容易に識別できた。この形状は、星状膠細胞《アストロサイト》という名前の由来にもなっている。エリスマンらは染料を使用する代わりに、ラットの海馬にあるアストロサイトのひとつに微小ガラス毛細管を刺入して、その細胞に蛍光色素を注入した。この方法によって、それまで見えていたアストロサイトの姿はどれも、たんなる幽霊、より正確に言えば骸骨にすぎなかったことが判明した。というのも、アストロサイトを同定するために解剖学者が頼りにしていた染料は、細胞内部の線維性骨格しか染め出していなかったのだ。アストロサイトは、星状とはほど遠かった。それは、エリスマンの頭髪と同じようにふさふさしていて、内部骨格だけを染め出す染料で見えていた姿より、およそ二倍も大きかった。またしても自然に欺かれた科学者は、脳細胞のひとつに、現実の姿とはかけ離れた名前を付けていたのだった。それはむしろ、不完全な染色が示した遺物を表現した名前だった。

さらに驚くことに、この茂みのような巨大な細胞がタイルを敷き詰めたように海馬を埋めている様子が、エリスマンの画像から確認できた。これまで見えていたように、星に似た形の細胞がどうしようもなく絡み合っているのではなく、個々のアストロサイトは、脳内で独自の領域を専有していたのだ。エリスマンが細い分枝を一本ずつ詳細にたどったところ、隣り合うアストロサイトの茂みへと枝を伸ばしているアストロサイトはひとつもなかった。この脳部位は、区画に分割されていて、それぞれの区画が単一のアストロサイトの専有域となっていた（これはのちに海馬だけでなく、脳の大部分にあてはまることが確かめられた）。講演の最後に、アストロサイトのこの構造的な配置にはどんな機能上の意義があるのかと質問されて、エリスマンは苦笑いを浮かべながら、自分にはわからないと答えた。だが、明らかにいくぶん謙遜した様子で、聴衆のみなさんには、どうやらこの点に関心を持っていただけたようだ、と述べた。

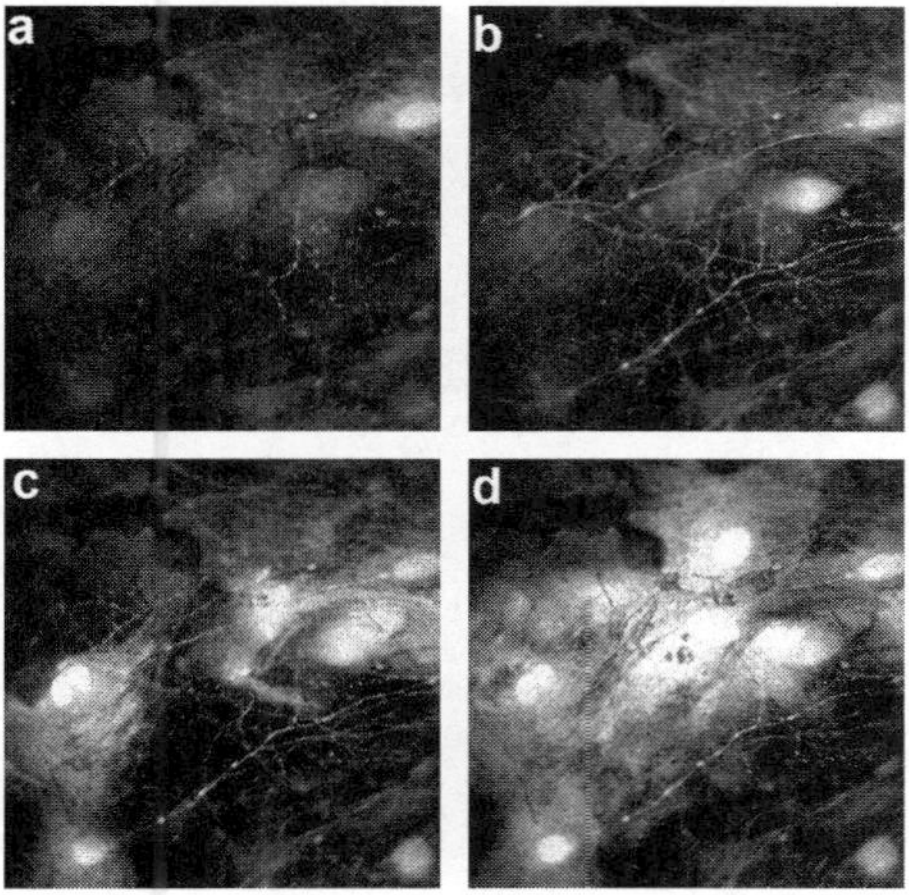

図13-3
カルシウムシグナルを使用してコミュニケーションをとるアストロサイト。画像は（a）から（d）へ時系列の変化を示している。（b）に見られる「稲妻」は、インパルスを発火し始めた神経線維。アストロサイトは、このインパルスを感知している

　では実際のところ、なぜ海馬は、アストロサイトの支配する領

域に分割されているのだろうか？　このグリア細胞は、海馬という記憶にとって重要な脳部位の神経回路を分断して、制御することができるのだろうか？　この仮説を支持する新しい研究の流れがあり、その大半は最近の発見に基づいている。私たちの意識的な精神機能や記憶にグリアが関与している可能性を探る前に、「ニューロンの脳」とは異なる「もうひとつの脳」の特性から浮かび上がる、さらに謎めいた疑問について考えてみよう。「もうひとつの脳」が電気によって交信していないことは、すでに説明した。この事実は、これまでの脳機能に関するどんな理解からも完全に外れており、こうなっては、神経科学者は羅針盤なしに漂流せざるをえない。グリア回路の情報処理は非電気的であるため、「もうひとつの脳」は、電光石火の速さで反応できないという制約を受ける。グリアは緩やかに動作して、脳の広い領域に影響を与える。この発見は、微小なシナプスで起こっている現象を超えて、より広い視野で脳機能を捉え、脳内の反射や迅速な反応を制御しているミリ秒単位のシグナリングを超えて、神経系の働きのタイムスケールを拡大するよう、神経科学者たちに迫っている。もはや、神経系の情報処理において緩やかに進行している変化についても、考慮しないわけにはいかない。たぶんグリアは、速さが優先されない、ニューロンとはまったく別の側面で、心に関与しているのだろう。私たちの無意識の脳の中で、グリアは活動できるのだろうか？

グリアが無意識の衝動を動かす

学童期から成人期までを通じて、私たちは知的な精神機能を重視するあまり、脳が無意識に実行している、生存に欠かせない驚くほど広範囲の計算や制御を見過ごしがちだ（「私たちは脳の一〇パーセントしか使っていない」という途方もない言い分は、脳の大半を使って実行されている重要で複雑な無意識の作業を、私たちがいかに安易に見落としているかをよく示している）。どれだけ精巧なロボットでも、その動作は機械的でぎこちなく、健常な動物の滑らかで優雅な動きと比較すると、なんとも滑稽である。このような滑らかな運動は、何千もの微小な筋線維および触覚や姿勢を感知するセンサーが、一分の狂いもなく協調して分析され、制御されて初めて、実行できることを考えてみよう。しかもそのすべてを、私たちは当たり前のように行っているのだ。この巧妙な制御には、厳格な正確さで、きわめて複雑な計算をすることが求められる。だが、これらはすべて、私たちの脳内で自動的かつ無意識のうちに行われている。あなたはこの本のページを指でめくるたびに、この無意識の運動制御を働かせているのだ。

身体運動の制御は、最もわかりやすい例にすぎない。しかし、私たちの無意識の脳は、生命を維持するための狭い許容範囲の中に身体を維持しており、巧みな並列タスク処理や精度の高い制御といったその能力は、まさに驚異である。体温がたった一℃狂っただけでも、私たちは心配になる。五℃も狂えば、昏睡や死をもたらしかねない。発電所を制御する巨大な自動コンピューターシステムのように、体温や水分量、空腹感、呼吸、消化、血液循環、筋緊張、平衡感覚、生殖、成長、覚醒と睡眠のサイクル、さらには幼少期から思春期、それ以降への緩やかな進行などを、私たちの脳は絶えずモニターし、調節している。私たちの生命はいつ何時も、生命維持に必要な系をきわめて狭い範囲内に維持することで成り立っている一方、絶えず変化する身体の要求に応じて、そうした系を正確に調節して、調和させる必要もある。

視床下部は、生命に欠かせない多くの自動機能を調節する脳内の制御中枢である。視床下部はそれらの系を、分刻みだけでなく、日ごと、月ごと、そして生涯にわたるサイクルで制御している。産婦の視床下部は、分娩を制御し、新生児への授乳スケジュールに合わせて行われる神秘的な乳汁合成もコントロールしている。こうした働きのどれもが、私たちの意識的な自覚を超えた脳の一部によって、実行されている。

これほど複雑な中央処理装置の解剖学的構造は、意外なほど平凡で、たんに「視床の下」を意味するその名のとおりだ。視床は、感覚情報が脳へ流れ込み、大脳皮質へ向かう途中にある巨大なスイッチボックスだ。視床下部は見たところ、脳の基部付近にある数個の小さな細胞集団（スライスした食パンにできた小さな気泡のような凹み）にすぎないが、下垂体の中へ軸索を伸ばすニューロンを含んでいる。

ホルモンを血流中へ分泌する下垂体の役割は、よく知られている。下垂体に何らかの問題がある人では、身長が異常に低いまま成長が止まったり、逆に異常に高くなるまで伸び続けたりする。それはひとえに、脳のこの部位がヒト成長ホルモンを適切なペースで血流中に供給できないためだ。視床下部のすぐ下に細長い柄でぶら下がっている一粒のサクランボのような下垂体を制御しているのが視床下部であることは、あまり知られていない。神経系と内分泌（ホルモン）系のこの絆は、感情や性行動をより高次の認知系へと結びつけてもいる。

〈グリアは渇きを癒す〉

私たちが水分を摂取する量と頻度は、その時々で大きく異なるにもかかわらず、脳は体内の水分量を厳密な範囲内に調節している。水は生命維持のために食糧よりも重要で、いかなる生物の体内でも、常に適切なレベルに維持されていなければならない。水分が欠乏すると、数時間のうちに身体機能にも精神機能にも支障が出る。脱水が続けば、数日のうちに命を落とすことになり、ほとんどの病気より急速に死に直結する。

私たちの体が脱水に対処するひとつの方策に、抗利尿ホルモン（ＡＤＨ）の血流中への放出がある。このポリペプチドホルモンは、視床下部ニューロンから分泌され、腎臓に作用して尿の排出量を減らし、体内に蓄えた貴重な水分の減少を食い止める。喉が渇いた動物では、視床下部のシナプスに存在するグリアが驚くべき方法で応答することを、解剖学者らが観察した。

この無意識の脳で働くグリアに関する最近の研究から、別の新事実、つまりグリアが動けることが明らかになっている。今この瞬間にも、脳内のアストロサイトは活動していて、その細胞触手でニューロンの間を探っている。その触手を滑らかに伸び縮みさせて、ニューロン間を出入りしながら、アストロサイトは脳の神経回路を変化させているのだ。グリアにこうした働きがあることに気づく前でさえ、脳細胞に関する私たちの概念には、重要な何かが欠けているといつも感じていた。そこには、あまりにも動きがなさすぎた。一枚の基板上に無数のはんだ接合で固定された超小型回路によく似て、ニューロンは脳内でシナプス結合の編み目の中につなぎ留められている。このように固定されて動きの取れない状態にあるニューロンは、人工的で不自然に見える。これとは対照的に、束縛されていないグリアの細胞触手は、脳内で絡まるように結びついている神経線維網の間を、自在に動き回って探りながら、脳組織を細胞運動で活性化している。アストロサイトはあちこち探査しながら、構造的に脳を再構築《リモデリング》し、ニューロン間の結合を変化させている。「もうひとつの脳」は、意識的な心のまったく外側で活動しながら、「ニューロンの脳」の回路を形作っているのだ。

アストロサイトは、視床下部のシナプスにおいてこのような細胞リモデリングを行うことによって、渇きに応じてシナプス特性を変化させられる。シナプス周囲からそのグリア触手を引き抜くと、ニューロンの露出部分が増加する。また、触手を退縮させたアストロサイトは、シナプス間隙を間近で取り囲んでいたときほど、神経伝達物質をすばやく取り込むことができなくなる。このような神経伝達物質の排出の遅れは、細胞外間隙に神経伝達物質を蓄積させて、シナプス伝達に変化をもたらす。神経科学者ステファン・ウエレらはフランスのボルドーで、微小電極を用いて視床下部のシナプス機能を研究し、動物の給水を絶つと、シナプス周辺のアストロサイトが形を変えて、シナプス電位が変化することを見出した。グリア触手の先端による同じようなシナプス電位の調節は、脳内のほかの部位でも起こっているだろうと、彼らは示唆している。

シナプスを出入りして探り続けるグリア触手は、別の方法でもシナプス伝達を調節できる。それは、シナプスに作用する物質の放出である。視床下部では、アストロサイトは数種類の神経活性物質（現在では、グリア伝達物質と呼ばれている）を放出し、ニューロンのシナプス上にある神経伝達物質受容体を刺激している。グリアはこうして、多様な神経伝達物質を放出するだけで、シナプス伝達を直接調節できる。そこには、アミノ酸のタウリンやATP、D-セリンなど、ニューロンがシナプス伝達で使用しているのと同じ物質が含まれる。アストロサイトから放出されるこれらの物質はそれぞれ、シナプス伝達に異なる効果を及ぼす。

次に喉の渇きを感じたときには、無意識の脳のこの部位でシナプスを調節しているアストロサイトの繊細な触手のおかげで、生命を維持できていることに、思いを馳せてみてはいかがだろう。

〈母親の心を変える〉

ヒトの行動に対するグリアの関与を示すことは、培養皿の細胞やラット脳の切片での実験とは、まったく別の課題である。ところが今、ヒトの最も基本的で生得的な行動（それは、すべての哺乳類の決定的特徴でもある）がグリアに制御されていることを、神経科学者たちが相次いで発見している。乳汁分泌を調節する脳回路内の経路を、分子から細胞、さらには行動へと追跡することによって、女性が妊娠すると、脳内で乳汁分泌を制御しているシナプスを取り囲んでいるグリアが、この部位の構造を変化させて、シナプス回路を配線し直すことがわかってきた。研究者たちはこの発見を手がかりにして、ほかにもグリアが調節している多くの精神作用を発見し始めている。そのなかには、小脳と呼ばれる脳部位に存在し、身体の運動協調あるいは身体的技能の「筋肉の記憶《マッスルメモリー》」を調節する回路も含まれる。こうした最近の発見から、形や動きを変えることによって、いかにグリアが脳の構造を変化させ、ひいては無意識の精神作用に関連した機能をも変えられるのかという問題について、新たな展望が開けてきている。これらの例から、グリアが意識的な脳でも活動していることは、想像に難くない。

【出産、母性、愛、そしてグリア】

メラニーの分娩が始まってから、すでに丸一日以上が過ぎていた。夫はなんとか元気づけようとするが、彼女は睡眠不足と長引く苦闘で力尽きそうになっていた。そこで医師は、自然を手助けする薬の出番が来たと判断した。医師はステンレス製のスタンドに生理食塩水のボトルを掛け、上腕の静脈につながれた点滴チューブの滴下速度を調節した。すると数分のうちに、メラニーの子宮収縮が強まり、規則的な陣痛の波が高まるようになった。ほどなく、娘のモーガンが誕生した。

この急速な効果をもたらした生理食塩水中の物質は、オキシトシンだった。オキシトシンは人工的な物質ではなく、脳の視床下部で合成される天然ホルモンだ。前述のとおり、視床下部は男女どちらでも、身体の生命維持に不可欠な系を自動的かつ無意識のうちに制御している。どうやって子供を産めばいいのかを「知っている」女性はいない。無意識の脳が指揮を執っている間に、女性はこの奇跡をただ体験するだけだ。

オキシトシンは、視床下部の特殊化したニューロンで産生され、血流中へ放出される。その巨大なニューロンは、その大きさから大細胞性ニューロンと呼ばれ、視床下部から下垂体の一部の中へ軸索を伸ばして、そこで毛細血管周囲の間隙にホルモンを放出している。毛細血管はそのオキシトシンを血流中に吸収して、全身に行き渡らせる。オキシトシンは、九個のアミノ酸が連なった短いポリペプチドで、女性の体内で二つの特別な機能を持っている。それは、乳腺からの乳汁分泌を刺激することと、分娩時の子宮収縮を刺激することだ。どちらの機能も、血中のオキシトシンに応答して平滑筋が収縮した結果として生じる。

このホルモンにはもうひとつ、より繊細で興味深い働きがある。それは、母親としての行動や愛情の調節だ。証拠は依然明確さを欠いているものの、オキシトシンが男性の行動へも、これに関連するような効果を発揮する可能性がある。脳脊髄液の中で、オキシトシンはキューピッドの役割を果たしていて、出産直後から、自分の子供との絆を築こうとする力強い母性行動によって、母親と子供を結びつけている。生物学的な観点から見れば、この強い愛着心は、親が脆弱なわが子を間違いなく養育し、保護するために不可欠である。ラットの実験で、注射によって脳内のオキシトシンを中和すると、母ラットは自分の仔を拒絶するようになる。その一方、処女ラットにオキシトシンを注射すると、同じケージに入れたどの子ラットに対しても、母性行動を示し始める。オキシトシンはスプレーでも体内に取り込まれるので、この性質が営利目的で利用されている。異性との結びつきを容易にする目的で、オキシトシンを含むオーデコロンを購入することもできる。

処女ラットでは、オキシトシンを含んだニューロンは密集して存在するが、個々の細胞の間は、重ねた陶器の間に挟む紙のようなアストロサイトの薄いシートで隔てられている。動物が妊娠すると、この脳部位が構造的に変化することを、電子顕微鏡学者たちは何年も前から気づいていた。これは驚くべき事実だった。なぜなら、脳の神秘的な働きが、その配線の構造変化に反映されている様子を観察することができた最初期の事例のひとつだったからだ。カリフォルニア大学リヴァーサイド校のグレン・ハットン博士ら、フランス・ボルドーのディオニシア・テオドシスとドミニク・プラン、さらにアメリカやヨーロッパのいくつかのグループによる数年に及ぶ研究から、分娩中や授乳中の動物では、ニューロンを隔てているアストロサイトが実際に動いて、この脳部位の構造を変えることが現在ではわかっている。妊娠すると、アストロサイトの薄いベールのような膜が退縮して、オキシトシン産生ニューロンとその樹状突起の露出が増える。これに伴って、各ニューロン上で新しいシナプスの形成に利用できる空いた場所の数も増加する。この作用によって、アストロサイトの退縮後、オキシトシンを含んだニューロンのシナプス数は二倍になる。ニューロンを刺激するシナプスの数が増えれば、オキシトシン放出量も増加し、妊婦には出産に向けた準備が整うことになる。

アストロサイトの動きは、別のやり方でも視床下部を配線し直している。アストロサイトはニューロンへのシナプス入力の調節に加え、その軸索先端から血流中へ放出されるオキシトシンの供給も制御している。分娩や授乳の最中には、アストロサイトは神経終末でも退縮して、水門を開くかのような働きで、より多くのオキシトシンが毛細血管へ到達して、血流に入っていけるようにしている。神経終末と毛細血管を隔てているのは、このアストロサイトだけなのだ。

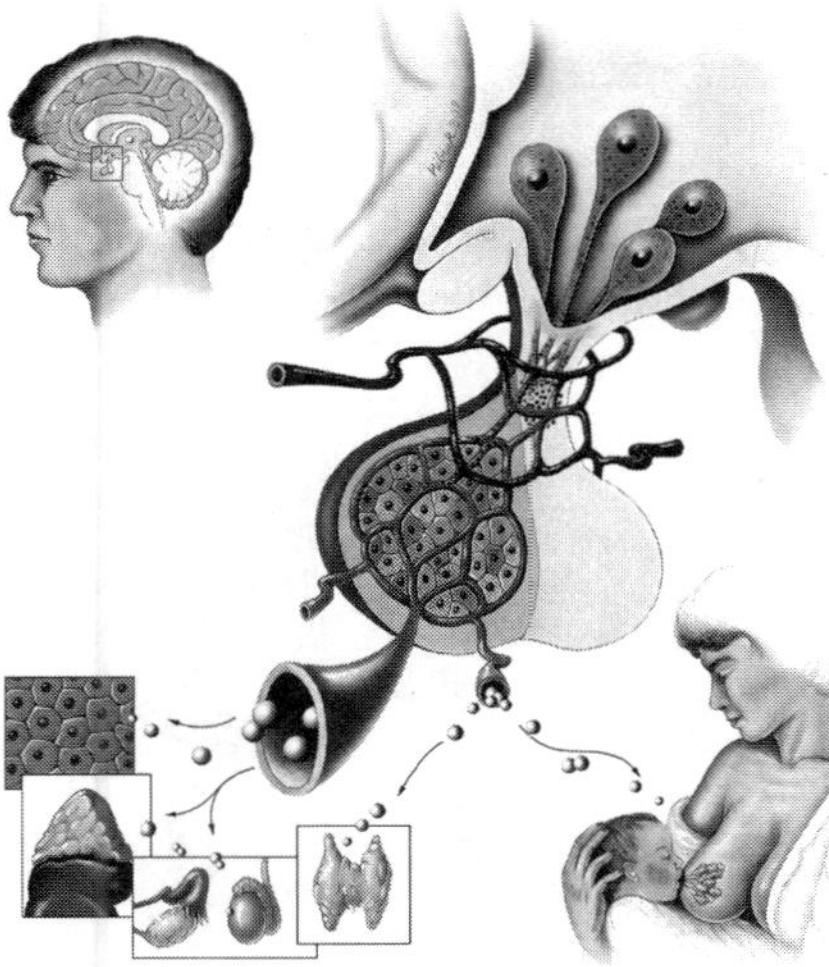

図13-4
視床下部は、下垂体の作用を介して、乳汁産生のような体内の自律的な機能の多くを制御している。アストロサイトは、そうしたシナプスに出入りして、血中へのホルモン放出を調節している

この次に母親の腕に抱かれて授乳されている赤ん坊を見かけたときには、グリアが活躍しているところを思い描いてみよ

う。あなたの目の前で、グリアはニューロンのシナプス数や血流中へ流れ込むオキシトシン量を制御している。私たちの子孫の誕生やその養育は、このグリアに依存しているのだ。

〈グリアと睡眠——「もうひとつの脳」のもうひとつの生活〉

私たちの無意識と意識の中間には、睡眠という変容した精神状態がある。もしあなたが七五歳まで生きるとしたら、そのうちの二五年ぐらいは、おそらく眠って過ごすことになるだろう。人生の大きな割合を占めるその期間に、脳内で何が起こっているのかは、知ることも理解することもほとんどできない。睡眠は私たち自身の不可解な、それでいて神秘的な部分だ。睡眠がたんなる夜間の休止状態、つまり、暗闇のなかで体内システムの活動を停止しているにすぎないのだとしたら、日中に元気よく身体活動ができるように、エネルギーを節約するための合理的な戦略として納得できる。睡眠は、長い時間操作がないと、節電のためにラップトップコンピューターが一時的な休止状態になるようなものかもしれない。ところが、睡眠中にヒトの（さらに言えば、動物の）脳内で起こっていることは、休止状態とはかけ離れている。睡眠中、脳は忙しく働いているのだ。それは変容した精神状態だが、けっして不活発ではない。睡眠は能動的な精神作用であり、その過程で一部の脳回路が身体を動かなくさせて、私たちの精神が夜間の自由奔放な空想のなかで躍動できるようにしている。このように体が動かせないおかげで、私たちはベッドから飛び出して、夢の中の追手から走って逃げたり、夢見心地で体験しているどんな空想も追いかけていったりせずにすむのだ。

膨大な量の活動がさまざまな脳回路を往来するために、夜間の無意識な生活における脳内活動には、周期とパターンが作り出されている。そのなかで、その日にあった出来事（意識的および無意識的の両方）が見直され、仕分けされ、関連づけられ、再考され、保管され、さらには破棄される。それらの記憶は、そこに含まれる情報の種類や、別の出来事との関連性、内面的な心情によって判断した重要さの度合いなどの要因に従って、脳内の一つの部位［訳注：海馬］から大脳皮質のさまざまな場所に移されて保管される。この変容した意識状態は、おそらくあなたの存在の三分の一ほどを占めるだろうが、科学にとって今なお謎であり、研究するのは難しい。私たちが眠っているとき、グリアには何が起こっているのだろうか？ さらに興味深いのは、私たちが睡眠と呼んでいるこの精神状態の制御に、グリアは関与しているのかという疑問だ。

遺伝子チップ（数千もの遺伝子の活動を同時にモニターすることを可能にした新しい研究手法）を用いて、睡眠の異なる位相でオンオフする脳組織内の遺伝子の変化を検出した研究から、ある洞察が浮かび上ってきた。この研究によれば、レム睡眠とノンレム睡眠の各位相で、脳内では数百の遺伝子が合成されているという（レム睡眠とは、「急速眼球運動睡眠」とも称され、夢を見ている睡眠の位相である）。最近判明した驚くべき事実は、睡眠中に合成される遺伝子の多くが、グリアにしか見つからないことだった。実際に、レム睡眠中の脳内で最も活発に合成される遺伝子のいくつかは、ミエリンを形成するオリゴデンドロサイトに存在する遺伝子だ。その理由は、誰にもわからない。しかしこれは、私たちが眠っている間も、グリアはけっして眠っていないことを示す有力な証拠である。グリアは、私たちがまだ理解していない何らかの仕事に精を出しているのだ。

【脳活動のサイクル】

睡眠中にヒト大脳皮質の全域を旋回する精神活動の波は、脳波記録によって容易に見て取れる。脳内の電場は非常に強いので、頭蓋に装着した電極で捕捉して、増幅することが可能だ。大脳皮質は執行役として、睡眠中のこのような活動サイクルを駆動し、操っているのだろうか？　それとも、大脳皮質はたんに、脳深部のより「原始的な」領域で起こった活動サイクルに影響されているだけなのだろうか？　大脳皮質に情報が出入りする表玄関にあたるのが視床である。このニューロンの塊は、桃の種のような形に見え、桃の果肉に相当するのが大脳皮質だ。イギリスのカーディフ大学のヴィンチェンツォ・クルネリらは二〇〇二年、この疑問の調査結果を公表した。彼らは、実験動物の視床と大脳皮質の内部に、集合電極を同時に配置して、どちらが先導し、どちらが追従しているのかを記録した。その結果、私たちが目覚めている間のさまざまな覚醒状態だけでなく、睡眠中の活動サイクルも、大脳皮質ではなく、視床が先導しているとの結論が得られた。彼らのデータは、睡眠中に毎秒一回のサイクルで振動する緩徐な神経インパルスを検出し、それは最初に視床ニューロンで始まっていた。だがそもそも、何がこの振動を生み出しているのだろうか？

大脳皮質に周期的な活動を起こすには、視床ニューロンの大群が協調して一緒に動く必要がある。それはちょうど、野球場のスタンドを端から端まで駆け抜けるウェーブを生み出すために、観客がタイミングを合わせて立ちあがり、腕を上げるのに似ている。クルネリらの研究から、視床下部ニューロンの集団が、タンパク質による接合（ギャップ結合）によって、直接相互に結びついていて、その接合は細胞膜に小さな孔をつくり、隣接する細胞と連絡していることがわかった。このギャップ結合は、シナプスによる相互連絡がなくても、電気信号が受動的かつ急速にニューロン間に拡がっていくことを可能にしている。ギャップ結合はこうして、視床ニューロンの集団を結びつけ、活動の各位相で連動して働かせている。一個の視床ニューロンの電位変化は、物理的にそのニューロンに接合している他の多くのニューロンに、瞬時に広まっていく。それをきっかけに、ニューロンの大集団が共同で、同期した周期的な発火を開始し、その結果、大脳皮質で活動波を生むことになる。

シナプス相互作用に立脚したニューロン説の枠外で活動しながら、ニューロンの集団を集合体へと統合している存在がほかにもある――それはアストロサイトだ。クルネリらは、視床から得た切片を、アストロサイトによって選択的に取り込まれるカルシウム感受性蛍光色素の溶液に浸した。彼らが観察していると、外部からいっさい刺激を与えていないのに、視床内部のアストロサイト網をカルシウムウェーブが周期的に駆け抜けた。視床ニューロンに電極を刺入して、細胞内電位の変化を記録すると、隣接するアストロサイトをカルシウムウェーブが通過するのに合わせて、ニューロンの電位が変化していることがわかった。睡眠中の脳波を発生させている神経活動の周期を、アストロサイトが協調させていたのだ。

ニューロンが示したこの電気的応答は、カルシウムウェーブが通過するときにアストロサイトが放出する神経伝達物質グルタミン酸によって引き起こされていた。このグルタミン酸が、ニューロンのグルタミン酸受容体を活性化し、この作用が電位応答を誘発して、ニューロンにインパルス発火を刺激していたのだった。

この研究から導かれる驚くべき結論は以下のとおりだ。睡眠中の脳活動においてこのような広範囲の周期を制御しているのは、大脳皮質ではなく、さらにはニューロンさえも、主導権を握ってはいない。アストロサイトを通して流れる活動波が、視床ニューロンの大集団を結びつけて、その神経活動を競技場の観客の動きのように協調させている。てんかん発作や病気の際に、脳波の広範な変化が認められるのと同じように、アストロサイト内のカルシウム活動の波は、ニューロン内の電気的な活動と同期して振動している。アストロサイトは電気信号で連絡するのではなく、化学的メッセージを拡散することによって相互に信号を送り合っており、さらにはニューロンどうしがシナプスを介した連絡に用いているのと同じ神経伝達物質を放出することによって、ニューロンの発火を調節している。「もうひとつの脳」は、毎晩私たちが枕に頭を乗せて休んでいるときにも、睡眠の制御に精を出しているのだ。

睡眠サイクルが攪乱された遺伝子変異マウスに関する最近の研究は、「もうひとつの脳」が

「ニューロンの脳」にただ追従しているわけでも、やみくもにその要求に応じているわけでもないことを明らかにし、多くの人がこの事実を認識することになった。実のところ、「もうひとつの脳」は「ニューロンの脳」を統制することができるのだ。オーケストラの楽団員をまとめ上げて音楽をつくり出す指揮者によく似て、アストロサイトは個々のニューロン集団をまとまりのある一団へと統合して、リズムを合わせていっせいに発火させている。

マウスの睡眠サイクルを攪乱している変異遺伝子は、ニューロンには見つからない。それは、遺伝子工学の手法によってアストロサイトに直接挿入され、神経伝達物質であるアデノシンの放出を阻止する遺伝子異常だった。アストロサイトに挿入したこの変異は、アストロサイト間、あるいはニューロンとのコミュニケーション能力を妨害する。ニューロンの興奮性を調節している神経伝達物質アデノシンについては、コーヒーの愛飲者でないかぎり馴染みがないかもしれない。アデノシンは通常、脳内の活動を静めて、眠気を誘発するが、このアデノシン受容体を遮断するのが、カフェインである。鎮静作用を示すニューロン上のアデノシン受容体が、カフェインによって遮断されると、神経回路の興奮性が高まり、脳内の電気活動や覚醒が高められる。アストロサイトも同じアデノシン受容体を持っており、アデノシンを放出して、他のアストロサイトやニューロン上のこの受容体を刺激してもいる。こうした手段によって、アストロサイトは一杯の濃いジャバコーヒーとまったく同じように、精神覚醒（あるいは眠気）レベルを調節できるのだ。

タフツ大学の神経生物学者ロブ・ジャクソンらは、遺伝学的研究に好んで用いられる生物のひとつである下位のショウジョウバエでも、この研究結果があてはまることを示した。毎日の覚醒時および睡眠時に活性が高まっている遺伝子を比較したところ、二四時間のリズムで時計のような活動周期を持つ数種類の遺伝子を、彼らは発見した。そのうちのひとつが「エボニー(*ebony*)」と呼ばれる遺伝子で、日中に活性化し、夜間は不活発になった。この遺伝子を変異させると、そのハエの覚醒と睡眠のサイクルには深刻な乱れが生じて、昼夜を問わず、不定期で居眠りするようになった。この遺伝子が合成するタンパク質は、しかるべき場所(つまりハエの脳内)ではあったが、「ふさわしくない」細胞の中で見つかった。すなわち、エボニーはアストロサイトの中だけに認められたのだ。ハエの脳内のグリアは、時計として働き、近傍のニューロンによる神経伝達物質のドーパミンやセロトニンの産生を調節することによって、睡眠と活動のサイクルを制御していると、ジャクソンらは結論した。これらの神経伝達物質は、人間でも睡眠を調節している。興味深いことに、それらは気分やうつ病、統合失調症とも関連している。

シナプスを介して配線されていないニューロンの集団を連動させて、睡眠・覚醒サイクルにおいてニューロンの広範な活動波を駆動させることは、脳内のグリアが担う最重要な機能のひとつと考えられる。しかし、個々のアストロサイトによって支配される三次元の区画に、脳が分割されているのはなぜだろう? このようなアストロサイトによる制御の側面が加わることで、たんにシナプスを介して個々のニューロンを直列的に結合していくだけで得られる働きを超えた、より複雑な脳機能を実現できると考える人は多い。

〈性行動——グリアと性〉

グリアが調節している行動が、睡眠だけであるとは考えにくいが、グリアに関する行動実験をヒトで行うことは難しい。たとえば、配偶者選択や性行動の細胞および分子レベルのメカニズムは、実験動物で調べるほうが容易だ。ここでもまた、ショウジョウバエが登場する。というのも、その単純な神経系と遺伝子操作の容易さから、実験動物として有用だからだ。イリノイ大学シカゴ校のデイヴィッド・フェザーストーン博士らは二〇〇八年に、ハエの異常な性行動とグリアの遺伝子変異の間に関連性があることを報告した。「ジェンダーブラインド（*genderblind*）」と命名された遺伝子に変異のある雄バエは、雌に対して正常な求愛行動を示し、交尾もしたが、同時に雄にも惹かれて、雌に対するのと同じ頻度で雄に求愛し、交尾まで試みた。

ジェンダーブラインド遺伝子が作るタンパク質は、シナプスを包み込むグリアにしか存在しない。グリアはそこで、シナプス間隙から神経伝達物質グルタミン酸を取り除く役割を担っている。ハエの求愛行動と交尾は、フェロモンによって調節されている（これはある程度、人間にもあてはまる）。フェロモンは、生物が交わす化学的シグナルで、特定の行動を制御している。求愛行動は、雄バエが前脚で雌バエに軽く触れることから始まる。雌に交尾を受け容れる準備が整っている場合、この優しい接触は交尾の前段階へと移行し、雄は雌のすぐ後ろで踊りながら、片翅を広げたり打ちつけたりして、複雑な音楽と踊りを披露する。雌が求愛者に対して十分な好感を抱くと、求愛行動は次の段階へと進み、雄に雌の生殖器を舐めて、相手のフェロモンを確認する。その後、雌は翅と脚で一蹴して雄を拒絶するか、雄が上に乗って交尾することを許すかのどちらかの行動をとる。求愛が成就すると、生命環がひと巡りして、新たな世代の幼虫が誕生する。

雄バエは、雄性フェロモンを生成しないハエ（通常は雌）と交尾するが、雄性フェロモンを感知できない雄バエは、雌雄関係なく交尾しようとする。ジェンダーブラインド遺伝子の変異体では、神経伝達物質グルタミン酸がシナプスに過剰なレベルまで蓄積し、フェロモンの快不快を識別する回路が攪乱される。フェザーストーンらは、このグリア遺伝子の活性を操作して、雌だけを交尾相手として選択していた雄バエを、雌雄の区別なく選ぶように変えることができた。

驚いたことに、雄性フェロモンに関連した性的嗜好は、神経回路に組み込まれたものではない。それは、若いときに学習されるのだ。交尾経験のない雄バエが、別の雄と交尾しようとして繰り返し拒絶されると、そのうちに雄性フェロモンは求愛行動を打ち切るサインであると学習するのだ。フェザーストーンらはこの事実から、グリアは適切な神経回路内のシナプスで、神経伝達物質グルタミン酸の濃度を調節することによって、学習を制御しているのだろうと思いついたというのだから面白い。

無意識の脳を超えて意識的な脳へ

私たちの無意識の心、さらには半ば意識のない心の中で働いている「もうひとつの脳」の機能の数々が、意識的な心にも関与している可能性はあるだろうか？　「もうひとつの脳」は学習や思考、記憶にもかかわっているのだろうか？　「もうひとつの脳」は、ニューロンの集団を協調させ、神経ネットワークの興奮性を調節し、神経伝達物質を放出あるいは吸収してシナプス強度を増大あるいは減弱させ、細胞触手で脳組織を探り回って、シナプスを剝ぎ取ったり、新しいシナプスを形成できるようにスペースを空けたりしている。これらはどれも、神経ネットワークの機能を変えるうえで中心的な役割を担う働きだが、これまでは「ニューロンの脳」がそのすべてを行っていると想定されてきた。しかし、学習に脳回路の再配線が関与するのだとしたら、ニューロンはどうやって自分自身の結合を作ったり切断したりしているのだろう？　無数のシナプス結合を介する神経回路にしっかりと編み込まれたニューロンとは対照的に、グリアが自由に動き回れることは、視床下部の例で見たとおりだ。発達期や学習における脳のどんなリモデリングにおいても、脳の改変にあたっている細胞としては、グリアが最有力のようだと今では考えられている。この意味で、ニューロンはグリアにとっての建築資材だと言えるかもしれない。「もうひとつの脳」をよく知る脳科学者の多くにとっては、グリアによるシナプス再構築のメカニズムのほうが、すべての責任をニューロンに負わせる考え方よりも理に適っている。脳の発達や修復の際に動き回って、組織を改変したりニューロンの成長を刺激したりする物質を分泌するグリアの能力は、健常な脳が学習するときに、神経回路を再配線するのに最適である。

ミクログリアは、ニューロンをつなぎ合わせている細胞外マトリックスタンパク質を溶解する強力なタンパク質分解酵素を持っている。密集している脳細胞の間を縫って感染部位に駆けつけ、侵入してきた病原体を殺傷できるのは、このためだ。最近になって、この感染と闘う武器を使って、損傷後や生後間もない時期に、私たちの眼から伸びた視神経が視覚経験に導かれて脳の適切な部位に結合する際に、ミクログリアがニューロンから不要なシナプスを剝ぎ取って、神経回路を再配線していることが判明した。この小さなグリア細胞は、病気に関心を寄せている者を除き、大部分の神経科学者に見逃されてきた。というのも、ミクログリアは、脳内で病原体を探し出して貪食する免疫細胞にすぎないと見なされていたからだ。ところが今では、このきわめて重要な役割に加えて、ミクログリアが神経回路を再配線して、学習を可能にするために一役買っていることもわかっている。

グリアによる脳の再構築は、視床下部において十分に立証され、ヒトの行動と結びつけられているが、視床下部という特定の脳部位や、これまで考察してきた出産、乳汁分泌、水分量調節のような現象に限定されると推定すべき理由があるだろうか？　それよりもむしろ、グリアは脳内のいたるところでシナプスを再構築しているが、さまざまな精神機能を制御するグリアのやり方は非常に巧妙なために、現在の粗削りな観察手法では捉えきれていないのだと結論するほうが妥当だろう。

シナプスの物理的リモデリングは、学習に関係する他の脳領域でも発見され始めている。脳の後方に位置する小脳は、身体運動の制御や、ゴルフスイングの上達のような身体的技能の学習に不可欠な脳部位だ。小脳のニューロンは、バーグマングリアと称されるアストロサイトにしっかりと包み込まれている。このアストロサイトも、つるのような触手を動かすことができる。科学者たちは小脳において、ニューロンとグリアの間で伝達され、シナプスでのグリアの運動を制御しているシグナルを解明し始めている。

群馬大学医学部の神経科学者、飯野昌枝らが、欠損のあるグルタミン酸受容体をバーグマングリアに導入したところ、このアストロサイトは潮が引くように、ニューロンの周囲から退縮した。こうして潮位が下がると、ニューロンの岸辺はより広く露出して、運動を制御しているこの脳部位では、新たに露出した領域にすぐに新しいシナプスが形成された。視床下部の場合とまったく同じように、このバーグマングリアの退縮は、ニューロン上へ新たに結合するシナプスの数を増やすだけでなく、放出されたグルタミン酸の蓄積量を増やして、シナプス間隙から溢れ出させるため、結果として各シナプスの生理学的な強度も増大することになる。したがって、論理的には、正常に機能しているグルタミン酸受容体を持ったアストロサイトは、シナプスから放出されるグルタミン酸に呼び寄せられて、シナプスの周囲を隙間なく埋めていると考えられる。このようにして、アストロサイトは、シナプスの活動レベルとグルタミン酸の放出量に合わせて、シナプスの数と強度を調節しているのだ。

一九六一年には、カリフォルニア大学ロサンジェルス校の解剖学者ジョン・グリーンとデイヴイッド・マクスウェルが、記憶に不可欠な脳部位として知られる海馬で、同様の構造的変化が起こっていることを報告している。ヒトの記憶を司るこの脳部位でも当然、グリアがシナプス強度を修飾し、結合を再構築している可能性がある。この仮説については、電気生理学的な手法と組み合わせた最先端のイメージング技術によって、多くの研究室で検証が始まっている。

グリアが情報処理にかかわっていることを示す最初で最強の証拠が、喉の渇きや出産、授乳、睡眠、運動制御、性行動など、数々の無意識の脳機能に関連して浮上したことは、不思議に思われる。脳内の無意識的な働きは、意識的な精神活動と比べて、はるかに謎めいて研究の困難な現象だからだ。この不思議な関係性は、たんなる偶然の一致だろうか、それとも「もうひとつの脳」のより普遍的な性質を明かしているのだろうか？　私自身は、後者であると信じている。グリアには、ニューロンが使用しているような急速な発火によるコミュニケーション手段が備わっていない。グリアは電気ショックではなく、化学物質やカルシウムウェーブの緩やかな拡散を介して交信している。しかし、心の中で無意識のうちにゆっくりと展開する変化は、重要な脳機能でありながら、見過ごされがちだ。おそらく、無意識の心が今なお謎に包まれている理由のひとつは、私たちが「もうひとつの脳」について無知であるためだろう。

第14章 ニューロンを超えた記憶と脳の力

心のスクラップブックに記憶を貼り付ける

多くの神経科学者が最も好奇心をそそられる精神機能は、記憶のメカニズムだ。記憶に欠かせない脳部位は海馬で、海馬のシナプス伝達とシナプス可塑性については、他のどの部位よりも多くのことが知られている。記憶を貯蔵する細胞回路（さらには、グリアがその一翼を担っている可能性）の解明に関心を持つ人たちが最初に目を向けたのは、当然ながら海馬だった。

実験用の白ネズミは、ペットの苦痛を取り除くために獣医が使用するのと同じバルビツール酸によって、眠らされている。私は手術用メスの刃を、頭頂部前方から後方へと滑らせる。次に、脊柱が頭蓋骨と連結している部位である後頭孔をすばやく切り開き、そこから前頭部へ向かって、頭蓋骨を切り進む。骨を砕くために鋭い鳥のくちばしのような形をしたステンレス製プライヤー［訳注：ペンチのような手術器具］に持ち替えて骨を挟み、頭蓋骨を二つ割りにする。すると、半分の殻の上に載ったクルミのように、ピンク色の脳が露わになる。テフロンでコートされた小さなヘラで、頭蓋骨から脳を持ち上げて、頭蓋の小さな孔から顔面の筋肉を動かすために伸び出している脳神経を切断する。砕いた氷の入ったバケツの中で冷やしたビーカー内の人工脳脊髄液に、脳をポチャンと落とす。この溶液は一時間前に、長いリストに連なる化学物質を次々に秤《ひょう》量《りょう》し、それらを超純水に溶かして作製しておいたものだ。ビーカーの中では、熱帯魚店で見かける水槽用のエアストーンから、酸素九五パーセント、二酸化炭素五パーセントの混合ガスのきめ細かな気泡が、高い音を立てながら吹き上がり、液中に溶け込んでいる。手際よく作業して脳を摘出し、細胞が死滅する前に、冷やして冬眠状態にすることが重要だ。この作業をしていると、南北戦争時代の外科医のことがしばしば頭をよぎる。彼らの技量は、外科処置の速さに比例すると見なされていたという。

今では血液でピンク色に染まった氷冷された溶液から、プラスチック製のスプーン（金属は、歯の詰め物にアルミホイルが触れたときのような衝撃を脳に与えるため）で脳をすくい上げて、濾紙の上に固定し、鋭いメスで左右対称の二つの断片となるように、脳を半分に切り分ける。大脳皮質のひだの間を慎重に切り進み、探し当てた海馬を外科的に切除する段階に入ると、解剖には細心の注意が必要になる。海馬は脳組織の小さな種のような部位で、バナナに似た形をしている。ラット脳では、その大きさはわずか六ミリメートルほどしかない。バナナの両端をカミソリの刃でトリミングし、中央の三分の一に相当する部分を小さなヘラの先で拾い上げる。端を下にしてその組織小片を立てて置き、その断面を実体顕微鏡で観察すると、ピンク色の組織内にシナモンロールの模様によく似た乳白色の渦が見てとれる。

この小さな脳部位に付けられた名称は、この渦巻き状の組織にちなんでいる。それがタツノオトシゴのくるりと巻いた尾に似ていることから、解剖学者たちは今ではよく知られているこの脳部位に、タツノオトシゴ［訳注：別名、海馬《ウミウマ》］のラテン名（*Hippocampus*）を付けたのだ。一九五〇年代に、海馬が記憶のカギを握っているという科学的事実が明らかになって以来、これほど名前を知られた脳部位はほかにない。

医学文献のなかに、ＨＭのイニシャルだけが記されてきたある男性患者は、九歳のときに自転車で転倒したあと、重篤なてんかんを発症し、その発作をコントロールするために、脳の左右両側から海馬を切除された。この手術によりてんかん発作は治まったが、執刀医は手術の過程で図らずも、現在と過去をつなぐ神秘的な結合も切断してしまった。ＨＭはその結果、短期記憶を持続的な記憶に転換する能力を失くした。手術は彼の知性や人格には影響しなかったので、この謎めいた記憶のメカニズムは、知性とは別物であることが明らかになった。ＨＭは新しいことを難なく学習できたが、新たな経験は意識に入ってから数分で消失した。手術以前に脳内にすでに貯蔵されていた記憶は、まったく無傷で残っていたが、彼はもはや、新しい記憶をつくることはできなかった。

二〇〇八年一二月に、ＨＭの名前がついに世界に知られることになった。それは、ヘンリー・

グスタフ・モレゾンが、コネチカット州ウィンザーロックスにおいて八二歳で亡くなったときのことだった。新しい記憶がつくられる可能性をいっさい持たずに生きるとはどのようなことか、想像してみよう。ヘンリー・モレゾンは、故郷の街並みや少年時代に住んでいた家の配置などは鮮明に思い出すことができたが、現在の住まいの間取りは、彼にとって常に謎であり続けた。彼は同じ新聞記事を繰り返し読んでも、毎回初めて読んだかのように新鮮に感じた。モレゾンは定期的に医師の診察を受けていたが、いつも初めて会うときのように、自己紹介を受けなければならなかった。このバナナ形の小さな脳部位が、現在の日常的な経験と私的な過去を結ぶ、重要な心の絆なのだ。脳の左右にある海馬をどちらも失った結果、HMは永遠に現在の中で生き続けることを余儀なくされたのだった。

私は、女性のコンパクトほどの大きさの黒く浅い受け皿の底に、シアノアクリレート接着剤(「クレイジー・グルー(Krazy Glue)」の商品名でよく知られる)を一滴絞り出した。続いて、その軟らかい脳組織片を慎重に接着剤の上に移すと、たちまち貼り付いた。これはいつでも最も重要な操作となる。なぜなら、この脳の小さな塊が接着剤に接触する瞬間に、「シナモンロールの渦巻き」が正確に真上を向いていなくてはならないからだ。脳組織が別の角度で接着剤に貼り付いたり、うまく貼り付かなかったりすると、別のラットで最初からやり直さなくてはならない。

その黒い受け皿は実のところ、電動の高精度スライシング装置のステージであり、私はその装置を使用して、大脳のシナモンロールから紙のように薄い切片(どれも厚さは〇・五ミリメートル以下）を切り出す。その受け皿は氷の上に置かれ、組織は氷冷した人工脳脊髄液に浸されている。私は新品のカミソリ刃を一枚、正確に振動するアームに装着すると、組織をスライスするために、スイッチを入れてアームを作動させる。アームはゆっくりと前進しながら、目にも留まらぬ速さで振動し、バリカンのような大きな音を立てる。これによって一二枚ほどの切片を作製することができ、それぞれの切片をプラスチック製のスポイトで吸い取って集め、記録用チャンバーの温かい湿ったステージ上に優しく押し出したあと、画家用の細い絵筆を使って、繊細な脳の切片の配置を整える。

記録用チャンバーは、どんな建物でも起こるわずかな振動から切り離すために、空気ピストンの上に浮かんだステンレス製テーブルの中央に鎮座している。トランプ用テーブルほどの小さなエアテーブルは、ウォークインクローゼットほどの広さの部屋に置かれている。そこには、増幅器、コンピューター画面、オシロスコープなど数多くの電子機器が、天井まで所狭しと並んでいる。それはまるで、ボタンや点滅するライト、ダイヤルなどが迷路のように配置された宇宙船のコックピットのようだ。その場には、ブクブクと溶液が泡立つ音や、各種のモニター装置から周期的に発せられるビーッという警告音などが響いている。ここに置かれた増幅器や電気刺激装置は、脳切片のニューロン間でやり取りされる微弱な電気信号を増幅するためのものだ。

エアテーブルの上には、輝く銅線を編んだ遮蔽板《スクリーン》から成る一辺九〇センチメートルの立方体が載っていて、手前が開いている。これはファラデーケージと呼ばれ、建物内にある他の電気配線のアース回路とは別に、銅製の太いアース線に接続されている。ケージ内に携帯電話を置くと、どんな信号もいっさい受け取れなくなる。というのも、このケージは、周囲の環境を満たしているあらゆる電磁放射を遮蔽するからだ。電磁放射は、建物の壁中を通る電力線や、ラジオやテレビの発する信号から、常に放出されている。冷蔵庫のモーターやコンプレッサーから、ブーンと唸る蛍光灯にいたるまで、現代社会に存在する無数の電気製品はどれも、電気的雑音の発生源となっている。増幅器を通してスピーカーへ接続すると、この電気ノイズは、AMラジオで選局しているときに聞こえてくるような雑音を発する。こうした電磁放射は、私たちが記録したい、記憶を構築している海馬においてニューロン間でやり取りされている微弱な生体電気信号よりも、数千倍も強力なのだ。

コンピューター画面の反射を抑え、蛍光灯がたてる電気ノイズを排除するため、部屋の照明は暗くしてある。記録用チャンバーは、エアテーブルの中央に堂々と置かれており、コーヒー缶ほどのプレキシガラス製のこの透明な円筒は、青白い光ファイバービームの眩《まばゆ》いスポットライトを浴びて、鮮やかな白色に輝いている。透明のチャンバー内は、きめ細かい気泡の立ちのぼる体温程度に温められた溶液で満たされ、切片を作るときに保護のため冷却していたニューロンを蘇生させている。溶液は点滴チューブからチャンバー内へ滴下され、脳切片の表面を流れて、切片を温かく湿った状態に保ち、酸素を送り続ける。私は水平のポールに取り付けられた顕微鏡を通して観察しながら、脳切片内で軸索が樹状突起に接合している部位へ、きわめて鋭利なガラス電極を慎重に配置する。続いて、電気刺激を加えることによって、インパルスの発火を誘発し、それが軸索を伝導して、シナプスで神経伝達物質を放出させられるように、先端の細くなったもう一本の金属電極を適正な位置に配置する。こうした操作はすべて、電極を三次元で遠隔操作できるマイクロマニピュレーターのダイヤルを回転させて行う。電極が移動する極小の距離は、不安定な人間の手で精確に操作できる限界をはるかに超えている。

シナプス信号の強さは、心電図のように、コンピューター画面に連続的に表示される。私がスイッチを入れて軸索を刺激するたびに、シナプスからの電位出力をモニターしている平坦だったラインの上に、急上昇する小さな信号が波打つ。この波の振幅が大きくなるほど、シナプス結合は強くなっている。というのも、ここで表示されているのは、シナプスで発生した電位の振幅を時間軸の上に連続して描いたグラフだからである。

この海馬という脳部位が電気生理学者に非常に重視されている理由は、今述べたような装置を使って、オシロスコープの画面上で、記憶が形成されるところを見て取れるからである。一九七三年にノルウェーのオスロで、ティム・ブリスとテリエ・レモは、単発の刺激ではなく、短い反復刺激を与えると、シナプス応答が突然大きくなり、振幅が二倍近くにもなることを初めて観察した。つまり、海馬のシナプスが著しく強化されて、反復刺激前の二倍近い大きな電位を発生するようになったのだ。その後は、数時間後に与えた単発の試験刺激に対するシナプス応答でも、その増大した度合いが維持されていた。ブリスとレモは、彼らが与えた反復刺激がシナプス結合を強化したことを直ちに理解した。これが学習の核心である。

この現象は、長期増強（ＬＴＰ）と命名され、今では学習と記憶の細胞的基盤であると理解されている。記憶はニューロン間の結合であり、このような強化された結合は今や、電気生理学者がラット脳の切片で観察することができる。過去三〇年にわたり、世界中で精力的に研究が行われた結果、長期増強のメカニズムは、分子レベルに至るまで詳細に究明されている。記憶を貯蔵する分子について理解できれば、記憶を改善する薬を開発したり、加齢や病気、あるいは先天性異常によって記憶力に問題を抱えている人々を支援したりできるようになるに違いない。

ラットが周囲の状況を探りながら感覚情報を処理しているときに、自動的に経験するような海馬への自然な刺激入力は、短い反復刺激で模倣することができる。このような電気刺激による長期増強において、シナプスは二通りの仕組みで強化される。第一は、シナプス終末から放出される神経伝達物質の量を増加させる細胞変化であり、第二はその伝達物質を受容している樹状突起の感受性の増強である。この二つの変化があいまって、シナプス電位の変化を増大させ、二つのニューロン間における結合を強化するのだ。

一九八〇～九〇年代に海馬の長期記憶について研究していた神経生理学者たちは、記憶研究の分野におけるエリートだった。というのも、彼らは記憶をその基本形態、すなわちニューロン間のシナプス結合の強化にまで還元したからだ。彼らは微小ガラス電極を使用して、記憶という捉えどころのない謎の正体を、実験用の皿の中で突き止め、さらにはとてつもなく複雑な脳の中から、たったひとつのシナプス結合の中へと記憶を単離することに成功したのだった。記憶は、彼らが精密な電子機器を用いて、細胞レベルで制御し、モニターできる研究対象となった。それ以前は、学習と記憶の科学は心理学者の領域に属していた。彼らは、巧妙に考案された記憶テストやラットの迷路走行によって、ヒトの記憶現象を探究していた。記憶の貯蔵庫が脳内のどこに隠されているのか、さらにはそれが細胞レベルでどのように働いているのかを見出そうとして心理学者が用いた方略には、脳の特定の経路を麻痺させるように設計された薬物の影響下、あるいは実験的な脳手術を施したうえで、動物を調べるという手法が含まれていた。だがこの頃までに、記憶研究の分野では、電気生理学者が心理学者を追い越してしまっていた。長期増強の研究におけるごくわずかな前進を報告する論文でさえ、著名な科学雑誌に掲載される可能性が高かった。その結果、細胞レベルの学習に関するメカニズムは、細部まで急速に解明され始めた。

しかし神経生理学者は、シナプス膜における電気的現象を超えたどんなことも、記憶に関連があるとは認めたがらなかった。だがそれは、間違いだった。研究が進むとほどなく、ニューロンの細胞核でさえ、記憶のメカニズムに決定的なかかわりを持っていることが示された。たとえば、短期記憶を長期記憶へと固定するためには、ＤＮＡにコードされた遺伝子が読み出されて、新たにタンパク質が合成されなくてはならない。この過程がなければ、ついさっき会った人の名前を忘れるように、記憶はすぐに消え去ってしまう。このような分子生物学は、電極で探究できる範囲を完全に逸脱しているが、少なくとも神経細胞の内部で生起している作用ではあった。海馬の長期増強や記憶が、ニューロン以外の何かに関係しているとは、誰も想像できなかった。このようなニューロン中心の見方は、現在では崩壊しつつある。というのも、神経生理学者が脳全体の中で最も神聖視しているこの領域における情報処理に、グリアが関与していることが次第にわかってきたのだ。

一九九二年、スティーヴン・スミスは大学院生のジョン・ダニー、アレックス・チェルニャフスキーの二人とともに、ラット海馬の切片で、記憶に不可欠なこの脳部位の神経軸索が発火すると、カルシウム流入によってアストロサイトが光り輝くことを示した実験を報告した。この結果は、記憶を符号化《コード》している神経回路を通して伝達されている電気信号について、アストロサイトが「知っている」ことを意味していた。ノースカロライナ大学チャペルヒル校のケン・マッカーシーとJ・T・ポーターは、アストロサイトがシナプス伝達をモニターしている仕組みを厳密に解明した。彼らが推測していたとおり、海馬のアストロサイトは、シナプスから放出された神経伝達物質グルタミン酸に応答していたのだ。これは、グルタミン酸に対する神経伝達物質受容体を遮断する薬物を投与することによって証明された。この薬物の効果によって、アストロサイトのカルシウム応答が阻害されることを、彼らは突き止めたのだった。九〇年代半ばには、神経伝達物質のシグナルを受け取るという方法で、グリアがシナプスの発火に耳を傾けていることに、もはや疑問の余地はなかった。だが、それはなぜだろうか？

アストロサイトが、ニューロンとともに情報処理、とりわけ記憶の形成に関与しているかもしれないとの推論を、研究者の大半は疑問視していた。当時の支配的見解では、アストロサイト内のカルシウム濃度の上昇は、ニューロンとそれが形成するシナプスの要求に応じて、環境を維持管理《ハウスキーピング》するグリアの役割を反映しているにすぎないと見なされていた。この見解は現在も、この分野の多くの科学者たちの間に残っている。だが、グリアが情報処理と記憶形成に関与している可能性を排除することにためらいを覚える研究者も、いないわけではなかった。

情報処理におけるグリア――陰陽の対を成すニューロンとグリア

一九九〇年代後半には、「もうひとつの脳」に関する研究は、神経筋接合部から網膜、そして脳の記憶中枢にまで進展していた。こうした研究から、グリアが情報を聴いていることは示されたが、グリアのカルシウム応答がニューロンの機能に何らかの因果関係を持っている証拠は、依然として乏しかった。本書第1部で論じたように、脳の外のシナプスを調べていた研究者たちは、神経筋接合部や網膜のグリアがシナプスに聞き耳を立てているだけでなく、シナプスの調節もしていることの証明に成功していた。しかし、脳内のどんな部位でも、この働きを支持する証拠はまだ見つかっておらず、当然のことながら、脳の記憶中枢についても同様だった。

一九九八年、当時ニューヨーク医科大学にいたマイケン・ネーデルガードは、ラット脳から作製した海馬切片で、アストロサイト上に電極を配置して、それをわずかな電圧で刺激した。その瞬間、ネーデルガードとその同僚たちは、海馬の神経回路内のシナプスが、グリアの刺激に応答して電位変化を起こすのを目の当たりにした。こうして、新たなフロンティアに足が踏み入れられた。「支持細胞」と考えられていたアストロサイトが、ヒトの記憶が形成される脳の心臓部にある神経回路を制御していたのだ。アストロサイトは、記憶を保持するシナプスをしっかりと掌握していた。

〈一線を越える〉

二〇〇二年には、アストロサイトが学習や記憶に関与していることを示唆する別の証拠も現れた。日本の川合述史《のぶふみ》らが、GFAPをコードするアストロサイトの遺伝子を欠損させた遺伝子改変マウスで、脳卒中後に、海馬の長期増強が損なわれることを報告したのだ。この変異は、アストロサイトの線維性タンパク質だけに影響を与え、ニューロンには影響がなかった。それにもかかわらず、記憶が障害された。同年に、日本の西山洋《ひろし》らは、別のグリア遺伝子（S100と呼ばれる）をノックアウトしたマウスで、長期増強が促進されていることを見出した。しかも、そのマウスはより賢くなっていたのだ！　遺伝子工学の手法でグリアのS100遺伝子を除去したマウスは、正常なマウスよりも早く迷路走行を学習した。これらの発見は、まったく別個に実施された実験の成果であるが、脳機能、より具体的には記憶を、ニューロンだけに帰属する排他的領域と捉える先入観を覆す一連の証拠となっている。

では、アストロサイトは分子レベルにおいて、正確にはどうやってシナプスのコミュニケーションに介入し、記憶の記録を支援しているのだろうか？　フィリップ・ヘイドンらは一九九四年に、培養したアストロサイト内へのカルシウム流入を刺激すると、神経伝達物質グルタミン酸の放出が起こることを見出した。このグリア由来の神経伝達物質は次に、ニューロンのグルタミン酸受容体を刺激して、シナプス伝達を増強した。

ヘイドンと同僚のヴラディミール・パプラらによる研究は最終的に、アストロサイトがニューロンとまったく同じように、神経伝達物質を放出するシナプス小胞を持っていることまで明らかにすることになる。ニューロンとグリアを隔てるこの一線が本当に踏み越えられたのかについては、議論が紛糾し、この問題の解決には、何年にもわたる実験と論争を要した。しかし、シグナルを拡散させて交信するアストロサイトでは、シナプス連鎖に沿って情報を伝達しているニューロンとは違い、自然はシナプスとの接触点にシナプス小胞をすべて集中させておく必要がなかったのだ。解剖学者がアストロサイト内のシナプス小胞を見逃していた理由は、ここにあった。彼らが得た電子顕微鏡写真では、アストロサイトの内部にシナプス小胞が存在するのが見えていたが、細胞全体に散らばっていて、ニューロン内での様子とは異なっていたために見過ごされてしまったのだった。現在では、アストロサイトがシナプス小胞を持っており、それらが細胞体全体に点在していて、さまざまな種類の神経伝達物質を細胞膜のどこからでも放出できることを確認できる。これに比べると、ニューロンのコミュニケーションは、はるかに制約が大きい。ニューロンが通信回線で接続された固定電話だとすると、アストロサイトは信号を広く送信する携帯電話だ。アストロサイトはさらに、ニューロンを興奮させる神経伝達物質と抑制する神経伝達物質のどちらも放出できる。それらの神経伝達物質を使って、アストロサイトは仲間どうし、あるいはニューロンと、相互に連絡している。

さまざまなニューロンが使用している神経伝達物質には多くの種類があるが、アストロサイトはより普遍的な分子をコミュニケーションに活用している。それはアデノシン三リン酸（ATP）だ。これは、運動選手や生物学を専攻する学生なら誰もが、すべての細胞のエネルギー源であると知っている分子だが、ATPは細胞外にはほとんど存在しない。その希少性ゆえに、ATPは細胞間でシグナルを送り合うにはうってつけの分子で、闇夜を照らす懐中電灯のようなものである。また、ATPを持たない細胞がないという事実は、この分子を普遍的なメッセンジャーにしている。ニューロンとグリアがATPをシナプス小胞から放出すると、この放出が近傍にある細胞の膜受容体によって感知される。続いて、このATP受容体が細胞内へ大量のカルシウム流入を引き起こし、その結果、アストロサイトはシナプス小胞からますます多くの神経伝達物質やATPを周囲へ送り出し、このシグナルが連鎖反応のようにアストロサイトの集団全体に拡がっていく。ATPとグルタミン酸は、培養皿のアストロサイト全体に拡がる、あるいは脳内のアストロサイトを駆け抜けるカルシウムウェーブを引き起こす主要なシグナリング分子である。ところが、アストロサイトによるコミュニケーションの研究が進むにつれて、アストロサイト間のカルシウムシグナリングに使用されている物質は、ATPとグルタミン酸に限られないことが判明してきている。

アストロサイトは、ニューロンのような様式で、遠くまで迅速に情報を送信する必要がないので、電気的インパルスを発火しないのだと、私たちは今では理解している。そのためアストロサイトは、電気的なコミュニケーションには手を出さないが、ニューロンの持つより興味深い第二の交信方法、すなわち神経伝達物質によるコミュニケーションを存分に活用し、そこに関与している。

アストロサイトの活動は、脳の比較的大きな領域に及ぶので、シナプスへの影響も広範囲にわたるはずである。とはいえ、あるシナプスの情報が一個のアストロサイトによって拾い上げられて、「もうひとつの脳」のなかのグリア回路網を通して流れ、別のアストロサイトからの神経伝達物質放出を促すことによって、神経回路で直接結合していない遠くのシナプスにおけるニューロンのコミュニケーションを調節している可能性については、二一世紀初頭に至るまで検証されていなかった。この仮説は、二〇〇五年にフィリップ・ヘイドンのグループによって証明された。彼らの研究により、アストロサイトは海馬のシナプス活動にカルシウム上昇によって応答するが、それが次に、発火した近傍のシナプスだけでなく、同じニューロン上の遠く離れた別のシナプスでも伝達強度を調節していることが確認された。脳内の遠い場所を結んで、ニューロン回路の外側からシナプス伝達を調節しているアストロサイトはまさしく、制御装置にほかならなかった。「ニューロンの脳」の情報は、「もうひとつの脳」によって傍受され、「ニューコンの脳」の別の場所でシナプスの制御に活用されていたのだ。私たちの中にある二つの心がこうして出会うことで、「ニューロンの脳」だけでは実現できないどんな働きが可能になるのだろうか?

離れたシナプスの強度を調節するこの現象(異シナプス性抑制として知られる)は、騒々しいレストランの中で会話を続けるときに、私たちの誰もが経験することによく似ている。食事相手の話をいつも以上に注意深く聴き取ると同時に、厨房からの雑音や周りで食事をしている人たちの間で交わされる会話は耳に入れないようにする。このような精神集中は、私たちを取り巻く環境の中で、すべての騒音から重要なシグナルを選別するためには不可欠である。これと同じことが、私たちの海馬でも起こっている。あなたが学習したいと望んでいる新しい情報を運んでくる入力のなされるシナプスは、長期増強によって強化される一方で、注意をそらす邪魔な情報を別のシナプスから同じニューロンに伝えている入力は抑制されているのだ。あなたはおそらく、この抑制された背景情報を記憶していないだろう。海馬の学習における、注意のこの研ぎ澄まされた集中は、アデノシンという神経伝達物質の効用であることが知られていたが、このアデノシンは、雑音を抑制している回路内にある別のニューロンのシナプスから放出されていると、これまでは想定されていた。だがこの仮定は、必ずしも正確ではなかった。

アストロサイトは星形の細胞骨格よりもはるかに大きく広がっていて、タイルを敷き詰めたような区画へと海馬を分割していることが、マーク・エリスマンの研究から判明したことを思い出そう（第13章参照）。一個のアストロサイトが受け持つ領域に含まれるシナプスは、一〇万個にもなる。ヘイドンのグループは、シナプス発火とグルタミン酸放出をきっかけにアストロサイト内でカルシウム上昇が起こると、そのアストロサイトからアデノシン三リン酸（ＡＴＰ）が放出されることを見出した。ＡＴＰ分子は、コア分子であるアデノシンに三個のリン酸分子が結合して構成されている。ＡＴＰは、放出されるとただちに三個のリン酸基を失って、アデノシンのコアだけが残される。これは（第13章で睡眠の調節に関して論じたように）抑制性の神経伝達物質である。アデノシンは、シナプスの刺激を受けたアストロサイトから拡散されて、同じニューロン上にある離れた別のシナプスの強度を低下させる。「もうひとつの脳」はこうして、海馬における精神集中の調節に関与しているのだ。ほぼ同じ時期にリチャード・ロビタイユのグループは、カルシウム上昇とそれに続くＡＴＰの放出を阻害する薬物を、海馬のアストロサイトに注入して、この研究と同様の結果を示した。このような方法でアストロサイトのコミュニケーションを遮断すると、離れたシナプスでは抑制が起こらなくなった。

アストロサイトが、周囲にあるシナプスを抑制して、私たちの記憶中枢に対する特定の入力を際立たせている細胞であることを知って、多くの人が衝撃を受けた。もしアストロサイトが、シナプスの集中調節という重要な働きができなくなったら、どうなるだろうか？　それは学習や注意、さらには精神状態にどう影響するのか？　アストロサイトが、独自のグリアネットワークを介した交信方法を用いて、シナプス強度を調節していると判明したことも、同じように驚きだった。このネットワークは、ニューロン間を配線でつないだ接続回線に拘束されることなく、神経ネットワークの外側で作動している。この携帯電話のようなアストロサイト網については、私たちは何も知らないも同然だ。このネットワークの境界は何なのか？　それらは修正可能なのか——言い換えれば、アストロサイトは精神的経験に従って変化し、学習するのか？　アストロサイトが実際に、学習においてネットワークの結合強度を変更していることを示す証拠が、新たな研究で得られ始めている。

〈残された課題〉

ひとつだけはっきりしていることがある——グリアは精神のなかを動き回っている。だが、シュワン細胞はどうだろう？　テオドール・シュワンが末梢神経の中に発見したこの細胞、そして、ラモニ・カハールが教え子のリオ＝オルテガに託した脳内のオリゴデンドロサイトは、シナプスとは関係がない。この二種類の細胞は、神経軸索に付着し、それをミエリン絶縁体で被覆しているだけだ。ところが、私たちは研究室で、シュワン細胞が神経線維を流れる情報を利用していることを見出した。アストロサイトに目を向ければ、理解への重要な手がかりは見つかるが、そこに答えはない。シュワン細胞は、それとはまったく異なっているからだ。私たちは、脳内部の働きについて、何か重要なものを見逃している気がしてならない——シナプスをはるかに超えたところに存在する何かを。

第15章 シナプスを超えた思考

賢いグリア――ミエリンと学習

「ジョーイのＩＱは、まったく問題ありません。一〇九です」。この知らせを不安げな面持ちで聞いている両親は、学校の一室に座って、カウンセラーから択一式テストの成績を受け取っているのではなく、小児科医の診察室で、息子の脳スキャン画像を見つめている。息子の大脳皮質の左右両側をつないでいる太い白色のケーブルを医師が指し示すと、整形外科医がＸ線画像で脚の骨の強度を確認するのと同じぐらい容易に、両親は息子の知能の程度を自分たちの目で見ることができる。

このサイエンスフィクションのような話は、二〇〇五年にシンシナティ小児病院のヴィンセント・シュミットホースト博士率いる研究チームが発表したある研究によって、現実となった。知能を画像として捉えられるという事実以上に驚くのは、両親が見ているのがニューロンを含む脳領域の画像ではないことである。ニューロンが存在するのは、いわゆる灰白質であり、それは学校の先生が生徒たちをからかうときにいつも話題にする脳部位だ〔訳注：灰白質を意味するgrey matterには、「頭脳・知力」の意味もある〕。だが、両親が見ているのは、脳内の白質神経束の画像で、これは大脳皮質の深部に埋設された電話ケーブルのように、多数の軸索が束ねられた主要な通信路である。白質の神経束には、神経細胞はひとつも存在せず、樹状突起もシナプスもない——軸索の間にグリアだけが埋もれている。

人間は何世紀もの間、脳の大きさや形状、あるいは頭蓋骨に浮き出た脳の隆起などから、知性を測定する方法を探し続けてきた。こうした「骨相学（phrenology）」（「心の研究」を意味するギリシャ語に由来する）はどれも、知的能力や個性を明かすのに、まるで役に立たなかった。ところが、グリアが独占的に君臨している脳部位の画像から、医師はあなたがどれだけ賢いかを正確に判断できるというのだ。それはどうしてなのか？

ＩＱを明らかにする脳イメージング技術は、ＭＲＩ（核磁気共鳴画像法）の特別な応用手法だ。通常のＭＲＩスキャンは、光学的に薄切りにした断面で脳内部の詳細を明らかにし、医師の診断に役立てられる。拡散テンソル画像法（ＤＴＩ）と呼ばれる特別な種類の脳スキャンは、白質の軸索ケーブルの超微細な構造を明らかにし、生きた脳組織をかき分けて伸びる錯綜した軸索の束を、科学者が解きほぐして観察することを可能にしている。この画像は、コンピューターを使った撮像法によって得られ、脳内の水分子が全方向にどれほど浸透しやすいかを感知できる。装置から頭部に浴びせられる強力な磁気パルスは、脳内の水に含まれる水素原子核に共鳴現象を引き起こし、その水素原子核が発する電波信号がＭＲＩ装置によって検出される。軸索を被覆するミエリンが厚いほど、また軸索が密集しているほど、水分子は軸索を横切る方向ではなく、軸索に沿った方向に浸透しやすくなる。それは、絵筆の剛毛に吸い上げられる絵の具のような動きだ。ＤＴＩは、軸索間におけるこの水拡散の非対称性を検出する。シュミットホーストらの研究では、神経線維を横切る方向ではなく、神経線維に沿った方向への水の移動が容易なほど、ＩＱが高いことがわかった。

この脳スキャンでは、コンピューター解析された脳のさまざまな領域が色分けされて、それぞれの場所で水がどれだけ対称的に動くかが示される。高い知能を持つ子供の白質神経束は、疑似カラーで表示された脳スキャン画像上で、道路地図の高速道路のように赤色で示される。この白質の画像において寒色は、道路地図上に青色で示される制限速度の遅い幹線道路のように、軸索方向への水の動きが鈍いことを反映していて、水分子は主要な幹線道路を外れて脇へ逸れがちになる。つまり、脳スキャン画像で、「赤い高速道路」よりも「青い幹線道路」が多いほど、子供のＩＱは低くなるのだ。

では、白質の構造は知能とどう関係しているのだろうか？　白質にはニューロンもシナプス結合も存在しない。ミエリンを形成しているのはオリゴデンドロサイトであり、軸索の間を埋める「梱包」材はアストロサイトだ。これらのグリア細胞が知能に貢献することなど、ありえるのだろうか？

〈新しい学習法〉

このいたって当然の疑問を投げかけた者は、ずっと以前からいたはずだが、この明白な手がかりは見向きもされなかった。ミエリン形成の大部分は、生後五年間のうちに起こるものの、その過程が成人早期まで続くことは、何十年も前から知られていた。これはなぜだろう？　ミエリンがたんなる電気的絶縁体にすぎないのならば、なぜ出生前にその仕事が完了していないのか？

出生後のヒト脳におけるミエリン形成の進み方には、興味深いパターンがある。完全なミエリン形成が最後に終了する脳領域は、より高次の認知機能にかかわる部分なのである。ヒト脳では、成人期に達するまでの間に、大脳皮質の後方（シャツ襟の位置）から前方（額の位置）に向かって、緩やかな波を描くようにミエリン形成が進行する。この波状に進むミエリン形成は、よく知られたティーンエイジャーに特有の衝動的行動の一因かもしれない。青年期までは、前脳のミエリン形成はまだ完全ではない。ミエリン形成が最後に完了するこの脳部位は、判断や複雑な論理的思考に欠かせない大脳皮質領域なのだ。またここは、前頭葉切截術《ロボトミー》で外科医によって断ち切られた部位でもある。ロボトミーを受けた患者は、複雑な決断、計画の立案、あるいは見通しを立てることなどができなくなる。この前脳領域へつながる伝達路の形成が完成していないとすれば、青年たちは、成人脳が複雑な状況下で理性的な意思決定を行うことを可能にしている完全な神経回路を、持ち合わせていないことになる。

興味深いことに、多くの社会で個人に完全な法的責任が認められる年齢は、思春期ではなくもう少しあとで、それは偶然にも、前脳のミエリンが完成する時期（二〇歳前後）とほぼ一致している。つまり、ミエリン形成グリアは、法的責任を認める年齢に生物学的根拠を提供していると言える。前脳のグリアは最近、裁判にまで出廷することになった。というのは、司法制度において、年少の犯罪者に成人と同じ刑罰を科すことに反対する議論の中で、有能な鑑定人の役割を果たしたのだ。ステイシー・グルーバーとデボラ・ユルゲラン＝トッドは二〇〇六年、『オハイオ州刑事法ジャーナル（Ohio State Journal of Criminal Law）』誌の中で、ミエリン形成が不完全な前脳は、青年たちの貧弱な判断力や衝動性を裏付ける動かしがたい生物学的根拠であり、この発達上の未熟さを考慮すれば、法の下で青年に成人と同等の責任を負わせることは不合理だと主張した。とはいえ、軸索の絶縁体であるミエリンが、成人早期まで脳内で完成しないのはなぜなのか？

この疑問に答えるため、まずは一歩退いて考えてみよう。多くの科学者たち、とりわけ、カリフォルニア大学バークレー校のマリアン・ダイアモンドとイリノイ大学アーバナ・シャンペーン校のウィリアム・グリーノーは、私たちの脳が環境に依存して形作られる過程を究明することに、科学者としての経歴を捧げてきた（ダイアモンドは、第1章で論じた、アインシュタインの脳を調査した神経解剖学者である）。認知刺激を加える量を変えた環境で動物を育てれば、刺激量に応じて、それらの動物の脳では細胞構造が異なってくるだろうと、彼らは推測した。これは、脳科学への標準的なアプローチからは、大幅に逸脱していた。科学者は従来、薬物や外科手術によって実験動物の脳を変化させてから、迷路やその他の装置で試験し、その変化が学習や行動にどのように影響するのかを調べていた。ダイアモンドとグリーノーは、それぞれ独自に、従来とは正反対のアプローチをとった。学習とは、脳が環境と相互作用した結果であるとの推論から出発して、二人の研究者はまず環境を変え、その後に脳細胞の変化や生化学的変化を探したのだった。

「わたしが初めてヒト脳を見たのは、一五歳ぐらいのときで、脳内のそれらの細胞が『考える』ことができるのかと圧倒されました」と、マリアン・ダイアモンドは先頃私に語った。それは、彼女の人生を一変させた発想の源について、回想しているときのことだった。「脳の研究こそ私のすべきことだとわかってはいましたが、大学院に入るまで、それは手の届かない研究領域であり続けました。当時は、神経科学コースなんてありませんでしたから。それ以来、私は脳にすっかり魅了され、心を奪われて、強く惹かれているのです。私ほどの情熱を持っている人は非常に少なく、とくに女性はほとんどいませんでしたね」

どちらの研究グループも、刺激の豊かな環境で飼育した動物と、通常の条件下で育てた動物の脳をラットなどで比較したところ、細胞構造に顕著な差異を見出した。豊かな環境は、動物に玩具や社会的交流を増やす機会などを与えるという点で、通常のラットケージ内の環境とは違っていた。認知刺激が増加した結果、豊かな環境で生育された動物の脳のほうが、わずかに大きかった。幼少期の経験がヒト脳の発達に与える効果に関して、この発見が持つ意味は明白だ。

ダイアモンドとグリーノーの研究から、この脳サイズの増大が、大脳皮質の厚さの有意な増加に起因していたことが示された。大脳皮質は、高次認知機能に関与する哺乳類脳の部位である。これは、じつに説得力がある。なぜなら、大脳皮質に覆われている脳の大部分は、身体機能や感覚の制御に充てられており、知性とは関係がないからだ。しかし、この研究の非常に驚くべき成果は、脳のこの再構築《リモデリング》にはニューロンだけでなく、血管やグリアも含まれるという彼らの観察記録だった。

「この初期の研究を行った一九六〇年代の時点では、環境への応答を神経組織学の分野で報告した者は誰もいなかったので、この先どうなるのか見通しは立ちませんでした。［環境に関する］経験に伴ってグリア細胞の数が増加することを示す同様の結果を、J・アルトマンも見出したときには、わたしは驚喜しました」とダイアモンドは回想している。

環境刺激がグリアに及ぼす影響は、こうした先駆的な研究者によって最初に報告されて以降、数十年にわたって、いくつかの研究室で繰り返し確認されてきたが、この興味深い発見をさらに追求したり、それが示唆する可能性を深く掘り下げて、論理的な結論に達したりした者はほとんどいなかった。環境によって誘発されたグリアの変化は、それ以降も長年にわたって科学文献に報告されてきたが、多数派だった「ニューロン中心主義」の神経科学者たちを相手に、それらは勢いを増すことができなかった。謎を解くために不可欠な手がかりは、見過ごされるか、退けられるかのどちらかだった。なぜなら、どんな推理小説でもそうであるように、重要な手がかりは先入観という盲点の中に隠れてしまっていたからだ。

アストロサイトがニューロンを保護し、そのあらゆる要求に応えるために存在していることは認識されていたものの、それが情報処理や学習に一役買っているかもしれないとまでは、考えが及ばなかった。実験動物におけるアストロサイト数のどんな変化も、血管系の増加が示すのと同じ意味合いしか持たないと受け止められた。すなわち、豊かな環境が提供する精神的刺激の増加によって、ニューロンの要求が増大し、その要求を満たすために支持細胞が応答したにすぎないというのだ。

とりわけ、ミエリン形成グリアが知性や学習に何らかの関係を持ちうるという発想は、通説からあまりにかけ離れていたので、真剣な考察の対象とはならなかった。神経科学者は、ミエリンの働きを理解していた。つまり、軸索の絶縁だ。電気工学を専攻する学生の大多数が、銅線を包むプラスチック製の絶縁体を研究するエレクトロニクス分野に魅力を感じないように、神経生物学の学生でミエリンに興味を持つ者はほとんどいない。彼らの情熱は、認知や学習、記憶などの秘密を解き明かすことに向けられている。ミエリン研究を行っているのはおもに、脱髄疾患を研究する医学者や生化学者だ。ヒト脳の半分は白質であるため、生化学者が破砕して均質化した脳組織から試験管内へ抽出したものの大半は、ミエリンである。また医師にとっては、ミエリンは間違いなく、常に研究の中心にある。なぜなら、傷害や疾患のあとには、電気的コミュニケーシヨンと機能の回復のために、ミエリンが必ず修復されなくてはならないからだ。病気や毒素、感染によるミエリンの損傷は、多くの神経学的な障害を引き起こすが、情報処理や学習といった脳の中核的な仕組みには、ミエリンは無関係だと考えられていた。これは今なお支配的な見解だが、それも変わりつつある。

では次に、見捨てられていた手がかりを順にたどってみよう。四〇年も前から、刺激の豊かな環境で生育された若いラットの視覚野では、オリゴデンドロサイトの数が二七〜三三パーセントも増加することが知られていた。この奇妙な発見は、どうも辻褄が合わない。なにしろ、オリゴデンドロサイトはニューロンの情報処理に何の関係もないのだ。その働きは、軸索の周囲を被覆して密閉し、電流の漏出を防ぐことだけである。オリゴデンドロサイトは、シナプスとも、樹状突起とも、ニューロンの細胞体とも関連がない。

この手がかりは、突拍子もなく感じられるかもしれないが、証拠はこれだけではない。裏付けはほかにもあるのだ。この奇妙な現象は、視覚野のグリアに限定されたものではなく、刺激の豊かな環境で育ったラットでは、脳梁のミエリンで被覆された軸索の数も増加していた。脳梁は、第11章で論じたとおり、脳の左右両側を連結する軸索の太い束だ。この脳梁を介する大脳半球間の連絡は、私たちの脳のデュアルプロセッサーを、単一の連動システムに統合するために欠かせない。ではなぜ、豊かな環境で生育された動物では、私たちの左右の脳を連結するこのケーブルを包んでいる絶縁体が増加し、この絶縁体を形成するオリゴデンドロサイトの集団が三分の一近くも数を増すのだろうか?

この奇妙な現象に、下位のラット以外でも観察されている。刺激の豊かな環境で養育されたアカゲザルでも、脳梁に通常より多くのミエリンが発現する。この差異はさらに、学習および記憶の試験で、それらのサルの認知能力が向上していることとも相関していた。

情報処理へのグリアの関与を示唆する同様の手がかりは、次々と現れており、それはヒトを対象とした研究でも同じだ。幼少期にネグレクトに苦しんだ子供では、脳梁領域が一七パーセント減少することが、MRIスキャンによって示されている。なかでも最も意外だったのが、統合失調症やうつ病を含むある種の精神障害を患う人たちの脳スキャンでも、白質の発達が低下していることを明かした最近の発見である。精神を病んだ人たち、あるいはネグレクトに遭い、心を育むために必要とされる正常な刺激を奪われた子供たちで、萎縮することが予想される灰白質ではなく、白質が萎縮しているというのだ。

説明のつかない厄介な事実は、大きなヒントではないだろうか。ミエリン形成が私たちの脳の構築過程の一部にすぎないとしたら、出生後に何十年も続くのはなぜだろう? また、環境からの刺激の多寡を、グリアはどのように察知しているのかという、より大きな疑問も考察する必要がある。これまでの事実に基づき、私たちの脳のミエリン形成グリアが、みずからが被覆している軸索を流れるインパルスを何らかの方法で感知していることは間違いない。実のところ、この推論に触発されて、私は本書冒頭に記したシュワン細胞の実験を思いついたのだ。ここでもう一度、あの場面に立ち返ってみたい。ただし、今の私たちには、健康なときも病気のときも、ニューロンと相互作用するグリアの役割に関して、より確かな理解が備わっている。

グリアによる傍受――ミエリン形成グリアは軸索を盗聴しているのか？

ミエリン形成グリアが神経インパルスを感知できるかどうかを突き止めるには、どうしたらいいだろう？　一九九〇年代後半に発表された新しい証拠は、シナプスを取り囲むアストロサイトとシュワン細胞が、シナプスから漏れ出す神経伝達物質分子に応答できることを示していたが、ミエリン形成グリアは、シナプスから遠く離れた軸索を神経活動が駆け抜けるのを、どうやって感知するのだろうか？　私たちは、軸索内のインパルス活動を制御しながら、同時にミエリン形成グリアもモニターできる実験方法を考案しなくてはならなかった。

軸索とミエリン形成グリアの双方をモニターおよび制御し、分子メカニズムを探り出すのに十分な条件を確保するためには、試験管内で状況を再現するしか方法がないと、私は考えた。そこで、触覚を伝えるニューロンと同じ感覚ニューロンを胎仔マウスから切り出して、白金電極を装着した特別設計の細胞培養チャンバー内で生育させた。このチャンバーでは、電気刺激装置を用いて、短い電気ショックを軸索に与え、私たちの思いどおりのパターーンでインパルスを発火させることができた。次に、まだミエリン形成を開始していないラットあるいはマウスの神経と脳から、ミエリン形成グリアを単離して、細胞培養で生育させた。その後、それらのシュワン細胞あるいはオリゴデンドロサイトをニューロン培養に加えて、至適な条件下で軸索の周囲にミエリンの形成を開始させた。細胞培養内でミエリン形成が完了するまでには、研究室のインキュベーターの中で二ヵ月間、細胞を生育させなくてはならない。インキュベーターは酸素量や温度や湿度を、母ラットの子宮内と同じ一定条件に維持している。

私たちはカルシウムイメージング法を用いた実験よりも前に、ミエリン形成グリアが軸索の電気活動を感知し、それに応答できることを示唆する強力な手がかりをすでに発見していた。刺激によってインパルス発火をしている軸索の上で生育したシュワン細胞は、細胞分裂の速度を低下させたのだ。つまり、シュワン細胞は何らかの方法で、軸索を流れる信号を拾い上げて、みずからの行動を変化させていた。私の研究室のフィリップ・リーと伊藤康一らは、シュワン細胞の特定の遺伝子群を分析し、そのなかの一部で、軸索のインパルス発火によって転写のスイッチがオンオフされていることを突き止めた。なんと、軸索のインパルス活動がシュワン細胞の遺伝子を制御できるのだ！　軸索内の電気的インパルスの発火が、シュワン細胞の特定遺伝子のスイッチをオンオフできるのならば、これらのグリア細胞は、動物の神経系内を駆け巡る電気活動の制御を受けているると、結論せざるをえなかった。私たちはその後まもなく、インパルス発火によって制御されている遺伝子の一部が、シュワン細胞の発達とミエリン形成を調節できることを確かめた。

しかし依然として、シュワン細胞やオリゴデンドロサイトが、軸索内の電気活動を感知している直接的な証拠が、私たちには欠けていた。というのも、軸索にインパルス発火を誘発したことで、軸索そのものの性質が変化し、それが二次的にシュワン細胞の応答様式に影響した可能性も残されていたからだ。実際に、このような変化が起こることを、私たちは見出した。周波数を変化させながら軸索の発火を刺激すると、ニューロン内のいくつかの遺伝子で発現スイッチのオンオフが見られた。これらの一部は、軸索の表面を覆っている多様なタンパク質を合成する遺伝子だった。とくに興味を惹いたのは、シュワン細胞の軸索への接着に影響することが知られていた、細胞接着分子と呼ばれるタンパク質がそこに含まれていたことだった。それらの細胞接着分子は、シュワン細胞の発達とミエリン形成にも影響すると理解されていた。この研究の最も興味深い点は、軸索を伝わるインパルスのパターンと周波数が重要であるという発見だった。軸索を刺激する電子機器のダイヤルを回して周波数を変えると、異なる遺伝子に選択的に波長を合わせて、そのスイッチをオンオフすることができた。モールス符号で送られたメッセージのように、神経インパルスの周波数符号は、何らかのかたちでニューロン核へ到達し、個々の遺伝子を制御していたのだ。外界の環境のどんな特徴も、私たちの頭の中のどんな思考も、神経軸索を流れるインパルスのたんなるパターンとして符号化されていることを考えれば、この発見は、私たちが経験している環境が、ニューロンの遺伝子制御を通して、神経構造をどのように変化させられるのかをよく説明している。だが私たちは、この同じ符号化されたシグナルが、グリア細胞にも到達することを観察できた。ニューロンの特定の発火パターンに従って、軸索を覆っている分子の種類が変化し、その変化にグリア細胞が応答していたのだった。

とはいえ、おおいに興味をそそるこの発見は、シュワン細胞やオリゴデンドロサイトそのものが、何らかの直接的な方法で、電気的インパルスを認知している可能性を排除してはいなかった。細胞内にカルシウム応答を引き起こす刺激は、ほかにも多くあるので、軸索内のインパルス活動がシュワン細胞に伝わるのかどうかを確かめるため、私は蛍光カルシウムイメージング法を利用することにした。これは、アストロサイトがシナプスで神経伝達物質に応答していることを検出するために、ほかの研究者たちが使用していた手法と同じだった。最初の章で述べたように、この実験により、一回の短い電気ショックによって軸索に神経インパルスを発火させたときに、シュワン細胞内のカルシウム上昇として、軸索とシュワン細胞間のコミュニケーションを明らかにできるのではないかと、私は期待していた。

軸索を刺激したあと、シュワン細胞が蛍光を発して輝くのを私たちが観察したときには、このミエリン形成グリアが軸索内のインパルス活動を感知できることに、疑いの余地はなくなった。そこで次に、オリゴデンドロサイトで同じ実験を行ったところ、結果は同じだった。中枢および末梢神経系のどちらのミエリン形成グリアも、軸索の電気活動を感知できたのだ。だが、どのように感知しているのか？

シナプスを取り囲むアストロサイトとは異なり、ミエリン形成グリアは、シナプスから漏れ出す神経伝達物質分子とは接触できない。軸索を被覆するミエリン形成グリアは、場合によっては、シナプスから三〇センチメートル以上も離れているのだ。だが私たちは、神経系における情報の流れに関する既存のモデルに反して、脳細胞間でシナプスを介さないコミュニケーションが生起しているところを目撃していた。そこで、電気活動を勢いよく発火するときに、シュワン細胞やオリゴデンドロサイトの感知できる、何らかのシグナリング分子を、軸索が放出しているのではないかと推測した。この正体不明の分子を突き止めるために私たちがとったアプローチは、洗練されているとは言い難かった――当て推量から始めたのだ。

私たちは、インパルスを発火している軸索から放出されそうな化学物質や、シュワン細胞上の受容体を活性化してカルシウム応答を誘発しそうな物質を、幅広く試験した。細胞培養したシュワン細胞とオリゴデンドロサイトにそうした化学物質を投与して、発火している軸索を包むグリアで観察されたようなカルシウム応答が、細胞内で引き起こされるかどうか見守った。神経伝達物質グルタミン酸をはじめとする可能性の高い候補物質の多くは、シュワン細胞にいっさいカルシウム応答を引き起こさなかったが、カルシウム上昇を刺激できる別の多くの物質が見つかった。問題は、このカルシウム上昇が、実験室で投与した物質に対する人為的な応答であり、自然な細胞内では起こらないおそれがあることだった。シグナリング分子かもしれないこれらの物質のうち、軸索のインパルスを感知するためにミエリン形成グリアが実際に使用しているのがどれなのかを知るためには、どうしたらいいだろうか？

私たちの研究は、軸索とミエリン形成グリア細胞間の有望なシグナリング分子候補として、アデノシン三リン酸（ＡＴＰ）に狙いを定めるところから始まった。すでに見たように、ＡＴＰはあらゆる細胞の命を支えるエネルギー源であり、すべての細胞の内部に豊富に存在するが、細胞外にはほとんどない。この状況から、ATPは理論上、細胞間の信号伝達に利用するのに好都合な分子となっている。ATPは神経伝達物質と一緒にシナプス小胞の中に詰め込まれて、シナプスでともに放出されるので、ATPはその当時、ニューロン－アストロサイト間の信号伝達分子として、注目され始めていた。さらに、細胞膜上にはATPを放出できるチャネルが存在しているので、このチャネルを使えば、シナプス小胞がなくても、軸索がATPを放出できるかもしれなかった。実際に、ATPを投与すると、細胞培養内や脳切片内のアストロサイトに、カルシウムウェーブを発生させることができた。シナプス終末から遠く離れた軸索からATPが放出される厳密な仕組みは知られていなかったが、私たちはとにかく実験してみることにした。

ATPをシュワン細胞やオリゴデンドロサイトに投与すると、その細胞内で急速かつ大きなカルシウム上昇が引き起こされた。それは、細胞培養下でグリア細胞が付着している軸索にインパルス発火を誘発したときのカルシウム上昇と、非常によく似ていた。ATPが本当に軸索－グリア間コミュニケーションを仲介する天然の信号伝達分子なのかどうかを検証するには、ATPの働きを妨害する何らかの手段が必要だった。細胞外のATPを急速に分解するアピラーゼという酵素がある。もし、メッセンジャー分子が本当にATPだとしたら、この酵素をニューロンとシュワン細胞の培養に加えれば、その細胞間メッセンジャーを捕らえて破壊することによって、軸索からシュワン細胞へのコミュニケーションが遮断されるはずだと、私たちは推論した。そこで、アピラーゼを培養に加えたのち、軸索を刺激してインパルスを発火させた。私たちが見守るなか、シュワン細胞はコンピューター画面上で深い青色のまま変化せず、カルシウム上昇がまったく起こっていないことが示された。一方で軸索は、通常どおりに顕著なカルシウム上昇を起こし、正常にインパルスを発火していることが見て取れた。まぐれ当たりだったかもしれないが、アピラーゼ存在下で軸索－シュワン細胞間コミュニケーションが中断したことは、ATPが軸索とシュワン細胞間をつなぐメッセンジャー分子である強力な証拠だった。体内のあらゆる細胞のエネルギー源となる分子は、軸索とミエリン形成グリア間のコミュニケーション様式のひとつとして、細胞外でも使用されているようだった。

これは強力な証拠には違いなかったが、私たちには、インパルスを発火した軸索からATPが実際に放出されていると明確に立証する必要があった。この謎を解く光を投げかけてくれたのが、ホタルの尾部で発せられる緑色の冷光だった。ホタルが揺らめくような緑の光を放つのは、ルシフェラーゼという酵素が誘発する化学反応の結果であり、この酵素は、ホタルの持つタンパク質ルシフェリンを分解して、緑色光の光子を遊離させる。この反応には、もうひとつ重要な化学成分が必要とされる。それがATPだ。

私は感覚ニューロンの培養にルシフェリンとルシフェラーゼを加え、顕微鏡に装着した超高感度のデジタルカメラを使って、細胞培養中で発生する緑色の光子の検出を試みた。薄暗い光子は、非常に強力な暗視スコープの光電子増倍管で増幅した。真っ暗な部屋で、顕微鏡自体もキャビネットほどの大きさの遮光ボックスに格納して作業を続けながら、自動車のフロントガラスに打ちつけられる虫のように、コンピューター画面上にぽつぽつとわずかに映る、人の目では光として見ることのできない不規則な光子を、私は眺めていた。培養に加えたルシフェリン追跡子《トレーサー》に照準を合わせたこの暗視スコープを使えば、軸索を刺激して電気的インパルスを発火させたときに、ATPが放出されるかどうかを確かめられるだろうと、私は期待していた。もし軸索からATPが放出されれば、タンパク質ルシフェリンと酵素ルシフェラーゼの間の反応が促進され、緑色光の光子が発生する。私が軸索を刺激すると、その結果はコンピューター画面上のあちこちに、光子のまばゆいきらめきとして現れた。

発火に伴い、軸索からATPが培養液中へ放出され、夏の晩にアメリカ東部のいたるところで子供たちを喜ばせているホタルの光と同じ、発光反応を引き起こしたのだった。

この過程については、解明すべき多くの点が残されている。電気的インパルスを発火している軸索が、シナプスなしでどのようにATPを放出しているのかも、このときはまだ知らなかった。しかし、ATP放出が起こり、ミエリン形成グリアが遊離されたATPを感知して、軸索のインパルス活動に気づいていることは間違いなかった。とはいえ、盗聴しているグリアが、手に入れた情報を使って何をしているのかという火急の問題が積み残されていた。

〈ピアノを弾いているグリア〉

私たちは白紙状態（tabula rasa、「何も書かれていない石板」の意）で生まれてくるのか、それとも運命を背負って生まれてくるのかという古くからの議論はおそらく、その両極端の間のどこかに帰着するのではないだろうか。ヒト脳はきわめて多能なので、人は誰でも特有のスキル、たとえばコンサートピアニストや医師、電子機器の修理工、子育てに励む両親などに必要な技能を身に付けることができる。一人ひとりの脳がこうした専門的なプログラミングを行うことで、複雑な行動や社会構造、交流が可能になり、その結果、人間はこの惑星であらゆる生物を支配できるまでになっている。ヒト脳はこのうえなく創造的で、状況の変化に適応し、先を見通すことができる。これは、過去の経験を現在というフィルターに通して、未来における出来事の成り行きを予測する能力である。実質的に、これは「意識」と言い換えられる。このような能力を持つ脳の配線が、出生時に完了しているはずがない。それぞれの特別な環境に応じた必要性に適した能力を創り出せるように、一人ひとり独自に設計されるに違いない。

進化は、集団のなかで食糧や配偶者を巡る競争で敗れた者を、何世代もかけて淘汰しながら、ゆっくりと作用する。人類はこの進化の過程を、出生後に脳を発達させることによって欺いている。このようにして、私たちは誰もが、生殖期を迎えるまでに、自分が生まれ落ちた特定の環境に最適な脳を発達させている。私たちの脳に備わった、幼少期から成人初期にわたって形成を続けるというこの卓越した能力は、遺伝を通じて私たちの遺伝子に記録されている、先史時代に存在していた過去の環境ではなく、現在の環境における各人の生存や成功、繁殖の可能性を最大化している。出生時に脳の形成が完了している動物と人類を隔てているのは、氷河期であれ宇宙時代であれ、生涯の早い時期に個々の環境に合った独自の脳を形成できるこのヒト脳の能力である。成人期を迎えるまで脳が可塑性を持つことこそ、人類が他のいかなる生命体をもはるかに凌ぐ、爆発的な進化を遂げてきた理由だ。とはいえ、ミエリン形成は、環境に応じた脳の構築にどう関係しているのだろうか？

フレドリク・ウレーンは、スウェーデンのストックホルム出身で、クラシック音楽の名ピアニストだ。個人的には、ジェルジ・リゲティ作曲の「Vertige（眩暈）」の演奏がとくに好きで、これまで音楽やピアノの名演奏に興味のある人には誰にでも勧めてきた。人間のあらゆる挑戦——たとえば、スポーツや音楽やチェスなど——において秀でた技能を持つ多くの者と同じく、ウレーンも、卓越した技量を持つ者を、あまり熟達していない者たちから分かつものは何なのか、そして、ピアノ演奏のような複雑な技能を習得するときに、脳の中ではどのような変化が起こっているのかと、思い巡らせた。

「いつも私の心をつかんで離さないのは、最高の演奏を生み出す神経的基盤のことです。傑出した専門家の最高のパフォーマンスを可能にしているのは、どのような神経メカニズムなのでしょうか？」と、先頃ウレーンは私に語った。ただしこの場合の質問は、音楽家がただ漠然と抱いている疑問以上の意味を持っていた。なぜなら、フレドリク・ウレーン博士は、ストックホルムのカロリンスカ研究所の神経学者でもあるからだ。

「もちろん音楽家は、この問題のさまざまな側面を研究するためのモデル群として非常に有用ですので、私の研究グループも目下のところ、音楽家に焦点を絞っています。音楽家と一般の人の脳に見られる構造上の相違には、目を見張ります」

ＩＱと白質の発達を関連付けたのと同じ脳イメージング技術を使用して、カロリンスカ研究所のフレドリク・ウレーン博士らは二〇〇五年、プロのピアニストの白質神経束とピアノを習ったことのない同じ年齢の人の脳を、脳スキャンで比較した実験に関する論文を発表した。ほかの研究者たちが学習を視覚化しようとして失敗していたところを、彼らはただ、正当ではあるが最も意外な場所に注目しただけで克服した。その場所とは、ニューロンの存在しない脳領域だった。プロのピアニストの脳画像は、彼らの右側の脳にある白質神経束の一部（内包後脚）の軸索を被覆するミエリンが、一般の人よりも厚いことを示していた。この神経線維路は、指の運動を制御する大脳皮質領域から軸索を運んでいる。この運動制御はまさに、ピアノを習得するために身に付けなくてはならない技能にほかならない。

この発見は、大部分の神経生物学者が脳について抱いている先入観を揺るがすものだ。グリア細胞は、コンサートピアニストとピアノ初心者との相違にどう関係しているのか？　コンサートピアニストとなる運命は、脳のこの部位の軸索を包むグリア細胞の絶縁層の厚さによって、出生時に決まっているのだろうか？　細胞の形態があらかじめ決まっていることには納得がいかないかもしれないが、ピアニストが演奏技術を習得するにつれて、ミエリン形成グリアが軸索周囲の絶縁体の厚さを増すという、もう一方の可能性もまた理不尽である。グリアはいったいどうしたら、彼らがピアノを弾いていることを察知できるのか？　仮にグリアが察知したとしても、電気的絶縁体が学習にどんな関係を持ちうるのだろうか？

事前決定説は、この研究者たちが別のやり方でデータを層別化したときに崩れ去った。彼らは、ピアノ演奏者を三つのグループに分けてから、その脳の白質神経束の発達状況を比較した。すなわちピアノのレッスンを開始した時期が幼少期か、青年期か、成人になってからかに基づいて、被験者を分類した。続いて、各年齢でどれほどの時間をピアノの練習に費やしたかによって、それぞれのグループを細分化した。ここから、特筆すべき結果が明らかになった。白質神経束の組織は、練習時間に比例して増大していたのだ。

ピアノの練習を始めたのが幼少期か成人期かにかかわらず、この傾向は確認された。しかしながら、大人になってからピアノを始めた人では、まだ完全にミエリン形成が済んでいない大脳皮質の領域でだけ、差異が認められた。ミエリン形成がまだ広範囲で進行している子供の脳では、ピアノを練習すると、より多くの脳領域で白質構造が増大した。これらの研究がもたらした最も重要な発見は、コンサートピアニストの脳は、出生時にはピアノ演奏に抜きんでるように配線されているのではなかったことだ。彼らは練習を通じて、脳を発達させたのだった。ミエリンと学習のこの相関関係は、複雑な技能の習得は人生の早いうちに始める必要がある理由と関連していると考えられる。何歳からでもピアノの演奏は習得できるが、音楽やスポーツ、あるいはきわめて複雑な認知プロセスにおいて、最高レベルのパフォーマンスを身に付けようとするならば、大脳皮質でまだミエリン形成が行われている若い年齢で始める必要がある（注1）。

まだ知られていない何らかの基礎的な方法で、ミエリン形成グリアは学習に寄与している。だがそれは、どのような方法なのか？　学習は、経験に依存して神経回路の結合を強化するシナプスに基礎を置いている。ミエリン形成グリアの働きは、絶縁体を作ることだけではないのだろうか？

〈通信を中継するグリア――ランヴィエ絞輪〉

私たちは誰でも、比喩にとらわれてしまう。その結果、自然がなぜ軸索を絶縁する細胞にインパルスを感知する能力を与えたのかを、私はすぐには理解できなかった。その情報を使って、それらは何をしようというのだろう？　電子装置の情報処理はすべて、伝送回線に送り出される前に完了している。それなのに、どうして自然は伝送回線の絶縁体に手を加えたりするのだろう？

神経線維はよく導線になぞらえられる。こう考える人は、ミエリンを絶縁体にすぎないと見なしている。だが、ミエリンがたんなる絶縁体だとしたら、自然はなぜ、軸索の全長にわたって約一ミリメートルおきに露出部分を残しておくような下手な仕事をしたのだろうか？　顕微鏡を覗き込んで、軸索が数百の「平たい真珠」の連なりに覆われているのを初めて眺めたときから、各グリア細胞間に露出した部分があることを、解剖学者たちは不思議に思っていた。電気技師の技量は人それぞれだが、自然はけっして不器用ではない。このように絶縁体が途切れているのは、繊細な軸索が損傷したせいなのか、それとも自然の姿なのか？

解剖学者たちは、それがアーチファクト〔訳注：意図せず発生した人為的な影響〕なのかどうかを見極める研究に励み、この軸索の露出部分に名前を付けた。一八七八年、ソーセージのようなグリア細胞の間に挟まれた軸索の露出部分は、フランスの神経解剖学者ルイ＝アントワーヌ・ランヴィエによって「絞輪《ノード》」と名付けられた。ラモニ・カハールは、このランヴィエ絞輪が何なのかさっぱりわからなかったが、それをガーターベルトになぞらえて、脂肪性のミエリン鞘を軸索周囲の適当な位置につなぎとめているのだろうと推測した。

今では、ランヴィエ絞輪が不注意から絶縁が途切れてしまった個所でも、ガーターベルトの留め具でもないことがわかっている。それは高性能の電気装置で、通信の中継局によく似ている。ランヴィエ絞輪とミエリンを理解しようと思うのなら、まずは神経インパルスとは何かを正確に理解する必要がある。

一発の神経インパルスは、ぴんと張った糸を伝わっていく小さな波のように、軸索を伝わっていく急速な電位変化だ。軸索膜に存在するタンパク質の「バルブ」を開閉して、荷電したイオンを通過させている分子レベルの現象が、注意深くタイミングを合わせて連続で生起することによって、神経インパルスは発生する。荷電したイオンが軸索を出入りするときに、電荷の流れを反映して、軸索のその個所の電位が短時間変化する。正の電荷を持つナトリウムイオンは、軸索膜のナトリウムチャネルと呼ばれるタンパク質を介して軸索内へ流入する。正の電荷が蓄積するにつれて、軸索膜の電位は正に傾く。するとその直後に、正の電荷を持つカリウムイオンがカリウムチャネルから排出され、過剰な正の電荷が減少して、軸索は元の状態に戻り、また発火できるようになる。膜を介したこの電位変化の波は、軸索の先端に向かって移動していく。

このサイクルは、軸索がインパルスを発火するたびに繰り返される。軸索の一ヵ所でナトリウムイオンとカリウムイオンが出入りして、神経インパルスを発生させる一サイクルに要する時間は、わずか一ミリ秒ほどだ。しかし、その波は軸索を伝って移動しながら次々に発生するので、わずか一ミリ秒とはいえ、遅れは次第に積み重なっていく。これが、軸索を通した情報の伝導速度を制限している。

ところが、ミエリンとランヴィエ絞輪は、軸索におけるインパルスの伝導方法を抜本的に転換する。ミエリンを持たない無脊椎動物の軸索のように、このサイクルを逐一繰り返しながら軸索の先端まで情報を運ぶのではなく、有髄軸索のランヴィエ絞輪は、リピータ〔訳注：電気通信の中継器〕の役割を担い、長距離にわたる信号の伝送速度を大きく向上させている。有髄軸索では、神経インパルスは露出したランヴィエ絞輪のみで発生し、ミエリンで被覆された部分（絞輪間部）では発生しない。ミエリンは軸索の被覆部分を密封して漏電を防ぎ、電気は絞輪から絞輪へ跳躍するように伝わっていく。それぞれの絞輪は電子機器の中継器のように、シグナルを受け渡す。絞輪による一連の通信中継器を介すると、こうしたリピータがない場合よりも、情報は最高で一〇〇倍も速く運ばれる。ミエリンはただの絶縁体ではなく、ランヴィエ絞輪は誤って作られたものではない。どちらも、情報伝達を加速するためのきわめて精巧な電子機器なのだ。踏み石の上を元気よく飛び跳ねて小川を渡るときと、丸太の上を慎重に進むときでは速度が異なるように、電気的インパルスは、無髄軸索をのろのろと進んでいくよりもはるかに速く、有髄軸索を絞輪から絞輪へと跳躍していく。

しかし、見落とされている手がかりはもうひとつある。高速のインターネット接続との類推から、軸索はすべて、できるかぎり速く情報を伝えていると考えるかもしれないが、そうではないのだ。私たちの末梢神経系や脳の回路を伝わるインパルスの速度は、軸索ごとに大きく異なる。秒速わずか一メートルという遅い速度（ゆっくりとした歩行のペース）で、インパルスを伝導する軸索がある一方で、最速の軸索は、秒速一〇〇メートルでインパルスを伝える。これはどうしてなのか？　自然は、急いで実行しなくてはならないプロセスには、最速の情報伝達手段を使用する。たとえば、運動神経の軸索にインパルスを送って脚を動かして、空中に体を投げ出し、その跳躍の途中で、片方の足で体重を受け止めることを繰り返すとき——つまり走るときには、この最速の手段を使う。だが、すべての軸索が、同じような高速で伝導しないのはなぜだろう？　さらに、何が軸索のインパルス伝導の速度を決定しているのだろうか？

有髄軸索の通信速度を制御しているのは、グリアだ。ある軸索にどれほど多くの絶縁体を作るかを決定することだけでなく、軸索上のどこにランヴィエ絞輪を配置するかを決め、ナトリウムチャネルとカリウムチャネルを集積的に発現させて、絞輪と絞輪間部の領域を形成することによっても、伝導速度は制御されている。グリア細胞が軸索の周囲をより多くのミエリン層で被覆すれば、軸索の絶縁性は高まり、電位の喪失は少なくなるので、信号はより速く伝わる。ランヴィエ絞輪がリピータであるならば、軸索を通してインパルスを最高速度で中継するために最適な絞輪の数と間隔があることは、言うまでもない。グリアは、ランヴィエ絞輪の間隔を制御し、それによってインパルス伝導の速度も制御しているのだ。

ミエリン形成グリアは、発達期や損傷後の修復において、軸索の建造を采配する現場監督である。絞輪を形成する位置を、グリアが指示する方法は二通りある。第一に、化学物質を放出して、絞輪用、あるいは絞輪間部用の軸索膜を形成するよう軸索に指示する方法、第二に、グリアがむき出しの軸索を包み込んで、ミエリンを形成し始めるときに、軸索膜のナトリウムチャネルを絞輪部分に物理的に集中させるという方法である。ミエリン形成グリアが学習の過程に関与しているとすれば、このグリアによるインパルス伝導の制御を活用しているに違いない。

【同時に発火するニューロンは、一緒に配線される】

イヌを訓練して、食事の呼び鈴の音で唾液が出るようにしたパヴロフの実験に起源を持つ学習の基本法則は、「同時に発火するニューロンは、一緒に配線される」ということだ。パヴロフは、イヌに食事の呼び鈴と餌を同時に提示することによって、音に応答するニューロンを、唾液産生を刺激するニューロンに配線でつなぐことができた。これらのニューロンが同時に何度も発火を繰り返して、共通の回路に配線されてからは、パヴロフが餌を見せなくても、たんに呼び鈴を鳴らしただけで、イヌは唾液を分泌するようになった。学習の細胞的基盤に関心を寄せる神経科学者たちは、シナプスにおいてより効率良くニューロンを配線する分子メカニズムについて、熱心に研究を重ねてきたが、彼らは根本的な問題点を完全に見過ごしていた。つまり、二個のニューロンが同時に発火するか否かを決定しているのは何か、という問題だ。

タイミングはきわめて重要だ。情報の流れるタイミングを協調させることは、どんな通信網の運用にも、絶対に欠かせない。タイミングがずれたときに発生するコミュニケーションの断絶は、誰しも経験があるだろう。たとえば、長距離電話回線で起こる情報の送受信の遅れが、会話を中断させるといったような場合がそうだ。

脳もこれとまったく変わらない。大脳皮質を行き交う情報の流れの遅延は、失読症の根本原因のひとつであり、おそらく注意欠陥多動性障害（ADHD）にも関係している（興味深いことに、自閉症児では特定の脳領域に過剰なミエリンが発現していることを見出した新しい研究がある）。あるニューロンへ必要な情報を同時に到着させるために、軸索を通る情報の流れの速度がどのように調節されているのかは、まだわかっていない。しかし、間違いなく言えるのは、この正確なタイミングの実現は、脳が機能するために絶対に必要であるということだ。となると当然、軸索を通るインパルス伝導の速度を制御している細胞、つまりはミエリン形成グリアに、私たちは注目するべきなのである。

軸索の伝導速度を制御することによって、ミエリン形成グリアは、二本の軸索を伝わるインパルスが、一個のニューロンのもとへ同時に合流するかどうかを決定できる。入力する二本の軸索からのインパルスが同時に到着すれば、それらが樹状突起に発生させるシナプス電位は加算され、より大きな応答を引き起こす。しかし、到着のタイミングがわずかにずれれば、それぞれの入力によって発生するシナプス電位は加算されない。これはちょうど、二人で協力して、轍《わだち》にはまった自動車を押し出そうとするようなものだ。二人は正確にタイミングを合わせて押さなければならない。インパルスが樹状突起に同時に到着しなかった場合、同時に到着していたら生じただろう大きさのわずか半分の二つの小さな電位変化が、連続して発生することになる。それぞれの電位パルスの大きさが不十分で、シナプス後ニューロンにどんな応答も誘発できない可能性もある。

重要な神経回路への入力も、長さの異なる軸索を通して送られれば、同時に到着できないだろう。しかも、軸索の長さは異なっているのが普通だ。そこで、「同時に発火するニューロンは、一緒に配線される」という法則が求めるとおりに、確実に入力を同時到着させるためには、インパルスの伝導速度を、長い軸索では増大させ、短い軸索では低下させる必要がある。

ひとつのシナプスが引き起こす電位変化は、きわめて短い――わずか数ミリ秒だ。そのため、インパルス到着のタイミングには、非常に高度な正確性が求められる。脳の発達期に、脳内のあらゆる軸索において、遺伝子の指示だけを頼りに、軸索を通過するインパルス伝導の最適な速度が確定される可能性はあるだろうか？　あるいは、回路のパフォーマンスを最適化するために、伝導速度が機能的な経験に従って調節されている可能性はどうだろう？　相当に離れたニューロン（たとえば、二つの大脳半球を連結する脳梁で隔てられたニューロン）間における伝導の遅延に影響するあらゆる要因を勘案すると、遺伝的特性だけでそれらすべての変数を説明できるとは考えにくい。軸索を通過するインパルスの到着時間に影響する要因は、胎児脳の発達期に伸び出した成長円錐のたどった個別の経路、軸索の直径、軸索の全長にランヴィエ絞輪を作るミエリン形成グリアの数、ミエリン鞘の厚さ、神経インパルスを発生させるイオンチャネルの種類と数をはじめ、数多い。軸索ケーブルの伝導速度をそれぞれの脳回路の必要条件に適合させるためには、機能的な経験によって、何らかの調節がなされている可能性のほうが高いだろう。

軸索を通過するインパルスの速度と同時到着を調節するための、単純な反射を超えたこのプロセスは、ピアノ演奏のような複雑な技能の学習には、とりわけ重要だろう。このような学習には、どんな複雑な課題にも関与する大脳皮質の複数の領域間で受け渡される情報の統合を必要とするからだ。これまで神経科学者の関心を惹き続けてきた単純な反射を超えて、私たちは今、新しい種類の学習の発見に向けた出発点に立っているようだ。それは、シナプスだけでなく、ニューロンの域をも超えた学習である。

以上のような推論と新しい情報によって、ピアノ演奏を学ぶと白質に変化が見られる理由や、ＩＱに比例して白質の組織が増加する理由を説明できるかもしれない。しかし、グリアが軸索内の電気活動を感知できるとしても、その感受性が本当にミエリン形成に影響を与えて、パフォーマンスを最適化しているのか、さらには、シナプスから遠く離れた軸索から、どのようにＡＴＰが放出されうるのかという課題の解明が残されていた。

【Tasaki】

毎日、高齢の日本人男性がひとり、慎重に杖を突きながら、脚を引きずるようにして、目的地に向かって歩道を歩いていく。その老人は深く考え込んでいて、周囲の様子は目に入っていないようだ。急ぎ足で通り過ぎる人々は、脇目も振らずに目的地を目指すその老人の体力と決然とした意志に感心するのでないかぎり、彼のことは気にも留めない。彼がどこを目指しているのかを想像できる者など、ほとんどいないだろう。

あと二年で一〇〇歳を迎えるその優しげな老人は、職場へ向かっているのだ。彼は一日に二回、三キロメートルあまりの道のりを毎日歩き抜いている。彼の妻の信子夫人（二〇〇三年に亡くなっている）が六〇代になるまでは、自宅で一緒に昼食をとるために、彼はこの道のりを二往復していた。昼食後には、二人並んで職場に戻った。知り合って間もない頃、信子夫人は彼と一緒にいたいのなら、彼の助手にならなければならないと悟った。二〇〇二年に彼はこう誓った。「妻がもう働けないと言うまで、私は働き続ける。妻が一〇〇歳まで働けるのであれば、私も働き続けよう（注2）」。ところが、信子夫人が亡くなったあとも、彼が仕事を辞めることはなかった。

震える手で真鍮製の鍵を回しながら、老人が職場のドアを開けると、ガラス製の器具や一九六〇年代の電子機器であふれた科学実験室が現れる。部屋に足を踏み入れると、かつて宇宙開発計画が始まった頃にエンジニアが好んだようなスタイルの彼の衣服や眼鏡は、その場の光景に完璧に溶け込む。街中では、彼は過去の人のように見えたかもしれないが、部屋の照明が灯ったとたんに、あたかも舞台上で急に息を吹き返したかのような過ぎ去った時代の光景に、彼はしっくりと馴染む。彼を取り囲む年代物の電子機器や科学装置の大半は、彼が自作したものだ。作製当時、彼の構想とそれに必要な装置は、そのとき手に入る技術をはるかに凌ぐものだった。

田崎一二《いちじ》という彼の名前は、あまり知られていないが、彼の精力的な仕事のもたらした成果を知らない者は誰もいない。私たちの神経系が筋肉を制御するために、神経を通して電気を送ることによって機能していること、そして、感覚器官から脳へインパルスが送られていることは、誰もが知っている。だが、インパルスはどのように軸索を伝導されているのだろうか？　この疑問に答えたのが、田崎博士だ。

神経軸索が銅線でないのは言うまでもない。神経軸索の細いチューブはたしかに、電気的インパルスを高速で伝えるが、神経インパルスの伝わり方は、電子が銅線を通るときとは異なる。私たちはどうしても、たとえに固執しがちだが、そのような直感的な考え方は、明らかに間違っている。この重要なコミュニケーション過程が実際にどのように働いているのかについては、どんな生物学の教科書にもかならず記載されているが、この謎を解いた人物の名前にはほとんど言及がない。

この発見は、一九三〇年代に日本の田崎一二が成し遂げた。第二次大戦後、田崎はイギリスで研究を続け、五一年にアメリカへ渡った。五三年には、メリーランド州ベセスダの国立衛生研究所（NIH）に加わり、それ以来そこで研究を続けている。NIHは彼に、第一三ビルディングの長い廊下の先に研究スペースを提供してきた。その建物内で、彼は生物物理学者のピーター・バサー率いる研究グループの一員として、現在も活動している。まもなく一〇〇歳を迎えるこの人物は、驚くほどの健康体であるばかりでなく、その知性もずば抜けている——田崎はいまだに、一緒に働く若い研究者たちと同じぐらい頭が切れた。彼は、生物物理学者としても数学者としても、素晴らしい知性に恵まれている。

「直感的な論理は、言うなれば……美しい女性のようなものだ」と、田崎はほんの数週間前に、いつものおおらかな笑い声を立てて私に警告した。それは、私が数式の裏付けのないまま、自分の説を推し進めようとしていたときのことだった。田崎は空中を歩くように二本の指を動かしながら、たどたどしい英語で説明した。「それに惑わされてしまうこともある」

今日の科学者には、驚くほど精巧な道具があり、活動しているヒト脳の内部を調べることができる。また、一個の神経細胞に発現しているすべての遺伝子を、チップ上で捕らえることも、生きたニューロンを通して送られているシグナルを観察することも、レーザーを照射するコンピューター制御の顕微鏡で、グリアを観察することもできる。だが、最先端の電子機器がラジオだった一九三〇年代に、私たちの全身に電気信号を送っている高度なメカニズムを解明するなどということが、いったいどうしてできたのだろう?

田崎はその大仕事を、単純な道具と自作の装置を使って手作業で行い、次に測定したデータの意味を解き明かそうと、数式を適用した。軸索における電気の伝わり方をミエリンが変化させていることを、田崎は見出した。電気的インパルスは、誰もが想定していたように、電波として神経線維を駆け抜けているのではなかった。バレエダンサーが舞台の端から端までを二、三度の跳躍で横切るように、ミエリンがひとつのランヴィエ絞輪からその次へと、インパルスを順に飛び移らせていることを、彼は発見した。この発見は、どうしたら有髄軸索が無髄軸索の一〇〇倍も速く情報を伝えられるのかを説明していた。この基本的なプロセスが、脳と全身のあらゆる有髄回路の設計と働きを支える基礎を成しており、軸索のミエリン絶縁を攻撃する多発性硬化症やその他の疾患に罹った人々を苦しめている麻痺の原因ともなっている。

田崎の初期研究の多くは、時代を先取りしていて、彼の比類なき観察の数々は、曖昧な好奇心の域を出なかった。一九五八年に、彼はネコ脳のグリア細胞に電極を刺入して、グリアはニューロンのように電気的インパルスを発生させないが、特有の性質として、定常的な電位を持つことを発見した最初の人物となった。さらに彼は、アストロサイトに電流パルスを注入すると、顕微鏡下でアストロサイトをごくわずかに動かすことができたとも報告した。彼の説明によれば、これはたんに、電荷を持つイオンが電気によって細胞を出入りし、水分子がそのあとに続いた結果にすぎないということだった。

一九六〇年代に神経線維の電気的興奮の研究に取り組んでいたとき、田崎は注意深い観察に基づいて、細胞膜を通って移動するイオンが消費したエネルギーに従って、神経インパルスが軸索にわずかな光学的変化と微小な温度変化を引き起こすことを明らかにした。さらに驚いたことに、彼は精巧な装置を作り上げて、神経インパルスの発火中に、軸索膜を介して移動するイオンと水分子が引き起こす、軸索の微細な膨張と収縮を検出した。

だが、軸索がピクッと動くとは奇妙な現象である。生物物理学者たちは、軸索の物理的応答が、電気的興奮の基本的メカニズムに関する情報を提示していることは承知しているが、田崎の研究は一部の生物学者によって、何の生物学的意義も持ちえないとして退けられた。インパルスを発火したときの軸索のわずかな動きは、エンジンの振動と同じように、その根底にあるメカニズムから生じた、取るに足らない副産物であると見なされた。田崎は数年にわたって、いかなる種類の軸索も、電気的インパルスを発火する際に、小さく動くことを示した研究結果を発表し続けたが、この現象を追求していたのは、基本的に彼ひとりだった。

私はある日、自分の研究室で、軸索からＡＴＰがどのように放出され、シュワン細胞に信号を送っているのかを突き止めようと、顕微鏡を通して高倍率で軸索を撮影したある実験のタイムラプス動画［訳注：長時間にわたって低頻度で撮影された写真をつなぎ合わせて作った動画］を再生していた。すると、軸索がピクッと動いた。この動きは、私が軸索を刺激して、インパルスを発火させたときに誘発された。だが、きわめて微細な動きだったため、高倍率かつ、動きを捉えるのにちょうど適した速度でビデオ録画されていなければ、気づくことはできなかった。私は田崎博士の研究室を訪ねて、この現象がある種のアーチファクトかどうかの判断を仰いだ。

「いや、違うな」と言うと、彼は何年も前に自分が同じ現象を見たときの状況を説明し始めた。田崎博士は、矢印や数式を含んだ図を描いて、電気的インパルスが発火されたときに、どのようにイオンと水分子が軸索に流入し、それが細胞膜付近の細胞質をわずかに膨張させるのかを説明した。そのとき突然、この仕組みによって、電気的インパルスを発火している軸索から、ＡＴＰが放出される仕組みを説明できるかもしれないことに、私は気づいた。

どんな細胞も、刻々と変化する環境の中で厳密に容積を調節するという難問に直面していることは、私も承知していた。体液中の塩分量が減ると、細胞内外の平衡を回復するために、水やイオンが細胞膜を通して再分配されて、細胞は膨張する。細胞が膨張し始めても破裂しないのは、細胞膜にチャネルを持っていて、細胞を出入りする水や小分子の流れを調節し、正常な細胞容積を回復できるからだ。電気的インパルスが軸索を膨張させたとしても、これらのチャネルが開いて小分子や水を放出し、軸索を収縮させて正常な大きさに戻しているのかもしれない。このようなチャネルを通してATPが外へ出ていけるのならば、神経伝達物質が放出されるシナプスから遠く離れていたとしても、グリアはこのATP放出によって、軸索内の神経インパルスの活動を感知することができるだろう。

この仮説を検証するために、私は九年にわたってさまざまな実験を積み重ねた。そしてついに、この仮説を証明し、シナプスを介することなく、軸索から他の脳細胞へ情報が送られる新しい様式を解明して、この研究を完了した。研究成果を公表するために論文を書き上げ、その謝辞のなかで、田崎博士に謝意を表した。私はその論文の別刷を彼に献呈しようと考え、軸索がわずかに動くという彼の見出した奇妙な現象には、やはり生物学的な機能があったのだと伝えたときに、彼がどれほど喜ぶだろうかと期待に胸を弾ませながら、彼のもとへ急いだ。

田崎研究室に向かう途中、私は所長のオフィスに立ち寄り、その新しい論文の別刷を一部、彼に手渡した。

「これはすべて、田崎博士が何十年も前に行った観察に端を発しています」と、新しい論文を所長に説明するための前置きとして、私はこう言いかけた。

すると、所長は私の言葉を遮り、「田崎博士が亡くなったのは聞いているか」と言った。

「そんな！」ひどく大きな喪失感に襲われた。直感的な論理を美しい女性にたとえて、彼が私と談笑したのは、わずか数週間前のことだった。あのとき彼は、とても元気だったのに。

「彼は本当にすばらしい人でした。誰もが彼に触発されていました」と私は言った。私は田崎博士と出会えたことに感謝した。科学者は「天才」という言葉をめったに使わない。なぜなら、このような仕事をしていると、たいてい一度や二度は天才に出くわすからだ。そしてその後は、その言葉を誤用することはけっしてない。

私は第一三ビルディングへ歩いていき、田崎博士の上司で長年の共同研究者であるピーター・バサーに、その論文原稿を手渡した。

「彼の研究室に入ると、彼がまだそこに座っているような気がしてならないよ」とピーターは言った。「彼には、きっと私よりも長生きするだろうと話していたのだ。彼の母親は一〇八歳まで生きたというんでね……彼が亡くなったとはとても信じられない」

ＮＩＨへ車で通勤している多くの人たちと同じで、今も私はふと気づくと、誰もいない歩道に彼の姿を探している。

〈ミエリン形成を刺激するインパルス〉

過去一〇年にわたって、私の研究室における研究は、軸索のインパルス活動がシュワン細胞とオリゴデンドロサイトの発達、ひいてはミエリン形成に影響することを究明してきた。私たちの研究は、三種類の異なる分子メカニズムが、ミエリン形成過程の異なる段階で働き、軸索のインパルス発火に応答して、さまざまな分子を介してミエリン形成を調節していることを解き明かし軸索にインパルス発火を刺激するための電極を装着した細胞培養で形成されたミエリンに関する私たちの研究は、ミエリンがインパルス活動によって調節されていることを明確にしている。

　インパルス活動の効果には、ミエリン形成を阻害するものもあれば、促進するものもある。第一に、ニューロン発火は、軸索を覆うタンパク質を生成するニューロン内の遺伝子を変化させることができる。それらのタンパク質は、ミエリン形成グリアがニューロンの周囲に接着し、ミエリン膜を何重にも巻きつけるために欠かせない。第二に、軸索はＡＴＰを放出することができ、ＡＴＰとその分解産物アデノシンは、シュワン細胞とオリゴデンドロサイト上の受容体で感知され、その結果として、ミエリン形成グリアの発達とミエリン形成を調節している。第三に、オリゴデンドロサイトが成熟したあとは、軸索の間に埋もれたアストロサイトが、電気的インパルスを発火している軸索から放出されたＡＴＰを感知できる。ＡＴＰを感知したアストロサイトは、別のシグナリング分子である白血病阻止因子（ＬＩＦ）を放出して、オリゴデンドロサイトに信号を中継し、これが成熟したオリゴデンドロサイトを刺激して、さらなるミエリンを生成させる。私たちは、軸索のインパルス活動をミエリン形成グリアが感知する三通りの方法と、このインパルス活動の感知が次に、ミエリン形成にどう影響するのかを見出したが、まだ発見されていないインパルスの感知法は、このほかにも数多く残されているに違いない。脳におけるこの種のミエリン可塑性は、経験に依存した神経系のパフォーマンス改善において、シナプス可塑性に比肩するほどの重要性を持つかもしれない。

学習の仕組みに関するこれらの新しい洞察は、「もうひとつの脳」と「ニューロンの脳」の境界領域の研究によって得られた。クリスマスツリーのように光り輝く不思議なシュワン細胞を発見したことをきっかけに、私たちは探究に乗り出し、私たちと同じように「もうひとつの脳」に出会い、それに当惑した神経系の探究者たちを訪れることになった。スティーヴン・スミスとアストロサイトから放たれる光の滴、テオドール・シュワン、サンチャゴ・ラモニ・カハール、カミッロ・ゴルジ、ルイ＝アントワーヌ・ランヴィエ、ならびにフリチョフ・ナンセンらの卓越した観察と新たな発想を繙《ひもと》いた。神経科学者は目下のところ、「もうひとつの脳」を十分に理解していないが、それに関する知識を深めるにつれて、これまでの想像をはるかに超えた広大な脳機能の宇宙を垣間見始めている。

第16章 未来へ向けて
――新たな脳

「もうひとつの脳」の物語の最終章は、まだ白紙である。グリアを理解できたら、心についての私たちの理解はどのように変わるだろうか？　私たちは今や、一〇〇年以上も無視されていた別の脳、すなわち科学にとって未知の脳を、グリアが構成していることを知っている。科学において「もうひとつの脳」は、終始一貫して見過ごされ続けてきた。それはいったいなぜなのか？

第一に、その研究に不適切な道具が使われていたことが挙げられる。神経科学者たちの電極では、グリアのコミュニケーションを聞き取れなかったのだ。それでもやはり、グリアの脳はたしかに連絡をとっていた。ただし、ニューロンの脳とは違う仕組みで働き、異なる様式とタイムスケールで交信している。しかし、道具の不備だけでは、神経科学者が今日まで脳の半分を見逃してきた理由を、完全に説明することはできない。

人間は、道具作りにはとりわけ秀でている。科学者がグリアの脳を探る特別な道具が必要だと感じていたら、工夫を凝らして作り出していただろう。そうした道具は、当初どれほど粗削りだったとしても、役立ったに違いない。なにしろ私たちは、持ち前の創意工夫によって尖らせた石だけで、この地球上であらゆる動物を捕食し、支配しえた生物なのだ。

私たちが失敗したのは、思い込みのせいだ。脳の働く仕組みを知っていると、私たちは思い込んでいた。電気で作動するニューロンに目がくらんだ神経科学者らは、この一種類の細胞だけに極度に研究の焦点を絞って、数や多様性の点でニューロンに勝っているもう一方の細胞群すべてを、事実上無視してきた。無意識の先入観が、私たちの認知を曇らせていた。こうして、グリアの脳は見過ごされ続けることになった。

科学は、人間に特有の活動である。人間のすべての営みのなかで、科学は最も協同的な活動で、時間や空間、政治や人種を超えて広がっているが、人間のどんな挑戦にもつきまとう制限や弱さは免れない。とはいえ、科学の特異な点は、自分たちの研究によって解明できるか否かは別として、到達困難な究極の真実が存在しており、それを究明すべき使命があるということだ。

科学研究を支援するため、政府委員会が分配する貴重な研究費を巡る熾烈な獲得競争のなかで、「重要でない」細胞に関する研究が首尾よく運ばなかったのは無理もない。「重要でない」細胞についての発見は、主流の科学雑誌で公表するために求められる「意義」も欠いていた。

ところが突然、この状況が一変した。ひとつの新事実の発見をきっかけに、私たちは科学革命のただなかに置かれることになった。今こそ従前の結論を再考し、その前提を再検証すべきときだ。現在では、「もうひとつの脳」が独立して機能しながら、ニューロンの脳とも連携していることを、私たちは知っている。このような新たな洞察は、どこへ向かうのだろう？　目下のところ、その答えは出ていないが、この疑問に答えようと、世界中の研究室の神経科学者たちが、精力的に研究を続けている。私たちの研究がこれほど遠くまで、これほど急速に進展してきたのは、本当に驚きだ。つい最近まで、アインシュタインの脳のグリア細胞が、彼の類まれな才能に関係しているかもしれないなどと想像できる者は、ほとんどいなかった。だが今では、その才能に影響していたかもしれないグリアの働きが、いくつも判明している。「このもう半分の脳は何なのか？」とラモニ・カハールが疑問を投げかけてから一〇〇年を経て、科学者たちはその答えを出し始めている。

図16-1
ドイツの病理学者ルドルフ・ウィルヒョウ。1856年にニューロンでない細胞について記述し、「ニューログリア」と命名した

ドイツ人病理学者ルドルフ・ウィルヒョウは、一八五六年にこの細胞を「神経膠《こう》(neural glue)」と短絡的に命名したと、今日ではしばしば冷笑される。なぜなら、グリア細胞には次のような多様な働きがあるからだ。胎児脳を築き上げ、伸び出した軸索を結合点まで導いて神経系を配線し、結

合が損傷すれば、それを修復する。また、軸索を駆け抜けるインパルスを感知し、シナプスでの会話に耳を傾け、シナプスでの交信にニューロンが使用している信号を調節し、エネルギー源と神経伝達物質の基質をニューロンに提供する。さらに、広い領域のシナプスやニューロンを機能的集団へと結びつけて、ニューロンから受け取った情報をグリア独自のネットワークを通して統合し、伝播する。神経毒や神経保護因子を放出し、シナプスを接続あるいは切断し、シナプス間隙を出入りする。新たなニューロンを産生し、血管系や免疫系とも交信する。ニューロンの通信回線を絶縁し、そこを通るインパルスの速度を調節する。となると、「そのような細胞は、脳の高次機能に何か関係しているのではないか？」と疑問を抱く人もいるだろう。もちろん、関係がないはずがない。

思いがけない方向に進んでいると気づいたときにはいつでも、いったん立ち止まって、地図とコンパスを取り出し、どこで道を誤ったのか、どこへ向かっているのかを確認して、そのとき自分がどこにいるのかを正確に特定することが大切だ。ではここで、グリアに関する事実を再確認してみよう。グリア細胞を介して情報が拡散していることは間違いないが、それは電気信号ではないメカニズムによって、異なる空間的・時間的スケールで伝播されている。グリアのコミュニケーションは広範囲に向けて行われ、ニューロンのように直線的ではない。また、その通信速度は遅い。以上のような事実は、私たちの脳がどのように働いているのかを再考し、今後の科学研究の指針を構想するにあたって、大きな意味を持つ。

神経インパルスが数ミリ秒の速度で軸索に沿って、さらにはシナプスを渡って駆け抜けていくのとは異なり、グリアを通過するカルシウムウェーブは、数秒、場合によっては数分にも及ぶ優雅なペースで移動する。この根本的な差異は、「もうひとつの脳」がニューロンの脳とは異なる方法で、そして異なる理由によって情報を処理していることを物語っている。グリアは、ニューロンが得意なすばやい反射機能には直接関与できない。たしかにグリアは、神経筋接合部のシナプスで神経インパルスの伝達を調節してはいるが、私たちがつまずいてよろめくのを、ほんの一瞬のうちに防いで、顔から転ばずにすむ手助けをする細胞とはなりえない。また、熱いストーブに触れたときの痛みを、電光石火のスピードで脳へ伝え、指をやけどから守ることはしないが、損傷後に脳が回復し、再構築され、再修正されたあとに起こりうる慢性疼痛は伝えている。グリアは、反射を超えた領域へ私たちを連れていくのだ。

このほかにもグリアは、ゆっくりと発現する認知機能を調節しているに違いない。アストロサイトは、ニューロンの興奮性とシナプス強度を、増強あるいは減弱できる。グリアの緩慢で着実な影響は、身体の平衡、言い換えれば「恒常性《ホメオスターシス》」に重要な役割を担っていることを示唆している。恒常性とは、脳が制御不能になって、激しく破壊的な働きをしたり、反対に弱々しく萎縮したりせずに、その機能を最適な一定範囲に維持することを指す。認知において、この制御が重要であることは、てんかんのような神経障害、あるいは統合失調症や自閉症のような精神疾患の例からも明らかだ。こうした病態では、神経機能の平衡が失われている。神経系による「瞬く間の」急速な機能は、実のところ、認知のごく一部にすぎない。脳機能の多くはゆっくりと出現し、作動する。情動や感情、注意のサイクル、成長や老化に伴う認知力の変化、ギター演奏のような複雑なスキルの獲得などは、グリアが得意とし、ニューロンの機能を調節しているタイムスケールで進行する。このような脳機能の緩慢な変化の側面は、これまであまり調べられてこなかった。だが、こうした働きこそ、心の最も興味深い側面だと主張する人たちもいるだろう。

「もうひとつの脳」をニューロンの脳から切り離して考える、私たちの人為的な概念上の区別は、消滅しつつある。この区別が消失するにつれて、私たちには新たな脳の姿が見えてきている。グリアが病気に関連していることは、今や明白である。てんかん発作、感染、脳卒中、神経変性疾患、癌、脱髄疾患、精神疾患はどれも、さまざまな種類の多くのグリアと関係している。しかしグリアは、病気のときだけでなく健康なときにも、脳を調節し再構築している。ここへ来てようやく、ニューロンの脳に関する研究の中心にある疑問が、「もうひとつの脳」にも問われ始めている。グリアには、どれほど可塑性があるのか？　グリアは学習し、眠り、老化し、男女差があり、病気で機能が損なわれるのか？　グリアにはどれほどの種類があるのか？

現在のところ、最も厄介なのはこの最後の問題だ。グリアは非常に多様な細胞で、それらを一般的な用語以外で説明するための語彙や知識を、私たちは持ち合わせていない。シナプスのアストロサイトは、脳内で毛細血管の血流を制御しているアストロサイトと同じ細胞なのだろうか？　灰白質の樹状突起を取り囲んでいるアストロサイトは、白質の軸索周辺に存在するアストロサイトと同じ細胞なのか？　それとも、これらの細胞は、網膜の錐体細胞と桿体細胞のように、別々の細胞なのか？　「もうひとつの脳」を構成するこれらの多様な要素が、それぞれどんな働きをしていて、どのようにニューロンの脳と相互作用しているのかを理解するために、グリア生物学者が真っ先に取り組むべき優先課題は、グリアのリンゴとオレンジを識別することだ。

アストロサイトは、脳の広大な領域を受け持ってもいる。一個のオリゴデンドロサイトは、多数の軸索を被覆している。ミクログリアは、脳内の広い範囲を自由に動き回る。アストロサイトは一個で、一〇万個ものシナプスを包み込むことができる。ひとつのアストロサイトが、探査している何千ものシナプスを介して行われている情報伝達を個別にモニターし、司令を与えているとは考えにくい。そうではなく、アストロサイト（およびその他のグリア）は、たくさんのシナプスやニューロンを機能的な集団へと連結している可能性が高い。そのほうが、一個の神経回路に含まれる各シナプスの強度をただ変化させるよりも、脳内における情報処理の能力とその柔軟性を、格段に増強できるだろう。グリアはこうして、脳の情報処理に新たな特徴を付与している。

このような構造的特徴、さらにはその交信メカニズムは、脳機能の広い範囲にグリアが関与していることを示唆している。グリアが利用する細胞間コミュニケーションの化学的シグナルは、広く拡散し、配線で接続されたニューロン結合を越えて働いている。こうした特徴は、点と点をつなぐニューロンのシナプス接合とは根本的に異なる、もっと大きなスケールで脳内の情報処理を制御する能力を、グリアに授けている。このような高いレベルの監督能力はおそらく、情報処理や認知にとって大きな意義を持っているのだろう。

グリアが所有するコミュニケーションチャネルの多さに、私たちは目のくらむ思いがする。アストロサイトは、ニューロンのすべての活動を傍受する能力を備えている。そこには、イオン流動から、ニューロンの使用するあらゆる神経伝達物質、さらには神経修飾物質《モジュレーター》、ペプチド、ホルモンまで、神経系の機能を調節するさまざまな物質が網羅されている。グリア間の交信には、神経伝達物質だけでなく、ギャップ結合やグリア伝達物質、そして特筆すべきATPなど、いくつもの通信回線が使われている。ニューロンは好みがうるさいが、グリアはとりわけ選別しない。つまり、ニューロンは、ニューロンどうしで適切な相手としかシナプスを形成しないが、グリアは仲間どうしでも、またニューロンとも交信する。アストロサイトは神経活動を感知して、ほかのアストロサイトと交信する。その一方で、オリゴデンドロサイトやミクログリア、さらには血管細胞や免疫細胞とも交信している。グリアは包括的なコミュニケーション・ネットワークの役割を担っており、それによって脳内のあらゆる種類（グリア、ホルモン、免疫、血管、そしてニューロン）の情報を、文字どおり連係させている。このような包括的な監督と調節が、脳の機能にとって重要であることは間違いなく、ニューロンには担えない働きだ。次第に理解され始めているように、グリアは、神経系を構成するあらゆる細胞を、ひとつの機能的ネットワークに編成している。この意味では、グリアはまさにルドルフ・ウィルヒョウが見抜いたとおりだ——すなわち、「神経膠」にほかならない。

訳者あとがき

本書『もうひとつの脳』は、R・ダグラス・フィールズ著“The Other Brain: The Scientific and Medical Breakthroughs That Will Heal Our Brains and Revolutionize Our Health”を翻訳したものである。脳および神経系は、大別して二種類の細胞群、つまり神経細胞（ニューロン）と神経膠細胞（グリア）から構成されていることはよく知られている。本書の著者・フィールズは、後者のグリアについて、神経系におけるその存在意義を理解するため、一九九〇年代から長年にわたって研究を続けている第一線の神経科学者である。とくに、ニューロン-グリア間の連係プレイ（相互作用）が、彼の研究における中心的な課題であり、これまで彼が一貫して問い続けてきた疑問は、脳あるいは神経系における「グリアの役割は何か」であった。神経生物学および医学の中では、脳内のニューロン機能に関する理解は急速に進んできた一方で、グリアの生理的役割は、多くの研究者が真剣に着目することもなく、長らく大きな謎に包まれている。

活発な研究・思索活動を通してフィールズの到達した結論は、私たちの脳神経に関する理解を根底から揺るがすものだった。具体的には、これまで、あるいは今も神経科学の主流であり続けている「ニューロン中心主義」（つまり、脳の主役はニューロンである）という見解が、まったく不完全で、大きな変更を迫られており、実は「グリアがニューロンを制御する」という主客転倒、あるいはニューロン-グリア両立主義とも呼ぶべきものであるというのだ。これは大いなる驚きであり、つねに難問に挑み続ける多くの挑戦的な神経科学者たちにとっては、容易に看過できない言明であるだけでなく、専門外の一般読者にとっても好奇心を強く刺激して、放置しておけない問題ではないだろうか。

本書のタイトル『もうひとつの脳』からも暗示されるように、脳の働き、さらには精神・神経疾患の原因や治療に興味を抱く読者は、読み進めるにつれて、これまでの知識から想像もしなかったような方向へと導かれていくことになる。本書は、従来の観点とは大きくかけ離れた独自の角度から、脳神経系の「新たな仕組み（メカニズム）」に切り込んでいる。その結果、著者フィールズは、グリアの機能に関する実験から得られた一連の証拠を明快、平易に解説しながら、これまでの学説とは対照的な結論、つまり人間の精神・心を支えているのは、従来から推論されてきた「ニューロンの脳」だけでなく、グリアによる「もうひとつの脳」が欠くことのできない重要な役割を果たしていると洞察を深めていく。

私たちの脳の活動には、速断を要する直感的な思考とそれに伴う速い反応、さらには深い思索、意識や感情、情緒のような緩やかに展開する生理過程が共存していて、前者はニューロンの得意とする機能であり、後者の穏やかで奥深い応答がグリアの主導する守備範囲であるとするのが、本書を通底している著者の根本的な思想のようである。つまり、グリアネットワークの大きな役割のひとつは、脳内の広範な多くの部位をつなぐ個々のニューロン集団を、同期して活動させるための統合装置であろうと、フィールズは提唱している。

ある種のグリアが、ニューロン結合（シナプス）の再構築を介して、記憶・学習を制御するという最先端の考えにも、著者の推論はおよんでいる。また、脳神経の根底を支えている興味深い重要な科学的原理や考え方の数々について、渓流に浮かべた笹舟が流れていくように、流麗な科学的論理に沿って、疑問や問題点を畳みかけるように繰り出しながら、それらに解答や洞察を提示していく著者の手法は、見事な練熟と言うほかない。

さらには神経科学に突破口を開いた革新的な研究成果をもたらした科学者たちの知られざるエピソード（多くは専門家にとっても未知であろう）や、神経科学に関係するスポーツ選手、映画スターやミュージシャンなどの魅惑的な逸話が全編を通してちりばめられてあり、読者を刺激して飽きさせることのない著者の博覧強記には推服するばかりである。また、科学分野の新人が、その当時の推測や理解を大きく超える新発見をして、新たな学説を提示したときに、時の重鎮たちを含めた同僚がどのように対応するかで、それ以降の科学の流れや発見者の人生が、どれほど激しく影響を受けるかを例示しているのは、この著者の経験に基づいているのかどうかは計り知れないものの、科学だけではなく、生き方の面からもきわめて示唆的な教訓として響いてくるであろう。

神経科学の父祖とも尊敬されているラモニ・カハールが、一九世紀後半から二〇世紀初頭にかけて、多くの動物について様々な発達過程に注目して、丹念かつ克明な顕微鏡観察を通して、脳神経組織は「独立したニューロンが、別のニューロンに接続することによって構成されている」

ことを見抜き、脳神経系の構造・働きを支える原理として「ニューロン説」を提唱した。その一方で、脳にはニューロンとは形態が著しく異なる別のカテゴリーに属する細胞が存在することも、カハールは明瞭に認知し、それらの細胞を記録に残していて、その意味を探究することは、後生に託したと著者は想像している。

この細胞群は、高名な病理学者ルドルフ・ウィルヒョウによって神経膠細胞《ニューログリア》（ニューロンをつなぐ糊のような細胞）と命名された。しかし、このグリア細胞は、ニューロン説の出現から一〇〇年以上にわたって多くの神経科学者の視界から逃れていた。一九六〇年代中頃に、神経生物学という学問分野を国際的に先駆けて提唱したステファン・クフラーらのグループが、電気生理学的手法によるグリアの先駆的研究を報告したことは本書でも取り上げられているが、その重要性を見通せる同僚学者はほとんどいなかった（彼が創設したハーバード大学医学部・神経生物学科に留学する機会のあった訳者のひとりも、クフラー先生からの研究上の助言や明解で美しい神経・シナプス論文に強く感銘を受けたが、あのグリア研究の先見性を理解できなかったことは今も記憶している）。

しかし、二一世紀に入って状況は大きく変わり、神経科学の中でもグリアを探る研究者は増え始め、今日では多くの科学雑誌でもグリア研究は頻繁に取り上げられるようになっている。神経科学分野で主流の月刊研究雑誌である〝Neuron〟は毎号一〇編あまりの論文を掲載するが、そのうち少なくとも二、三編はグリアを対象とした研究論文である。皮肉なことに脳神経研究のトップ・ジャーナルのタイトルが「ニューロン」とは、この雑誌が創刊された一九八八年当時、神経科学者たちの意識の中にグリアの占める割合がどの程度であったかを、よく物語っているようである。近い将来に、この雑誌のタイトルが「ニューロンとグリア」とでも変更されるかどうかは別にして、雑誌の名称に違和感を覚える人が着実に増えていくことは疑いないであろう。

今後さらにグリアの理解が進めば、脳の動作原理に関する基礎的な理解が進むだけでなく、脳神経系の病気（認知症、統合失調症、多くの神経変性疾患、てんかん、脳腫瘍など）の治療応用に向けた地平が大きく広がることは、著者が指摘するとおりである。本書は、サイエンスを愛好する幅広い層の読者のために書かれたものであり、神経系の古くて新しい側面へ鮮明なスポットを当てて、「私たちの脳あるいは心は、二つの要因が協調して支えられている」ことを平明に説得する優れた物語である。全編を通して語られるさまざまな逸話の中でも白眉は、「アインシュタインの脳」を解剖したマリアン・ダイアモンドの発見である。推理小説の筋を明かすようなことになるので細部には立ち入れないが、彼女の解剖所見は、「アインシュタインの天才が、ニューロンではなくグリアに支えられていた」ことを強く示唆しているのである。この事実だけでも、脳の研究者はもちろんのこと、一般の読者をも大いに魅了して、想像を強くかき立てることであろう。

また本書は、神経生物学を専攻しニューロンの働きを研究しようとしている学部・大学院生には、「グリア研究にも目を向ける絶好のチャンス」を提供するだろう。さらには生命科学・理工系で人工知能などの分野に携わる人たち、医療分野（医学部・薬学部・看護学部・保健福祉学部など）の学生や指導者にも本書を広く推薦することができる。それから、理科の好きな中・高校生にも、「あなたがたの脳の不思議やサイエンスの面白味」を手にとって感じるために、ぜひ読んでもらいたいと願っている。

本書が完成に漕ぎ着けるまでには、講談社学芸部ブルーバックスの篠木和久さん、小澤久さん、髙月順一さんとスタッフの皆さんに、たいへんお世話をいただいた。ここに心より感謝して御礼を申しあげたい。

二〇一八年三月

小西史朗
小松佳代子

原書には参考文献リストや用語集が収録されていますが、本書では頁数の制約で掲載しておりません。ブルーバックス公式サイト（http://bluebacks.kodansha.co.jp）の「既刊一覧」から本書を検索していただくと、参考文献リストへのリンクが表示されます。

参考文献ＵＲＬ

http://bluebacks.kodansha.co.jp/books/9784065020548/appendix

www.nytimes.com/2006/11/03/opinion/03shenk.html

注2 Reagan, R. (1985) Proclamation 5405 by the President of the United States-National Alzheimer's Disease Month, November 8, 1985, The American Presidency Project, University of California, Santa Barbara, http://www.presidency.ucsb.edu/ws/index.php?pid=38037

注3 Reagan, R. (1994) みずからがアルツハイマー病に罹っていることを公表した1994年11月5日付のロナルド・レーガン元大統領の書簡、Ronald Reagan Presidential Library, University of Texas, http://www.reagan.utexas.edu/archives/reference/alzheimerletter.html.

第15章

注1 Coyle, D. (2009) *The Talent Code*. Bantam Books, New York. またBracken, K.によるビデオクリップ (2007) The brains behind talent. *Play Magazine, New York Times*, March 2, http://video.nytimes.com/video/sports/1194817108368/the-brains-behind-talent.html も参照。

注2 Marsiglia, S. (2002) NIH's senior scientist has no plans to retire. *The NIH Record*, June 11, 2002.

注19 The Hebrew University of Jerusalem, Institute of Chemistry, German Epilepsy Museum, Kork, http://www.epilepsiemuseum.de/english/diagnostik/berger.html p. 1, top ten scientists who committed suicide, listverse, http://listverse.com/2007/10/07/top-10-scientists-who-committed-suicide/.

第8章

注1 American Heart Association statistics, http://www.americanheart.org.

第9章

注1 Associated Press (2004) Rare disease makes girl unable to feel pain. November 1, http://www.msnbc.msn.com/id/6379795/ 参照。

注2 Schorn, D. (2006) Prisoner of Pain, CBS 60 minutes Jan. 29, 2006, http://www.cbsnews.com/stories/2006/01/25/60minutes/main1238202.shtml.

注3 麻酔発見の歴史とそれにまつわる論争に関する概論は、Alfred, R. (2008) Sept. 30, 1846: Ether he was the first or he wasn't. *Wired* magazine. www.wired.com/science/discoveries/news/2008/09/dayintech_0930 参照。

第10章

注1 Kindy, K. (2008) A tangled story of addiction. *Washington Post*, September 12. www.washingtonpost.com/wp-dyn/content/article/2008/09/11/AR2008091103928.html.

注2 Abel, E. L., and Sokol, R. J. (1986) Fetal alcohol syndrome is now leading cause of mental retardation. *Lancet* 2: 1222.

注3 Climent, E., Pascual, M., Renau-Piqueras, J., and Guerri, C. (2002) Ethanol exposure enhances cell death in the developing cerebral cortex: role of brain-derived neurotrophic factor and its signaling pathways. *J. Neurosci. Res.* 68(2): 213–225; Costa, L. G., Yagle, K., Vitalone, A., and Guizzetti, M. Alcohol and glia in the developing brain, *The Role of Glia in Neurotoxicity*, Michael Aschner and Lucio G. Costa, eds. CRC Press, Boca Raton, FL, 2004, pp. 343–354 も参照。

注4. Guerri, C., Bazinet, A., and Riley, E. P. (2009) Foetal alcohol spectrum disorders and alterations in brain and behaviour. *Alcohol and Alcoholism* 44(2): 108–114.

第11章

注1 Couzin, J. (2009) Celebration and concern over U.S. trial of embryonic stem cells. *Science* 323(5914):568

注2 Treffert, D. A., and Christensen, D. D. (2005) Inside the mind of a savant. *Scientific American* 293(6): 108–113.

第12章

注1 Shenk, D. (2006) The memory hole. *New York Times*, November 3, https://

fasting: another look at translations of Mark 9:16. *Epilepsy and Behavior* 4(3): 338–339.

注2 Masia, S. L., and Devinsky, O. (2000) Epilepsy and behavior: a brief history. *Epilepsy and Behavior* 1(1): 27–36.

注3 Brown, B. (1866) *On the Curability of Certain Forms of Insanity, Epilepsy, Catalepsy, and Hysteria in Females.* Cox and Wyman, London, p. 13.

注4 同上、pp. 79–83.

注5 Masia, S. L., and Devinsky, O. (2000) Epilepsy and behavior: a brief history. *Epilepsy and Behavior* 1(1): 27–36.

注6 同上、p. 29.

注7 Xiao, L., et al. (2008) Quetiapine facilitates oligodendrocyte development and prevents mice from myelin breakdown and behavioral changes. *Mol. Psychiatry* 13(7): 697–708.

注8 Saakov, B. A., Khoruzhaya, T. A., and Bardakhchyan, É. A. (1977) Ultrastructural mechanisms of serotonin demyelination. *Bull. Exp. Biol. Med.* 83(5): 719–723.

注9 Fink, M. (2004) ECT: Serendipity or logical outcome? *Psychiatric Times* 21(1).

注10 同上。Meduna, L. (1985) Autobiography. *Convulsive Ther.* 1(1): 43–57, 121–135; Fink, M. (1999) Images in psychiatry, Ladislas J. Meduna, M. D., 1896–1964 *Am. J. Psychiatry* 15(11): 1807; Meduna, L. (1937) *Die Konvulsionstherapie der Schizophrenie.* Carl Marhold, Halle, Germany も参照。

注11 同　上。Fink, M. (2007) Electroshock works. Why? *Psychiatric Times* 24(7), http://www.psychiatrictimes.com/display/article/10168/54461?pageNumber=1; Fields, R. D. (2008) White matter in learning, cognition and psychiatric disorders. *Trends Neurosci.* 31(7): 361–370; Miller, G. (2005) The dark side of glia. *Science* 308(5723):778–781 も参照。

注12 Fink, M. (2004) ECT: Serendipity or logical outcome? *Psychiatric Times* 21(1), http://www.psychiatrictimes.com/display/article/10168/47531.

注13 Millett, D. (2001) Hans Berger: from psychic energy to EEG. *Perosp. Biol. Med.* 44(4): 522–542.

注14 Annas, G. J., and Grodin, M. A. (1992) *The Nazi Doctors and the Nuremberg Code.* Oxford University Press, New York, p. 24.

注15 同上、p. 25.

注16 Lifton, R. J. (1986) *The Nazi Doctors:, Medical Killing and the Psychology of Genocide.* Basic Books, New York.

注17 Gloor, P. (1969) *Hans Berger on the Electroencephalogram of Man.* Elsevier Publishing Company, New York, pp. 11–12.

注18 Redies, C., Viebig, M., Zimmermann, S., and Fröber, R. (2005) Origin of corpses received by the anatomical institute at the University of Jena during the Nazi regime. *Anatomical Record* 285B: 6–10.

注21 カールトン・ガイジュシェックがサー・マクファーレン・バーネットに宛てた1957年4月初旬の手紙、NIH Medical Library.
注22 カールトン・ガイジュシェックがサー・マクファーレン・バーネットとアンダーソン博士に宛てた1957年5月19日付の手紙、NIH Medical Library.
注23 カールトン・ガイジュシェックがサー・マクファーレン・バーネットに宛てた1957年4月初旬の手紙、NIH Medical Library.
注24 カールトン・ガイジュシェックがジョゼフ・スメイデルに宛てた1957年5月下旬の手紙、NIH Medical Library.
注25 カールトン・ガイジュシェックがサー・マクファーレン・バーネットとS・グレイ・アンダーソンに宛てた1957年6月4日付の手紙、NIH Medical Library.
注26 Gajdusek, C. (1963) Kuru. *Trans. Roy. Soc. Tropic. Med. Hyg.* 57: 168.
注27 同上。
注28 Glasse, R. (1967) Cannibalism in the kuru region of New Guinea. *Trans. N.Y. Acad. Sci.* series 2, 29(6): 748–754; pp. 751–752参照。
注29 カールトン・ガイジュシェックがジョゼフ・スメイデルに宛てた1957年9月18日付の手紙、NIH Medical Library.
注30 Gajdusek, D. C., Field Journals, Kuru Epidemiological Patrols, 26 September–9 November 1957, Auroga village, Camp No. 2, Kukukuku所収の1957年10月5日付の記録、NIH Medical Library.
注31 同上。
注32 Gajdusek, D. C., Field Journals, Kuru Epidemiological Patrols, 26 September–9 November 1957, Tchaiorogoro hamlet, Auroga village, Kukukuku所収の1957年10月6日付の記録、NIH Medical Library.
注33 Gajdusek, D. C., Field Journals, Kuru Epidemiological Patrols, 26 September–9 November 1957, Camp No. 3, Tchaiorogoro village, Auroga Kukukuku所収の1957年10月7日付の記録、NIH Medical Library.
注34 Prusiner, S. B. (1995) The prion diseases. *Scientific American* 272(1): 48–51.
注35 Prusiner, S. B. (1997) Prions, Nobel Foundation Lecture, December 8, 1997. https://nobelprize.org.
注36 Weinberg, Rick (1991) Magic Johnson announces he's HIV-positive. ESPN.com, November 7, http://espn.go.com/espn/espn25/story?page=moments/7.
注37 UNAIDS, Joint United Nations Programme on HIV/AIDS (2006) 2006 Report on the global AIDS epidemic, http://data.unaids.org/pub/GlobalReport/2006/2006_GR-ExecutiveSummary_en.pdf. Centers for Disease Control and Prevention, HIV prevalence, unrecognized infection, and HIV testing among men who have sex with men—five U.S. cities, June 2004–2005, http://www.cdc.gov/mmwr/preview/mmwrhtml/mm5424a2.htm も参照。

第7章

注1 DeToledo, J. C., and Lowe, M. R. (2003) Epilepsy, demonic possessions, and

"Correspondence on the Discovery and Original Investigations on Kuru, Smadel-Gajdusek Correspondence 1955-1958" は、本章で取り上げた活動時期をカバーしている。これらの記録の一部は、下記のJudith Farquhar and D. Carleton Gajdusek編、Raven Press刊の著作に転載されている（注3参照）。
注3 Julias, Charles (1957) Sorcery Among the South Fore, with Special Reference to Kuru, Farquhar, J., and Gajdusek, D. C., eds. (1982) *Kuru, Early Letters and Field-Notes from the Collection of D. Carleton Gajdusek*. Raven Press, New York, p. 287に記載。
注4 D・カールトン・ガイジュシェックがジョゼフ・スメイデルに宛てた1957年3月15日付の手紙、NIH Medical Library.
注5 D・カールトン・ガイジュシェックがジョゼフ・スメイデルに宛てた1957年4月3日付の手紙、NIH Medical Library.
注6 同上。
注7 サー・マクファーレン・バーネットがカールトン・ガイジュシェックに宛てた1957年4月9日付の手紙、NIH Medical Library.
注8 D・カールトン・ガイジュシェックがジョゼフ・スメイデルに宛てた1957年5月28日付の手紙、NIH Medical Library.
注9 J・T・ガンサーがサー・マクファーレン・バーネットに宛てた1957年4月9日付の手紙、NIH Medical Library.
注10 サー・マクファーレン・バーネットが手書きした、1957年3月29日にR・F・R・スクラッグと行った電話会談の要旨、NIH Medical Library.
注11 カールトン・ガイジュシェックがサー・マクファーレン・バーネットに宛てた1957年3月13日付の手紙、NIH Medical Library.
注12 同上。
注13 R・F・R・スクラッグがカールトン・ガイジュシェックに宛てた1957年3月30日付の無線電報、NIH Medical Library.
注14 注13の無線電報の下部に、1957年3月30日にD・カールトン・ガイジュシェックがR・F・R・スクラッグに宛てて記した手書きメモ。
注15 カールトン・ガイジュシェックがジョゼフ・スメイデルに宛てた1957年5月28日付の手紙、NIH Medical Library.
注16 カールトン・ガイジュシェックがヴィンセント・ジガスとジャック・ベイカーに宛てた1957年8月29日付の手紙、NIH Medical Library.
注17 1957年10月8日付のカールトン・ガイジュシェックのフィールドノート、Camp 4, Iwane hamlet, Simbari Kukuku, p. 190, NIH Medical Library.
注18 トマス・リヴァーズ博士がカールトン・ガイジュシェックに宛てた1957年5月21日付の手紙、NIH Medical Library.
注19 サー・マクファーレン・バーネットがトマス・リヴァーズに宛てた1957年5月27日付の手紙、NIH Medical Library.
注20 サー・マクファーレン・バーネットがジョン・ガンサー博士に宛てた1957年4月中旬の手紙、NIH Medical Library.

本文注参照資料

ホームページのURLは本書刊行時（2018年4月）に確認したものです。変更されたり、アクセスできなくなる可能性もありますので、御了承ください。

第1章

注1 Paterniti, M. (2000) *Driving Mr. Albert: A Trip across America with Einstein's Brain*. Random House, New York［邦訳：『アインシュタインをトランクに乗せて』（マイケル・パタニティ著、藤井留美訳、ソニー・マガジンズ、2002年）］.

第2章

注1 Fields, R. D. (2006) Beyond the neuron doctrine. *Scientific American Mind* June/July 17(3): 20–27を改訂。

注2 Florkin, M. (1975) Theodore Ambrose Hubert Schwann, *Dictionary of Scientific Biography*, Charles C. Gillispie, ed., vol. 12. Scribner, New York

注3 同上、p. 242.

注4 同上、p. 244.

注5 Multhauf, L. S. (1978) Fridtjof Nansen, *Dictionary of Scientific Biography*, Charles C. Gillispie, ed., vol. 15, supplement. Scribner, New York, p. 430。Nansen, F. (1897) *Farthest North: Being the Record of a Voyage of Exploration of the Ship "Fram" 1893-96, and of a Fifteen Months' Sleigh Journey by Dr. Nansen and Lieut. Johansen*, 2 vols. Harper, New York［邦訳：『極北——フラム号北極漂流記』（フリッチョフ・ナンセン著、加納一郎訳、中公文庫、2002年）、他］も参照。

注6 Galambos, R. (1961) A glia-neural theory of brain function. *Proc. Natl. Acad. Sci. USA* 47: 131所収の引用。

第5章

注1 The Hearing Loss Web: http://www.hearinglossweb.com/Medical/Causes/nihl/mus/mus.htm#many.

第6章

注1 Gajdusek, D. C. (1963) Kuru. *Trans. Roy. Soc. Tropic. Med. Hyg.* 57: 151–169; p. 152を参照。

注2 D・カールトン・ガイジュシェックがジョゼフ・スメイデル博士に宛てた1957年3月15日付の手紙、NIH Medical Library. NIH Medical Library（アメリカ国立医学図書館）は、ガイジュシェックにより提供された、1957～93年の期間に書かれた書簡とフィールドノートのコレクションを所蔵している。らせん綴じにされたコレクション"Kuru Epidemiological Patrols from the New Guinea Highlands to Papua, August 21, 1957–November 10, 1957" および

ま行

や行

ら行

た行

な行

は行

さ行

か行

さくいん

記号

アルファベット

あ行

N.D.C.491.37　538p　18cm

ブルーバックス　B-2054

もうひとつの脳《のう》
ニューロンを支配する陰の主役「グリア細胞」

2018年4月20日　第1刷発行
2025年1月14日　第6刷発行

著者　R・ダグラス・フィールズ
監訳者　小西史朗《こにししろう》
訳者　小松佳代子《こまつかよこ》
発行者　篠木和久
発行所　株式会社講談社
〒112-8001　東京都文京区音羽2-12-21
電話　出版　03-5395-3524
販売　03-5395-5817
業務　03-5395-3615
印刷所　（本文印刷）株式会社ＫＰＳプロダクツ
（カバー表紙印刷）信毎書籍印刷株式会社
本文データ制作　ブルーバックス
製本所　株式会社国宝社

定価はカバーに表示してあります。

ISBN978－4－06－502054－8

発刊のことば

科学をあなたのポケットに

二十世紀最大の特色は、それが科学時代であるということです。科学は日に日に進歩を続け、止まるところを知りません。ひと昔前の夢物語もどんどん現実化しており、今やわれわれの生活のすべてが、科学によってゆり動かされているといっても過言ではないでしょう。

そのような背景を考えれば、学者や学生はもちろん、産業人も、セールスマンも、ジャーナリストも、家庭の主婦も、みんなが科学を知らなければ、時代の流れに逆らうことになるでしょう。

ブルーバックス発刊の意義と必然性はそこにあります。このシリーズは、読む人に科学的に物を考える習慣と、科学的に物を見る目を養っていただくことを最大の目標にしています。そのためには、単に原理や法則の解説に終始するのではなくて、政治や経済など、社会科学や人文科学にも関連させて、広い視野から問題を追究していきます。科学はむずかしいという先入観を改める表現と構成、それも類書にないブルーバックスの特色であると信じます。

一九六三年九月

野間省一

ブルーバックス　医学・薬学・心理学関係書（Ⅱ）

ブルーバックス　医学・薬学・心理学関係書(III)

2054 もうひとつの脳　R・ダグラス・フィールズ　小西史朗＝監訳　小松佳代子＝訳
2057 分子レベルで見た体のはたらき　平山令明
2062 「がん」はなぜできるのか　国立がん研究センター研究所＝編
2064 心理学者が教える　読ませる技術　聞かせる技術　海保博之
2073 「こころ」はいかにして生まれるのか　櫻井　武
2082 免疫と「病」の科学　宮坂昌之／定岡　恵
2112 カラー図解　人体誕生　山科正平
2113 ウォーキングの科学　能勢　博
2127 カラー図解　分子レベルで見た薬の働き　平山令明
2146 ゲノム編集とはなにか　山本　卓
2151 「意思決定」の科学　川越敏司
2152 認知バイアス　心に潜むふしぎな働き　鈴木宏昭
2156 新型コロナ　7つの謎　宮坂昌之

ブルーバックス　生物学関係書（I）

1073 へんな虫はすごい虫　安富和男
1176 考える血管　児玉龍彦／浜窪隆雄
1341 食べ物としての動物たち　伊藤　宏
1391 ミトコンドリア・ミステリー　林　純一
1410 新しい発生生物学　木下　圭／浅島　誠
1427 筋肉はふしぎ　杉　晴夫
1439 味のなんでも小事典　日本味と匂学会＝編
1472 DNA（上）　ジェームス・D・ワトソン／アンドリュー・ベリー　青木　薫＝訳
1473 DNA（下）　ジェームス・D・ワトソン／アンドリュー・ベリー　青木　薫＝訳
1474 クイズ　植物入門　田中　修
1507 新しい高校生物の教科書　栃内　新　左巻健男＝編著
1528 新・細胞を読む　山科正平
1537 「退化」の進化学　犬塚則久
1538 進化しすぎた脳　池谷裕二
1565 これでナットク！　植物の謎　日本植物生理学会＝編
1592 発展コラム式　中学理科の教科書　第2分野（生物・地球・宇宙）　石渡正志　滝川洋二＝編
1612 光合成とはなにか　園池公毅
1626 進化から見た病気　栃内　新
1637 分子進化のほぼ中立説　太田朋子
1647 インフルエンザ　パンデミック　河岡義裕／堀本研子
1662 老化はなぜ進むのか　近藤祥司
1670 森が消えれば海も死ぬ　第2版　松永勝彦
1681 マンガ　統計学入門　アイリーン・マグネロ＝文　ボリン・V・ルーン＝絵　神永正博＝監訳　井口耕二＝訳
1712 図解　感覚器の進化　岩堀修明
1725 魚の行動習性を利用する釣り入門　川村軍蔵
1727 iPS細胞とはなにか　朝日新聞大阪本社　科学医療グループ
1730 たんぱく質入門　武村政春
1792 二重らせん　ジェームス・D・ワトソン　江上不二夫／中村桂子＝訳
1800 ゲノムが語る生命像　本庶　佑
1801 新しいウイルス入門　武村政春
1821 これでナットク！　植物の謎Part2　日本植物生理学会＝編
1829 エピゲノムと生命　太田邦史
1842 記憶のしくみ（上）　ラリー・R・スクワイア　エリック・R・カンデル　小西史朗／桐野　豊＝監修
1843 記憶のしくみ（下）　ラリー・R・スクワイア　エリック・R・カンデル　小西史朗／桐野　豊＝監修
1844 死なないやつら　長沼　毅
1849 分子からみた生物進化　宮田　隆
1853 図解　内臓の進化　岩堀修明